Rudolf Kippenhahn Der Stern, von dem wir leben

Rudolf Kippenhahn

Der Stern, von dem wir leben

Den Geheimnissen der Sonne auf der Spur

Büchergilde Gutenberg

Lizenzausgabe für die Büchergilde Gutenberg
Frankfurt am Main, Wien
mit freundlicher Genehmigung der
Deutschen Verlags-Anstalt GmbH, Stuttgart

Lektorat: Margot Adrion und Wolfram Knapp
Zeichnungen: Jutta Winter
Typographische Gestaltung: Günter Saur
Umschlaggestaltung: Eckard Warminski, Büdingen
Satz: Setzerei Lihs, Ludwigsburg
Druck und Bindearbeit:
Mohndruck Graphische Betriebe GmbH, Gütersloh
Printed in Germany · ISBN 3-7632-4018-7

Inhalt

Vorwort

Hier liegt nun das vierte meiner populärwissenschaftlichen Bücher vor, mit denen ich interessierte Laien in die Fragenkomplexe der astronomischen Forschung einzuführen versuche. Von den Milliarden Sternen unseres Milchstraßensystems ausgehend führte ich meine Leser an den Rand des uns bekannten Weltalls, dann zurück zu den rätselhaften Welten unseres Planetensystems und nun zur Sonne, unserem Muttergestirn – also einmal Weltall und zurück. Jedem dieser Themenkreise lag eine Vorlesung zugrunde, die ich an der Ludwig-Maximilians-Universität in München für Hörer aller Fachbereiche gehalten habe. Über die Sonne las ich im Sommersemester 1987.

Ich glaube, ich habe in den vergangenen zehn Jahren viel darüber gelernt, wie man schreiben müßte, und hoffe, daß mir noch genügend Zeit bleibt, mich in der Zukunft diesem Ideal weiter anzunähern. Was das vorliegende Buch betrifft, so habe ich versucht, meinen Lesern neben den Erscheinungen auf der Sonne auch die Grundbegriffe der Plasmaphysik nahezubringen. Soviel ich weiß, ist das noch in keinem für einen breiteren Leserkreis bestimmten Buch geschehen. Dabei bediente ich mich wieder der Träume des fiktiven Herrn Meyer, den meine Leser schon aus meinen beiden letzten Büchern kennen. Ich habe mich auch bemüht, die Schwingungserscheinungen der Sonne allgemeinverständlich darzustellen, denn in dem Maße, in dem die Forschung auf neue Dinge stößt, ist auch der Sachbuchautor gefordert, sie einsichtig zu machen. Neue Forschungsergebnisse erfordern aber auch neue Wege der Aufbereitung für das Publikum. Im Anhang B versuche ich, mit Hilfe des Begriffs vom Schallstrahl diese Aufgabe zu lösen.

Ich habe vielen zu danken. Einen Teil des Textes habe ich am Kiepenheuer-Institut für Sonnenphysik in Freiburg geschrieben, wohin ich mich zurückgezogen hatte. Roland Buda, Ernst Fürst, Peter Kafka, Helmold Schleicher, Hermann Ulrich Schmidt, Henk Spruit und Richard Wielebinski haben einzelne Kapitel kritisch durchgesehen. Alvo von Alvensleben, Wolfgang Duschl und Hans-Heinrich Voigt haben den gesamten Text gelesen und mir mit Ratschlägen geholfen.

Thomas D. Duvall jr., Herbert Friedman, Sieglinde Hammerschmidt, William C. Livingston, Walter Stein, Alan Title und Hubertus Wöhl haben mir Material zur Verfügung gestellt. Walter Stein hatte mich gebeten, zu erwähnen, daß das Radioteleskop am Dach des St.-Michael-Gymnasiums in Bad Münstereifel nicht möglich gewesen wäre ohne die Mitarbeit der »Profi-Astronomen« Dr. Wohlleben und Professor Fürst.

Die Zeichnungen führte fast vollständig Jutta Winter aus; lediglich die Schwarzweiß-Zeichnungen der Zirkusmotive und die Abbildung 5.1 zeichnete Evi Kippenhahn. Bei meinem Briefwechsel und beim Ausdrucken der Disketten sowie beim Register half mir Cornelia Rickl. Ich danke meiner Frau, die mich stets ermutigt, aber auch oft kritisiert hat. Beides war notwendig, um das Buch zu vollenden. Ich danke dem Team der Deutschen Verlags-Anstalt, mit dem ich nun bereits das dritte Buch gemacht habe.

München, im Februar 1990 Rudolf Kippenhahn

Einleitung

»Das Feuer geht aus«, rief Punjel »was sollen wir tun? Du kannst nichts mehr erschaffen, wenn wir nichts sehen.«

»Ich mache das Feuer morgen früh wieder an. Wenn ich dann die Menschen erschaffen habe, werden sie es ›Sonne‹ nennen«, sagte Baiame. »Das Feuer wird jeden Abend aus- und jeden Morgen angehen. Die Menschen werden wissen, daß sie aus ihrem Schlaf aufwachen müssen, wenn die Sonne kommt.«

»Was ist Schlaf?« fragte Punjel.

»Es ist wie der Tod, aber es ist nicht der Tod«, erklärte Baiame. »Das Leben macht die Menschen müde. Sie müssen sich vom Leben ausruhen.«

»Wie merkwürdig«, sagte Punjel.

Aus einer Sage der Ureinwohner Australiens

Es ließ sich nicht mehr klären, warum das Auto das Brückengeländer durchbrochen hatte. Als der Fahrer, der Osnabrücker Patentanwalt Godfried B., sich schwimmend aus dem Wasser retten wollte, erlag er einem Herzschlag. Die Abendnachrichten berichteten davon, denn B. stand im Zentrum eines ungewöhnlichen Zivilprozesses, der von den Medien mit Interesse verfolgt wurde. Es ging um die Frage, ob drei angesehene deutsche Astronomen beweisen konnten, daß die Sonne in ihrem Inneren nicht kalt, sondern heiß ist.

Es war Anfang der fünfziger Jahre. B. glaubte, beweisen zu können, daß nur die Atmosphäre der Sonne heiß ist, daß sich aber darunter ein kalter Sonnenkörper versteckt, den man zwischen den heißen Wolken der Sonne hindurch nur gelegentlich erblickt. Er meinte, wir sähen zwischen den hell leuchtenden Wolken der Sonne auf den kühlen Sonnenkörper und auf die dunklen Stellen der Sonnenscheibe, die seit dem 17. Jahrhundert bekannten Sonnenflecken.

Der Gedanke ist schon mit den einfachsten Gesetzen der Physik nicht vereinbar. Daß manchmal Laien glauben, sie hätten ein Welträtsel gelöst, ist nichts Ungewöhnliches. Wissenschaftliche Institute erhalten immer wieder Zuschriften von Außenseitern, die den Fachgelehrten beweisen wollen, daß sie Unrecht haben, daß zum Beispiel die Relativitätstheorie falsch sei oder daß der Verfasser nun doch ein Perpetuum mobile konstruiert hätte, obwohl es nach Meinung der Physiker keines geben kann. Meist können die Briefe gar nicht alle beantwortet werden, so zahlreich kommen sie, und meist sind die Autoren auch nicht von ihrer einmal gefaßten Idee abzubringen. Natürlich ist nicht auszuschließen, daß ein Außenseiter einmal einen Einfall hat, auf den die Fachleute noch nicht gekommen sind, doch setzt wissenschaftliches Arbeiten heutzutage ein so großes Wissen voraus, daß man nur nach einem gründlichen Studium Chancen hat, an der Front der Forschung mitarbeiten zu können. Mir ist im Bereich der Physik und den verwandten Wissenschaften aus den letzten 130 Jahren kein Fall bekannt, in dem ein Außenseiter die Schulwissenschaft eines Besseren belehrte.

Doch Godfried B. war ein wohlhabender Mann, und so konnte er zwei Preise von je 25 000 DM aussetzen. Den ersten für denjenigen, der B.s eigene Theorie widerlegen kann, wonach auf der Sonne eine heißere Wolkenhülle einen festen, kühlen Sonnenkern verbirgt, der möglicherweise Vegetation trägt. Der zweite Preis war für den bestimmt, der beweist, daß die Sonne tatsächlich in ihrem Inneren Temperaturen von vielen Millionen Grad aufweist. Der Patentanwalt bestellte ein Preisrichterkollegium: den Nobelpreisträger Werner Heisenberg, den Physikprofessor Clemens Schäfer und einen Hamburger Anwalt. Sie sollten entscheiden, ob eine der eingereichten Schriften preiswürdig sei.

Die Fachastronomen konnten die These des Herrn B. nicht ignorieren, da sonst in der Öffentlichkeit der Eindruck entstanden wäre, sie wüßten tatsächlich nicht, ob die Sonne in ihrem Inneren heiß oder kalt ist. So trat die Vereinigung deutschsprachiger Astronomen auf den Plan, die Astronomische Gesellschaft. Sie war an den Geldpreisen interessiert, da sie bei Kriegsende ihr gesamtes Vermögen verloren hatte. Ihr damaliger Vorsitzender Otto Heckmann, Direktor der Sternwarte in Hamburg-Bergedorf, nahm die Mitglieder in die Pflicht und legte ihnen nahe, sich nicht einzeln an dem offensichtlich leicht zu gewinnenden Preisausschreiben zu beteiligen. Statt dessen schlug er vor, daß zwei angesehene Mitglieder, die Professoren Ludwig Biermann und Heinrich Siedentopf, zusammen mit ihm eine Schrift verfassen sollten, welche die Bedingungen des ersten der beiden Preise erfüllt. Tatsächlich sprach das Preisrichterkollegium dem von den drei Autoren gefertigten Manuskript den Preis für die Widerlegung von B.s Theorie zu.

Doch B. erkannte den Schiedsspruch nicht an und ging vor Gericht. Der Prozeß lief durch mehrere Instanzen. Die Medien nahmen regen

Anteil, schien es Außenstehenden doch so, als hätte man es mit einer Neuauflage des Verfahrens gegen Galilei zu tun. Doch es war ein großer Unterschied zwischen beiden Prozessen: Galileo Galilei hatte recht und widerrief trotzdem, Godfried B. hatte nicht recht, doch er widerrief nicht. So verlor er in zwei Instanzen. Natürlich hatten die Richter nicht über die Temperatur der Sonne zu befinden, sondern darüber, ob das Preisausschreiben ordnungsgemäß durchgeführt worden war. Ehe das Verfahren vor die letzte Instanz kam, dem Bundesgerichtshof in Karlsruhe, verunglückte der streitbare Patentanwalt. Nach dem Karlsruher Urteil erhielt die Gesellschaft den ersten der beiden Preise. Da es dazu mehrerer gerichtlicher Instanzen bedurft hatte, verzichtete man schließlich darauf, sich auch um den zweiten zu bemühen.*

War der Osnabrücker Patentanwalt heutzutage verhältnismäßig leicht zu widerlegen, so war doch noch im vorigen Jahrhundert selbst ein so angesehener Astronom wie William Herschel, der Entdecker des Uranus, überzeugt, daß der Sonnenkörper in seinem Inneren kalt ist und nur die Sonnenatmosphäre eine hohe Temperatur besitzt. Aber damals steckte die Wärmelehre, die sogenannte Thermodynamik, noch in ihren Kinderschuhen, und man wußte noch nicht, daß ein kalter Körper nicht unter einer heißen Hülle verborgen sein kann, ohne daß er sich entweder aufheizt oder sich die Hülle seiner Temperatur anpaßt.

Heute wissen wir, daß wir durch die Sonnenflecken nicht auf einen kalten Körper im Inneren schauen und daß die Sonne in ihrem Zentrum Temperaturen aufweist, welche die ihrer Atmosphäre um mehr als das Zweitausendfache übertreffen.

Ein Stern als Lebensspender

Die Sonne hält durch ihre Schwerkraft die Erde und all die anderen Planeten sowie zahllose kleinere Körper gefangen. Wenn auch einer von ihnen – etwa der Eisklotz, der als Halleyscher Komet seine Bahn um die Sonne zieht – gelegentlich so weit in den Raum hinausfliegt, daß das Sonnenlicht viele Stunden braucht, um ihn zu erreichen, er wird unweigerlich von der Sonne wieder zurückgeholt.

---

* Die durch das Preisausschreiben gewonnenen Mittel bilden den Grundstock eines später noch durch eine Erbschaft angewachsenen Vermögens, aus dem die Gesellschaft Reisen junger Astronomen zu anderen Instituten fördert. So gebührt Herrn B. eigentlich Dank, auch wenn er sich zeitlebens geweigert hatte, den Preis auszuzahlen. Mit meinem Versuch, seinen Namen in die Bezeichnung des Fonds aufzunehmen – unabhängig davon, ob B. ein richtiges oder ein falsches Bild von der Sonne hatte – bin ich bei meinen Kollegen allerdings kläglich gescheitert.

Die Erde macht keine solchen Fluchtversuche. Sie zieht in nahezu kreisförmiger Bahn um die Sonne und bleibt immer in gleichem Abstand von ihr. Obwohl diese Entfernung 150 Millionen Kilometer beträgt, das Licht also ganze acht Minuten, genauer 500 Sekunden, benötigt, um von der Sonne zu uns zu kommen, so ist sie uns doch immer so nahe, daß ihre Wärme das Leben auf unserem Planeten möglich macht.

Die Sonne ist für uns der wichtigste Himmelskörper. Bis vor kurzem verwendeten wir nur Energie, die von ihr auf die Erde kam. Auch die Wasserkraft kommt von der Sonne, denn sie hebt den Wasserdampf aus dem Meer und bringt ihn über die Gebirge, um ihn als Wasser wieder zu Tale fließen zu lassen. Wenn wir mit dem Holz der Bäume heizen – seien sie nun frisch gefällt oder seien sie in Millionen Jahren zu Kohle geworden – wir machen uns die in den Pflanzen gespeicherte Sonnenenergie zunutze. Auch die Energie des Erdöls kam irgendwann einmal von der Sonne. Lediglich die Energie aus unseren Kernkraftwerken stammt nicht von ihr. Die in ihnen verwendeten spaltbaren Stoffe wie etwa das Uran enthalten Energie, die letztlich bei der Entstehung des Weltalls der Materie mitgegeben wurde.

Daß wir von der Sonne leben, hat der Mensch schon früh geahnt. In den Mythen der Völker kommt sie immer wieder vor. Nach einer mexikanischen Sage ist unsere Sonne schon die fünfte, nachdem vorher vier ins Wasser gefallen sind*. Die Maoris wissen von Maui zu erzählen, zu einer Zeit, als die Sonne noch so schnell über den Himmel raste, daß man, kaum aufgestanden, schon wieder zu Bett gehen mußte und keine Zeit war, um Fische zu fangen. Maui versuchte, die Sonne zu einer langsameren Bewegung zu veranlassen. Nach zwei vergeblichen Versuchen, sie mit Tauen einzufangen, hielt er sie schließlich mit dem Zauberhaar seiner Schwester an und zwang sie zu einer langsameren Gangart. Seither hat man zwischen Morgen und Abend genügend Zeit, um zu fischen. Wer die geduldigen Fischer an der Hafenmauer im jugoslawischen Poreč oder auf dem Steg von Santa Cruz in Kalifornien beobachtet, der weiß, daß sie auch all die Zeit benötigen, die ihnen Maui beschafft hat.

---

* Es gibt Autoren, die davon leben, daß sie ihren Lesern erzählen, die Venus sei von Jupiter ausgeschleudert worden oder sie sei ein Teil eines zerplatzten Planeten. Sie suchen nach Zeugnissen für diese abstrusen Gedanken in der Bibel oder in alten Überlieferungen. Warum hat noch keiner die vier ins Wasser gefallenen mexikanischen Sonnen aufs Korn genommen und zu einem pseudowissenschaftlichen Bestseller vermarktet?

Die Sonne der Astronomen

Für den Wissenschaftler von heute ist die Sonne kein Gott mehr, sondern ein Gegenstand unserer physikalischen Welt, und als solcher ist sie und jeder ihrer Teile den Gesetzen der Physik unterworfen. Das Licht, das sie uns sendet, ist nicht viel anders als das Licht einer irdischen Flamme oder als die Strahlung, die von einem glühenden Stück Eisen ausgeht. Wir haben das von der Sonne kommende Licht zu deuten gelernt und wissen, daß ihre leuchtende Oberfläche eine Temperatur von etwa 5500 °C besitzt.

Aber nicht nur aus der zu uns kommenden sichtbaren Strahlung erfahren wir etwas über die Sonne. Sie sendet auch Strahlenarten zu uns, für die wir blind sind. Ihre Ultraviolettstrahlung ist für den Sonnenbrand leichtfertiger Sonnenanbeter verantwortlich, ihre Infrarotstrahlen empfinden wir auf der Haut als Wärme. Auch Röntgenstrahlen kommen von ihr zur Erde, doch sie werden glücklicherweise schon von den obersten Luftschichten zurückgehalten, so daß sie dem Leben auf der Erde nicht schaden können.

Während des Zweiten Weltkrieges bemerkte man, daß die Sonne auch als Rundfunksender arbeitet und Radiowellen zur Erde strahlt. Beim ersten Hinhören scheint es kein aufregendes Programm zu sein, das sie ausstrahlt. Doch aus der Radiostrahlung der Sonne erfahren wir zum Beispiel eine Fülle von Einzelheiten über verhältnismäßig rasch ablaufende Vorgänge auf ihr.

Denn so ruhig uns die Sonne auch etwa an einem warmen Frühlingstag erscheint, man beobachtet im Fernrohr ein ständiges Wallen und Brodeln in ihren Oberflächenschichten. Unwillkürlich denkt man an eine kochende Flüssigkeit. Schließlich entdeckte man Gasballen über der leuchtenden, kochenden Sonnenoberfläche, die von unsichtbaren Kräften in den Raum hinausgeschleudert werden. Diese von der Sonne abgestoßene Materie fliegt bis zu uns und oft noch weit über die Erdbahn hinaus. Wir wissen, daß dieser Gasstrom von der Sonne das Magnetfeld der Erde schüttelt, in den obersten Luftschichten Polarlichter hervorruft und bisweilen den gesamten Kurzwellen-Funkverkehr lahmlegt.

Wir verfolgen die Vorgänge auf der Sonne nicht nur von den Sonnenobservatorien, wie sie etwa auf den Kanarischen Inseln, auf Hawaii oder in New Mexico und in Kalifornien stehen. Wir bewachen sie von bemannten und unbemannten Laboratorien aus, die ihre Bahnen um die Erde ziehen. Wir studieren ihre Oberfläche mit Raumsonden, die sich ihr bis in Bereiche innerhalb der Bahn des Merkur, des innersten Planeten, nähern. Wir beobachten sie aber auch von tief unter der Erde in den Fels der Berge geschlagenen Kammern aus und suchen dort in unterirdischen Laborräumen nach Teilchen, die aus dem Inneren der Sonne kommen.

Wir befassen uns mit der Sonne aber nicht nur, um sie zu verstehen. Nach wie vor ist sie unser Lebensspender, wir sind enger mit ihr verbunden als mit irgendeinem anderen Himmelskörper. So versuchen wir auch, die Sonnenenergie direkt nutzbar zu machen, sie in großen Spiegeln einzufangen und weiter zu verarbeiten. Wir versuchen sogar, die Fusionsprozesse, denen die Sonne ihre Energie verdankt, auf der Erde nachzuahmen. Doch wir sind erst in den Anfängen und wissen nicht, ob der beschrittene Weg zum Ziele führen wird.

Wir hängen nach wie vor von der Sonne ab, und daran wird sich auch nichts ändern, selbst wenn es gelingt, die in der Sonne ablaufenden Energieprozesse in Kraftwerken auf der Erde nachzuvollziehen. Denn unsere Ernährung beruht auf dem, was im Lichte der Sonne wächst. So müssen wir dankbar sein, daß sie die Erde gerade mit der Strahlungsmenge versorgt, die das Korn reifen läßt. Unsere Erdatmosphäre filtert aus dem Sonnenlicht gerade die Strahlen heraus, die für das Leben auf der Erde bekömmlich sind.

In Wahrheit ist es natürlich umgekehrt: Das Leben auf der Erde hat sich gerade so entwickelt, daß es in dem zur Erdoberfläche gelangenden Sonnenlicht bestehen kann. Es hat sich der Sonnenstrahlung und der Filterwirkung der Erdatmosphäre angepaßt. Wenn nun in der Zukunft die Filtereigenschaften der Lufthülle der Erde, etwa durch schädliche chemische Beimengungen, verändert werden, dann wird auch das Sonnenlicht zu uns herabkommen, auf das sich das Leben nicht eingerichtet hat. Wenn also durch die bekannten und in großen Mengen benutzten Fluorverbindungen das Ozon in unserer Atmosphäre zerstört wird, dann werden die Ultraviolettstrahlen der Sonne dem für sie unangepaßten Leben auf unserem Planeten großen Schaden zufügen. Noch hält der Schutzschild der Erdatmosphäre den für uns gefährlichen Teil des Sonnenlichtes ab, noch sorgt die Lufthülle unseres Planeten dafür, daß das Gleichgewicht zwischen einfallender Sonnenenergie und von der Erde wieder abgegebener Wärme gerade ein Klima erzeugt, in dem wir leben können.

So ist die Sonne der Stern, dem wir verdanken, daß wir hier sind, und von dessen Strahlen auch unsere Zukunft abhängen wird. Ist es also verwunderlich, daß die Alten sie als Gottheit angebetet haben?

1. Die Energie der Sonne

> Das große Räthsel liegt jedoch darin, wie eine so ungeheure Verbrennung (wenn eine solche wirklich auf der Sonne Statt findet) unterhalten werden kann. Jede Entdeckung der Chemie läßt uns hier völlig im Stich oder scheint uns vielmehr die Aussicht auf eine genügende Erklärung ferner zu rücken.
>
> *John Herschel (1792–1871)*

Die Sonne ist nur einer von einigen 100 Milliarden Sternen unseres Milchstraßensystems. Durch nichts tut sie sich vor den anderen hervor. Nur für uns ist sie wichtig, denn sie ist der Stern, von dem wir leben. Mit der Erde sind wir an die Sonne gebunden, und seit unvorstellbar langer Zeit spendet sie uns Licht und Wärme.

Die Strahlungskraft der Sonne

Auf jeden Quadratmeter einer im Erdabstand von der Sonne außerhalb der Erdatmosphäre aufgestellten und auf sie ausgerichteten Fläche fällt in jeder Sekunde die Energie von 1360 Joule, der Quadratmeter empfängt damit eine Strahlungsleistung von 1,4 Kilowatt. Auf einen Quadratmeter der Erdoberfläche trifft aber wesentlich weniger. Zum einen bleibt ein Teil der Energie in der Erdatmosphäre stecken, zum anderen kommen die Strahlen nicht immer und überall senkrecht von oben. Die Hälfte der Zeit liegt unser Quadratmeter im Dunkel der Nacht, und bei schlechtem Wetter erreichen ihn die Sonnenstrahlen nur stark geschwächt. Die Wolken reflektieren dann die Sonnenenergie wieder in den Raum zurück. So erhält in Mitteleuropa der Quadratmeter durchschnittlich nur etwa 100 Watt. Immerhin, wollte man die Sonnenenergie, die dieser Quadratmeter im Jahr erhält, mit Heizöl decken, man müßte etwa 100 Liter verbrennen. Wir wissen, wieviel die Strahlung der Sonne für uns Menschen bedeutet, was bedeutet sie für die Sonne?

Dazu müssen wir zuerst wissen, wie weit wir von ihr entfernt stehen. Eine nahe Sonne könnte die Energie von 100 Litern Heizöl pro Jahr und Quadratmeter leichter liefern als eine entferntere. Denn von der nach allen Richtungen gleichmäßig in den Raum gehenden Energie fängt eine Fläche mehr auf, wenn sie nahe bei der Sonne steht, als wenn sie in großem Abstand von ihr beleuchtet wird (vgl. Abb. 1.1). Es gilt das einfache Gesetz: Verdoppelt man den Abstand zwischen strahlendem Körper und empfangender Fläche, dann fängt sie nur ein Viertel auf, bei dreifachem Abstand nur ein Neuntel.

Wie weit entfernt zieht nun die Erde ihre Bahn um die Sonne? Wir haben es erst verhältnismäßig spät erfahren. Obwohl die Griechen die Entfernung des Mondes recht gut kannten, lagen ihre mit raffinierten und im Prinzip korrekten Methoden gewonnenen Sonnenentfernungen nur etwa bei einem Zehntel des richtigen Wertes. Die Wahrheit erfuhren die Menschen erst im Jahre 1672.

Damals kam der Planet Mars der Erde besonders nahe. Diese Gelegenheit wurde in Paris und bei einer Expedition nach Cayenne benutzt,

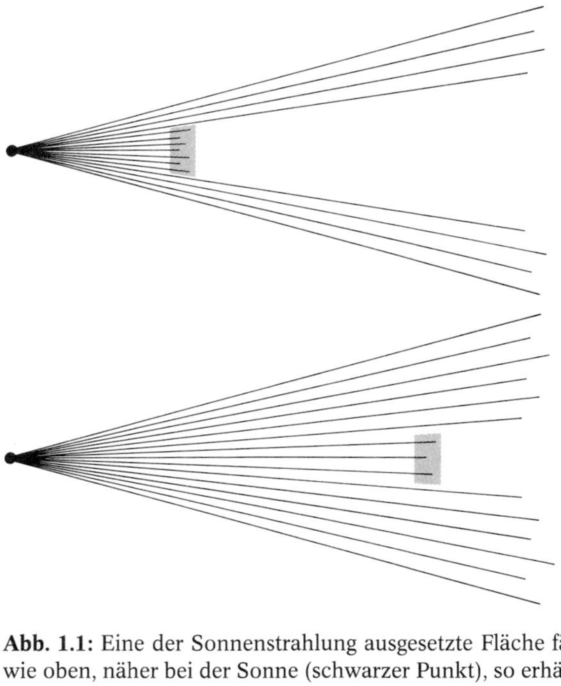

Abb. 1.1: Eine der Sonnenstrahlung ausgesetzte Fläche fängt Energie auf. Steht sie, wie oben, näher bei der Sonne (schwarzer Punkt), so erhält sie mehr Strahlung. Eine gleichgroße Fläche in größerem Abstand (unten) empfängt weit weniger.

die unter der Leitung des französischen Astronomen Jean Richer (1630–1696) stand. Beobachtet man den Mars von zwei Orten auf der Erde gleichzeitig, so steht er für jeden Beobachter vor etwas verschiedenen Stellen des Fixstern-Himmelshintergrundes. Je kleiner der Abstand Erde–Mars, um so größer ist der Unterschied. Deshalb kann man den Abstand des Mars bestimmen, wenn man weiß, wie weit die beiden Beobachtungsorte voneinander entfernt sind. Kurz zuvor hatte der französische Astronom Jean Picard (1620–1682) den Radius der Erdkugel gemessen. Mit der Größe der Erde war nun auch der Abstand Paris–Cayenne recht genau bekannt. So konnte man den Abstand Erde–Mars ermitteln. Das war der Anfang der Vermessung des Planetensystems. Kennt man den Abstand zweier Planetenbahnen und die Zeiten, in denen sie von ihren Planeten einmal durchlaufen werden, so kann man die Abstände der Bahnen zur Sonne errechnen. Man benötigt dazu das Dritte Keplersche Gesetz, das aus den beobachtbaren Umlaufzeiten zweier Planeten das Verhältnis ihrer Bahndurchmesser liefert. Da die Umlaufzeiten der Planeten leicht zu bestimmen sind, erfuhr man 1672, daß die Sonne etwa 150 Millionen Kilometer weit entfernt ist.

Inzwischen haben wir bessere Methoden, das System von Sonne und Planeten auszuloten, und wissen es genau: Im Mittel sind Sonne und Erde 149598000 Kilometer voneinander entfernt. Das Sonnenlicht benötigt etwa acht Minuten, um diese Strecke zurückzulegen. Würde an einem Tag mittags um 12.00 Uhr die Sonne schlagartig verlöschen, wir würden es erst um 12.08 Uhr gewahr.

Nachdem man die Entfernung der Sonne ermittelt hatte, wußte man auch, wie groß sie ist. Am Himmel erscheint sie als eine Scheibe, deren Durchmesser einem Winkel von einem halben Grad entspricht. Mit einer einfachen Dreiecksberechnung erhielt man dann einen Sonnendurchmesser von 1,4 Millionen Kilometern. Das ist etwa das 110fache des Durchmessers der Erde. Setzten wir unseren Planeten in die Mitte der Sonne, so würde der Mond immer noch im Sonneninneren um uns kreisen. Man könnte die Sonnenkugel mit mehr als einer Million Erdkugeln auffüllen.

Aus der hier bei uns auf den Quadratmeter treffenden Strahlungsleistung der Sonne und aus der nunmehr bekannten Entfernung kann man die Strahlkraft der gesamten Sonne bestimmen. In Millionen Watt (Megawatt) ausgedrückt ist es eine 21stellige Zahl! Was die Sonne in jeder Sekunde an Strahlung in den leeren Raum hinaus verschwendet, könnte eine Million Jahre lang den gesamten Energiebedarf der Menschheit decken.

Das Kraftwerk der Sonne

Jedes Feuer erlischt, wenn es keinen Brennstoff mehr findet, und jede Glut verglüht, wenn man ihr keine neue Nahrung zuführt – anders scheint es beim Glutball Sonne zu sein. Ohne sich abzukühlen spendet er Mensch, Tier und Pflanze die Wärme, die sie zum Leben brauchen. Er tut das nicht nur Tag für Tag und Jahr für Jahr. Wir wissen heute, daß er Jahrmilliarde für Jahrmilliarde mit unverminderter Kraft strahlt. Dabei müssen wir uns vergegenwärtigen, was eine Milliarde Jahre bedeutet. Wenn wir eine menschliche Generation mit 30 Jahren ansetzen, dann haben seit Jesus Christus 66 Generationen gelebt. Die Folge von Vater, Großvater und Urgroßvater, bis zu Beginn unserer Zeitrechnung fortgesetzt, hätte also in einem Eisenbahnwaggon bequem Platz. Ganz abgesehen davon, daß der Mensch erst in der jüngsten Zeit der Erdgeschichte erschien, kann man die Zahl der in einer Milliarde Jahren aufeinanderfolgenden menschlichen Generationen errechnen. Es sind 30 Millionen, also dreißigmal soviel wie München Einwohner hat – ein unvorstellbar langer Zeitraum, über den die Sonne mit unverminderter Stärke ihre Energie in den Raum sendet!

Ist in ihrem Inneren ein Kraftwerk verborgen, dem wir diese unvorstellbare Menge an Energie verdanken? Es drängt sich uns diese Frage auf, denn wir sind an den Satz von der Erhaltung der Energie gewöhnt. Energie kann nur aus einer anderen Energieform stammen. Das Licht der Lampe kommt von der elektrischen Energie, die uns das Elektrizitätswerk liefert. Dieses wiederum macht in seiner Planung von dem Satz Gebrauch, den die Physiker auch »Energiesatz« nennen: Energie geht nicht verloren und kann nicht aus nichts entstehen. Die Elektrizitätsgesellschaft nimmt in ihrer Kalkulation an, daß nichts von der über die Leitungen verschickten Energie verschwindet, sondern zum Kunden gelangt und von ihm bezahlt wird. Etwas davon wandelt sich allerdings auf dem Weg zum Verbraucher in Wärme um und erhöht die Temperatur der Leitungsdrähte. Energie geht nicht verloren, sie kann nur nutzlos werden.

Sie ist das Chamäleon der Natur. In der elektrischen Batterie wird aus chemischer Energie elektrische; in der Glühlampe wird aus elektrischer Energie Licht und Wärme. Beim Fahrraddynamo wird mechanische Energie, die in der Bewegung des Fahrrades steckt, in elektrische Energie umgewandelt. Gleichzeitig geht aber auch Bewegungsenergie des Fahrrades in Wärme über, denn die Reifen erwärmen sich beim Fahren. Dafür wird das Rad etwas gebremst. Der für die gesamte Physik so wichtige Satz von der Erhaltung der Energie wurde erst im letzten Jahrhundert gefunden. Da er sich auf die verschiedensten Energieformen bezieht, wurde man in mehreren Bereichen der Physik auf ihn aufmerksam. Den entscheidenden Schritt hat ein schwäbischer Apothekersohn, der Arzt Julius Robert Mayer (1814–1878) getan, doch der Engländer James Prescott Joule (1818–1889) und der deutsche Mediziner und Physiker Hermann von Helmholtz (1821–1894) formulierten den Satz präziser. Als man gelernt hatte, daß Energie nur aus Energie kommen kann, drängte sich die Frage auf, woher denn die Energie der Sonne käme.

Sie stammt aus dem Stoff, aus dem die Sonne besteht. Wer wissen will, wie das Kraftwerk Sonne arbeitet, der muß sich zuerst mit der Materie befassen, die in dieser gewaltigen Kugel heißen Gases vereinigt ist. Wußte man auch lange nicht, was die Sonnenmaterie ist, so gelang es doch schon im 18. Jahrhundert, wenigstens ihre Gesamtmasse zu bestimmen, die Sonne gewissermaßen aus der Ferne zu wägen.

Die Masse eines Himmelskörpers zu ermitteln, bereitet den Astronomen auch heute noch Schwierigkeiten. Nur wenn sich im Schwerefeld eines Sterns ein anderer Körper bewegt, kann man etwas über die Sternmasse erfahren. Beim Stern Sonne ist es die Bewegung der Planeten, die uns sagt, wieviel Masse im Sonnenkörper vereinigt ist. Wie die Schwereanziehung zwischen zwei Körpern mit ihrem gegenseitigen Abstand abnimmt, hatte zwar schon Isaac Newton (1643–1727) gefunden, doch das genügte noch nicht, um aus der Bewegung der Planeten die Masse der Sonne zu erhalten. Erst als es 1798 dem Engländer Henry Cavendish (1731–1810) gelang, in einer diffizilen Messung die wechselseitige Schwereanziehung zweier Bleimassen im Laboratorium zu ermitteln, lernte man das Gesetz der Schwerkraft in seiner endgültigen Form kennen. Nun konnte man aus dem Lauf der Planeten auch die insgesamt in der Sonne vereinigte Masse bestimmen.

Heute wissen wir, welch ungeheuer große Menge an Materie in der Sonne steckt. In Tonnen ausgedrückt ist es eine 28stellige Zahl. Das ist mehr als das 300 000fache der im Inneren der Erde verborgenen Masse. Mit dem Wissen um die in der Sonne vereinigte Materiemenge konnte man an die Frage herantreten, woher die Sonne ihre Strahlkraft nimmt.

Natürlich dachte man zuerst an die dem Menschen geläufigste Art der Erzeugung von großer Hitze, an einen Verbrennungsprozeß, bei dem chemische Energie zu Wärme wird. Doch mit chemischem Brennstoff kann die Sonne ihren Energiebedarf nicht lange decken. Das wußte schon John Herschel (1792–1871). Deshalb schrieb er Anfang des 19. Jahrhunderts den am Eingang dieses Kapitels zitierten Satz, und er fügte hinzu: »Wenn eine Vermuthung gewagt werden darf, so müssen wir die Erklärung des Ursprungs der ausstrahlenden Sonnenwärme mehr in der bekannten Möglichkeit einer unbegrenzten Erzeugung von Wärme durch Reibung oder in ihrer Erregung durch die elektrische Entladung, als in einer wirklichen Verbrennung eines festen oder luftförmigen wägbaren Stoffes suchen.«

Man beachte dabei, daß er einerseits die Sonnenenergie aus einer anderen Energieform gewinnen wollte, also eine Anleihe beim Satz von der Erhaltung der Energie machte, zum anderen aber von der »unbegrenzten Erzeugung von Wärme durch Reibung« sprach und später noch von einem »beständigen Strom elektrischer Materie«, der vielleicht »unaufhörlich in der unmittelbaren Nähe der Sonne kreist« und die Sonnenatmosphäre nach Art der Polarlichter leuchten läßt. Als John Herschel das schrieb, hatte Julius Robert Mayer noch nicht einmal mit seinem Medizinstudium begonnen.

Woher also kommt die Strahlkraft der Sonne? Mayer selbst überlegte 1846, ob sie ihre Energie nicht vielleicht von außen zugeführt bekommt. Wir wissen von den zahllosen Steinbrocken, die durch das Sonnensystem fliegen, und von denen gelegentlich einer die Erdoberfläche erreicht, um dann als Meteorit von Wissenschaftlern untersucht oder von interessierten Laien im Museum ehrfürchtig bestaunt zu werden: ein Stein aus dem Weltall. Wenn Meteoriten schon auf die kleine Erde treffen, so stürzen sicher viel mehr auf die riesige Sonne. Wenn einer von der Masse eines Kilogramms auf die Sonne fällt – die Geschwindigkeit läge bei 600 km/s – so werden beim Aufprall 200 Milliarden Joule in Wärme umgewandelt. Das sind mehr als 55000 Kilowattstunden. Bei einem Strompreis von 0,17 DM pro Kilowattstunde würde die dabei frei werdende Energie nahezu 10000 DM kosten. Im Prinzip könnte man den Strahlungsverlust der Sonne durch einen ständigen Meteoriteneinfall decken, wenn in jeder Sekunde zwei Billionen (zwei Tausend Milliarden!) Tonnen meteoritischen Materials in den Sonnenkörper fallen würden. Im Jahr wäre das zwar immer noch eine winzige Menge im Vergleich zur Gesamtmasse der Sonne, doch die Planeten sind empfindliche Indikatoren für einen möglichen Massenzuwachs. Wenn sich die Anziehungskraft der Sonne verstärkt, beginnen sie in ihren Bahnen schneller zu laufen. Das jahrhundertelange Studium der Bewegung der Planeten ließ aber keine Zunahme der Masse der Sonne erkennen, jedenfalls keine so rasche, wie zur Erklärung ihrer Strahlung durch auftreffende Meteoriten nötig wäre.

Auf einen anderen Energie liefernden Prozeß machte als erster Hermann von Helmholtz aufmerksam. In einer öffentlichen Vorlesung im Jahre 1854 diskutierte er zuerst die Frage, ob ein chemischer Prozeß, etwa die Verbrennung, der Sonne die abgestrahlte Energie ersetzen kann. Wir haben gesehen, daß bereits John Herschel chemische Energie für unzureichend gehalten hatte. Helmholtz erklärte, daß bei der Reaktion, die bei kleinster Masse die größtmögliche Energiemenge frei werden läßt, die Vereinigung von Wasserstoff und Sauerstoff zu Wasser, die Sonne ihre Strahlung für genau 3021 Jahre decken könnte. Doch bereits die Geschichte der Menschheit lehrt, daß die Sonne länger strahlen muß. Die Geologie setzte seiner Meinung nach den Zeitraum, über den die Sonne so strahlte wie heute, mit Millionen Jahren an. So schloß Helmholtz, daß für die Sonnenenergie keine chemischen Reaktionen verantwortlich sein können. Er wiederholte dann die Argumente, die Mayers Meteoritenhypothese widerlegen. Statt dessen schlug er eine neue Energiequelle für die Sonne vor, an die vorher niemand gedacht hatte. Heute haben wir dafür den Namen *Gravitationsenergie.*

Helmholtz ging von der auch heute noch richtigen Vorstellung aus, daß sich die Sonne aus diffusen, im Raum verteilten Gasmassen gebildet hat. Wenn sich diese Gase verdichten, müssen sie sich gleichzeitig erhitzen. Dann steigt aber der Druck im Inneren der zusammenfallenden Wolke und bietet der Fallbewegung Einhalt. Von nun an schrumpft die Gaskugel nur noch in dem Maße, als sie ihre dabei frei werdende Energie abstrahlen kann, die sie beim Zusammenstürzen gewonnen hat. Wir glauben auch heute noch, daß dieser Prozeß in den frühen Phasen eines Sterns eine wichtige Rolle spielt. Helmholtz schätzte ab, daß die Sonne damit bisher seit 22 Millionen Jahren strahlen konnte und daß sie noch für 17 Millionen Jahre mit unverminderter Kraft weiter leuchten kann, ehe andere Prozesse ihrem Schrumpfen Einhalt gebieten.

Der Astronom A. Jack Meadows schreibt in seinem Buch über die Anfänge der Physik der Sonne, daß viele Astronomen zwar Mitte des vorigen Jahrhunderts noch glaubten, daß 20 Millionen Jahre für die Sonne als ein vernünftiges Alter anzusehen seien – aber hauptsächlich weil sich die neuesten Alterswerte noch nicht bis zu ihnen herumgesprochen hatten.

Inzwischen hatten nämlich die Geologen öfters versucht, das Alter der Erde abzuschätzen. Wie lange dauerte es, bis ein Fluß ein Tal gegraben hat? Wie lange brauchte es, bis die Sedimentschichten des Meeresbodens ihre heutige Dicke erreicht haben? Bei diesen Überlegungen erhielt man Zeiträume von einigen hundert Millionen Jahren. Wenn seit so langer Zeit auf der Erde ein Klima herrschte, bei dem sich Wasser in flüssiger Form halten konnte, so muß die Sonne seit sehr viel längerer Zeit leuchten, als sie es nach dem Helmholtzschen Schrumpfmechanismus kann. Als Helmholtz seinen Energiemechanismus vorgeschlagen hatte, war er bereits überholt. Man brauchte eine noch ergiebigere Energiequelle.

Wo also ist das Energiereservoir, das die Sonne über unvorstellbare Zeiträume mit unverminderter Kraft strahlen läßt? Die Frage wurde noch brennender, als der französische Physiker Antoine Henri Becquerel (1852–1908) die Radioaktivität entdeckte. Dazu ein paar Worte zu unseren Vorstellungen vom Bau der Atome.

Atome und ihre Bestandteile

Jedes Atom hat einen Atomkern, der von einer Hülle von Elektronen umgeben ist. Die Atomkerne selbst sind aus elektrisch positiv geladenen Teilchen, den Protonen, und elektrisch neutralen Neutronen zusammengesetzt. Beide Teilchensorten haben etwa die gleiche Masse. Erst eine 24stellige Anzahl von Neutronen gibt die Masse von einem Gramm. Die elektrisch negativen Elektronen bestehen aus noch weniger Materie. Ihre Masse ist etwa ein Zweitausendstel der Masse des Protons. In der Hülle schwirren genauso viele Elektronen, wie sich Protonen im Kern verbergen. Die Ladungen der positiven Protonen im Kern werden durch die negativen Ladungen der Elektronen genau kompensiert. Deshalb ist das Atom nach außen hin nicht mehr elektrisch geladen. Alle chemischen Eigenschaften der Stoffe werden durch diese Elektronenhüllen bestimmt. Deshalb reagieren Atome chemisch gleich, wenn sie gleichviel Elektronen in ihren Hüllen besitzen, oder – was auf das gleiche herauskommt – wenn ihre Kerne gleichviel Protonen enthalten. Die chemischen Eigenschaften eines Atoms ändern sich nicht, wenn man die Zahl der Neutronen in den Kernen verändert, denn das hat keinen Einfluß auf die Elektronenhülle, die sich nur nach den Protonen im Kern richtet. Deshalb zählt man alle Atome gleicher Protonenzahl zum gleichen chemischen Element. So gehören zum Beispiel alle Atome mit acht Protonen zum Element Sauerstoff. Das in der Natur am häufigsten vorkommende Sauerstoffatom besitzt auch acht Neutronen. Es hat also im Kern 16 Teilchen. Man beschreibt diese Sauerstoffsorte abgekürzt mit ^{16}O, wobei O das Zeichen für Sauerstoff ist. Demgegenüber hat das Atom ^{17}O neben acht Protonen *neun* Neutronen. Auch diese Sorte Sauerstoff kommt in der Natur vor, nur nicht so häufig wie ^{16}O. Atome, die sich nur in der Anzahl der Neutronen unterscheiden, nennt man *Isotope* eines Elements.

Der Wasserstoff besitzt drei Isotope. Der normale Wasserstoffkern ist ein einziges Proton. Um diese positive elektrische Ladung zu kompensieren, kreist ein Elektron in unmittelbarer Nähe um ihn. Es ist für die chemischen Eigenschaften des Wasserstoffs verantwortlich. Daneben gibt es den *schweren Wasserstoff*, auch *Deuterium* genannt. In seinen Atomkernen findet man neben dem Proton noch ein Neutron. Deshalb besitzt der Kern des Deuteriums doppelt soviel Masse wie der des normalen Wasserstoffs. Deuterium kommt in der Natur recht selten vor. Auf 10000 Wasserstoffatome kommen nur ein bis zwei der schweren Sorte. Da der Deuteriumkern dieselbe elektrische Ladung besitzt wie der des normalen Wasserstoffs, genügt gleichfalls ein einziges Elektron, um die positive Ladung des Kerns zu neutralisieren. Schreibt man für den normalen Wasserstoff kurz ^{1}H, so ist das Kürzel für Deuterium ^{2}H. Beim dritten Isotop des Wasserstoffs, dem *Tritium*, mit ^{3}H abgekürzt, hat das Proton im Kern noch zwei Neutronen als Nachbarn.

Ist Wasserstoff das häufigste Atom im Weltall, so steht das Helium an zweiter Stelle. In seiner bekanntesten Form als ^{4}He, sitzen neben zwei Protonen noch zwei Neutronen im Kern. Ein Helium-Isotop, das bei den Kernreaktionen in der Sonne eine wichtige Rolle spielt, ist das ^{3}He. Zwei Protonen und ein Neutron bilden diesen Kern.

Neben den drei Bestandteilen der Atome, nämlich Elektronen, Protonen und Neutronen gibt es in der Natur noch viele andere Teilchen. Meist bestehen sie nur kurze Zeit, ehe sie wieder in andere Teilchensorten zerfallen oder sich mit anderen Teilchen vereinigen. So gibt es zum Beispiel zum Elektron ein Gegenstück, das *Positron*. Es besitzt dieselbe Masse wie das Elektron, nur seine Ladung ist entgegengesetzt, also positiv. Wenn es auf ein Elektron trifft, dann gehen beide Teilchen in einem Lichtblitz zugrunde, aus Materie wird Strahlung.

Eines der Teilchen, das den Physikern noch heute unheimlich ist, heißt *Neutrino*. Es spielt in der Sonnenphysik eine besondere Rolle, und wir werden in Kapitel 9 darauf zurückkommen.

Radioaktive Uhren

Manche Atomkerne sind radioaktiv, das heißt sie zerfallen. Da ist etwa die Uransorte ^{238}U, deren Atomkerne aus 92 Protonen und 146 Neutronen bestehen. Nach 4,5 Milliarden Jahren hat sich ganz von selbst die

Hälfte der Atome von ^{238}U in die Bleisorte ^{206}Pb umgewandelt. Insgesamt werden dabei 10 Protonen und 22 Neutronen aus dem Atomkern hinausgeschleudert. Mit jedem Proton aus dem Kern verliert das Atom auch ein Elektron aus der Hülle.

Da jeder radioaktive Stoff eine für ihn charakteristische Zerfallszeit besitzt, kann man ihn als Zeitmesser benutzen. Man beginne etwa mit tausend Atomen des ^{238}U und warte. Wenn man nur noch 500 Uranatome hat, dafür aber 500 neu entstandene Bleiatome der Sorte ^{206}Pb*, dann sind 4,5 Milliarden Jahre vergangen.

So könnte man glauben, daß die Altersbestimmung mit Hilfe des radioaktiven Zerfalls von ^{238}U ganz einfach wäre. Bei jeder Bodenprobe, die ^{238}U enthält, müsse man nur prüfen, wieviel Blei der Sorte ^{206}Pb beigemengt ist. Dann weiß man, wieviel Zeit verstrichen sein muß, damit sich aus dem Uran das Blei bildete. Doch in Wahrheit ist alles komplizierter. Ein Teil des gefundenen ^{206}Pb könnte auch schon von Anfang an in der Probe gewesen sein und sich nicht erst später beim Zerfall des Urans gebildet haben. Um diese Unsicherheit zu beseitigen, muß man noch andere zerfallende Atomsorten zu Hilfe nehmen. Radioaktive Elemente sind Uhren, wie geschaffen, um geologische Zeiträume zu messen. Es gibt noch mehrere andere Atomsorten, die zur Bestimmung der Zeit während geologischer Vorgänge geeignet sind. Die radioaktiven Uhren schufen eine neue Möglichkeit zur zeitlichen Festlegung des Alters verschiedener Mineralien. Zu Beginn unseres Jahrhunderts hielt in Moçambique vorkommendes Zirkon, ein Mineral, in dem man Spuren radioaktiven Thoriums findet, den Alters-Weltrekord von 1,5 Milliarden Jahren. Die Erde war wesentlich älter als man angenommen hatte! Wenn die Erde als Trabant der Sonne schon so alt war, so konnte die Sonne kaum jünger sein. So lange reichte aber die Sonnenenergie aus dem Helmholtzschen Schrumpfmechanismus keinesfalls.

Die Energie in der Materie

Während das Problem der Sonnenenergie durch die radioaktiven Altersbestimmungen immer brennender wurde, kam von anderer Seite ein neuer Impuls. Im Jahre 1905 stellte Albert Einstein (1879–1955) seine Spezielle Relativitätstheorie auf und erkannte mit ihr, daß im Prinzip Masse und Energie dasselbe sind und daß sie ineinander umge-

* Die Atomkerne dieser Bleiart bestehen aus 82 Protonen und 124 Neutronen.

wandelt werden können. Der Satz von der Erhaltung der Energie und der von der Erhaltung der Masse, den Antoine Laurent Lavoisier (1743–1794) Ende des 18. Jahrhunderts aufgestellt hatte, verschmolzen zu einem einzigen Naturgesetz, denn Energie und Masse waren nach Albert Einstein dasselbe. Quantitativ formulierte er dies in seiner berühmten Formel $E = m\,c^2$. Sie läßt sich folgendermaßen verstehen: Masse kann in Energie umgewandelt werden, dabei wird aus der Materiemenge m die Energie E. Umgekehrt kann auch aus der Energie E die Masse m werden. Um ihre Menge zu berechnen, muß man die Masse mit dem Quadrat der Lichtgeschwindigkeit c multiplizieren. Die Geschwindigkeit des Lichtes ist 300 000 000 m/s. Nehmen wir als Beispiel ein Gramm Materie, das sind 0,001 kg. Es entspricht der Energie $E = 0{,}001 \times 300\,000\,000 \times 300\,000\,000$ kg m^2/s^2. Die hier benutzte Maßeinheit »Kilogrammquadratmeter pro Quadratsekunde« ist recht ungewöhnlich. In eine gebräuchlichere Energieeinheit umgerechnet sind das 25 Millionen Kilowattstunden. Eine so große Energiemenge drückt man oft in der makabren Einheit Kilotonnen Trinitrotoluol (kt TNT) aus. Das ist die Energie von 1000 Tonnen dieses chemischen Sprengstoffes. Wenn wir unser Gramm Materie schlagartig in Energie umwandeln würden, erhielten wir die Sprengkraft von 20 Kilotonnen TNT. Das entspricht der Stärke der Bombe von Hiroshima. Tatsächlich wurde am 6. August 1945 in Hiroshima nur etwa ein Gramm Materie vollständig in Energie umgewandelt. Das entspricht einem Zehntel der Materiemenge, die man für einen Brotaufstrich verwendet.

Aber ganz so einfach wie die Einsteinsche Formel andeutet, läßt sich Masse nicht zu Energie machen. Niemandem gelang es (glücklicherweise) bisher, eine größere Menge Materie restlos zu verstrahlen. Auch in der Hiroshima-Bombe mußte man etwa ein Kilogramm Kernsprengstoff benutzen, um nur ein Tausendstel davon in Energie zu verwandeln: Man kann eben nur einen kleinen Teil der Masse der Atomkerne verstrahlen. Trotzdem stellen die Kernbrennstoffe die ergiebigste bisher bekannte Energiequelle dar.

So schien nach 1905 das Problem der Sonnenenergie gelöst zu sein. In ihrer Masse besitzt die Sonne einen ungeheuren Energievorrat, aus dem sie ihre Verluste durch Strahlung spielend decken kann. Die Astrophysiker konnten eigentlich erleichtert aufatmen.

Energie aus den Atomen der Sonne

Bei Kernreaktionen werden die Bestandteile von Atomkernen umgeordnet. Kerne, die aus vielen Protonen und Neutronen bestehen, können zerfallen, solche mit weniger Kernbausteinen können zu größeren Komplexen verschmelzen.

Atomkerne, die weniger Masse haben als das Eisen, sind meist recht stabile Gebilde, in ihnen werden die Protonen und Neutronen durch starke Kräfte zusammengehalten. Wenn man einen Atomkern aufbrechen will, muß man Energie aufbringen, bei einer Atomsorte mehr, bei der anderen weniger. Wenn man den Kern des Elements Helium in seine Einzelbestandteile zerlegt – es sind zwei Protonen und zwei Neutronen – muß man Energie aufbringen, die sogenannte Bindungsenergie des Heliumkerns. Wenn man die vier Einzelteilchen wieder zu einem Heliumatom zusammensetzt, gewinnt man diese *Bindungsenergie* zurück. Tatsächlich ist die Masse des Heliumkerns etwas kleiner als die Summe der Massen der Einzelteile, denn es fehlt dem Heliumkern die Energie, die beim Zusammenfügen frei geworden ist. Da Energie gleich Masse ist, so hat der Heliumkern auch weniger Masse.

Die Sonne besteht hauptsächlich aus Wasserstoff und Helium. Da liegt es nahe zu fragen, ob vielleicht ihre gesamte Strahlkraft dadurch zustande kommt, daß die Atomkerne des Wasserstoffs sich zu Heliumkernen zusammenschließen. Das geht nicht so einfach, wie man auf den ersten Blick annehmen könnte. In der Abbildung 1.2 sind die Einzelheiten dargestellt. Man beachte, daß sich Protonen, also elektrisch positiv geladene Kernbausteine, in Neutronen, also in elektrisch neutrale Teilchen verwandeln. Die positive elektrische Ladung geht dabei in Form eines Positrons weg, das kurze Zeit danach mit einem Elektron ver-

Abb. 1.2: Woher die Energie der Sonne kommt. Oben stoßen zwei Atomkerne des Wasserstoffs (H) zusammen. Ein Positron (e^+) und ein Neutrino werden herausgeschleudert. Das Positron ähnelt in allen seinen Eigenschaften dem (negativen) Elektron, hat aber eine positive Ladung. Übrig bleibt ein Atomkern des Deuteriums (D). Wenn es mit einem Proton zusammenstößt, entsteht ein Kern des Heliumisotops ^{3}He, das aus zwei Protonen und einem Neutron besteht. Dabei geht Energie in Form eines Strahlungsblitzes verloren. Treffen zwei ^{3}He-Kerne aufeinander, entsteht ein Heliumkern der Sorte ^{4}He, während zwei Protonen frei werden. Insgesamt haben sich in dieser Kette von Reaktionen vier Wasserstoffkerne zu einem Heliumkern verschmolzen. Die dabei frei gewordene Energie geht als Sonnenstrahlung in den Raum. Neben den hier abgebildeten Reaktionen laufen parallel noch andere ab, die aber für den Energiehaushalt der Sonne unwichtig sind (vgl. Abb. 9.1).

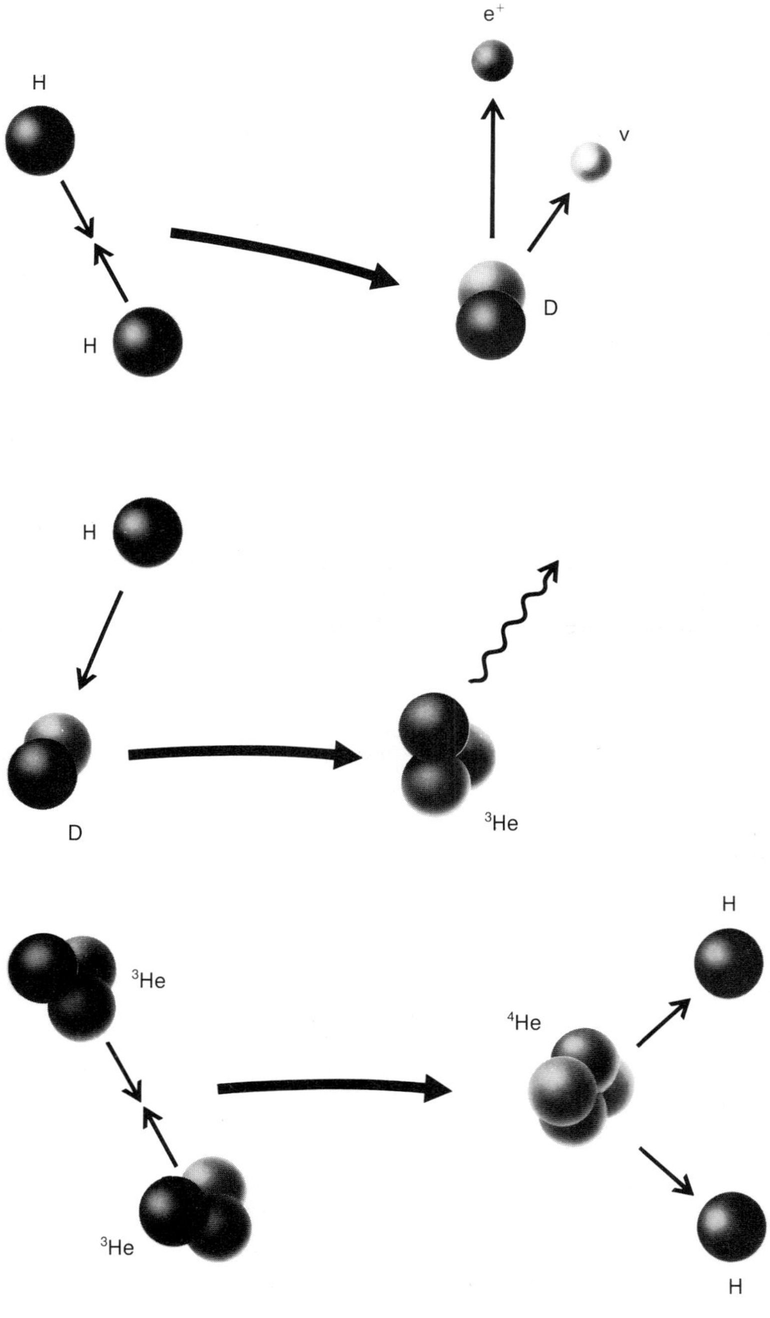

H
H
e+
v
D
H
D
3He
3He
3He
4He
H
H

strahlt. Insgesamt ist aus vier Atomkernen des Wasserstoffs ein Heliumkern geworden. Wenn man ein Gramm Wasserstoff in Helium umwandelt, so werden 180000 Kilowattstunden in Form von Strahlung frei. Das ist zwar bei weitem nicht soviel, wie wenn man das ganze Gramm Wasserstoff verstrahlen könnte, doch würde es immer noch ausreichen, die Leuchtkraft einer ursprünglich aus Wasserstoff bestehenden Sonne für 100 Milliarden Jahre zu decken – wesentlich länger als das Weltall besteht.

Aus der Einsteinschen Formel folgt, daß die Sonne mit ihrer Strahlung auch gleichzeitig Masse verliert. In jeder Sekunde gehen ihr vier Millionen Tonnen in Form von Strahlung verloren. So groß uns dieser Massenverlust auch erscheinen mag, erst nach 45 Millionen Jahren hätte sie eine Masse von der der Erdkugel verstrahlt. Doch auch dieser Verlust schmerzt die Sonne nicht, denn ihre Masse ist 300000mal so groß.

Wenn man das Alter des gesamten Weltalls abschätzt, so kommt man auf höchstens 20 Milliarden Jahre. Hätte die Sonne über die ganze Zeit mit ihrer jetzigen Stärke geleuchtet, sie hätte nur ein Tausendstel ihrer Masse verstrahlt.

Wir haben nicht erwähnt, daß bei den in der Abbildung 1.2 dargestellten Prozessen auch ein Neutrino frei wird. Auf das Neutrino und auf die in der Abbildung weggelassenen Nebenreaktionen kommen wir in Kapitel 9 zurück.

Wir wissen heute, daß die Sonne ein gewaltiger Kernreaktor ist, genauer ein Fusionsreaktor, in dem Wasserstoff in Helium verwandelt wird. Alles Leben auf der Erde verdankt seine Existenz den in der Abbildung 1.2 dargestellten Kernreaktionen. Es liegt nahe, daß wir versuchen, auf der Erde zur Energiegewinnung auch Wasserstoff in Helium umzuwandeln. Wasserstoff hätten wir im Wasser der Ozeane genug. Doch trotz fieberhafter Forschung in der ganzen Welt ist es vorläufig noch niemandem gelungen, größere Mengen Energie aus der Fusion des Wasserstoffs zu gewinnen.

Die ersten Spuren von Leben auf der Erde sind dreieinhalb Milliarden Jahre alt. Mindestens seit dieser Zeit wird die Erde gleichmäßig von der Sonne bestrahlt. Das Leben konnte sich auf sie verlassen. Als der Mensch zu denken begann, wurde ihm bald bewußt, daß er sein Leben der Sonne verdankt. War es ein Wunder, daß er sie in vielen Kulturen, so wie Echnaton, der Ägypter, als Gott verehrte? Als sich Anfang des 17. Jahrhunderts herausstellte, daß sie doch nicht so ganz ohne Makel war, wollte man das sogar in der Renaissance nicht wahrhaben.

2. Die Flecken der Sonne

> Scheiner bediente sich zuerst bei Sonnen-Beobachtungen der schon 70 Jahre früher von Apian (Bienewitz) im Astronomicum Caesarium vorgeschlagenen, auch von belgischen Piloten längst gebrauchten, blauen und grünen Blendgläser, deren Nichtgebrauch viel zu Galileis Erblindung beigetragen hat.
>
> *Alexander von Humboldt, »Kosmos« (1850)*

Wir sollten uns nicht allzusehr wundern, wenn Wissenschaftler heute darüber streiten, wer von ihnen etwas als erster entdeckt hat. Die Menschen waren schon immer so. Die Geschichte der Sonnenflecken ist eines von vielen Beispielen.

Wer war der erste?

Heute schreiben wir die Priorität einer Entdeckung dem zu, der sein Ergebnis als erster veröffentlicht. Danach wären die Sonnenflecken ein ostfriesischer Fund.

David Fabricius war Pfarrer in Westerhave bei Dornum und später in Osteel in Ostfriesland. War er tagsüber für seine Gemeinde da, so widmete er sich nachts den Sternen. Diese Nebenbeschäftigung brachte ihm Ansehen, weit über Ostfriesland hinaus. Mit Tycho Brahe, dem großen dänischen Astronomen stand er in Kontakt, mit Johannes Kepler führte er einen intensiven Briefwechsel. Auch sein ältester Sohn Johannes fühlte sich zur Astronomie hingezogen. Doch sein Vater schickte ihn zum Medizinstudium nach Helmstedt und Wittenberg und 1609 nach Holland an die Universität von Leiden. Ein Jahr zuvor oder vielleicht schon früher war in Holland das Fernrohr erfunden worden. Wahrscheinlich hat der junge Fabricius die Teleskope, die er später benutzte, aus Leiden nach Hause mitgebracht.

Von seinem Vater zur Untersuchung der Sonne angeregt, sieht er am 9. März 1611 mit einem seiner Fernrohre auf der Sonnenscheibe einen kleinen schwarzen Fleck*. Anfangs glaubt er an eine Täuschung. Er ruft den Vater, doch auch der sieht den Fleck. Sie verfolgen die Sonne im Fernrohr den ganzen Tag über. Der Fleck bleibt unverändert. Die Nacht verbringen sie voller Unruhe, den Sonnenaufgang können sie kaum erwarten. Als schließlich die Sonne über den Horizont tritt, ist der Fleck immer noch zu sehen. Johannes Fabricius veröffentlicht die Neuigkeit im Jahre 1611. Damit hat er als erster die Entdeckung der Sonnenflekken angezeigt.

Wir wissen nicht genau, wann der junge Fabricius starb. Von seinem Tod erfahren wir nur durch einen Nachruf aus der Feder von Johannes Kepler. Vater Fabricius folgte ihm kurz danach. Nachdem er einen Bauern öffentlich von der Kanzel beschuldigt hatte, er habe ihm seine Gänse gestohlen, wurde er mit einem Spaten erschlagen. Sein Sohn Johannes hatte zwar als erster über die Sonnenflecken geschrieben, zuerst gesehen aber hat sie ein anderer.

Mit Hilfe des neu erfundenen Fernrohres hat sie bereits der englische Mathematiker und Philosoph Thomas Harriot (1560–1621) am 8. Dezember 1610 registriert, was man freilich erst 200 Jahre später seinen unveröffentlichten Notizen entnommen hat. Drei Tage vor Fabricius, nämlich am 6. März 1611, bemerkten der Jesuitenpater Christoph Scheiner (1575–1650) in Ingolstadt und sein Schüler und Gehilfe Johann Baptist Cysat (1588–1657) die Flecken auf der Sonnenscheibe. Doch Scheiners Vorgesetzter im Orden glaubte nicht an Flecken in der Sonne. »Die Sache«, soll dieser gesagt haben, »wird von keinem alten Philosophen erwähnt: Ich habe meinen Aristoteles mehr als einmal von Anfang bis zu Ende durchgelesen, aber nichts Ähnliches gefunden. Also halten Sie diese Absurdität zurück und geben Sie sich nicht öffentlich bloß, sondern seyen Sie vielmehr überzeugt, daß es bloß ein Fehler Ihres Auges oder Ihres Fernglases ist, welches Sie sogar in der Sonne Flecken sehen läßt.« So zitiert der Nürnberger Gymnasialprofessor

---

* Wenn man Johannes Fabricius' Originalbericht liest, erschrickt man über den Leichtsinn, mit dem Vater und Sohn durch ihr Fernrohr auf die Sonne blickten. Daß keiner sein Augenlicht verloren hat, verdanken sie wohl nur ihrem extrem lichtschwachen Instrument. Erst später haben sie sich zur Betrachtung der Sonnenscheibe einer Art Lochkamera bedient. Die Projektionsmethode, die Scheiner anwandte (vgl. Abb. 2.2), ist mit dem aus einer Konvex- und einer Konkavlinse bestehenden holländischen Fernrohr nicht möglich. Der Leser sei an dieser Stelle dringend gewarnt, mit einem Fernrohr oder auch nur mit einem Feldstecher in die Sonne zu schauen, wenn er nicht selbst daran schuld sein will, daß man ihm den Rest dieses Buches vorlesen muß. In Anhang A ist die ungefährliche Projektionsmethode zur Beobachtung der Sonnenscheibe beschrieben.

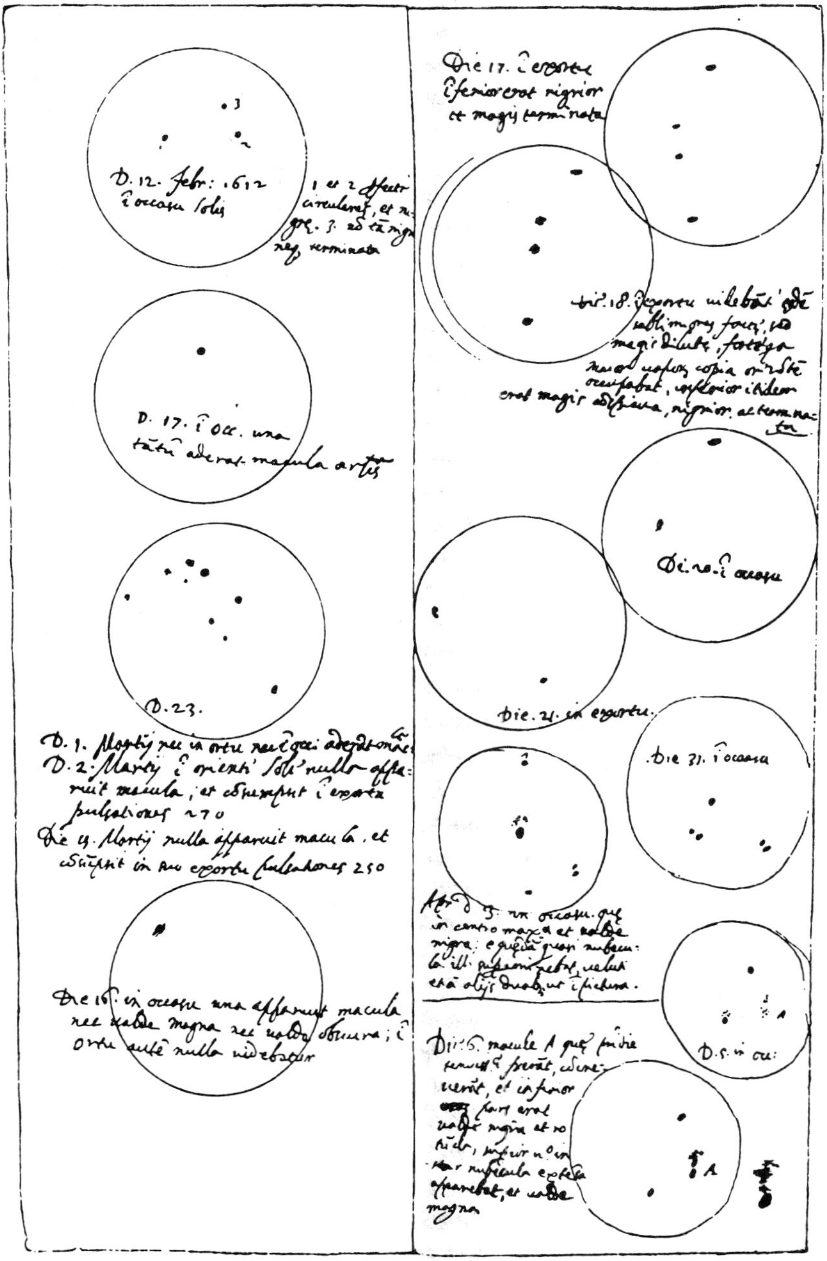

Abb. 2.1: Sonnenflecken, von Galilei am Fernrohr gezeichnet.

Lorenz Wöckel in einem 1844 erschienenen Buch »Populäre Vorlesungen über die Sternkunde« den Ordensmann. Um nicht gegen dessen Rat zu handeln, berichtet Scheiner darüber nur in zwei Briefen an den Augsburger Patrizier Marcus Welser (1558–1614). Doch Welser ließ die Briefe drucken. Um Scheiner nicht in Schwierigkeiten mit seinen Vorgesetzten zu bringen, erscheinen sie unter dem Pseudonym Apelles. Als Galilei davon erfährt, schreibt er an Welser nach Augsburg und erklärt, daß er die Flecken auf der Sonne schon längst, nämlich 1610 gesehen habe. Nun beginnt zwischen Scheiner und Galilei ein Streit um die Priorität*. Zeichnungen von Sonnenflecken aus Galileis Hand von 1612 zeigt die Abbildung 2.1.

Als Scheiner später neun Jahre in Rom lebt, gibt er 1630 sein großes astronomisches Werk »Rosa Ursina« heraus, das Niederschriften zahlloser Beobachtungen von Sonnenflecken enthält. Zu dieser Zeit ist Scheiner bei den Jesuiten als Wissenschaftler bereits hoch angesehen, und so erscheint das Werk nunmehr unter seinem eigenen Namen. Er kann sich zahlreiche Seitenhiebe auf Galilei nicht verkneifen**. So sehr Galilei und Scheiner sich auch bekämpften, sie waren sich einig, Fabricius' Entdeckung zu ignorieren.

Bei seinen Beobachtungen der Flecken bediente sich Scheiner der in der Abbildung 2.2, oben, dargestellten Methode, bei der man das Fernrohr auf die Sonne richtet und das durch das Rohr gehende Licht hinter dem Okular auf einen hellen Schirm fallen läßt. Bei geeigneter Einstellung projiziert die Optik des Fernrohrs ein scharfes Sonnenbild auf die Fläche des Schirms. In Anhang A ist gezeigt, wie man nach dem gleichen Verfahren mit einem einfachen Feldstecher die Flecken auf der Sonne beobachten kann.

Eigentlich hätte man schon lange vor der Erfindung des Fernrohres auf die Sonnenflecken aufmerksam werden sollen, denn immer wenn Sonnenstrahlen durch kleine Öffnungen in Fensterläden oder Türen auf eine gegenüberliegende Wand fallen, entsteht ein kleines Bild der Sonnenscheibe. In ihm kann man gelegentlich auch größere Sonnenflecken

---

* Die Rivalität bekommt noch dadurch eine besondere Note, daß Scheiner an das alte griechische Weltbild glaubte, wonach sich Sonne, Mond und Planeten um die Erde bewegen, während Galilei ein leidenschaftlicher Anhänger des Kopernikus war, der schon 1543 gelehrt hatte, daß die Sonne in der Mitte der Planetenbahnen steht und nur der Mond eine Bahn um die Erde zieht, während die Erde mit den anderen Planeten um die Sonne wandert.

** Der Verdacht, daß Scheiner am Zustandekommen des Prozesses gegen Galilei im Jahre 1633 Anteil gehabt hatte, läßt sich allerdings nicht erhärten.

Abb. 2.2: Oben: Scheiner projizierte das Bild der Sonnenscheibe mit Hilfe eines Fernrohrs auf einen weißen Schirm. Unten: Die gleiche Methode benutzte Hevelius (1611–1687), der in der Zeichnung mit Hilfe des projizierten Sonnenbildes eine Sonnenfinsternis beobachtet.

als schwarze Punkte erkennen. Im Jahre 1613 reiste der römisch-katholische Kaiser Matthias zum Kurfürstentag nach Regensburg. Da man beabsichtigte, den Gregorianischen Kalender einzuführen, war auch Johannes Kepler, der damals in Linz arbeitete, als »Kalenderfachmann« geladen. So betrat er im Juli jenes Jahres zum ersten Mal die Stadt, in der man ihn 17 Jahre später bestatten sollte. Beim Besuch des Doms betrachtete er die scheibenförmigen Sonnenbilder, die das durch kleine Öffnungen fallende Sonnenlicht nach dem Prinzip der Lochkamera auf den Boden warf. Er berichtete später: »Ich sah in der Kathedrale und zeigte auch den dabeistehenden Bekannten die Spuren der Sonnenflekken in den kleinen Lichtkreisen, die durch die Ritzen der Fenster aus der Höhe herabfielen.« Diese Erscheinung hätte man natürlich auch vor der Erfindung des Fernrohrs bemerken können, denn wie schon oben erwähnt, bedarf es dazu nicht eines zur Lochkamera umfunktionierten Doms.

Von Zeit zu Zeit erreicht ein Fleck auf der Sonne einen Durchmesser von mehr als 50000 km. Dann kann man ihn sogar schon mit unbewaffnetem Auge sehen. Etwa ein Prozent aller Sonnenflecken oder eng beieinanderstehenden Sonnenfleckengruppen erreicht diese Größe. Natürlich lassen sich dann der Fleck oder die Fleckengruppe nicht in der gleißend hellen Sonnenscheibe erkennen, wohl aber kann er sichtbar werden, wenn das Licht der Sonne durch Dunst oder Nebel so abgeschwächt ist, daß man ohne weiteres in die Sonnenscheibe blicken kann. Bereits in der Zeit vor Christi Geburt findet man Niederschriften über dunkle Punkte auf der Sonnenscheibe. Es ist nicht immer leicht, sich in den alten Berichten zurechtzufinden, so, wenn man etwa liest, daß im Jahre 354 v. Chr. in der Sonnenscheibe ein dunkles Gebilde »so groß wie ein Hühnerei« erschienen sei. In alten chinesischen Quellen sind 45 Berichte über Sonnenflecken aus dem Zeitraum zwischen 301 v. Chr. und 1205 n. Chr. zu finden. Einhard, der Biograf Karls des Großen, schreibt, daß im Jahre 807 der Planet Merkur acht Tage lang als dunkler Fleck vor der Sonne gestanden habe. Das muß ein großer Sonnenfleck gewesen sein, denn Merkur kann nie länger als etwa einen halben Tag vor der Sonne stehen. Kepler hat am 28. Mai 1607 in Prag ebenfalls einen dunklen Fleck vor der Sonne gesehen und für den Planeten Merkur gehalten. Erst später, nachdem er von den Sonnenflecken erfahren hatte, wurde ihm bewußt, daß er wohl einen großen Fleck auf der Sonne wahrgenommen hatte, wie er einem Brief an David Fabricius anvertraute. So besteht kein Zweifel, daß es auch schon vor Jahrhunderten Sonnenflecken gegeben hat.

Das Wandern der Sonnenflecken

Schon sehr früh bemerkte man, daß die Sonnenflecken im Laufe von Tagen langsam über die uns zugewandte Seite der Sonne wandern. Ein einmal beobachteter Sonnenfleck ist am nächsten Tag ein Stück weiter westlich zu sehen. Scheiners Zeichnung in Abbildung 2.3 zeigt, wie die Flecken über die Sonnenscheibe wandern. Im Laufe von etwa 13 Tagen bewegt sich ein Fleck vom Ost- zum Westrand. Man bemerkt auch, daß er sich dabei perspektivisch verzerrt, denn man sieht ihn am Rand schräg von der Seite. Selbst wenn er in Wahrheit kreisrund ist, muß er von der Seite gesehen natürlich oval erscheinen. Auch das ist bereits aus Scheiners Zeichnung aus dem Jahre 1630 zu erkennen.

Warum wandern die Flecken über die Scheibe? In ihrer Bewegung sehen wir die Rotation der Sonne. So ziehen sie nicht gleichmäßig über die Sonnenscheibe hinweg. Stehen sie am Rand, so erscheint es uns, als ob sie sich langsamer nach Westen bewegen. Stehen sie in der Mitte, so ist ihre Geschwindigkeit am größten. Das aber erwartet man, wenn sich

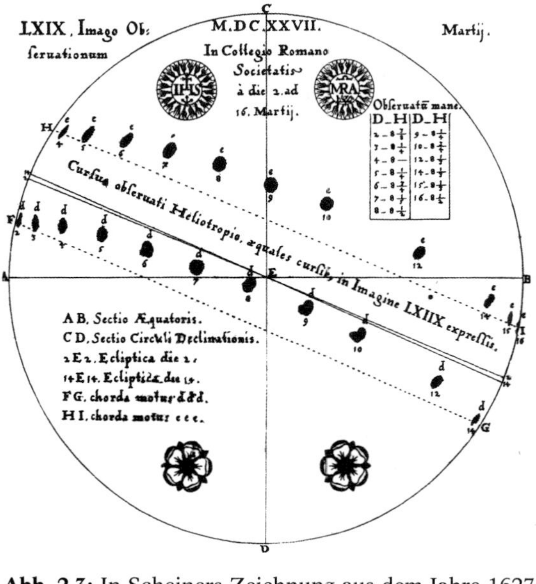

Abb. 2.3: In Scheiners Zeichnung aus dem Jahre 1627 sind zwei an aufeinanderfolgenden Tagen beobachtete Flecken in das Bild der Sonnenscheibe eingetragen. Man erkennt, daß sie vom linken (östlichen) Rand zum rechten, dem westlichen wandern. Sie spiegeln die Rotation der Sonne wider.

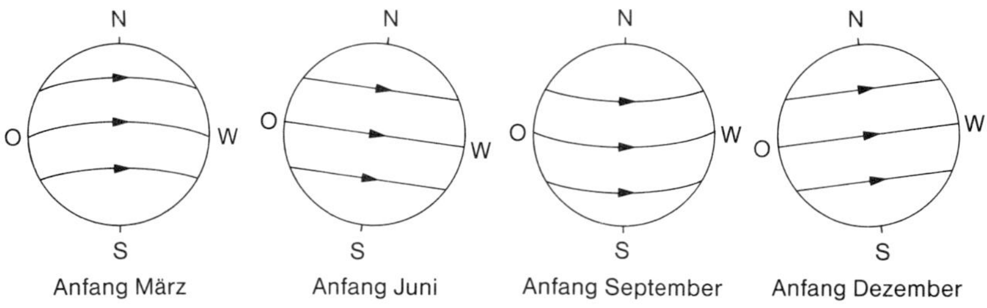

Abb. 2.4: Da die Achse der Sonnenrotation gegen die Erdbahn geneigt ist, blicken wir im Laufe eines Jahres aus verschiedenen Richtungen auf die rotierende Sonne. Im März sehen wir etwas mehr von ihrer südlichen, im September etwas mehr von ihrer nördlichen Halbkugel.

eine Kugel gleichförmig um ihre Achse dreht. Am Rand bewegen sich die Flecken mehr auf uns zu oder von uns weg, das können wir nicht erkennen. Steht ein Fleck aber mitten in der Sonnenscheibe, dann verläuft seine Geschwindigkeit quer zu unserer Blickrichtung, und wir sehen ihn verhältnismäßig rasch wandern. So zeigen uns die Sonnenflecken, daß sich die Sonne in etwa 27 Tagen einmal um ihre Achse dreht. Manchmal kommt ein hinter dem Westrand verschwundener Sonnenfleck nach etwa 13 Tagen am Ostrand wieder zum Vorschein. Sonnenflecken entstehen und vergehen. Manche zerfallen schon Stunden nach ihrer Geburt, andere werden mehrere Wochen alt. Einige wenige überleben sogar drei oder vier Rotationsperioden.

Die Wanderungen der Sonnenflecken haben uns aber noch mehr über die Rotation der Sonne verraten. So führen sie uns vor, daß die Achse der Sonnenrotation nicht senkrecht auf der Ebene der Erdbahn steht. Deshalb sehen wir im Laufe eines Jahres einmal etwas mehr über den Nordpol der Sonne hinweg, nach einem halben Jahr über den Südpol (vgl. Abb. 2.4).

Was sind die Sonnenflecken?

Die von Scheiner 1630 veröffentlichten Bilder halten auch bereits fest, daß ein Sonnenfleck einen dunklen Kern besitzt und einen weniger dunklen Hof. Heute nennt man den Kern die *Umbra,* den Hof die *Penumbra.* Moderne Bilder, wie das von Abbildung 2.5, lassen Umbra und Penumbra deutlich erkennen. Gleichzeitig zeigt die Penumbra eine

Filamentstruktur. Niemand hatte vorher erwartet, daß die glänzende Sonnenscheibe dunkle Flecken zeigen könnte, niemand vermochte die Erscheinung zu deuten. Die Physik steckte zwar damals noch in ihren Anfängen, doch selbst heute haben die Astrophysiker keine Theorie, die alle Eigenschaften der Sonnenflecken erklärt.

Ein im Jahre 1779 mit freiem Auge sichtbarer Sonnenfleck lenkte das Interesse von William Herschel auf die Erscheinung. Das war zwei Jahre bevor dieser bedeutende Astronom den Planeten Uranus entdecken sollte. Herschel versuchte, die Sonnenflecken durch die Annahme zu erklären, der Sonnenkörper sei in Wahrheit kalt. Nur die heiße Atmosphäre der Sonne ist bei ihm für die Sonnenstrahlung verantwortlich. Die Sonnenflecken hält er für Löcher in der glühenden Wolkenschicht,

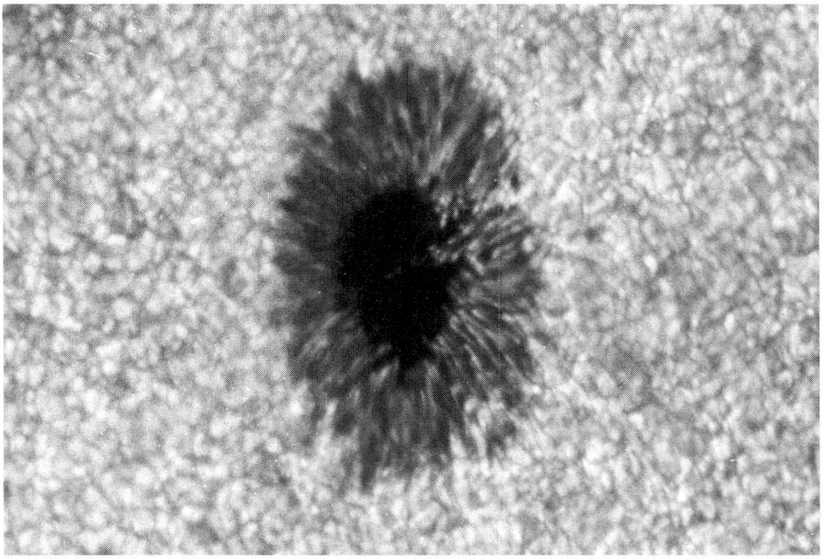

Abb. 2.5: Die moderne Aufnahme eines Sonnenflecks zeigt die (schwarze) Umbra, umgeben von der Penumbra, die aus Filamenten besteht, die radial vom Fleckinneren nach außen gehen. Um den Fleck herum die ungestörte Sonne mit der körnigen, von der Granulation (vgl. S. 80) hervorgerufenen Struktur. Der Fleck steht nicht in der Sonnenmitte, der ihm nächste Randpunkt ist rechts außerhalb des Bildrandes. Man sieht daher den an sich nahezu kreisförmigen Fleck schräg von der Seite, er erscheint oval. Wegen des in der Abbildung 2.6 erläuterten Wilsonschen Phänomens scheint die Penumbra auf der linken Hälfte des Flecks schmäler als in der rechten (Aufnahme: H. Wöhl, mit dem auf Teneriffa stehenden Newton-Vakuumteleskop des Kiepenheuer-Instituts für Sonnenphysik, Freiburg).

durch die man auf den dunklen Boden blickt. Auch Umbra und Penumbra versucht er zu erklären: Unterhalb der glühenden Wolkenschicht liegt eine kühlere Dunstschicht, die, wenn sie nicht selbst leuchtet, das Licht der darüberliegenden heißen Wolkenschicht reflektiert. Daß die Penumbra tiefer liegen muß und der Kern eines Flecks noch tiefer, dafür sprach eine bereits 1771 von dem württembergischen Pfarrer Ludwig Christoph Schülen (1722–1790) entdeckte Eigenschaft der Sonnenflecken. Er bemerkte, daß bei der Verschiebung eines Flecks zum Rand hin sich die Penumbra so verändert, als ob der Kern tiefer läge als die helleuchtende Sonnenoberfläche, so als sei der Kern der Boden einer Grube, die Penumbra aber die schräge Seitenwand (vgl. Abb. 2.6). Drei Jahre später fand unabhängig von Schülen der schot-

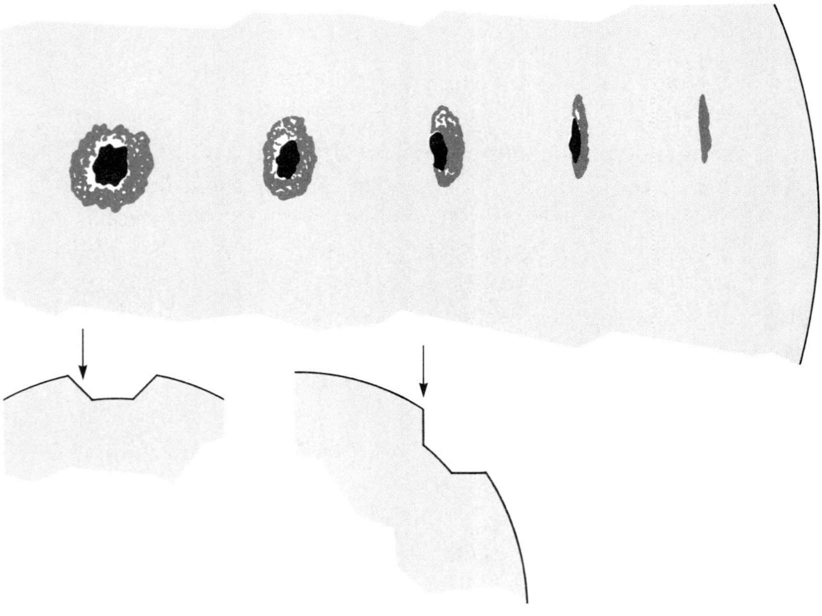

Abb. 2.6: Wie das Wilsonsche Phänomen zustande kommt. Wenn ein Fleck nicht in der Mitte der Sonnenscheibe steht, erscheint der dem Zentrum nähere Teil der Penumbra schmäler als der näher zum Rand liegende. Die Erscheinung rührt daher, daß wir in der Umbra tiefere Schichten der Sonne sehen als in der Umgebung des Flecks. Unten ist das in zwei Teilbildern erklärt. Links blickt man in Pfeilrichtung von oben auf den Fleck. Dieser steht für den Beobachter in der Mitte der Sonnenscheibe und erscheint ihm symmetrisch. In der Position unten rechts erscheint dem Beobachter der dem Zentrum der Sonnenscheibe zugewandte Teil der Penumbra perspektivisch verkürzt.

tische Astronom Alexander Wilson (1714–1786) dieselbe Erscheinung. Heute spricht man allgemein vom *Wilsonschen Phänomen.* Etwa drei Viertel aller Sonnenflecken lassen es bei ihrer Wanderung vom Rand zur Mitte oder danach, von der Mitte zum Rand, erkennen.

Der Zyklus der Sonnenflecken

Hat man damals auch noch nicht genauer gewußt, wie die Sonne beschaffen ist, so fand man doch weitere Gesetzmäßigkeiten. Die wichtigste Entdeckung kam von einem Apotheker aus Dessau.

Heinrich Samuel Schwabe (1789–1875) verkaufte im Jahre 1829 die von seinem Großvater übernommene Apotheke, um »sein wahres Leben zu beginnen«, das hieß, sich seinen Lieblingsstudien, der Botanik und der Astronomie, zu widmen. Eigentlich hoffte er, einen neuen Planeten zu finden, der sich innerhalb der Merkurbahn um die Sonne bewegt und der gelegentlich als kleiner schwarzer Fleck vor der Sonnenscheibe stehen sollte. Bei der Jagd nach »Vulkan«, wie man den Körper nannte, den noch keiner gesehen hatte und von dem wir heute wissen, daß es ihn nicht gibt, durfte Schwabe natürlich nicht Sonnenflecken mit dem gesuchten Planeten verwechseln. Deshalb beobachtete er auch Sonnenflecken und notierte sich über Jahre hinaus die Tage, an denen er keinen einzigen Fleck auf der Sonnenscheibe erspähen konnte. Seine Sonnenbeobachtungen des Jahres 1843 faßte er in einer kurzen Schrift zusammen, die er an das astronomische Fachjournal seiner Zeit, die Astronomischen Nachrichten sandte. Er hatte bereits seine Daten aus den Jahren 1826 bis 1837 in der gleichen Zeitschrift veröffentlicht. Nun aber, auf insgesamt siebzehn Jahre zurückblickend, fiel ihm auf, daß seine Ernte eine auffallende Regelmäßigkeit zeigte. Da gab es einige Jahre, in denen er an jedem Beobachtungstag mindestens einen Sonnenfleck gesehen hatte. Das war zum Beispiel 1828 und 1829, aber auch in den Jahren 1836, 1837, 1838 und 1839 hatte er an jedem klaren Tag Sonnenflecken erkennen können, während in den Jahren um 1833 und 1843 die Sonnenscheibe an über hundert Tagen fleckenfrei war. Daraus schloß er, daß die Flecken mit einer ungefähren Periode von zehn Jahren besonders häufig auftreten und in den dazwischenliegenden Jahren selten sind.

Die Schwabesche Entdeckung wurde anfangs nicht allzusehr beachtet. Erst als Alexander von Humboldt im 1850 erschienenen dritten Band seines »Kosmos«, in dem er das naturwissenschaftliche Weltbild

Abb. 2.7: Die Sonnenfleckenrelativzahlen zeigen einen elfjährigen Rhythmus. Im Frühjahr 1990 war ein neues Fleckenmaximum erreicht.

seiner Zeit zusammenfaßte, Heinrich Schwabes Arbeiten erwähnte, wurde die Welt auf den Liebhaberastronomen aus Dessau aufmerksam. Humboldt druckte in seinem Werk Schwabes Tabelle mit den Zahlen der fleckenfreien Tage pro Jahr ab. Aber seit Schwabe seine Daten veröffentlicht hatte, waren inzwischen sieben Jahre vergangen, und Schwabe konnte Humboldt nun auch noch die Ergebnisse dieser Zeitspanne liefern. Die nunmehr ergänzte Liste zeigte, daß Schwabe auch in den Jahren 1847, 1848 und 1849 keinen fleckenfreien Tag erlebt hatte. Das paßte genau zu der früher von ihm angegebenen Periode der Fleckenhäufigkeit. Etwa alle zehn Jahre kommen die Sonnenflecken so häufig, daß es während des ganzen Jahres kaum einen fleckenfreien Tag gibt. Humboldt schrieb: »Keiner der jetzt lebenden Astronomen, die mit vortrefflichen Instrumenten ausgerüstet sind, hat diesem Gegenstand eine so anhaltende Aufmerksamkeit widmen können. Während des langen Zeitraumes von 24 Jahren hat Schwabe oft über 300 Tage im Jahr die Sonnenscheibe durchforscht. Da seine Beobachtungen der Sonnenflecken von 1844 bis 1850 noch nicht veröffentlicht waren, so habe ich von seiner Freundschaft erlangt, daß er mir dieselben mitgetheilt, und zugleich auf eine Zahl von Fragen geantwortet hat, die ich ihm vorgelegt.«

So hat der Amateurastronom erst im Alter von 61 Jahren wissenschaftliches Ansehen gewonnen. Die Königliche Astronomische Gesellschaft in London verlieh ihm ihre Goldmedaille. Er, der seit seinem 41. Lebensjahr jeden Winter an der Gicht darniederlag, konnte noch zwei Sonnenfleckenmaxima erleben. Sie kamen mit der von ihm vorhergesagten Regelmäßigkeit.

Heute wissen wir, daß die Sonnenflecken mit einer Periode von etwa elf Jahren besonders häufig auftreten. Erst die späteren Untersuchungen

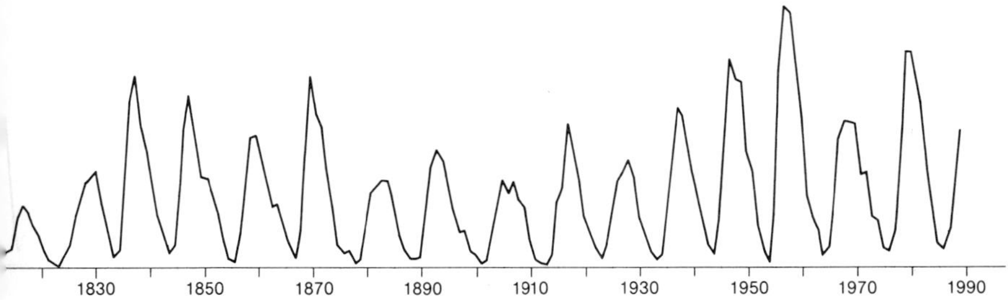

haben uns gelehrt, wie regelmäßig der Zyklus der Sonne ist. Sie haben aber auch gezeigt, daß die Sonne ihm nicht immer folgt (vgl. S. 49).

Schwabe nahm als Maß für die Stärke der Fleckenaktivität der Sonne einerseits die Zahl der Gruppen von Sonnenflecken, die er beobachtete, zum anderen aber auch die Zahl der Tage eines Jahres, an denen er die Sonne beobachtete, ohne einen Fleck zu sehen.

Als man diese Regelmäßigkeit näher überprüfen wollte, fragte man sich, ob die Zahl der auf der Sonnenscheibe sichtbaren Flecken ein Maß für die Stärke der Sonnenaktivität ist oder die Zahl der *Gruppen* von Sonnenflecken. Was zählte, der Fleck oder die Fleckengruppe? Ein Schweizer fand den Kompromiß.

Rudolf Wolf (1816–1893) aus Fällanden bei Zürich war zunächst Mathematiklehrer in Bern, wurde dann aber 1847 Direktor der dortigen Sternwarte und erhielt später einen Lehrstuhl für Astronomie in Zürich. Er rief eine internationale Sonnenüberwachung ins Leben. An möglichst vielen Tagen eines Jahres und von möglichst vielen Stellen der Erde aus sollte man die Sonnenscheibe auf Flecken untersuchen. Spätestens jetzt wurde es nötig, ein Maß für die Stärke der Sonnenaktivität zu finden, damit man sich gegenseitig verständigen konnte. Er erfand die über hundert Jahre lang nützlichen *Sonnenfleckenrelativzahlen.* Sie werden so bestimmt: Man zählt zuerst die Gruppen von Sonnenflecken, die auf der Sonne zu sehen sind, und dann noch einmal alle Flecken, seien sie einzeln oder in einer der bereits gezählten Gruppen. Die Fleckenzahl wird dann zur zehnfachen Gruppenzahl addiert. Das ist – hier stark vereinfacht – die Prozedur, nach der man die Relativzahlen der Sonnenflecken ermittelt. Ist kein Fleck auf der Scheibe, dann gibt es natürlich weder eine Gruppe noch einen Einzelfleck: Die Relativzahl ist null. Je mehr Flecken und Gruppen, um so höher die Relativzahl. An

Tagen besonders starker Sonnenaktivität kann sie den Wert 300 erreichen. Wolf gelang es auch, anhand alter Daten Relativzahlen zurück bis in das Jahr 1730 zu rekonstruieren.

Sie zeigen den von Schwabe entdeckten Rhythmus der Sonnenfleckenhäufigkeit sehr deutlich. Man muß dabei aber beachten, daß die Zahlen von Tag zu Tag stark schwanken. Man denke sich doch nur das Verschwinden einer Gruppe, die selbst aus 30 Flecken besteht, hinter dem Sonnenrand. Dann geht die Relativzahl schlagartig um den Wert 40 zurück, ohne daß auf der Sonne etwas Besonderes geschehen ist. Das Verschwinden der Gruppe hat überhaupt nichts mit der Sonne selbst zu tun, es rührt nur davon her, daß wir sie zufällig von der Erde aus nicht mehr sehen, weil wir nicht hinter die Sonne schauen können. Um diese Zufälligkeit zu unterdrücken sind die Relativzahlen in Abbildung 2.7 jeweils über ein ganzes Jahr gemittelt.

Das Schmetterlingsdiagramm der Sonnenflecken

Mitte des letzten Jahrhunderts entdeckte man aber noch weitere Gesetzmäßigkeiten an den Sonnenflecken. Wichtige Erkenntnisse verdanken wir einem Amateurastronomen, Richard Christopher Carrington (1826–1875), der auf seiner Privatsternwarte die Sonne beobachtete. Er war der Sohn eines reichen Bierbrauers und sollte eigentlich Theologie studieren, doch es zog ihn mehr zur Astronomie hin. Nach einer dreijährigen Lehrzeit als Beobachter baute er sich seine eigene Sternwarte. Die Schwabesche Entdeckung war gerade erst bekannt

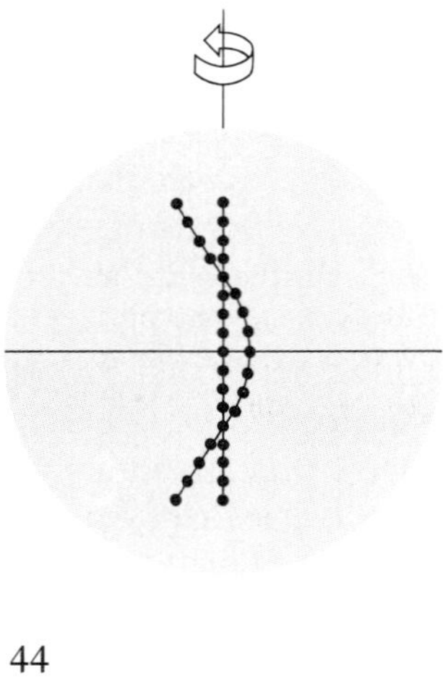

Abb. 2.8: Die Sonne rotiert nicht wie ein starrer Körper. Markiert man etwa ihre Oberfläche längs eines Meridians (Punkte längs der vertikalen Geraden in der Bildmitte), so eilen nach einem Umlauf die Äquatorpunkte denen in höheren Breiten voraus.

geworden, und Wolf hatte das periodische Schwanken der Sonnenfleckenrelativzahlen bis weit in das 18. Jahrhundert zurückverfolgen können. Sonnenflecken waren das ideale Objekt für die Studien des angehenden Privatastronomen. Er hatte großen Erfolg.

Zuerst entdeckte er an der Wanderung der Flecken über die Scheibe, daß die Sonne sich nicht so dreht, wie man es von einem starren Körper erwartet. Während nämlich ein Fleck in Äquatornähe bereits innerhalb von 25 bis 26 Tagen einmal die Sonne umrundet, benötigt ein Fleck in 30 Grad Breite etwa 27 Tage. In höheren Breiten, etwa in 80 Grad nördlicher (oder südlicher) Breite benötigt ein Punkt der Sonnenoberfläche für einen Umlauf um die Rotationsachse mehr als 30 Tage (vgl. Abb. 2.8). Da die Flecken, wie wir gleich sehen werden, nur in Äquatornähe auftreten, hat man die Rotation polnaher Zonen der Sonnenoberfläche anders erschlossen (vgl. Kap. 5).

Während die Entdeckung und Bestätigung der elfjährigen Periode der Sonnenfleckenrelativzahlen auf *Zählen* am Fernrohr beruhte, so hatte Carrington das Rotationsgesetz der Sonne durch *Vermessen* der Orte einzelner Flecken auf der Sonnenscheibe gefunden.

Dabei entdeckte er auch eine andere Gesetzmäßigkeit. Die Flecken bevorzugen im Laufe eines Zyklus verschiedene Zonen der Sonnenscheibe. Zur Zeit eines Fleckenmaximums findet man sie meist in zwei Streifen, die sich in etwa 15 Grad Breitenabstand parallel zum Sonnenäquator hinziehen. Wenn in den darauffolgenden Jahren ihre Zahl

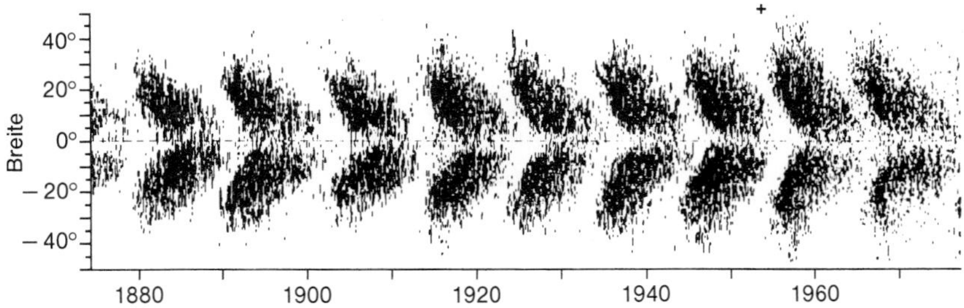

Abb. 2.9: Das »Schmetterlingsdiagramm« zeigt die heliographische Breite (also den Abstand vom Äquator in Winkelgraden) der Orte von Flecken auf der Sonne. Nach einem Fleckenminimum erscheinen die Flecken auf beiden Halbkugeln in mittleren Breiten, etwa bei 30 Grad nördlicher und südlicher Breite. Im Laufe der nachfolgenden Jahre findet man die Flecken mehr in Äquatornähe, sie werden schließlich immer spärlicher. Etwa gleichzeitig tauchen neue Flecken in höheren Breiten auf und beginnen mit zwei neuen »Schmetterlingsflügeln«. Der Ort der auf S. 118 erwähnten ephemeren Region des Jahres 1953 ist durch ein + gekennzeichnet.

geringer wird, erscheinen sie vornehmlich in niedrigeren Breiten. Wenn dann das Sonnenfleckenminimum sich seinem Ende nähert, so kommen die Flecken des neuen Zyklus in zwei Streifen, die wesentlich weiter vom Äquator entfernt sind. Ihre Breiten liegen dann etwa bei 35 Grad nach beiden Seiten des Äquators. Es kann dann sein, daß noch einzelne Flecken in Äquatornähe erscheinen, doch werden sie immer spärlicher. Statt dessen entstehen immer mehr Flecken in den Bändern größeren Äquatorabstandes. Die Orte, an denen Flecken entstehen, befinden sich also zu Beginn eines Zyklus, das heißt nach einem Minimum, in größerem Äquatorabstand als an seinem Ende. Im Laufe der Zeit wandern die Bänder, in denen sich Flecken bilden, langsam zum Äquator hin. Wenn sich der Zyklus dem Minimum nähert, sind die Bänder nahe beim Äquator. Man kann dies in Abbildung 2.9 erkennen. Wegen seines Aussehens nennt man eine solche Darstellung ein *Schmetterlingsdiagramm.* Es gestattet uns, zwischen Flecken des alten Zyklus und solchen des neuen zu unterscheiden.

Die Tragödie des Richard Christopher Carrington

Ehe ich hier fortfahre, möchte ich noch kurz bei Carrington verweilen. Er war einer der bedeutendsten Sonnenphysiker des 19. Jahrhunderts und hat nicht nur das Rotationsgesetz der Sonne und das Schmetterlingsdiagramm entdeckt. Er hat als erster Mensch einen Flare-Ausbruch auf der Sonne gesehen (vgl. S. 127), und er hat auch als erster vermutet, daß Erscheinungen im Magnetfeld der Erde mit Ausbrüchen auf der Sonne zu tun haben. Wir werden in Kapitel 11 noch darauf zurückkommen.

Doch auch große Wissenschaftler sind Menschen, denen das Schicksal oft hart mitspielt. Carringtons Lebensende war von Ereignissen überschattet, die nie geklärt worden sind, die uns aber die Tragödie ahnen lassen, die dieser große Mann, der ursprünglich einmal Priester werden wollte, erleiden mußte.

Im Jahre 1865 erkrankte er schwer, verkaufte die ererbte Brauerei und zog sich in ein Haus in Surrey zurück. Dort begann er ein neues Observatorium zu bauen. Irgendwann in dieser Zeit wurde auf Rose Ellen Carrington, seine Frau, ein Mordanschlag verübt. Der Attentäter wurde gefaßt und zu 20 Jahren Gefängnis verurteilt.

Am 17. November 1875 wurde Frau Carrington tot in ihrem Bett aufgefunden. Offensichtlich war sie an einer Überdosis ihrer Medizin gestorben. Bei der kurz darauf abgehaltenen Untersuchung wurde festgestellt, daß Carrington, der ihr wie immer am Vorabend die Medizin gereicht hatte, nach dem Erwachen am Morgen seine Frau im Bett auf dem Gesicht liegend gesehen hatte, aber geglaubt hatte, sie schliefe. Erst später bemerkte das Dienstmädchen den Tod. Frau Carringtons Körper war noch warm. Der Hausarzt, der den Tod bestätigte, erklärte die von Carrington verabreichte Dosis an Medizin für ungefährlich. Die Analyse des Mageninhaltes zeigte keinerlei Spur von Gift, und so blieb die Todesursache ungeklärt. Trotzdem rügte das Gericht Carrington wegen mangelnder Fürsorge der Kranken gegenüber. Dieser indirekte Schuldspruch muß ihn schwer getroffen haben. Am gleichen Tag verließ er sein Haus und kam erst nach einer Woche zurück. Inzwischen hatte sich die Dienerschaft auf und davon gemacht. Am 27. November betrat Carrington das Haus. Danach hat ihn niemand mehr lebend erblickt. Als beunruhigte Nachbarn die Türen aufbrachen, fanden sie seinen Körper in einem verschlossenen Zimmer ausgestreckt auf einer Matratze. Als Todesursache wurde Gehirnblutung angegeben, doch auch von Selbstmord wurde gemunkelt.

Der Gymnasiallehrer, der Sonnenphysiker wurde

Beim Studium der Sonnenflecken haben vor allem Laien eine große Rolle gespielt. Da waren der Mediziner Johannes Fabricius, der Apotheker Schwabe, der Mathematiklehrer Rudolf Wolf und der Privatgelehrte Carrington, der verhinderte Theologe, der sich auch noch um die ererbte Brauerei kümmern mußte. Während Carrington an seiner eigenen Sternwarte arbeitete, befaßte sich in Anklam, nahe der Ostseeküste, der Gymnasiallehrer Gustav Spörer (1822–1895) mit den Sonnenflekken. Er wußte nichts von Carringtons Messungen der Sonnenrotation und entdeckte unabhängig von ihm das merkwürdige Rotationsgesetz der Sonne. Später konnte er auch das Schmetterlingsdiagramm mit seinen eigenen Beobachtungen bestätigen. Der Lehrer aus Anklam wurde 1874 als Observator nach Potsdam berufen, wo er bis kurz vor seinem Tode arbeitete. Seine Entdeckungen gaben den Anstoß zur Gründung des Astrophysikalischen Observatoriums in Potsdam im Jahre 1879. Hier erkannte er eine der merkwürdigsten Unregelmäßigkeiten im Sonnenzyklus. Wir werden später darauf zurückkommen.

Haben sich mit der Gründung des Potsdamer Instituts auch professionelle Astronomen der Sonne angenommen und rücken sie ihr mit

Spektrographen, Radioteleskopen und Raumsonden zu Leibe – ganz geben die Amateure die Sonne nicht aus der Hand. Sonnenflecken sind nämlich dankbare Objekte für Beobachter, denen nur kleinere Fernrohre zur Verfügung stehen. Das zeigt zum Beispiel das Schmetterlingsdiagramm, das Frau Sieglinde Hammerschmidt angefertigt hat, eine Hausfrau aus Solms bei Wetzlar, die neben ihrem Beruf die Sonne beobachtet. Um ihre Leistung zu schätzen, muß man sich vergegenwärtigen, daß es dabei nicht genügt, die Sonnenscheibe einfach zu projizieren und jeden Fleck auf einem Blatt Papier einzumalen. Um einen Fleck oder eine Gruppe in das Diagramm einzutragen, muß man auch berücksichtigen, daß wir im Laufe des Jahres von etwas verschiedenenen Richtungen her auf die Sonne blicken (vgl. Abb. 2.4). Abbildung 2.10 zeigt Frau Hammerschmidts Schmetterling, gewonnen aus Beobachtungen an insgesamt 1224 Tagen zwischen dem 17.1.1976 und dem 24.12.1986, in dem 6701 Einzelbeobachtungen zusammengefaßt sind. Man erkennt daraus, wie der letzte Zyklus im Jahre 1986 zu Ende ging und in der zweiten Hälfte des gleichen Jahres bei höheren Breiten die ersten Flekken des neuen Zyklus erschienen.

Man hat die einzelnen Zyklen durchnumeriert und dem Zyklus, der im Jahre 1760 ein Maximum hatte, die Nummer 1 gegeben. Dementsprechend endete im Jahre 1986 Zyklus Nr. 21, um Zyklus Nr. 22 Platz zu machen, der, während ich den Text für dieses Buch abschließe, seinem Maximum zustrebt.

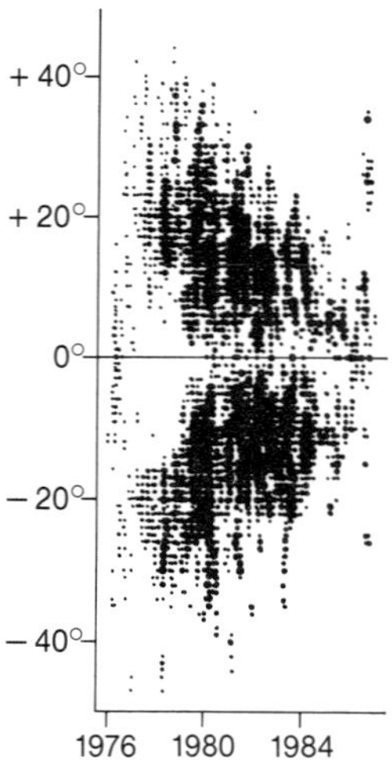

Abb. 2.10: Der sich an den letzten Zyklus der Abbildung 2.9 anschließende »Schmetterling« des Zyklus Nr. 21 wurde in elfjähriger Arbeit von Sieglinde Hammerschmidt, einer Amateurastronomin, gezeichnet.

Mit der Erfindung der Fotografie erhielten die Astronomen die Möglichkeit, die Flecken der Sonne im Bild festzuhalten. Am 2. April 1845 gelang es den beiden französischen Physikern Armand Hippolyte Louis Fizeau (1819–1896) und Léon Foucault (1819–1868), von der Pariser Sternwarte aus eine Daguerreotypie der Sonnenscheibe zu machen. Von nun an konnte man Sonnenflecken regelmäßig fotografieren, auf den Aufnahmen ihre Positionen auf der Sonnenscheibe ausmessen und fotografische Dokumente über die ständig wechselnden Flecken sammeln.

Der Sonnenkönig und die Sonnenflecken

Unmittelbar nach der Entdeckung der Flecken hat man sie eifrig beobachtet. Bald aber wurde es still um sie. Das lag aber nicht nur daran, daß sie ihren anfänglichen Reiz verloren hatten; die Sonne selbst war auch daran schuld. Es ist kein Wunder, daß die nächsten wichtigen Erkenntnisse dieser mit verhältnismäßig einfachen Mitteln zu beobachtenden Erscheinung erst im letzten Jahrhundert gewonnen wurden, denn für etwa 70 Jahre blieben die Sonnenflecken aus.

Als Rudolf Wolf Ende des letzten Jahrhunderts versuchte, aus alten Beobachtungsdaten Relativzahlen zu rekonstruieren, ging er bis in das Jahr 1700 zurück. Er hat sich nie darüber geäußert, warum er keine Relativzahlen aus Jahren davor zusammengestellt hat. Möglicherweise schienen ihm die Quellen aus jener Zeit nicht zuverlässig genug. Der amerikanische Sonnenforscher John A. Eddy hat aber eine andere Erklärung: Wolf war durch Schwabes Entdeckung des Sonnenfleckenzyklus motiviert worden, das regelmäßige Kommen und Gehen der Flecken und ihrer Gruppen nicht nur von damals an genauestens zu verfolgen. Er wollte auch nachweisen, daß der Schwabesche Zyklus bis weit in die Vergangenheit zurückverfolgt werden kann. Das gelang ihm tatsächlich bis etwa zum Anfang des 18. Jahrhunderts. Möglicherweise mußte Wolf dann feststellen, daß frühere Beobachtungen nicht mehr in den Schwabeschen Zyklus paßten. Deshalb mißtraute er den spärlichen Quellen, die er aus dem 17. Jahrhundert fand, und verzichtete darauf, seine Untersuchungen auf diese Zeit auszudehnen.

Es spricht vieles dafür, daß es damals tatsächlich kaum Sonnenflekken gegeben hat. Nun tritt Gustav Spörer wieder auf. Im Jahre 1889 wies er darauf hin, daß der normale Zyklus der Sonnenflecken unterbrochen war, während eines Zeitraumes, der etwa 1716 endete. Ein Jahr später bestätigte der englische Sonnenforscher Edward Walter Maunder (1851–1928), der von der Greenwicher Sternwarte aus die Sonne studierte, die Spörersche Vermutung. Sein Artikel »Ein verlängertes Sonnenfleckenminimum« erschien 1890. Seither spricht man vom *Maunder-Minimum.* Eddy versuchte, die Fleckenrelativzahlen über das Jahr 1700 hinaus zurück zu konstruieren. Dabei erhielt er die in Abbildung 2.7 auf der linken Seite wiedergegebenen Werte.

Tatsächlich scheint die Sonne während der Regierungszeit Ludwigs XIV., des Sonnenkönigs, also von 1638 bis 1715, kaum Flecken gezeigt zu haben. Es ist zwar schwer, aus Jahren, in denen noch niemand die Sonne systematisch überwacht hat, Material über die damalige Sonnenaktivität zu finden – doch in dieser Zeit werden Sonnenflekken kaum erwähnt, obwohl Fernrohre zur Verfügung standen. Man konnte sie jederzeit kaufen, und es bedarf ja keines besonders raffinierten Teleskops, um einen Sonnenfleck zu sehen. Während der Zeit, aus der kaum von Sonnenflecken berichtet wird, hat man mit Fernrohren eine Reihe von anderen Entdeckungen gemacht. Man sah, daß der Saturnring geteilt ist, entdeckte fünf Saturnmonde und sah Merkur und Venus als schwarze Punkte vor der Sonnenscheibe vorbeigehen. Trotzdem gibt es aus der Zeit zwischen 1645 und 1715 kaum Berichte über beobachtete Sonnenflecken. In diesem Zeitraum tritt sogar eine Spanne von 32 Jahren auf, aus der es keinen einzigen Bericht von einem gesichteten Sonnenfleck gibt.

Als Giovanni Domenico Cassini (1625–1712), der Direktor der Pariser Sternwarte, mitten im Maunder-Minimum doch einen Sonnenfleck entdeckte, bot das Anlaß für eine längere Notiz, gefolgt von einem ausführlichen Bericht über den letzten Sonnenfleck vor elf Jahren. Schließlich mußte man allen denen, die noch keinen gesehen hatten, erklären, wie ein Sonnenfleck aussieht. Auch Picard, den wir von der Bestimmung des Erddurchmessers her kennen (vgl. S. 19), hat damals einen Sonnenfleck entdeckt, und Cassini schreibt, Picard hätte sich sehr darüber gefreut, da er zehn Jahre lang keinen gesehen hatte.

Auch andere Hinweise deuten auf das verlängerte Sonnenfleckenminimum hin. Wir werden sehen, daß in Jahren starker Sonnenaktivität die Zahl der Nordlichter besonders hoch ist. Sie werden von Gasmassen hervorgerufen, welche besonders stark in Zeiten eines Fleckenmaximums von der Sonne ausgeschleudert werden. Auch in historischen Berichten über Nordlichter spiegelt sich die fleckenlose Zeit wider. Den stärksten Hinweis auf Unregelmäßigkeiten im Sonnenfleckenzyklus in der Vergangenheit erhält man aber aus ganz anderer Richtung.

Sonnenflecken und der radioaktive Kohlenstoff

Die Erde empfängt aus den Weiten des Weltraumes einen ständigen Strom geladener Materieteilchen. Diese sogenannte *kosmische Strahlung* wurde 1913 von dem österreichischen Physiker Viktor Franz Hess (1883–1964) in den oberen Schichten unserer Atmosphäre entdeckt. Teilchen dieser Strahlung verwandeln den Stickstoff der Luft in ein Kohlenstoffisotop, ^{14}C. Die Atome dieser Kohlenstoffsorte unterscheiden sich von den normalen Kohlenstoffatomen, ^{12}C, dadurch, daß sie etwas schwerer sind, denn ihre Kerne enthalten zwei Neutronen mehr als der normale Kohlenstoff. Doch anders als er ist ^{14}C radioaktiv. Von einer vorgegebenen Menge von ^{14}C-Atomkernen zerfällt innerhalb von 5730 Jahren die Hälfte in Stickstoffatome. Würde die kosmische Strahlung plötzlich aussetzen, dann würden immer mehr Atome des ^{14}C zerfallen, bis schließlich keines mehr übrig wäre. Hielte aber die kosmische Bestrahlung unverändert über Jahrmillionen an, dann würde sich eine bestimmte Anzahl von Atomen des radioaktiven Kohlenstoffs bilden, gerade so viel, daß in jeder Sekunde so viele zerfallen, wie neue erzeugt werden. Wenn aber die kosmische Strahlung im Laufe der Zeit schwanken würde, dann würde auch die Häufigkeit der ^{14}C-Atome schwanken.

Die radioaktiven Kohlenstoffatome sind mit denen des normalen Kohlenstoffs gemischt, und da sie sich chemisch nicht von den anderen unterscheiden, werden sie mit dem Kohlendioxid von den Pflanzen aufgenommen und zum Beispiel in den Jahresringen der Bäume abgelagert. Wenn man die einzelnen Jahresringe eines einzelnen Baumes

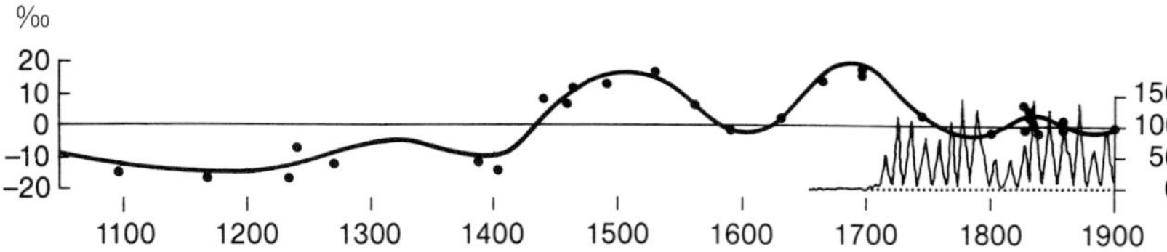

Abb. 2.11: Die Häufigkeit des radioaktiven ^{14}C in der Vergangenheit aus der Analyse des Holzes von Baumringen. Ab dem Beginn des 18. Jahrhunderts sind auch die Sonnenrelativzahlen schematisch eingezeichnet. Die zugehörige Skala ist rechts. Die dick durchgezogene Kurve bezeichnet die Abweichung vom Mittelwert in Promille der in einer Million Kohlenstoffatomen enthaltenen Anzahl von radioaktivem ^{14}C. Sie zeigt, daß die relative Häufigkeit von ^{14}C während des Spörer-Minimums um 1500 und während des Maunder-Minimums um 1700 recht hoch war (nach John A. Eddy).

untersucht, kann man also für jedes Jahr das Verhältnis von normalem zu radioaktivem Kohlenstoff bestimmen. Doch was hat das mit den Sonnenflecken zu tun?

Wenn die Sonne sehr aktiv ist, dann fliegen von ihr mit der ständig von ihrer Oberfläche abströmenden Materie Magnetfelder in den Raum, die in der Nähe der Erde Teilchen der kosmischen Strahlung ablenken, so daß sie die Erdatmosphäre nicht erreichen. Wenn also die Sonnen-

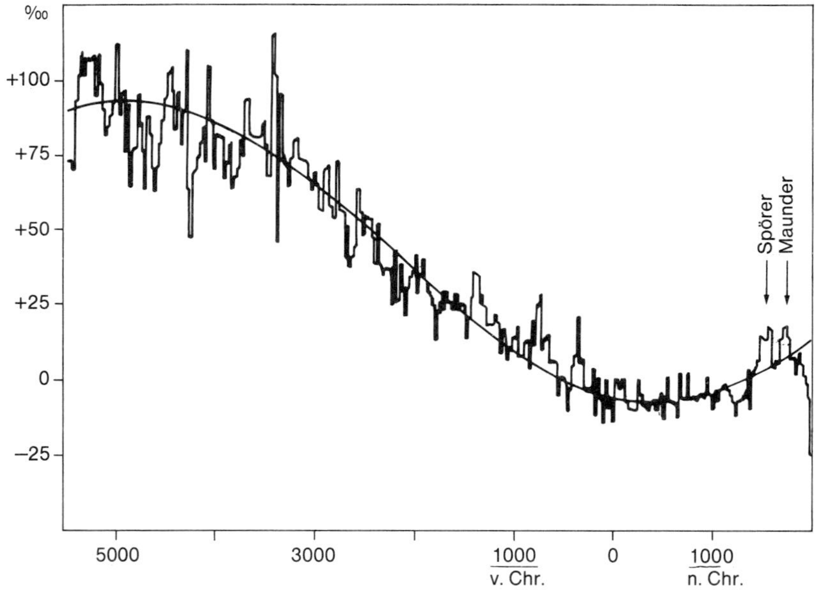

Abb. 2.12: Die ^{14}C-Häufigkeit (wieder wie in Abb. 2.11 aufgetragen) zeigte während der letzten 7000 Jahre starke Variation in dem beschriebenen Zeitraum, die man mit Veränderungen des Erdmagnetfeldes erklärt. Da vor 7000 Jahren das Erdfeld merklich schwächer war, wurde damals die Erde weniger von den Teilchen der kosmischen Strahlung abgeschirmt, die ^{14}C-Häufigkeit war hoch. Bei einem stärkeren Erdfeld, wie wir es während der letzten 3000 Jahre hatten, werden viele Teilchen der kosmischen Strahlung abgelenkt, der ^{14}C-Gehalt ist klein. Magnetische Felder von der aktiven Sonne helfen zusätzlich die Teilchen der kosmischen Strahlung von der Erde fernzuhalten und erniedrigen damit den ^{14}C-Gehalt der Atmosphäre. Während des Spörer- und des Maunder-Minimums blieben die von der Sonne kommenden Magnetfelder aus, der ^{14}C-Gehalt erhöhte sich jeweils vorübergehend. Der Abfall am rechten Rand des Bildes, der dem Jahre 1950 entspricht, ist auf den durch Menschen in die Luft geblasenen Kohlenstoff zurückzuführen. Dabei wurde normaler Kohlenstoff der Atmosphäre zugeführt und das von der kosmischen Strahlung erzeugte Isotop ^{14}C »verdünnt« (nach John A. Eddy).

aktivität ein Maximum hat, dann entsteht in der Erdatmosphäre weniger ^{14}C. Die in dieser Zeit entstehenden Jahresringe sind dann ärmer an radioaktivem Kohlenstoff. Mit Hilfe der Bäume kann man so die Sonnenaktivität weit in die Vergangenheit zurückverfolgen. Das Ergebnis ist in der Abbildung 2.11 dargestellt. Man erkennt deutlich zwei Zeiträume höheren ^{14}C-Gehaltes: das Maunder-Minimum in der zweiten Hälfte des 17. Jahrhunderts und ein weiteres, das man das *Spörer-Minimum* nennt. Es scheint etwa von 1460 bis 1540 gewährt zu haben. Auch für diese Zeit findet man fast keine Berichte über Polarlichter.

Mit Hilfe der ^{14}C-Methode kann man die Stärke der kosmischen Strahlung zurückverfolgen: von der Gegenwart bis etwa 7000 Jahre in die Vergangenheit. Auf den ersten Blick fällt auf, daß vor Jahrtausenden mehr radioaktiver Kohlenstoff in der Luft war als heute. Das hängt mit dem Erdmagnetfeld zusammen. Wir wissen jetzt, daß sich das Magnetfeld der Erde in der Vergangenheit mehrfach umgekehrt hat. Wenn schon die schwachen von der Sonne ausgeblasenen Magnetfelder den Strom bei uns auftreffender Teilchen der kosmischen Strahlung regulieren, dann erst recht das Magnetfeld der Erde.

Bemerkenswert in der Abbildung 2.12 ist der Abfall der ^{14}C-Häufigkeit seit dem Beginn unseres Jahrhunderts. Hierin spiegelt sich die Verbrennung unserer fossilen Energieträger wider. Der Kohlenstoff, vor langer Zeit aus der Luft in die Pflanzen gekommen, wird wieder in die Atmosphäre gebracht. Längst ist der radioaktive ^{14}C-Anteil zerfallen. Deshalb geht durch unsere Schornsteine Kohlenstoff in die Luft, dem die radioaktive Komponente fehlt. Das heute durch die kosmische Strahlung geschaffene ^{14}C wird durch den nicht mehr radioaktiven fossilen Kohlenstoff verdünnt.

Heinrich Samuel Schwabe entdeckte den elfjährigen Zyklus der Flekken. Daß es sich in Wahrheit aber um einen Zyklus von 22 Jahren handelt, hat man erst in unserem Jahrhundert gelernt. Das erfuhr man erst aus dem genaueren Studium des Sonnenlichtes.

3. Das Licht der Sonne

Goethe hat sich von einem Professor in Jena einige Prismen ausgeliehen, mit denen er gelegentlich experimentieren will. Er vergißt sie in seiner Schublade. Der Professor mahnt und schickt schließlich einen Boten. Goethe händigt die geschliffenen Gläslein ohne Zögern aus. Im letzten Moment jedoch, buchstäblich zwischen Tür und Angel, nimmt er ein Prisma in die Hand... Rasch richtet er das Prisma gegen die Wand... Und siehe da: kein buntes Farbenspiel ergibt sich! Er sieht nur weiß vor der weißen Wand. Wie ein Blitz kommt ihm die Erleuchtung: Newtons Theorie ist falsch.

Richard Friedenthal, »Goethe«

Im flackernden Licht der Fackel scheint es, als würden sich die Tiere an der Felswand bewegen. Stiere, nur mit wenigen Strichen aus schwarzer und roter Farbe hingeworfen, ohne naturalistische Details. Der namenlose Künstler hat die Unebenheiten der Felswand ausgenutzt. Eine Ausbuchtung hat er zum Bauch eines Tieres gemacht. Plötzlich wird mir bewußt, daß jener Mensch über mehr als zwanzigtausend Jahre hinweg mich mit seiner Kunst bewegt, daß ich nachempfinden kann, was er meinte.

Meine innerliche Bewegung wurde durch das ausgelöst, was ich sah. Wir betrachten Bilder im Museum, freuen uns über das Schauspiel eines Sonnenaufganges über dem Meer, lieben den Anblick einer schönen Landschaft, denn wir können sehen.

Licht fällt in unser Auge, wird in der Netzhaut von Nervenzellen registriert und vom Sehnerv an den Computer unseres Gehirns weitergegeben. Dort entsteht ein Bild, das wir in unserem Inneren empfinden. Was ist das Licht, das uns diese Eindrücke vermittelt?

Wir wissen, daß es von außen in unsere Augen fällt. Doch nicht immer war man dieser Ansicht. Platon (427–347 v. Chr.) glaubte zum Beispiel, daß von unserem Auge Sehstrahlen geradlinig in den Raum hinausgehen und daß wir etwas empfinden, wenn sie auf einen Gegenstand treffen. Noch heute benutzen wir Ausdrücke wie »ein Auge darauf werfen«. Der junge Mann, der auf ein Mädchen »nur ein Auge wirft«, ist also im doppelten Sinn platonisch, einmal, was seine Vorstellung vom Sehen betrifft, zum anderen auch sonst. Es fällt uns schwer, Platon bei diesem Gedanken zu folgen – so großartig dieser Gelehrte auch in anderen Bereichen gewesen sein mag.

Wer sich näher mit dem Licht beschäftigt, das in unser Auge fällt, merkt, daß es ein recht kompliziertes Gebilde ist. Den ersten wichtigen Schritt zu seinem Verständnis tat der große englische Gelehrte Isaac Newton, doch Goethe wollte ihm selbst hundert Jahre danach nicht glauben.

Das Spektrum

Um 1670 stellte Newton den entscheidenden Versuch mit einem Prisma an, also mit einem dreikantig geschliffenen Stück Glas, wie es die Abbildung 3.1 zeigt. Er beschreibt dies in seinem im Jahre 1704 erschienenen Buch über Optik: »Ich habe in meinem verdunkelten Zimmer Licht durch ein kleines Loch im Fensterladen gelassen. In etwa zehn oder zwölf Fuß setzte ich eine Linse, die das Bild des Loches scharf auf ein weißes Papierblatt in Abständen von sechs, acht, zehn oder zwölf Fuß Abstand von der Linse warf, je nach der Art der Linse, die ich benutzte.

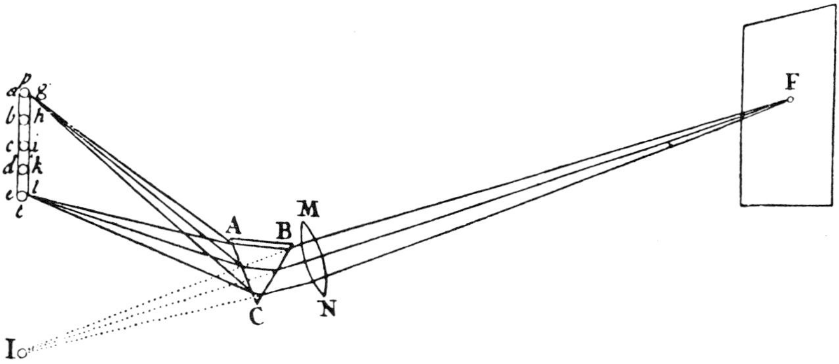

Abb. 3.1: Newtons Darstellung seines Experimentes mit Prisma, Linse und Loch im Fenster. Ein Sonnenstrahl fällt durch das Loch F auf die Sammellinse (MN), die im Punkt I ein Bild des Loches erzeugen würde, gäbe es nicht das Prisma ABC, welches das Licht ablenkt, violettes stärker als rotes. So entsteht in jeder Farbe ein einzelnes Bild der Öffnung im Fensterladen (links oben), das rote unten, das violette oben. Bild an Bild reiht sich zu einem farbigen Streifen aneinander und bildet das Spektrum.

Unmittelbar hinter die Linse setzte ich dann ein Prisma mit der Kante nach unten, welches das Licht nach oben ablenkte.« Newton beobachtete nun statt eines Lichtpunktes einen Streifen. Er bestand aus unzählig vielen kreisförmigen sich gegenseitig überdeckenden Bildern des Loches, die alle verschiedene Farben hatten. Am oberen Ende leuchtete der Streifen violett, am unteren rot. Das wurde noch deutlicher, als er eine Öffnung im Fensterladen mit einem Stück Pappe abdeckte, in das er einen zur Prismenkante parallelen Spalt geschnitten hatte. Nun lagen verschiedenfarbige Bilder des Spaltes nebeneinander und überdeckten sich gegenseitig. Das Prisma hatte das weiße Sonnenlicht in die Farben des Regenbogens aufgelöst.

Newtons buntes Band, in dem die vom Prisma erzeugten verschiedenfarbigen Bilder des schmalen Spaltes nebeneinander liegen, nennt man das *Spektrum.* Die Astronomen haben inzwischen gelernt, aus ihm nicht nur die Temperatur der strahlenden Sonnenoberfläche abzulesen, sondern auch ihre Geschwindigkeit, ihre chemische Beschaffenheit, ja sogar die Stärke und Richtung von Magnetfeldern, die für unser Auge unsichtbar sind. Doch davon ahnte Newton natürlich noch nichts.

Um die Natur des Sonnenlichtes weiter zu ergründen, nahm er ein zweites Prisma, setzte es umgekehrt, also mit der Kante nach oben in den aufgefächerten Strahl. Das zweite Prisma vereinigte die einzelnen bunten Teilstrahlen wieder zu einem einzigen. Das Licht auf dem Papierblatt war wieder weiß.

Aus diesem Experiment, in dem er weißes Licht in verschiedene Farben zerlegte, die er wieder zu weißem Licht zusammensetzen konnte, schloß er, daß das weiße Licht aus verschiedenfarbigen Bestandteilen zusammengesetzt ist. Die so von Newton entwickelten Ideen von der Natur des Lichtes gaben ihm die Mittel in die Hand, die Farben des Regenbogens zu erklären. In winzigen Wassertropfen wird Licht an ihrer Rückwand zurückgespiegelt. Dabei muß das Licht zweimal schräg durch die Oberfläche der Flüssigkeit, die wie ein Prisma wirkt.

Was aber ist das Licht? Newton glaubte, es bestünde aus zahlreichen kleinen, verschiedenfarbigen Teilchen, die mit großer Geschwindigkeit von einer Lichtquelle ausgehen, etwa von der Sonne. In ihrer Gesamtheit erscheinen sie unserem Auge weiß. Das Prisma aber kann sie ihrer Farbe nach trennen. Es lenkt die violetten Lichtkügelchen stärker aus ihrer ursprünglichen Bahn als die roten. Wenn sie aber durch ein zweites Prisma, diesmal Kante nach oben, wieder zusammengebracht werden, erscheinen sie uns wieder weiß.

Doch das Bild von den Lichtteilchen kann nicht alle Eigenschaften des Lichtes erklären. Ehe wir aber dazu kommen, wollen wir uns mit dem Licht befassen, das Newton nicht sah.

Unsichtbares Licht

Das Spektrum, das Newton durch seinen Schlitz im Fensterladen und mit Hilfe von Linse und Prisma erhalten hatte, enthielt mehr, als er ahnen konnte. Das bewies ein ursprünglich aus Hannover stammender englischer Astronom.

William Herschel, der damals bereits durch seine Entdeckung des Planeten Uranus weltberühmt war, betrachtete oft die Sonne mit seinem Fernrohr, an das er am Okularende Farbfilter angebracht hatte, die seine Augen vor der starken Sonnenstrahlung schützen sollten. Dabei fiel ihm auf, daß er bei Filtern, die kaum Licht durchließen, oft im Augapfel ein deutliches Wärmegefühl hatte, und er vermutete daher, daß die Wärmestrahlung der Sonne nicht mit dem sichtbaren Licht zu uns kommt, sondern in irgendeiner dem Auge unsichtbaren Form. Den Beweis führte er mit einem Experiment, das sich eng an das Newtonsche anschloß: Er ließ Sonnenlicht in einem verdunkelten Raum durch ein Prisma auf einen Papierstreifen fallen (vgl. Abb. 3.2). An das rote Ende des Spektrums, aber außerhalb des Bereiches, in dem man das in Farben zerlegte Sonnenlicht sehen kann, legte er drei Thermometer auf den Tisch. Dort, wo unser Auge kein Licht mehr wahrnimmt, zeigten die Meßgeräte erhöhte Temperaturen an. Herschel hatte die Strahlen der Sonne entdeckt, die jenseits des roten Lichtes im Spektrum liegen, das *infrarote Licht.*

Angeregt durch diese Entdeckung setzte der deutsche Physiker Johann Wilhelm Ritter (1776–1810) Silberchlorid verschiedenen Bereichen des Sonnenspektrums aus. Diese Verbindung des Silbers wird durch Licht verändert, deshalb verwendet man sie ebenso wie Silberbromid in der Fotografie. Ritter fand, daß die stärksten chemischen Reaktionen jenseits des violetten Endes des Spektrums auftraten. So entdeckte er die *Ultraviolettstrahlung* der Sonne.

Herschel und Ritter hatten für das Auge unsichtbare Sonnenstrahlen gefunden, die das Newtonsche Spektrum sowohl über das rote wie über das violette Ende hinaus fortsetzten. Heute wissen wir, daß man das Spektrum nach beiden Seiten hin noch viel weiter ausdehnen kann. Nach dem infraroten Licht kommen die Radiowellen. Nach der anderen Seite des Spektrums, jenseits des violetten Endes liegen hinter dem Ultraviolett noch die *Röntgenstrahlen* und schließlich die sogenannten *Gammastrahlen*. Die Sonne sendet alle diese Strahlenarten in den Raum, doch bei weitem nicht alles kommt auf die Erdoberfläche herab. Die Atmosphäre läßt neben sichtbarem Licht noch die Radiostrahlung bis zu uns durch, auch wenn wir sie nicht sehen. Die anderen Strahlen aus dem Weltall, kommen sie nun von der Sonne oder von anderen Himmelskörpern, können wir nur entweder von Flugzeugen oder Ballons aus untersuchen oder mit Meßgeräten, die von Raketen in den Raum außerhalb der Erdatmosphäre geschossen worden sind.

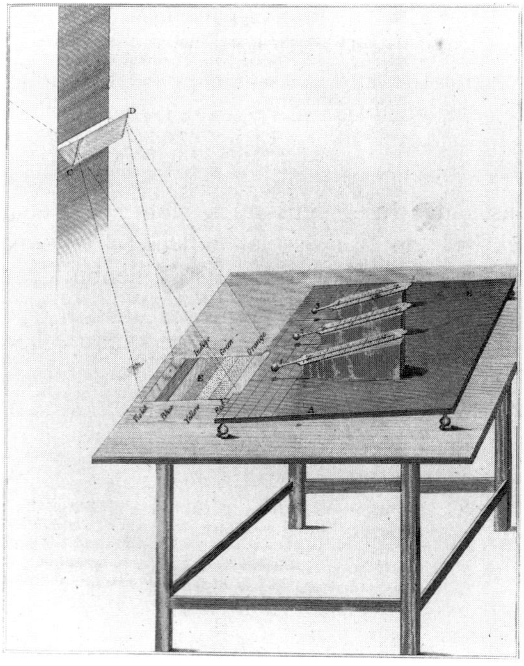

Abb. 3.2: William Herschels Experiment, bei dem er die Infrarotstrahlung der Sonne entdeckte, ist eine Weiterführung des Newtonschen Versuches von Abbildung 3.1. Das Sonnenlicht fällt, statt von einer runden Öffnung, von einem horizontalen, in der Abbildung nicht sichtbaren Spalt auf das Glasprisma – die von Newton benutzte Linse ist weggelassen. Das Spektrum ist ein breiter Farbstreifen auf der horizontalen Tischplatte, vom violetten Licht (links) bis zum roten (rechts). Außerhalb des sichtbaren Spektrums, jenseits des roten Lichtes, zeigen Thermometer, daß von der Sonne noch unsichtbare, wärmende Strahlung zu uns gelangt (Bayer. Staatsbibliothek, München).

Licht als Welle

Bei Newton waren es noch kleine Teilchen, die längs eines Strahles durch den Raum flogen und die Lichtempfindungen im Auge erzeugten. Sein Zeitgenosse, der Holländer Christian Huygens (1629–1695) dagegen glaubte, daß Licht die Schwingung eines alles durchdringenden Mediums sei, ähnlich den Wellen auf einer Wasserfläche. Heute wissen wir, daß beide recht hatten. Licht verhält sich einerseits so als ob es aus Teilchen bestünde, andrerseits aber auch so, als ob es eine Art Welle wäre.

Das will uns, deren Anschauung an den Vorgängen des täglichen Lebens geschult ist, nicht in den Kopf. Was ist das Licht nun wirklich, Welle oder Teilchen? Es ist weder das eine, noch das andere. Wenn wir an eine Welle denken, meinen wir die sich fortpflanzenden Unebenheiten einer Wasseroberfläche, in die wir eben einen Stein geworfen haben. Bei Teilchen fallen uns kleine, runde, vielleicht harte Kügelchen ein, so etwas wie Schrotkörner. Welle und Teilchen erscheinen uns unvereinbar. Das eine, die rhythmische Bewegung einer Flüssigkeit oder, wie bei einer Schallwelle, eines Gases, das andere ein Stück Materie, an dem man sich einen Zahn ausbeißen kann. Was also soll es heißen, Newtons Teilchentheorie wäre genauso richtig wie Huygens Wellenbild des Lichtes?

Die Lösung liegt darin, daß sich das Licht allen anschaulichen Beschreibungen entzieht. Es ist in Wahrheit ein physikalischer Begriff, der verschiedene komplizierte Eigenschaften besitzt, die man nur mit mathematischen Formalismen beschreiben kann. Für viele dieser Eigenschaften kommt man aber schon mit einem einfachen Bild aus. Aber für alle seine Erscheinungen nicht mit dem gleichen.

Wir sollten uns nicht verwirren lassen, weil sich Licht einmal wie eine Welle verhält und einmal wie eine Garbe von Schrotkörnern. Bei anderen Dingen ist es uns selbstverständlich, daß sie mit verschiedenen Bildern beschrieben werden – je nachdem auf welche ihrer Eigenschaften wir uns gerade beziehen.

Dazu ein Beispiel: Ein Staat ist wie ein Gebäude, das auf mehreren Säulen ruht. Die eine stellt vielleicht seine wirtschaftlichen Reserven dar, die andere die Stärke seiner Armee. Das Bild ist gar nicht so schlecht. Wenn der Staat bankrott geht und die erste Säule in sich zusammensinkt, verhält er sich tatsächlich wie ein in sich zusammenstürzendes Bauwerk, das zum Trümmerhaufen wird. Spricht man von den Beziehungen zu seinen Nachbarstaaten, gibt man dem Staat aber eher menschliche Eigenschaften. Von freundschaftlicher Zusammenarbeit, Mißtrauen, Rache und Feindschaft ist die Rede. Ist der Staat nun ein Gebäude oder ein Gebilde mit menschlichen Eigenschaften? Es kommt auf den Fall an, welchen Vergleich man zu Hilfe nehmen kann. So ist es auch beim Licht. Einige Erscheinungen kann man mit dem Wellenbild, einige mit dem Teilchenbild erklären.

Wenn ich frage, wie sich ein Lichtstrahl im leeren Raum ausbreitet, genügt meist das Bild vom Schrotkorn. Stellen wir uns eine Wand vor, mit einem Loch in der Mitte. Wird sie vom Licht getroffen, so hält sie die Strahlen der sich geradlinig bewegenden Körner auf und wirft einen Schatten. Daß das Licht von der Wand wieder zurückgeworfen wird, paßt auch zum Bild von den Schrotkörnern. Durch das Loch aber gehen Schrot und Licht geradlinig durch. Das Schrotkornbild des Lichtes scheint alles richtig zu beschreiben.

Hält man aber das Loch im Schirm hinreichend klein, vielleicht im Durchmesser nur einige tausendstel Millimeter, dann geht das Licht dahinter nicht mehr gradlinig weiter. Die durchgehenden Teilchen scheinen von ihren geraden Bahnen abzuweichen und hinter dem Schirm in einen Bereich zu fliegen, wo eigentlich Schatten sein sollte. Hier versagt das Bild von den Schrotkörnern. Wir werden gleich sehen, daß mit diesem und einem ähnlichen Experiment die Wellennatur des Lichtes nachgewiesen wurde, denn das Wellenbild kann das erklären. Siegt Huygens über Newton? Vorerst werden wir uns mit dem Wellenbild befassen.

Wo Newtons Teilchenbild versagt

Daß Licht eine Welle ist, bewies zuerst der englische Arzt und Physiker Thomas Young (1773–1829). Schon als Student fesselte ihn die Frage, wie die Linse im menschlichen Auge ihre Form ändert, wenn es sich auf verschiedene Entfernungen einstellt. Im Jahre 1801 entdeckte er den Astigmatismus des Auges. Zu dieser Zeit praktizierte er bereits seit zwei Jahren als Arzt in London. Um die gleiche Zeit begann er mit seinen Experimenten, die schließlich die Natur des Lichtes enthüllen sollten. Wir werden den wichtigsten seiner Versuche beschreiben.

Doch sprechen wir zuvor noch von einer anderen Facette dieses vielseitigen Mannes. Er interessierte sich auch für Ägyptologie. Zu dieser Zeit waren die Hieroglyphen noch nicht entziffert, doch im Britischen Museum in London lag der berühmte Rosette-Stein. Bei Napoleons

Feldzug nach Ägypten nordwestlich von Rosette am Nil gefunden, trägt dieser Stein, der etwa so groß ist wie eine Tischplatte, drei Texte in verschiedenen Schriften. Der eine ist griechisch, war also lesbar, der andere in Hieroglyphen und der dritte in einer aus den Hieroglyphen entwickelten Schreibschrift. Es lag nahe anzunehmen, daß alle drei Texte den gleichen Inhalt hatten. Das schien eine ideale Gelegenheit, endlich die Schrift der Hieroglyphen zu entziffern. Schließlich gelang dies dem französischen Historiker Jean-Françoise Champollion (1790–1832). Doch der Arzt aus London war ihm hart auf den Fersen gewesen, heute noch wird sein Name in allen Büchern erwähnt, die über die Entzifferung der Hieroglyphen berichten.

Wir aber wollen uns hier seinem Beitrag zur Entzifferung des Lichtes widmen. Das Prinzip seines entscheidenden Experimentes ist in Abbildung 3.3 dargestellt. Licht fällt von einer Quelle auf einen Schirm, in den ein feines Loch gebohrt ist. Es geht durch die Öffnung, und wenn diese klein genug ist, bewegt es sich nicht ausschließlich in der

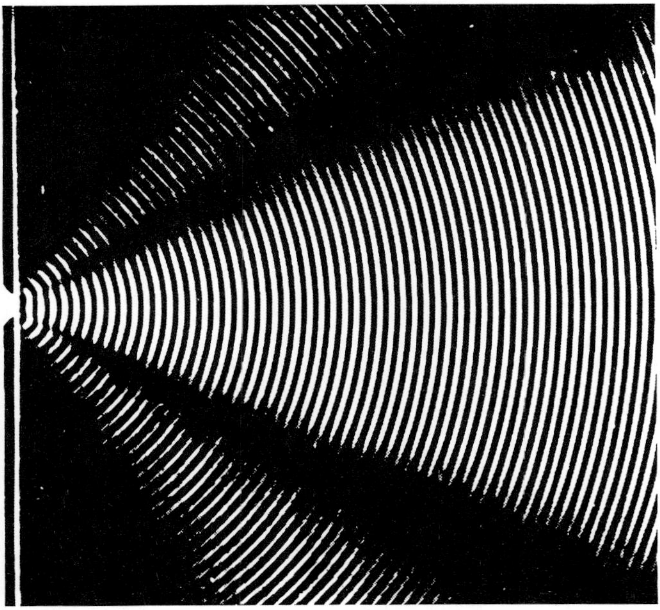

Abb. 3.3: Wie sich die Wellennatur bemerkbar macht. Wellen, die in großer Entfernung links außerhalb des Bildes ausgesandt werden und durch ein kleines Loch in einem Schirm gehen, breiten sich dahinter nicht geradlinig aus, sondern fächern auf. Licht zeigt die gleiche Erscheinung, wenn die Öffnung hinreichend klein ist.

ursprünglichen Richtung geradlinig weiter, sondern breitet sich danach in einem Fächer aus. Das erscheint uns ungewohnt, denn wir wissen, daß das Licht, das durch ein Fenster kommt, den scharfen Schatten des Fensterkreuzes auf den Boden wirft, ein Zeichen, daß Licht sich geradlinig bewegt. Doch das ist nicht die ganze Wahrheit. Ausgedehnte Lichtquellen, etwa Autoscheinwerfer oder die Sonne selbst, werfen Schattenbilder mit verwaschenen Rändern. Die schärfsten Schatten werden von punktförmigen Lichtquellen erzeugt. Aber kein Schatten ist vollkommen scharf. Ein Teil des Lichtes wird immer in den Schattenbereich abgelenkt. Vom Bild der Lichtteilchen her ist das nicht zu erklären. Ein Schrotkorn, das einmal durch ein Loch gedrungen ist, schießt danach geradlinig weiter. Das gleiche müßte für Newtons Lichtteilchen gelten. Anders aber die Welle an einer Wasseroberfläche, die auf eine aus dem Wasser herausragende Wand mit einer Öffnung trifft. Hinter dem Loch breitet sich die Welle fächerförmig aus.

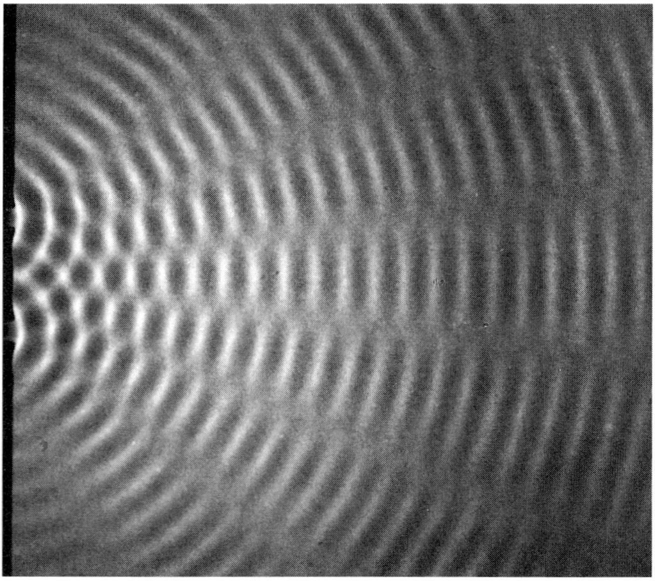

Abb. 3.4: Parallele ebene Wasserwellen, die (hier im Bild von links) durch zwei kleine, nebeneinanderliegende Öffnungen treten, überlagern sich und erzeugen ein regelmäßiges Muster. Es entstehen Streifen, an denen sich die beiden Wellenarten gegenseitig aufheben; das Wasser bleibt in Ruhe, alle anderen Wellen verstärken einander gegenseitig. Diese typische Eigenschaft von Wellen konnte Thomas Young auch am Licht nachweisen (nähere Erläuterungen bei Abb. 3.5).

Den eigentlichen Beweis, daß sich Licht so verhalten kann wie eine Welle, lieferte Young mit einem anderen Experiment. Er bohrte in den Schirm zwei eng benachbarte feine Löcher. Denken wir uns zuerst das Experiment mit Wasserwellen ausgeführt. Durch jedes der beiden Löcher treten Wellen und breiten sich auf der »Schattenseite« fächerförmig aus. Dort wird also das Wasser von zwei Wellensystemen zum Schwingen angeregt, und es bildet sich ein regelmäßiges Muster heraus, bei dem in bestimmten Bereichen das Wasser in Ruhe bleibt, während es sich an anderen Stellen ständig auf und ab bewegt (vgl. Abb. 3.4). Das läßt sich einfach erklären.

Betrachten wir dazu die Schemazeichnung der Abbildung 3.5. Sie stellt ein Augenblicksbild der Bewegung der Wasseroberfläche dar. Von links kommt eine Welle. Wellenberge sind weiß, Wellentäler schwarz. Auf den Schirm treffen die Wellenberge und Wellentäler von links her in gleichmäßigem Rhythmus nacheinander auf. Nach der Schattenseite

Abb. 3.5: Wellen, die durch zwei benachbarte Öffnungen treten, erzeugen zwei Wellensysteme. Bei Punkt A kommen entweder gleichzeitig Wellenberge oder gleichzeitig Wellentäler an, die beiden Wellensysteme verstärken einander. Wenn bei Punkt B ein Wellenberg des einen Wellensystems ankommt, dann trifft gleichzeitig vom anderen ein Wellental ein. Die Wellensysteme heben sich an Punkt B gegenseitig auf.

breitet sich von jeder Öffnung her ein Wellenfächer nach rechts aus. Die Berge und Täler treten gleichzeitig durch beide Öffnungen. Wandert durch eine ein Berg, dann geht im gleichen Augenblick ein zweiter durch die andere. Jeder Punkt der Wasseroberfläche im Schattengebiet wird von jeder der durch die beiden Öffnungen tretenden Wellen bewegt.

Konzentrieren wir uns zuerst auf einen Punkt, der von beiden Öffnungen gleich weit entfernt ist, etwa den mit A bezeichneten. Da durch beide Löcher gleichzeitig Wellenberge treten und der Punkt A von den Löchern gleich weit entfernt ist, treffen bei ihm auch von beiden Öffnungen her Wellenberge gleichzeitig ein. Genauso ist es mit den Wellentälern. Das Wasser am Punkt A wird also von den Wellen beider Öffnungen nach oben (Wellenberge) oder nach unten (Wellentäler) bewegt. Die Wasseroberfläche schwingt, und beide Wellensysteme unterstützen sich gegenseitig, da sie beide eine Bewegung in die *gleiche* Richtung bewirken. Anders aber kann es schon an einem benachbarten Punkt sein, etwa an Punkt B, der in der Abbildung 3.5 etwas über dem Punkt A liegt. Der Wellenberg vom unteren Loch hat einen längeren Weg zurückzulegen als der vom oberen. Bei B trifft Wellenberg nicht mehr auf Wellenberg. Es kann zum Beispiel sein, daß dort immer ein Berg von der oberen Öffnung und ein Tal von der unteren gleichzeitig eintreffen. Versucht die eine Welle die Wasseroberfläche zu heben, so drückt sie die andere gleichzeitig nach unten. Die Wasseroberfläche bleibt in Ruhe, weil sich die Wirkungen der beiden Wellensysteme gegenseitig aufheben. Die Bereiche, in denen die Schwingungen der beiden Wellensysteme derart gegeneinander wirken, treten in der Abbildung 3.5 als nahezu geradlinige schwarze Streifen hervor: Wo Wellenberg (weiß) auf Wellental (schwarz) trifft, ist das Bild schwarz. Genau das aber zeigen die Bilder der durch zwei Öffnungen tretenden Wasserwellen der Abbildung 3.4.

Daß Licht die gleiche Erscheinung zeigt, bewies Young, als er sein Experiment mit einem Schirm wiederholte, bei dem Licht aus einem schmalen Bereich des Spektrums durch zwei winzige, nahe beieinanderstehende Löcher drang. Auf der Schattenseite des Schirmes, dort wo das Licht nun in Form von zwei Fächern von den beiden Löchern ausging, fand er helle und dunkle Bereiche. Es waren die Stellen, an denen sich die Wellen aus beiden Löchern verstärkten und sich gegenseitig aufhoben. Ein eindeutiges Zeichen dafür, daß Licht eine Welle ist!

Youngs Ergebnis wurde in England nicht allzusehr gewürdigt, schließlich widersprach er dem großen Sir Isaac Newton, der inzwischen eine britische Institution geworden war. Erst als französische Gelehrte zu ähnlichen Ergebnissen kamen, fand Youngs Wellentheorie des Lichtes Anerkennung.

Licht plus Licht gibt Finsternis

Ehe wir uns im Folgenden mit dem gegenwärtigen Bild der Physiker vom Licht befassen, sollten wir uns noch einmal dem Experiment widmen, das uns die Wellennatur des Lichtes verraten hat. Zwei Wellen, die aufeinander treffen, können sich an bestimmten Stellen des Raumes aufheben. Das wäre anders, wenn das Licht nur ein Strahl von Lichtteilchen von der Art kleiner Kügelchen wäre. Dort, wo zwei Strahlen zusammentreffen, wäre die Dichte der Teilchen größer. Zwei Lichtstrahlen könnten sich also nur verstärken, aber niemals in ihrer Wirkung gegenseitig schwächen. Aber das Youngsche Experiment bewies, daß zwei Lichtwellen, von denen jede für sich uns als Licht erscheint, sich auch gegenseitig abschwächen, ja sogar auslöschen können.

Unwillkürlich muß ich an die Tagnachtlampe denken, die Christian Morgensterns Phantasie entsprungen ist:

> Korf erfindet eine Tagnachtlampe,
> die, sobald sie angedreht,
> selbst den hellsten Tag
> in Nacht verwandelt.

Solch eine Lampe könnte nur so arbeiten, daß sie Lichtwellen erzeugt, die an jeder Stelle des Raumes die Wellen des Sonnenlichtes gerade aufheben. Bei der Wellennatur des Lichtes wäre eine derartige Lampe zumindest im Prinzip möglich, in einem Teilchenbild nicht.

Young hatte nachgewiesen, daß Licht eine Welle ist, wenn auch nicht klar war, welches Medium sich wellenartig verändert. Das Bild von der Wellennatur des Lichtes wurde in den darauffolgenden Jahren immer mehr untermauert. Da die Form der Kurven, auf denen sich zwei Wellensysteme in ihren Wirkungen aufheben, vom Abstand der beiden Öffnungen und von der Wellenlänge der beiden Wellensysteme abhängt, konnte Young mit seinem Experiment die Wellenlänge des Lichtes bestimmen. Er konnte zeigen, daß die des roten Lichtes bei etwas weniger als einem tausendstel Millimeter liegt, während die Wellenlänge des violetten Lichtes nur etwa halb so groß ist. Es ist also die Wellenlänge des Lichtes, die wir als Farbe empfinden. Jetzt verstand man, was ein

Prisma mit dem Licht macht: Es ordnet die im weißen Licht miteinander vermischten Lichtarten verschiedener Farbe nach ihren Wellenlängen. Infrarotstrahlung, wie sie Herschel entdeckt hatte, ist Licht wie jedes andere, nur ist seine Wellenlänge größer als die des roten Lichtes. Setzt man das sichtbare Spektrum nach beiden Seiten über seine beiden Enden hinaus fort, so kommt man zu wesentlich längeren und kürzeren Wellen. Radiowellen liegen weiter im langwelligen Bereich. Relativ kurzwellig, aber immer noch sehr lang im Vergleich zum Licht, sind die Radarwellen, deren Wellenlängen bei einigen Dezimetern oder Zentimetern liegen. Der Bayerische Rundfunk sendet im Mittelwellenbereich bei 375 m. Langwellensender strahlen im Bereich von Kilometern. Nach der kurzwelligen Seite sind die Wellenlängen der Röntgenstrahlen nur ein tausendstel der des sichtbaren Lichtes, während die Wellenlängen der Gammastrahlen bei einem Tausendstel der Röntgenstrahlen liegen. Da bei allen diesen Strahlenarten elektrische wie auch magnetische Felder eine entscheidende Rolle spielen, spricht man von *elektromagnetischer Strahlung.*

Was ist Licht?

Wir haben jetzt viel über das Licht gelernt, trotzdem wissen wir immer noch nicht, was Licht eigentlich ist. Die Schwierigkeit liegt darin, daß es sich unserer aus dem täglichen Leben gewonnenen Anschauung entzieht. Das merkten wir schon in der scheinbaren Diskrepanz zwischen Teilchen- und Wellenbild. Für den Physiker ist das kein Problem. Er kann das Licht mit einem mathematischen Formalismus beschreiben, alle seine Eigenschaften erklären und auch voraussagen, wie sich Licht in einem bestimmten Experiment verhalten muß. Wir, die wir in diesem Buch den mathematischen Weg umgehen wollen, können uns mit einem relativ einfachen Modell behelfen. Wir machten bereits davon Gebrauch, als wir Licht mit den Wellen auf einer Wasseroberfläche verglichen haben. Doch das Wasserwellenmodell ist zu einfach. Licht ist komplizierter als die von einem ins Wasser geworfenen Stein ausgehenden Wellen. Das hängt damit zusammen, daß das Licht keine mechanische Erscheinung ist, daß vielmehr dabei Elektrizität wie auch Magnetismus eine entscheidende Rolle spielen.

Betrachten wir eine einfache Lichtwelle, die an uns vorübergeht. Um es einfach zu machen, wollen wir uns ihr Vorbeistreichen in Zeitlupe vorstellen. Nehmen wir an, wir hätten eine Magnetnadel, wie man sie in jedem Kompaß findet und einen elektrisch geladenen Körper, etwa eine kleine Metallkugel. Um sie elektrisch zu laden, können wir etwa einen Kamm nehmen, der sich beim Kämmen elektrisch aufgeladen hat. Wenn wir den Kamm nahe genug an die Kugel heranbringen, hören wir wie unter leisem Knistern Funken auf das Metall überspringen. Die Kugel lädt sich mit negativer Elektrizität auf. Damit die Ladung auf der Metallkugel bleibt, befestigen wir diese an einem Seidenfaden, den wir in der Hand halten. Seide ist ein guter Isolator.

In der Dunkelheit regen sich weder elektrisch geladene Kugel noch Kompaßnadel in unseren Händen. Nun erreicht uns eine Lichtwelle. Nehmen wir jetzt an, wir blickten in die Richtung, aus der sie kommt. Wir spüren einen leichten Zug in der Hand, die die negative elektrische Ladung hält. War die Ladung an der Leine ursprünglich völlig ruhig, so strebt sie plötzlich nach oben. Wir spüren eine leichte Kraft in der Hand. Gleichzeitig stellt sich die Magnetnadel horizontal ein, der Nordpol der Nadel zeigt nach links. Jetzt geht der Wellenberg über uns weg. Im darauffolgenden Wellental zieht die Ladung nach unten, die Magnetnadel dreht sich so, daß nun der Nordpol nach rechts weist. Dieses Spiel wiederholt sich immer wieder: Ladung nach oben, Nordpol nach links, dann Ladung nach unten und Nordpol nach rechts. In der Abbildung 3.6 sind die Richtungen, in die unsere positive elektrische Ladung strebt und in die die Magnetnadel zeigt, schematisch durch Pfeile dargestellt.

Es war nur ein Gedankenexperiment. Selbst wenn wir davon absehen, daß sich Kugel und Nadel nur geringfügig bewegen würden, die Schwingungen wären so rasch, daß sie unserer Wahrnehmung entgehen

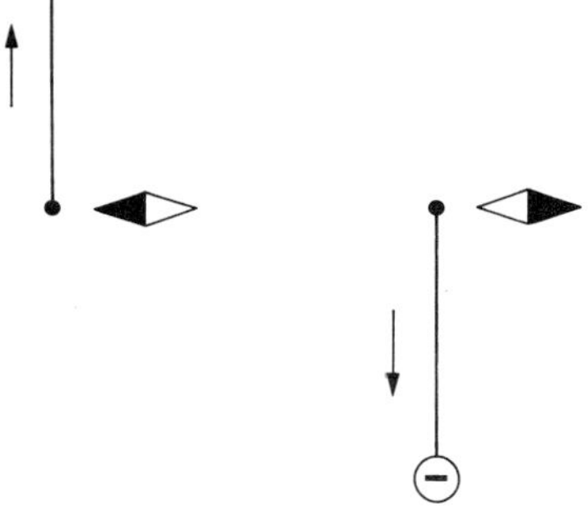

Abb. 3.6: Das Gedankenexperiment mit der elektrischen Ladung und der Magnetnadel. Kommt eine Lichtwelle dem auf die Bildfläche blickenden Betrachter entgegen, dann bewegt sich in einem Augenblick die Ladung im Bild nach oben, und der Nordpol der Nadel weist nach links (linkes Teilbild). Im nächsten Moment geht die Ladung nach unten, der Nordpol nach rechts.

würden, sichtbares Licht läßt Elektronen in jeder Sekunde 300 Billionen mal hin- und herschwingen. Man beachte: Eine Billion ist eine eins mit 12 Nullen! In Wahrheit bewegt Licht weder Kompaßnadeln noch läßt es elektrisch geladene Kugeln an Seidenfäden auf und ab schwingen. Die elektrischen und magnetischen Felder des Lichtes sind so schwach, daß nur die leichtesten elektrisch geladenen Teilchen, die Elektronen, darauf reagieren. Licht, das auf die Oberfläche eines Gegenstandes fällt, bewegt höchstens die Elektronen, die im Körper entweder in den Atomen und Molekülen sind, oder die, wie bei Metallen, frei zwischen den Atomen herumschwirren. Das Licht, das wir sehen, ruft in den Zäpfchen und Stäbchen der Netzhaut chemische Reaktionen hervor, die wiederum die Nerven anregen, die in unser Gehirn führen.

Wir können an dem Experiment erkennen, daß das Licht neben der Richtung, in die es sich ausbreitet, noch eine andere Richtung besitzt. Wir sagten, daß unsere Ladung an der Leine nach oben und nach unten bewegt wird, der Nordpol der Magnetnadel dagegen nach rechts und links strebt. Es gibt auch Licht, bei dem die Ladung nach rechts oben und nach links unten ausschlägt, der Nordpol nach links oben und rechts unten. Je nach der Art des eintreffenden Lichtes kann sich die Ladung in jede Richtung quer zum Lichtstrahl bewegen, diese nennt man die Polarisationsrichtung. Unser Auge kann zwischen Lichtstrahlen verschiedener Polarisationsrichtungen nicht unterscheiden, doch sind die Polarisationseigenschaften des Lichtes für viele Anwendungen, auch in der Sonnenphysik, sehr wichtig.

Wir hatten die Frage gestellt, was Licht eigentlich sei. Das Licht besteht aus einem elektrischen und einem magnetischen Feld. Beide Felder fliegen mit Lichtgeschwindigkeit durch den Raum, legen also in jeder Sekunde 300 000 km zurück. Die Feldstärken der beiden Felder variieren wellenförmig, sie zeigen also Wellenberge und Täler. Wenn solch eine Lichtwelle über eine elektrische Ladung und über eine Magnetnadel hinwegwandert, werden beide im Rhythmus des vorbeieilenden Feldes in Schwingungen versetzt.

Die Wiedergeburt des Teilchenbildes

Wir haben uns jetzt an das Wellenbild gewöhnt. Es hat uns erklärt, warum Licht plus Licht Dunkelheit geben kann und ermöglichte uns, die Wellenlängen – so unvorstellbar klein sie auch sind – zu messen. Wir wissen nun, daß Farbe nichts anderes ist als Wellenlänge.

Ist damit Newtons Teilchenbild tot? Nein, die moderne Physik hat es wieder zum Leben erweckt. Sie erkannte, daß Licht und überhaupt die gesamte elektromagnetische Strahlung nur in Form von kleinen Portionen auftreten kann, den sogenannten *Lichtquanten*.

Das Bild der Quanten löst die alte Streitfrage nach der Natur des Lichtes, ob Teilchen oder Welle. Das Licht besteht in Wahrheit aus zahllosen Lichtblitzen, aus für kurze Zeit ausgesandten Wellen. Diese Quanten ähneln den Newtonschen Lichtteilchen. Jedes hat aber eine bestimmte Wellenlänge. Das entspricht der Farbe der einzelnen Teilchen. Es fliegt geradlinig durch den Raum. Wenn es irgendwo auftrifft, »stößt« es den empfangenden Körper an, so, wie ein auftreffendes Schrotkorn einem Körper einen Stoß versetzt. Licht kann Gegenstände, auf die es trifft, bewegen. Allerdings ist dieser sogenannte *Lichtdruck* bei den Lichtstärken, die wir kennen, äußerst gering.

Aber das Lichtquant ähnelt auch einer Welle. Wenn man es durch kleine Öffnungen zwängt, wie es in den Youngschen Versuchen geschah (vgl. Abb. 3.3 und 3.5), erkennt man an ihm typische Welleneigenschaften. Es zeigt Überlagerungserscheinungen, wie wir sie von den Wellen auf einer Wasseroberfläche her kennen, und man kann die Wellenlängen der Lichtquanten messen.

Lichtquanten sind gewissermaßen die Atome des Lichtes. Nur in diffizilen Experimenten können wir die Quantenstruktur des Lichtes erkennen. Normalerweise erscheint es uns wie ein kontinuierlicher Strom. Wenn wir im Sonnenlicht stehen, trifft uns aber kein gleichförmiger Lichtstrom. Auf jeden Quadratzentimeter unserer Haut fallen statt dessen in der Sekunde zehn Billiarden Quanten des Sonnenlichtes. Zehn Billiarden sind zehntausend Millionen Millionen!

Licht von glühenden Körpern

In der heißen Kerzenflamme senden glühende Rußteilchen Licht aus, in der Glühlampe ein heißer dünner Draht. Auf der Sonne und an den Oberflächen der Sterne sind es heiße Gase, die Licht abstrahlen. Dabei zeigt sich eine einfache Gesetzmäßigkeit, die uns vom täglichen Leben her vertraut ist. Wir wissen, daß ein Stück Eisen, das gerade zu glühen beginnt – etwa die Platte eines Elektroherdes – rot leuchtet. Wird es heißer, so nähert sich seine Farbe dem Orange. Wir benutzen das Wort Weißglut für besonders starke Erhitzung. Das kommt daher, daß dann auch blaues, also noch kurzwelligeres Licht ausgesandt wird, so daß die

Mischung des Lichtes unserem Auge weiß erscheint. Die Farbe eines glühenden Körpers gibt uns einen Anhaltspunkt für seine Temperatur. Generell gilt aber auch die Regel: Je höher die Temperatur eines glühenden Körpers, um so mehr Energie gibt er ab. Von einem heißeren Stern wird in jeder Wellenlänge mehr abgestrahlt als von einem kühleren. Gleichzeitig verschiebt sich bei einer Erhöhung der Temperatur das Maximum der Strahlung zu kürzeren Wellenlängen. Deshalb erscheinen uns kühlere Sterne rötlich, heißere weiß oder blau.

So kann man aus dem von den Sternen kommenden Licht direkt etwas über die Temperaturen ihrer leuchtenden Oberflächen erfahren. Wir wissen zum Beispiel, daß die Schichten, aus denen das Licht der Sonne zu uns kommt, eine Temperatur von 5500 °C besitzen.

Könnten wir in das tiefe Innere der Sonne blicken, wir sähen Millionen Grad heiße Materie. Zwar strahlt Materie bei dieser Temperatur für unser Auge weiß, doch liegt der Hauptteil der Energie im Bereich der Röntgenstrahlen, die wir nicht sehen. Tatsächlich gibt es im Weltall Sterne, bei denen die Materie auch an ihrer Oberfläche Temperaturen von Millionen Grad erreicht. Diese Sterne lassen sich oft nur mit Teleskopen erkennen, die mit Röntgenempfängern ausgestattet sind.

Das Spektrum der Sonne

Doch das Spektrum sagt uns noch sehr viel mehr über den Stern Sonne. Während die tieferen und daher heißeren Schichten über einen weiten Wellenlängenbereich strahlen, liegt über ihnen die etwas kühlere Atmosphäre.

Die Atome der Materie haben eine Eigenschaft, die sich für den Physiker als sehr nützlich herausgestellt hat: Sie verschlucken Strahlung bei bestimmten Wellenlängen. Läßt man zum Beispiel Licht durch eine Schicht Wasserstoffgas treten und untersucht danach das Spektrum, so stellt man fest, daß bei einer bestimmten Wellenlänge im roten Bereich des Spektrums etwas Besonderes los ist. Im Licht, das durch den Wasserstoff gegangen ist, klafft dort eine Lücke, man sieht eine dunkle »Linie« (Abb. 3.7). Sie liegt bei einer Wellenlänge von 6,6 zehntausendstel Millimetern und heißt die *Alpha-Linie des Wasserstoffs,* oder die *H-Alpha-Linie.* Wo blieb das Licht, das an dieser Stelle im Sonnenspektrum fehlt? Es ging nicht verloren. Wenn man das vor der Lichtquelle stehende Wasserstoffgas von der Seite her gegen einen dunklen Hintergrund betrachtet, kann man erkennen, daß es rot leuchtet. Das von diesem seitlich betrachteten Gas gewonnene Spektrum zeigt eine helle Linie, gerade bei der Wellenlänge, bei der der Wasserstoff Licht absorbiert hat. Also verschluckte der Wasserstoff aus dem von der Quelle geradlinig durch ihn gehenden Strahlung das Licht einer bestimmten Wellenlänge und strahlt es nach allen Richtungen wieder ab.

Wasserstoff strahlt und absorbiert aber nicht nur das rote H-Alpha-Licht, es gibt unendlich viele Wellenlängen, bei denen er ähnliche Eigenschaften hat. Nicht nur Wasserstoff, alle Atome haben ihre für sie charakteristischen Wellenlängen, bei denen sie Licht bevorzugt absorbieren und auch bevorzugt wieder aussenden.

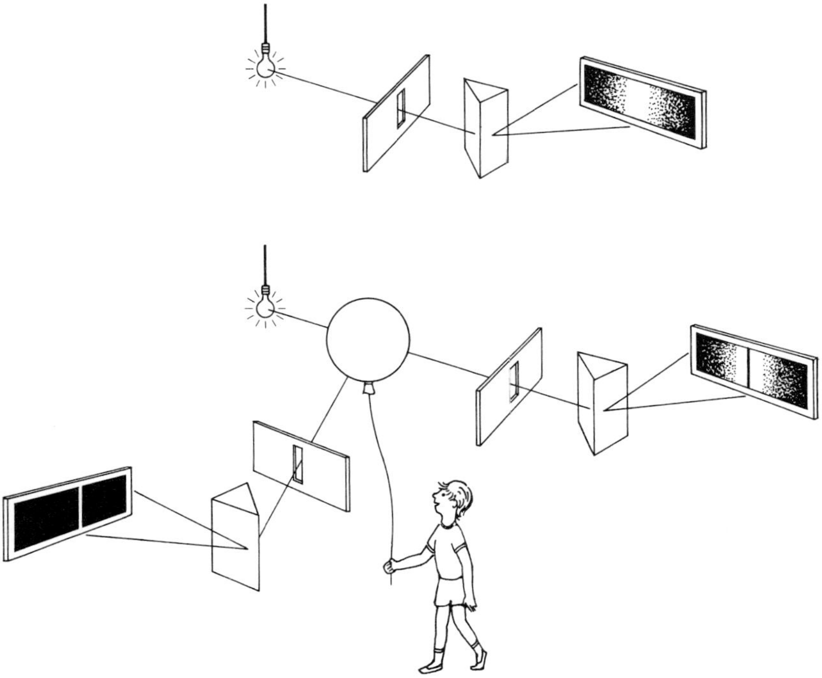

Abb. 3.7: Oben: Das Licht einer Glühbirne, das durch einen Spalt geht, erzeugt ein Spektrum von Violett (links) bis zum roten Bereich (rechts), in dem man keine Spektrallinien sehen kann. Man spricht von einem *kontinuierlichen Spektrum*. Unten: Geht das Licht der Lampe durch ein Gas – hier durch einen mit Wasserstoff gefüllten Ballon mit durchsichtiger Hülle angedeutet –, dann filtert das Gas Licht bei bestimmten Wellenlängen heraus. Im kontinuierlichen Spektrum entsteht eine dunkle *Absorptionslinie* (rechts). Das herausgefilterte Licht wird seitlich abgestrahlt und erzeugt im (sonst dunklen) Spektrum eine helle *Emissionslinie*.

Newton hatte 1672 das Sonnenlicht nach seinen Farben und damit nach seinen Wellenlängen zerlegt. Wir wissen, daß die Trennung der einzelnen Farben besser wurde, als er statt eines Loches in seinen Fensterladen einen Spalt machte. Später lernte man, eine feinere Trennung nach Farben durch immer feinere Spalte zu erzielen. Das ermöglichte, Einzelheiten im Spektrum des Sonnenlichtes zu erkennen. Im Jahre 1802 bemerkte der englische Mediziner, Techniker und Astronom William Hyde Wollaston (1766–1828), daß im Spektrum der Sonne an bestimmten Stellen Licht fehlt. Der Streifen des Spektrums zeigte feine schwarze Linien. Später nannte man sie die *Fraunhofer-Linien.* Zu ihnen zählt auch die Linie, die bei der Farbe des roten H-Alpha-Lichtes liegt. Wir wissen bereits, wie sie zustande kommt. Wasserstoff, der in der Atmosphäre der Sonne reichlich vorhanden ist, filtert genau bei dieser Wellenlänge Licht aus der von weiter unten kommenden Sonnenstrahlung heraus.

Der bayerische Glasermeisterssohn Joseph Fraunhofer (1787–1826), der einer der größten Optiker seiner Zeit wurde, entdeckte die dunklen Linien unabhängig von Wollaston, untersuchte das Sonnenspektrum

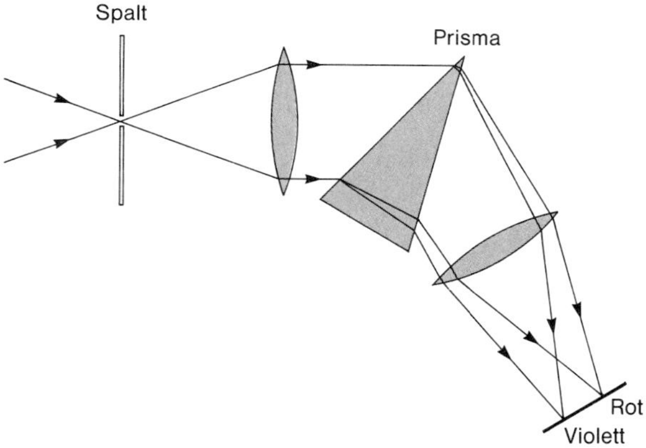

Abb. 3.8: Wie ein Spektralapparat funktioniert. Von links kommt Licht durch einen schmalen Spalt, wird, wie bei Newtons Experiment in Abbildung 3.1, von einer Sammellinse aufgefangen und auf ein Prisma geworfen, das die Lichtstrahlen je nach Farbe in verschiedene Richtungen ablenkt. Eine zweite Linse sammelt das vom Prisma gebrochene Licht und läßt einen farbigen Streifen, vom Violetten bis zum Roten entstehen. Betrachtet man diesen Streifen von der Rückseite her durch eine Okularlinse, so hat man ein Spektroskop, läßt man das Spektrum auf eine Fotoplatte fallen, einen Spektrographen.

mit seinen neu entwickelten optischen Instrumenten systematisch und ordnete den am deutlichsten ausgeprägten Linien die Buchstaben A bis I zu, Bezeichnungen, die noch heute weitgehend im Gebrauch sind. Die H-Alpha-Linie erhielt den Buchstaben C. Er erkannte aber bereits, daß das Spektrum der Sonne voll von feinen dunklen Linien ist, er zählte insgesamt 574.

Seit jenen Zeiten hat man gelernt, das Sonnenlicht viel feiner nach seinen Wellenlängen aufzufächern. Hatte man anfangs nur *Spektroskope,* durch die man das Licht der Sonne nur mit dem Auge betrachten konnte, so brachte die Fotografie die *Spektrographen* (Abb. 3.8), mit denen man das Spektrum fotografieren kann.

Heute geben uns im Sonnenspektrum an die 26000 Linien Information über die Atome nahezu aller chemischen Elemente (Abb. 3.9). Denn jede Atomart prägt dem Spektrum ihr eigenes Liniensystem auf.

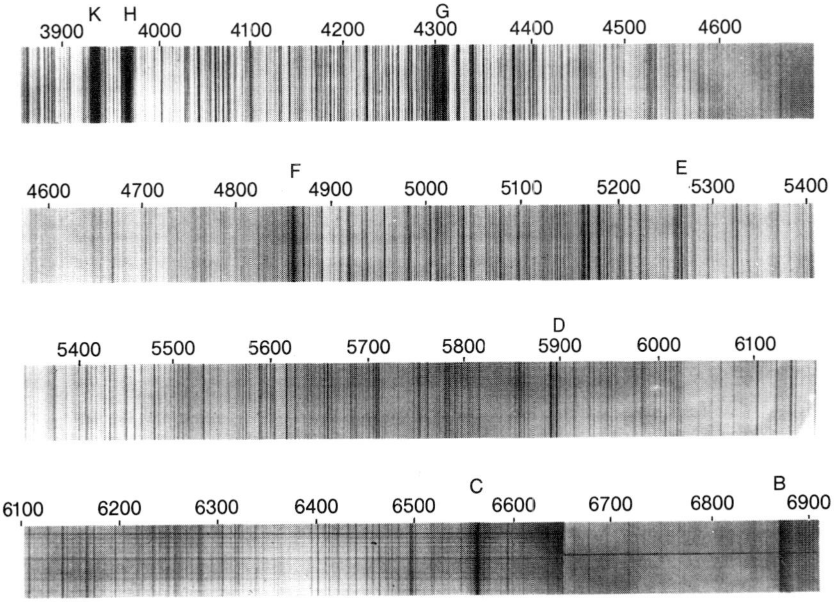

Abb. 3.9: Das Spektrum der Sonnenscheibe, in vier Einzelstreifen zerlegt, reicht vom Violett (erster Streifen links) bis zum Rot (vierter Streifen rechts). Dem hellen, kontinuierlichen Spektrum sind Tausende von dunklen Absorptionslinien aufgeprägt. Die Zahlen sind die Wellenlängen in zehnmillionstel Millimetern. Die Buchstaben beziehen sich auf Fraunhofers Bezeichnung der Spektrallinien. K im Violett ist die Linie des Kalziums, von der auf S. 124 die Rede ist. C ist die H-Alpha-Linie des Wasserstoffs im Roten.

Da keine zwei Atomsorten die gleichen Linien besitzen, sind die Spektrallinien gleichsam die Fingerabdrücke, anhand derer man die einzelnen Atomsorten überführen kann. Das hat uns die Möglichkeit gegeben, die chemische Beschaffenheit der Sonne zu bestimmen.

Wo aber ist das Licht geblieben, das bei bestimmten Wellenlängen dem Sonnenspektrum fehlt? Mit der Atmosphäre der Sonne ist es ähnlich wie mit dem Wasserstoffgas, das wir in der Abbildung 3.7 in den Strahlengang des Lichtes gebracht haben. Wenn wir durch die Sonnenatmosphäre auf die Sonne schauen, sehen wir im Spektrum dunkle Linien, genau so wie im Falle des Gases, durch das wir auf die Lichtquelle blicken. In der Erklärung der Abbildung 3.7 aber erwähnten wir, daß das vom Wasserstoff verschluckte Licht nach allen Richtungen abgestrahlt wird und daß man an den entsprechenden Stellen im Spektrum helle Linien sieht, wenn man das Gas gegen einen dunklen Hintergrund beobachtet. Genau so ist es mit der Atmosphäre der Sonne. Wenn man den Sonnenrand beobachtet, vor allem wenn alles übrige Licht bei einer Sonnenfinsternis von der Scheibe des Mondes abgedeckt ist, sieht man im Spektrum die hellen Linien. Auch Gaswolken, die über der Sonnenoberfläche liegen, sogenannte Protuberanzen, von denen in diesem Buch noch öfters die Rede sein wird, zeigen im Spektrum helle Linien, wenn wir sie am Sonnenrand vor dem dunklen Himmelshintergrund betrachten. Erscheinen sie jedoch vor der Scheibe, blicken wir also durch sie hindurch auf die helle Sonnenoberfläche, dann zeigt ihr Spektrum dunkle Linien.

Das rote Wasserstofflicht spielt in der in allen Farben von der Sonne ausgesandten Strahlung nur eine kleine Nebenrolle. Es fällt unserem Auge nicht auf. Man müßte schon Augen besitzen, die für alle anderen Farben blind sind und die nur das Rot wahrnehmen, das von den Wasserstoffatomen ausgesandt wird. Wie sähen wir dann mit diesen Augen die Sonnenscheibe? Wäre sie gleichmäßig hell oder würde sie Strukturen zeigen, die einem normalen Auge verborgen bleiben? Die Antwort kam mit der Entwicklung moderner Spektralapparate.

4. Teleskope, Spektren, Finsternisse

...der Mond stand mitten in der Sonne... rings um ihn kein Sonnenrand, sondern ein wundervoller schöner Kreis von Schimmer, bläulich, rötlich, in Strahlen auseinanderbrechend, nicht anders, als gösse die oben stehende Sonne ihre Lichtflut auf die des Mondes nieder, daß es rings auseinanderspritzte.

Adalbert Stifter über die totale Sonnenfinsternis vom 8. Juli 1842

Unser Wissen von der Sonne wäre noch in den Anfängen, hätten wir nicht gelernt, ihrem Licht mehr Informationen zu entlocken als ein einfaches Fernrohr oder ein einfaches Glasprisma liefert. In den folgenden beiden Kapiteln will ich an einigen Meilensteinen in der Geschichte moderner Beobachtungsgeräte für die Sonne verweilen.

Ich werde mich nicht an die chronologische Reihenfolge halten, sondern mit dem Problem beginnen, vor dem die Sonnenbeobachter heute stehen, wenn sie auf der Oberfläche der Sonne Einzelheiten erkennen wollen. Dazu benutzen sie meist das Licht, das das menschliche Auge und die fotografische Platte wahrnehmen. Anders als bei Untersuchungen in einem schmalen Bereich des Spektrums, wird hierbei alles Licht, von Rot bis Violett, benutzt. Man spricht vom weißen Licht.

Alle Astronomie begann mit dem weißen Licht, auch das Studium der Sonne. Als Fabricius, Vater und Sohn, als Scheiner und Galilei die Sonne mit ihren Fernrohren studierten, sahen sie die Flecken im weißen Licht. Vom Sonnenspektrum hatten sie noch keine Ahnung. Im Jahre 1859 wurde Carrington – wir kennen ihn bereits aus Kapitel 2 – der die Sonne im weißen Licht beobachtete, Zeuge einer Explosion auf der Sonne. Wir werden in Kapitel 6 darauf zurückkommen. Obwohl die Sonnenforscher von heute aus dem Sonnenspektrum eine Fülle von Einzelheiten herauszulesen vermögen, können sie auf Beobachtungen im weißen Licht nicht verzichten. Das Kommen und Gehen der Flecken im elfjährigen Rhythmus, die Vielfalt der Formen in Flecken und Fleckengruppen, selbst die Struktur einzelner Flecken werden im weißen Licht studiert.

Das im Spektrum zerlegte Licht aber hat uns verraten, welche Stoffe auf der Sonne leuchten. Die Spektralapparate waren am Anfang noch recht primitiv. Heute lagern sie oft in gewaltigen Röhren, die am Fuß eines Sonnenturmes mehr als zehn Meter tief in die Erde oder in den Fels reichen, Geräte mit denen man ein Spektrum erzeugen kann, das in seiner ganzen Länge, vom Rot bis zum Violett, auf mehrere Dutzend Meter ausgedehnt ist.

Oft bedeutet weniger auch mehr. Wer nicht alles Sonnenlicht benutzt, sondern nur das in einem engen Bereich des Spektrums, etwa nur das in der Nachbarschaft der roten Wasserstofflinie, erlebt eine ganz neue Sonne. Von ihr konnte man aufgrund des Bildes der Sonne im weißen Licht nichts ahnen. Den Anstoß zu dieser modernen Technik gab dem Menschen die Sonne selbst. Anlaß waren jene Minuten, an denen man sie nicht am Himmel sieht, weil sie der Mond verdeckt, die Augenblicke einer *totalen Sonnenfinsternis.* Ich werde daher von fünf Finsternissen berichten, durch die im letzten Jahrhundert nicht nur Neues über die Sonnenoberfläche zu erfahren war, sondern auch ein neues Zeitalter der Sonnenphysik eingeleitet wurde. Ihm werden wir uns im nächsten Kapitel zuwenden. Sehen wir uns aber vorher mit Hilfe eines modernen Sonnenobservatoriums im weißen Licht auf der Sonnenscheibe um.

Doch Vorsicht, das beste Teleskop hilft nichts, wenn das Sonnenlicht, das seine Öffnung erreicht, bereits verdorben ist. Wir leben am Boden der Atmosphäre der Erde. Selbst bei sternklarem Himmel ist das Licht, das uns aus dem Weltall erreicht, nicht mehr das, was es einmal war.

Der Kampf gegen die Turbulenzen

Die Luftmassen der Erdatmosphäre halten nicht nur gewisse Strahlenarten, etwa die im Röntgengebiet, zurück, selbst das Licht, das bis zu uns durchdringt, wird in unkontrollierbarer Weise verändert. Das hat nichts mit den Wolken zu tun, die sich vor Sonne und Sterne schieben. Selbst wenn weit und breit kein Wölkchen am Himmel zu sehen ist, kann die Erdatmosphäre die Sicht verderben. Müßten die Astronomen nicht atmen, sie würden gerne auf die Lufthülle der Erde verzichten.

Wenn nach einem Sturmtief die Wolkenschicht aufreißt, Sterne und Milchstraße hell hervortreten und den Eindruck erwecken, sie stünden in dieser Nacht näher als sonst, selbst dann kann die Nacht für astronomische Messungen wertlos sein. Betrachtet man dann einen Stern durch das Fernrohr, sieht man oft keinen ruhigen, leuchtenden Punkt, statt dessen tanzt ein Lichtfleck unregelmäßig hin und her. In seinem Inneren scheint es zu wallen und zu brodeln. Die Ursache liegt in den unregelmäßigen Bewegungen der Erdatmosphäre. Auf- und absteigende Luftballen besitzen unterschiedliche Temperaturen und verschiedene Dichten. Deshalb wirken sie wie sich bewegende Linsen, die das Licht immer wieder aus seiner geraden Richtung ablenken. Will man das kochende Bild eines Sterns auf der fotografischen Platte festhalten, so erhält man nur einen verwaschenen Fleck. Das erschwert auch das Fotografieren von Einzelheiten auf der Sonnenoberfläche. Leider kommt die Unruhe der Erdatmosphäre nie ganz zum Stillstand. Deshalb sind die Beobachtungsmöglichkeiten mit erdgebundenen Instrumenten begrenzt.

Die unregelmäßige und nicht vorhersagbare Bewegung einer Flüssigkeit oder eines Gases nennt man *Turbulenz.* Die Turbulenz der Luft ist der Feind des Astronomen, der Todfeind des Sonnenphysikers, der die Sonnenscheibe in seinem Teleskop beobachten oder fotografieren will. Er sieht ein flimmerndes, unscharfes Bild, hervorgerufen durch die sonst unsichtbaren Schlieren der turbulenten Luft. Das ist einer der Gründe, weswegen Sonnenbeobachter Teleskope mit Ballons an die obere Grenze der Atmosphäre schicken oder mit Raketen auf eine Umlaufbahn schießen. Wir werden uns in Kapitel 12 damit befassen.

Doch viele Erkenntnisse, von denen in diesem Buch noch die Rede sein wird, wurden vom Erdboden aus gewonnen, also im ständigen Krieg mit der Turbulenz. Wenn man den Gegner auch nicht vollständig besiegen kann, mit einer geeigneten Strategie kann man ihn doch in Grenzen halten.

Die Turbulenz der Atmosphäre ist nicht überall gleich stark. Flimmert der Wald, wenn man ihn durch die Luftschicht über einer heißen Asphaltstraße betrachtet, so ist sein Bild, über einen See hinweg beobachtet, selbst in der größten Mittagshitze unbewegt und gestochen scharf. Über dem See, der nie heißer ist als die Luft über ihm, herrscht keine Turbulenz.

Wer ein Sonnenobservatorium plant, muß daher den Standort sorgfältig wählen, und das geht nicht ohne aufwendige Tests. So hat der deutsche Sonnenforscher Karl Otto Kiepenheuer (1910–1975) im Jahre 1973 über dem Roque de los Muchachos auf der Kanarischen Insel La Palma vom Flugzeug aus die Temperatur der Luft auf hundertstel Grad genau gemessen. Seine Meßgeräte hätten selbst Temperaturunterschiede über Distanzen von zehn Zentimetern angezeigt. Etwaige Turbulenz hätte sich durch kleine Temperaturschwankungen verraten. Das Ergebnis war positiv, die Atmosphäre ist dort ruhig. Die Mühe der sorgfältigen Untersuchung hat sich gelohnt. Heute steht auf dem Berg ein erfolgreiches schwedisches Sonnenobservatorium.

Will man von der Turbulenz möglichst wenig gestört werden, so muß man Observatorien auf hohe Berge setzen, bei denen das Sonnenlicht durch die Luft über einer großen Wasserfläche geht, ehe es in das Fernrohr gelangt. Heute stehen auf den Kanarischen Inseln mehrere Observatorien. Neben dem schwedischen Teleskop auf La Palma sind auf Teneriffa drei deutsche Instrumente zur Sonne gerichtet, darunter das 38 Meter hohe Sonnenturmteleskop. Hinreichend ruhige Luft fand man auch auf Hawaii. Dort errichtete man auf dem Mauna Loa ein Sonnenobservatorium. Auch von der Insel Maui aus, die zur Hawaii-Gruppe gehört, wird die Sonne erfolgreich beobachtet.

Doch selbst wer die Möglichkeit hat, seine Sonnenwarte auf einen hohen Berg einer kleinen Insel mitten im Ozean zu bauen, ist vor der Turbulenz nicht sicher. Auch über dem von der Sonne erwärmten Boden bildet sich eine turbulente Luftschicht aus. Wer sich davon befreien will, muß sein Teleskop auf einen hohen Turm setzen, der über die bewegten Luftschichten hinausragt. So hat schon der Vater der amerikanischen Sonnenphysik, George Ellery Hale (1868–1938) auf dem Mount Wilson, nördlich von Los Angeles, vor dem Ersten Weltkrieg zwei Sonnentürme mit Höhen von 20 und 50 Metern gebaut. In den zwanziger Jahren entstand der Einstein-Turm des Astrophysikalischen Observatoriums in Potsdam, der nicht nur deshalb berühmt ist, weil er ein Sonnenteleskop beherbergt, sondern auch weil ihn der berühmte Architekt Erich Mendelsohn (1887–1953) gebaut hat.

Bei Turmteleskopen wird der Turm meist selbst als Fernrohrtubus verwendet. Das Teleskop selbst »blickt« also immer zum Zenit. Erst ein *Coelostat,* ein großer Spiegel an der Spitze des Turmes fängt das Sonnenlicht auf und gibt es entweder direkt oder über einen zweiten Spiegel in den lotrecht stehenden Turm weiter. Die Spiegel bewegen sich so, daß das Licht der im Laufe des Tages über den Himmel wandernden Sonne immer in das Fernrohr fällt.

Doch auch der Trick mit dem Turm reicht nicht aus, die Turbulenz zu besiegen. Das Gebäude selbst muß geeignet geplant werden. Daß der Astronom nichts sehen kann, wenn er die Sonne durch die vom Schornstein der Heizung des Verwaltungsgebäudes aufsteigende warme Luft beobachtet, verwundert uns nicht. Auch daß sein Blick nicht über ein heißes Blechdach gehen darf, leuchtet ein. Aber auch der Teleskopturm selbst darf sich im Sonnenlicht nicht aufheizen, damit keine warme Luft außen an der Turmwand aufsteigt und oben den Blick trübt. Deshalb sind heute alle Sonnentürme mit blendend weißer Spezialfarbe gestrichen. Der Turm des deutschen Vakuumteleskops auf Teneriffa ist von einer zehn Zentimeter dicken Glasfaserisolierschicht umgeben, deren Titanoxid-Anstrich alle Wärmestrahlen zurückwirft. Oft ummauert man das Gebäude gar nicht, um der kühlenden Luft einen glatten Durchzug zu ermöglichen.

Das leergepumpte Teleskop

Doch wenn das Sonnenlicht in großen Spiegeln gesammelt und im Inneren des Fernrohres weiter untersucht werden soll, gehen mit dem weißen Licht auch Wärmestrahlen nach innen und heizen die Meßapparate auf. Erwärmte Geräteteile erzeugen dort in der Luft Bewegungen, wenn auch nicht so stark wie über einer heißen Asphaltstraße. Die Turbulenz verfolgt den Sonnenforscher also bis in das Innerste seiner Geräte. Dagegen hat man sich in den letzten Jahrzehnten einen neuen Trick ausgedacht. Man entfernt die Luft aus dem Teleskop: Ohne Luft keine Turbulenz.

Das Vakuumteleskop am Kitt Peak Observatorium, etwa 90 Kilometer von Tucson im US-Staat Arizona entfernt, ist ein Beispiel dafür. Der Turm steht am südwestlichen Rand des Gipfelplateaus. An seinem oberen Ende werfen zwei Spiegel das Sonnenlicht durch eine Quarzplatte von zehn Zentimetern Dicke in das Innere des Fernrohrtubus. Am Boden fällt es auf einen Hohlspiegel von 60 cm Durchmesser, der es wieder auf einen ebenen Spiegel wirft, von dem das Licht noch einmal nach unten geht, um durch ein zweites Quarzfenster das Vakuumgefäß wieder zu verlassen. Unmittelbar dahinter entsteht ein Bild der Sonne. Wenn man einen Schirm in den Strahlengang bringt, sieht man auf ihm die helle Sonnenscheibe mit einem Durchmesser von 33 cm (vgl. Abb. 4.1). Man kann erkennen, daß ihre Helligkeit gegen den Rand hin abnimmt, und man kann auf dem projizierten Bild Umbra und Penumbra jedes Flecks unterscheiden. Das Licht kann nun weiter untersucht werden, zum Beispiel in einem Spektrographen.

Durch modernen Teleskope haben wir viele Details auf der Sonnenoberfläche kennengelernt. Mit dem deutschen Newton-Vakuumteleskop, welches das Freiburger Kiepenheuer-Institut auf Teneriffa betreibt, wurden zum Beispiel die Aufnahmen der Abbildungen 2.5 und 4.2 gemacht.

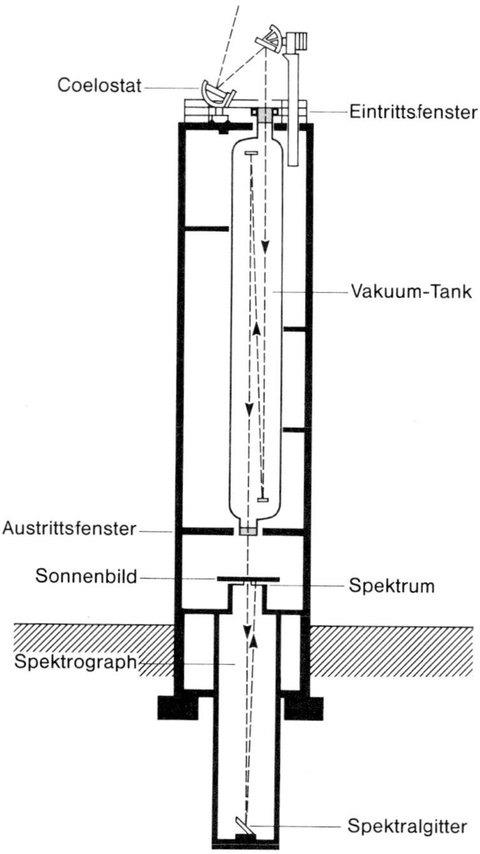

Abb. 4.1: Schema eines Vakuumteleskops. Das Licht fällt von oben über ein Spiegelsystem durch das Eintrittsfenster in den Vakuumtank, wird am Boden des luftleeren Gefäßes von einem Hohlspiegel auf einen ebenen Spiegel am oberen Ende zurückgeworfen, von wo es wieder nach unten reflektiert wird und durch das Austrittsfenster nach außen gelangt. Dort entsteht ein Bild der Sonnenscheibe, das man dann weiter untersuchen kann, etwa wie hier in einem Spektrographen, der darunter in den Fels reicht. Der hier abgebildete Spektrograph unterscheidet sich von dem in der Abbildung 3.8 schematisch beschriebenen dadurch, daß das Prisma durch ein geneigtes reflektierendes Spektralgitter ersetzt ist.

Die körnige Sonnenoberfläche

Schon Scheiner schrieb, daß ihm die Sonnenoberfläche gekräuselt erschiene. Kleine, helle Flecken tauchen nämlich in einer weniger hellen Nachbarschaft auf und verschwinden wieder. Ein ständig wechselndes Bild bietet sich dem Beobachter, der mit der durch die Turbulenz hervorgerufenen Unruhe des Sonnenbildes zu kämpfen hat.

Im Jahre 1887 begann der französische Sonnenforscher Jules Janssen (1824–1907) mit der fotografischen Überwachung der Sonnenoberfläche. Seine Bilder von der *Granulation,* wie man die ständig wechselnde, körnige Struktur in der Sonnenscheibe nennt, wurden erst in den sechziger Jahren dieses Jahrhunderts an Qualität übertroffen.

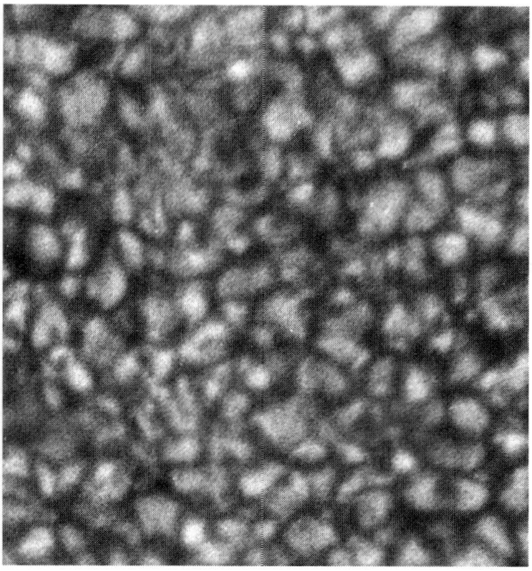

Abb. 4.2: Die Granulation auf der Sonnenoberfläche. Man beachte, daß die hellen Granulen keineswegs kreisrund erscheinen, sondern meist eckig (Aufnahme: H. Wöhl, Kiepenheuer-Institut für Sonnenphysik, Freiburg).

Heute gelingt es, durch verschiedene Maßnahmen den ständigen Einfluß der Turbulenz auszuschalten und die Granulation in guten Bildern festzuhalten (vgl. Abb. 4.2). Deshalb wissen wir mehr über diese Strukturen. Meist sind es mit etwas weniger als einem Kilometer pro Sekunde Geschwindigkeit aufsteigende heiße und ebenso rasch absinkende, etwas kühlere Gasballen. Ihr Durchmesser liegt bei 1500 Kilometern, gleicht also dem Abstand München–Madrid. Setzt man einzeln gewonnene Bilder zu einem Film zusammen, so kann man die brodelnde Bewegung im Zeitraffer sehen.

Die Granulation wird übrigens durch den gleichen Effekt hervorgerufen, der die Luft über der heißen Asphaltstraße bewegt: In der auf dem heißen gasförmigen Sonnenkörper liegenden äußeren Schicht steigen heiße Gasballen auf, während kühlere absinken, um sich in der Tiefe neu zu erhitzen.

Sonnenflecken unter der Lupe

So wie man einen Gegenstand mit dem Mikroskop betrachtet, wenn man mehr Einzelheiten erkennen will als mit der Lupe, so haben uns die modernen Teleskope viel mehr Details von den Sonnenflecken gezeigt, Einzelheiten, von denen man im letzten Jahrhundert nichts ahnte. Die Abbildung 4.3 zeigt die Großaufnahme eines Flecks. Die Belichtungszeit ist so gewählt, daß die Umbra, der am wenigsten leuchtende Innenteil des Flecks, schwarz erscheint. In Wahrheit kommt auch von dort blendend helles Licht, allerdings nur ein Fünftel der Energie einer gleichgroßen Fläche auf der ungestörten Sonnenscheibe. Kein Wunder, die Temperatur in der Umbra liegt etwa 2000 °C niedriger.

Die Penumbra zeigt eine Feinstruktur. Das wußte man schon im vorigen Jahrhundert. Langgezogene Fäden ziehen sich von der Umbra quer durch die Penumbra nach außen, dorthin, wo sie an die ungestörte Sonnenoberfläche grenzt. Kürzlich sah ich einen Film, von meinem schwedischen Kollegen Göran Scharmer mit dem Vakuumteleskop auf La Palma aufgenommen. Ich sah im Zeitraffer einen Fleck mitten in der kochenden Granulation der Sonnenoberfläche. Deutlich erkannte ich die schmalen filamentartigen Streifen, die sich von der im Bild schwarzen Umbra hinaus zur Granulation ziehen. Auf diesen Fasern saßen kleine helle Punkte, die nach innen wanderten, während Schwaden schwächerer Helligkeit längs der Filamente nach außen strömten. Es war ein eindrucksvolles Schauspiel. Übrigens ist die scheinbar schwarze

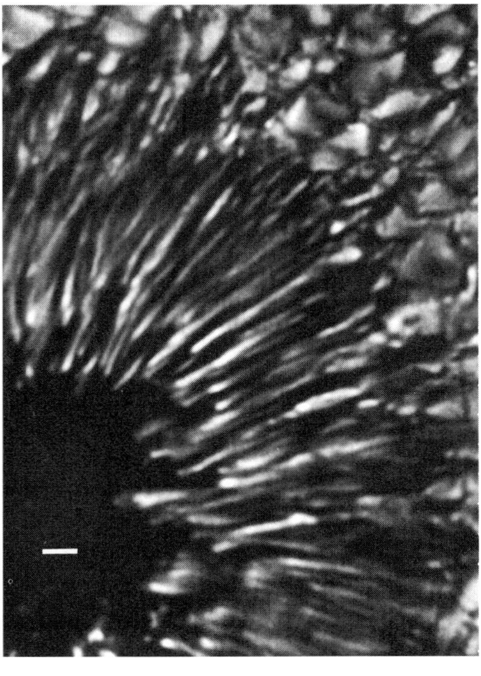

Abb. 4.3: Detailaufnahme eines Sonnenflecks, aufgenommen mit dem schwedischen Vakuumteleskop auf La Palma. Links unten die Umbra, von der in der Penumbra helle Filamente nach außen gehen. Außerhalb der Penumbra (rechts oben), die leuchtenden Gasballen der Granulation. Die Länge der zum Vergleich eingezeichneten weißen Linie entspricht 725 km, das ist nahezu der Luftlinienabstand München–Rom (Aufname: G. Scharmer).

Umbra nicht völlig tot. Bei geeigneter Belichtungszeit zeigen die Fotos helle Punkte, die aufleuchten und wieder verschwinden.

Welche Stoffe sind es, die uns im Fernrohr hell leuchtend erscheinen, welche strahlen weniger stark, so daß sie im Vergleich zur hellen Oberfläche der Sonne tiefschwarz erscheinen? Besteht die Umbra eines Flecks aus anderen Gasen als die Penumbra und ist diese wieder von anderer Materie als die ungestörte Sonnenoberfläche?

Der Stoff der Sonne

Das Licht, das unser Auge von der Sonne wahrnimmt, also das »weiße«, vermittelt uns zwar ein Bild der Sonnenoberfläche mit Granulation und Flecken, doch im Licht der mehr oder weniger stark leuchtenden Gasmassen sind mehr Nachrichten verborgen. Jede einzelne Farbe ist Träger bestimmter Informationen. Werden die Farben zum weißen Licht gemischt, so geht der größte Teil davon verloren*. Wer mehr von der Sonne erfahren will, der lasse also das weiße Licht und wende sich dem Spektrum zu.

Bei Newton fiel das Sonnenlicht durch einen Spalt im Fensterladen auf ein Glasprisma. Schon im letzten Jahrhundert und in der neueren Zeit hat man Geräte zur Zerlegung des Lichtes entwickelt, bei denen ein feiner Spalt – meist nur Bruchteile eines Millimeters breit – Licht auf eine Reihe hintereinander angeordneter Prismen wirft. Jedes verstärkt die Wirkung des vorangegangenen, bis das durch den schmalen Spalt gegangene Licht auf einen langen Streifen ausgebreitet worden ist, das violette an dem einen, das rote am anderen Ende.

Man verwendet heute kaum noch Prismen, um Licht nach seiner Wellenlänge zu ordnen. Man weiß, daß auch von feinen parallelen Linien überdeckte spiegelnde Flächen Licht unterschiedlicher Wellenlänge in verschiedene Richtungen zurückwerfen. Die Farbeffekte, die man beim Betrachten einer CD-Platte wahrnimmt, stammen davon. Man nennt solche Spiegel mit feinsten Linien, mit denen man das weiße Licht zerlegen kann wie mit einem Prisma, *Spektralgitter*.

Im Sonnenturm der Abbildung 4.1 wird das Bild der Sonne auf den Spalt eines Spektrographen geworfen. Beim deutschen Vakuum-Turmteleskop auf Teneriffa reicht der Spektrograph in seiner zylindrischen

---

* Daß beim Mischen Information verlorengeht, merkt man, wenn man eine Tageszeitung durch den Fleischwolf dreht und gut umrührt.

Röhre 16 Meter tief unter den Erdboden. Das Licht wird auch dort mit einem Spektralgitter in seine Bestandteile verschiedener Wellenlänge zerlegt. Die Linien auf dem Gitter liegen dicht nebeneinander, bisweilen kommen auf den Millimeter mehr als 600 feine parallele Striche.

Im Spektrum des von der Sonnenscheibe kommenden Lichtes erkennt man heute Tausende von dunklen Linien. Jede Atomart besitzt ihre eigenen, charakteristischen Liniensysteme. Wie Fingerabdrücke sind sie dem Spektrum aufgeprägt und gestatten uns, die Atome in der Sonne von der Erde aus zu identifizieren. Man kann nicht nur herausfinden, welche Stoffe es dort gibt. Aus der Stärke der Linien kann man auch die Häufigkeit erkennen, mit der sie dort vorkommen. So gelingt es schon seit über hundert Jahren, den Stoff der 150 Millionen Kilometer entfernten Sonne chemisch zu analysieren.

Im Jahre 1862 hatte man bereits die Linien des Wasserstoffatoms im Sonnenspektrum identifiziert. Fraunhofers Linien C und F und noch viele andere stammen von diesem Atom. Ein Jahrzehnt später hatte man bereits 14 chemische Elemente auf der Sonne gefunden, die man auch von der Erde her kannte. Im Jahre 1868 war man auf eine Linie im gelben Bereich des Spektrums gestoßen, die man keinem irdischen Stoff zuordnen konnte. Man gab dem Element, das anscheinend nur auf der Sonne vorkommt, den Namen *Helium*, der Sonnenstoff. Doch im Jahre 1895 fand der britische Chemiker William Ramsay (1852–1916) in irdischen Mineralien ein Gas, das die gleiche Linie im Spektrum zeigt. Der Sonnenstoff war auch ein Erdenstoff. Im Laufe der Zeit kamen immer mehr chemische Elemente dazu, deren Linien man im Sonnenspektrum fand. Um die Jahrhundertwende hatte man Spektren, die allein 200 Linien des Kohlenstoffs zeigten. Fast alle chemischen Elemente hat man schon damals auf der Sonne nachweisen können, nur Gold, Quecksilber, Wismut, Antimon und Arsen konnte man nicht finden.

Moderne chemische Analysen der Sonne geben uns noch bessere Auskunft. In einem Kilogramm Sonnenmaterie finden wir etwa 700 Gramm Wasserstoff, Helium folgt mit 280 Gramm. In die restlichen 20 Gramm teilen sich alle übrigen schwereren Atome, vor allem die von Kohlenstoff und Sauerstoff. Von den auf der Erde bekannten chemischen Elementen vermißt man heute nur fünf auf der Sonne. Das bedeutet aber nicht, daß sie prinzipiell fehlen. Manche von ihnen sind radioaktiv und daher zum größten Teil zerfallen, andere haben keine Linien in dem für die Analysen geeigneten Bereichen des Spektrums. Einige sind wahrscheinlich so selten, daß sie im Sonnenspektrum kaum Spuren hinterlassen.

Auch das Gold hat man inzwischen gefunden. Es verrät sich durch eine Linie im blauen Bereich des Spektrums. Auf den ersten Blick scheint der Schatz, den die Sonne gehortet hat, recht unbedeutend zu sein: Auf eine Billion Wasserstoffatome kommen neun Atome Gold. Aber selbst ein so verschwindender Anteil darf nicht unterschätzt werden. Bei der großen Menge Materie, die in der Sonne vereinigt ist, macht das immerhin ein Sechshunderttausendstel der Masse der Erde aus. Ein winziger Bruchteil des Goldes der Sonne auf die Erde gebracht, würde hier den Goldpreis ins Bodenlose fallen lassen. Doch die Bankiers und die Besitzer von Goldminen brauchen sich nicht zu ängstigen. Der solare Mammon ist in der Sonne weitaus besser verwahrt als in jedem irdischen Tresor.

Es gibt zwischen Flecken und ungestörter Sonnenoberfläche keinen Unterschied in der chemischen Zusammensetzung. Das unterschiedliche Erscheinungsbild wird allein durch die verschiedenen Temperaturen hervorgerufen.

Das gestreute Sonnenlicht

Die Lufthülle der Erde stört den Astronomen nicht nur durch ihre Turbulenz. Wenn die Sonne am Morgen im Osten über den Horizont tritt, erhellt sich der Himmel überall. Auch im Westen, weitab von der Sonnenscheibe, nimmt er seine hellblaue Farbe an. Das kommt daher, daß die Luft nicht alle Strahlen geradlinig zu uns herunterläßt, ein kleiner Teil wird abgelenkt. Deshalb erhalten wir bei Tage Licht aus allen Richtungen des Himmels, nicht nur von dort, wo die Sonne steht. Man sagt, die Erdatmosphäre »streut« das Licht. Sie streut vor allem das kurzwellige blaue, während das langwellige rote Licht weit weniger gestreut wird. Die auf- oder untergehende Sonne erscheint uns rötlich. Etwas vom blauen Anteil des weißen Lichtes wird nämlich, wenn ihre Strahlen zu uns einen weiten Weg durch die Atmosphäre haben, zur Seite gestreut. Weißes Licht, dem man etwas von seinem blauen Anteil wegnimmt, erscheint uns rötlich.

Ohne die streuende Luft wäre der Himmel für uns am Tage so schwarz wie in der Nacht. Die Scheibe der Sonne stünde gleißend hell am tiefschwarzen Himmel. So sehen es die Astronauten, wenn sie außerhalb der Erdatmosphäre zum Himmel blicken.

Der helle Taghimmel überstrahlt nicht nur die Sterne, er verdeckt auch die im Vergleich zu ihr schwach leuchtende Umgebung der Sonne.

Will man vom Erdboden aus erkennen, was sich in ihrer unmittelbaren Nachbarschaft abspielt, so müssen zwei Bedingungen erfüllt sein. Auf den ersten Blick scheinen sie einander zu widersprechen, denn zum einen muß die Sonne über dem Horizont stehen, das heißt, es muß Tag sein, zum anderen darf ihr Licht die Erdatmosphäre nicht beleuchten. Das ist nur möglich, wenn der Mond am Tage die Sonnenscheibe verdeckt, also während einer totalen Sonnenfinsternis. Die Sonnenforscher haben über die Sonne gerade während der Augenblicke viel gelernt, in denen sie nicht zu sehen war.

Wenn die Sonne am hellichten Tage verschwindet

Während sich die Erde im Laufe eines Jahres um die Sonne bewegt, wird sie vom Mond etwa zwölfmal umkreist. Bei Neumond steht er, von uns aus gesehen, etwa in der gleichen Richtung wie die Sonne. Dann bewegt er sich am Taghimmel, für uns unsichtbar, entweder oberhalb oder unterhalb der Sonnenscheibe vorbei. Nur gelegentlich verdeckt er einen Teil der Sonne, und wir beobachten eine partielle Sonnenfinsternis. In seltenen Fällen tritt er aber genau vor die Sonnenscheibe und wirft seinen Kernschatten auf die Erdkugel. An den Orten, über denen sich der Schatten des Mondes hinwegbewegt, wird es für einige Minuten Nacht. Die Sterne treten hervor, Blumen schließen ihre Kelche, Astronomen öffnen die Belichtungsklappen ihrer Geräte.

In 1000 Jahren gibt es im Mittel 659 totale Sonnenfinsternisse. Doch die schmalen Streifen, die der Schatten des Mondes dann überstreicht, sind über den ganzen Globus verteilt. Die nächste in Deutschland beobachtbare totale Sonnenfinsternis wird am 11. August 1999 sein. Wenn es an dem Tage regnet, müssen wir bis zum 7. Oktober 2135 warten.

Es ist ein gespenstischer Vorgang, wenn die Sonne am Taghimmel plötzlich erlischt und in Sekundenschnelle die Nacht hereinbricht. Dieses Ereignis hat die Menschen schon immer erregt.

Im Alten Testament findet man beim Propheten Amos: »Zu selben Zeit, spricht der Herr, will ich die Sonne am Mittag untergehen lassen und das Land am hellen Tage lassen finster werden.« Auch bei Jeremia geht die Sonne »bei hohem Tage« unter.

Totale Sonnenfinsternisse waren den Hebräern nicht unbekannt. So war eine im August 831 v. Chr. an der südlichen Grenze Palästinas zu beobachten; weitere Finsternisse in der Nähe von Palästina gab es auch in den Jahren 824 und 763 v. Chr.

Immer wieder geben alte Berichte Kunde von totalen Sonnenfinsternissen. Als ich das erste Mal die Kirche des Klosters Weltenburg an der Donau betrat, fesselte mich sofort das Altarbild an der linken Seitenwand, nahe beim Eingang.

Der St. Benediktus-Altar wurde von den beiden Brüdern Asam in den Jahren 1734 bis 1736 angefertigt. Das Altarbild zeigt den heiligen Benedikt, der ergriffen zum Himmel blickt (vgl. Abb. 4.4). Dort steht eine dunkle Scheibe, die von einem hellen Lichtkranz umgeben ist. Links unten brechen Lichtstrahlen hervor, die in das Auge des Heiligen fallen. Viele Experten, die ich fragte, erklärten mir, daß der heilige Benedikt, während das Kloster im Schlafe lag, auf einen hohen Turm gestiegen sei, wo er in tiefster religiöser Verzückung eine Erscheinung hatte. Die aber, so sagte man mir, hätte nichts mit der Sonne zu tun gehabt. Doch das konnte mich nicht von dem Gedanken abbringen, der mir beim ersten Anblick des Bildes in den Kopf schoß: Was immer das bedeutet, der Maler mußte in seinem Leben einmal Zeuge einer totalen Sonnenfinsternis gewesen sein. Er muß gesehen haben, wie die dunkle Mond-

Abb. 4.4: Das Bild des St. Benediktus-Altars in der Klosterkirche zu Weltenburg. Hat der Künstler sich von einer totalen Sonnenfinsternis inspirieren lassen?

scheibe schwarz vor der Sonne steht, umgeben von der Korona. Er muß auch erlebt haben, wie am Ende des Schauspiels die ersten Lichtstrahlen am Rande der Mondscheibe hervorbrechen, so wie ich es selbst 1961 erlebt habe.

Wenn einer der beiden Asam-Brüder Zeuge einer totalen Sonnenfinsternis gewesen sein soll, kann es nur die vom 12. Mai 1706 gewesen sein. Der eine war damals 20 Jahre alt gewesen, der andere 14. Die Finsternis war allerdings in Bayern nicht total zu sehen. Wollte man dabei sein, mußte man nach Norddeutschland reisen.

Während der kurzen Zeit einer totalen Sonnenfinsternis verdeckt der Mond die Sonnenscheibe und man kann ihre unmittelbare Umgebung sehen, die sonst im Glanz der Sonne untergeht (vgl. Abb. 4.5). Über die schwarze Mondscheibe ragen an mehreren Stellen rote, unbewegliche Flammenzungen in den dunklen Nachthimmel hinaus, die sogenannten *Protuberanzen.* Die Sonne ist von einem Kranz matt leuchtenden wei-

Abb. 4.5: Totale Sonnenfinsternis: Die Mondscheibe hat sich vor die Sonne geschoben, am Rande ragen die Protuberanzen als scharf begrenzte leuchtende Wolkenfetzen hervor. Daneben sieht man das diffuse Licht der Korona, die bei der benutzten kurzen Belichtungszeit nur schwach hervortritt. Eine Finsternisaufnahme mit einer für die Korona angepaßten Belichtungszeit ist in Abbildung 6.1 wiedergegeben.

ßen Lichtes eingehüllt, dessen Strahlen sich weit in das Schwarz des Himmels erstrecken. Das ist die *Korona.* Doch das Ereignis, das für kurze Zeit die Natur durcheinanderbringt, währt niemals länger als acht Minuten, meist wesentlich kürzer.

Deshalb waren totale Sonnenfinsternisse immer begehrte Gelegenheiten, welche die Sonnenforscher nicht versäumen wollten. Noch heute machen sich Expeditionen auf den Weg, um rechtzeitig ihre Instrumente an Stellen jenes schmalen Streifens der Erdoberfläche aufzustellen, der bei der nächsten Finsternis überstrichen wird.

Fünf entscheidende Sonnenfinsternisse

Im letzten Jahrhundert fanden innerhalb von elf Jahren fünf totale Finsternisse statt, die entscheidend dazu beigetragen haben, die Natur der dabei auftretenden Erscheinungen zu erklären. Eine bis dahin unbeantwortete Frage war zum Beispiel, ob die Protuberanzen wirklich existieren oder ob sie nur eine optische Täuschung sind. Wenn sie aber reell sind, so wollte man wissen, ob sie zum Mond gehören oder zur Sonne.

Die Antwort gab die Finsternis vom 18. Juli 1860 in Spanien. Zwei Gelehrte zogen mit ihren Instrumenten an den Ebro und an die spanische Mittelmeerküste. Zum ersten Mal wurde die Fotografie – damals hieß sie noch Daguerreotypie – eingesetzt. Der Engländer Warren de la Rue (1815–1889), ein reicher Papierfabrikant, war ein Pionier in der Fotografie astronomischer Objekte. Der Jesuitenpater Angelo Secchi (1818–1887), Direktor des Collegio Romano, widmete sich in der zweiten Hälfte seines Lebens dem Studium der Sonne. Beide fotografierten in Spanien die Protuberanzen von Orten aus, die mehrere hundert Kilometer auseinander lagen. Die Bilder glichen sich wie ein Ei dem anderen. Die roten Flammenzungen waren also reell. Mehr noch, rasch nacheinander aufgenommene Platten zeigten, daß sich der Mond *vor* den Protuberanzen vorbeibewegt. Damit wußte man: Die Protuberanzen gehören zur Sonne.

Acht Jahre später, am 18. August 1868, bewegte sich der Kernschatten des Mondes über die indische und die malaiische Halbinsel. Dieses Naturereignis gab den Anstoß zu der größten Entdeckung der modernen Sonnenphysik. Wir werden im nächsten Kapitel darauf zurückkommen.

Die Finsternis vom 7. August 1869 konnte längs eines schmalen Streifens beobachtet werden, der sich von der Behringstraße quer durch

Nordamerika nach Nord-Carolina erstreckte. Diesmal rückte man der Korona zu Leibe. Es war nicht leicht, das Spektrum dieses schwach leuchtenden Lichtschleiers zu erhalten. Anfangs schien es nicht allzu aufregend zu sein. Das Licht war anscheinend über das ganze Spektrum gleichmäßig verteilt. Die dunklen Fraunhofer-Linien des Sonnenspektrums fehlten. Doch im grünen Bereich entdeckte man eine helle Linie. Welche Atome waren dafür verantwortlich? Die genaue Vermessung zeigte, daß bei dieser Wellenlänge kein bekanntes Atom Licht aussendet. Sollte in der Korona der Sonne ein auf der Erde unbekanntes Element den Sonnenphysikern von seiner Existenz Kunde geben? Ende des letzten Jahrhunderts gab man dem unbekannten Stoff den Namen »Coronium«. Nicht einmal auf der Sonne selbst schien dieses rätselhafte Element vorzukommen, denn es verriet sich auch nicht durch eine Fraunhofer-Linie im Sonnenspektrum. Erst Mitte unseres Jahrhunderts gelang es, das Geheimnis der grünen Koronalinie zu lüften. Sie rührt von Atomen des Eisens her. Das Eisengas ist dort so heiß, daß den Atomen, deren Kerne normalerweise von einer Wolke von 26 Elektronen umgeben sind, 13 verlorengegangen sind, so daß nur noch 13 Elektronen den Kern umschwirren. Das ist nur bei unglaublich hohen Temperaturen möglich. Wir wissen heute, daß die Sonnenkorona Millionen von Grad heiß ist. Doch das hatte zur Zeit der Finsternisse des letzten Jahrhunderts niemand geahnt.

Die vierte der Finsternisse war nur kurz. Für zwei Minuten und zehn Sekunden blieb die Sonnenscheibe am 22. Dezember 1870 hinter dem Mond verborgen. Wer diese Zeit nutzen wollte, mußte an das Mittelmeer reisen. Das war nicht immer einfach. Janssen in Paris hatte ein Spiegelteleskop speziell für das Licht der Korona konstruiert. Doch Paris war von den Preußen belagert. So ließ er sich mitsamt seinen Instrumenten mit einem Ballon über die deutschen Linien tragen. Er hatte trotzdem Pech. Oran, wo er beobachten wollte, lag unter einer dicken Wolkenschicht. Nicht viel besser ging es Sir Joseph Norman Lockyer (1836–1920). Er reiste nach Sizilien, doch die »*Psyche*«, auf der er sich eingeschifft hatte, erlitt Schiffbruch. Lockyer konnte schließlich doch noch die verfinsterte Sonne sehen – für eineinhalb Sekunden.

Glück hatte Charles August Young (1834–1908), Professor an der Universität in Princeton, der aus dem US-Staat New Jersey angereist war. Während der Mond immer mehr von der Scheibe abdeckte, beobachtete Young das Spektrum der Sonne. Er sah die dunklen Fraunhofer-Linien immer schwächer werden, da immer weniger Licht in das Spektroskop fiel. Young selbst berichtet: »Die dunklen Linien im Spektrum und das Spektrum selbst wurden immer schwächer. Doch mit einem Mal, wie wenn eine Feuerwerksrakete am Himmel zerplatzt, war mein Gesichtsfeld mit unzähligen hellen Linien erfüllt. Alles war so plötzlich, so unerwartet und so wunderbar, daß ich unwillkürlich einen Schrei ausstieß.« Die Pracht währte nur zwei Sekunden. Young hatte den Eindruck, daß sich für kurze Zeit das Sonnenspektrum umgekehrt hatte. Was vorher hell war, nämlich der kontinuierliche Hintergrund, wurde dunkel. Was vorher dunkel war, die Fraunhofer-Linien, leuchteten Linie für Linie, plötzlich hell auf.

Die Erscheinung ist seither bei jeder totalen Sonnenfinsternis beobachtet worden. Kurz ehe die Sonne hinter dem Mond verschwindet, erscheint sie nur noch als schmale Sichel, die immer dünner wird. Im letzten Augenblick erhalten wir nur das Licht von den allerobersten Schichten. Es zeigen sich dann merkwürdige Veränderungen im Spektrum der Sonne. Man benötigt dann keinen Spalt im Spektrographen, da der Mond kurz vor der vollständigen Bedeckung selbst nur einen schmalen, halbkreisförmigen Streifen freiläßt. Im Spektrum verschwindet das weiße Licht, das sich über alle Wellenlängen gleichmäßig verteilt. Statt dessen treten helle Linien hervor. Man nennt die Schicht der Sonne, aus der man dann das Licht erhält, die *Chromosphäre.*

Der Leser weiß bereits von der Abbildung 3.7 her, warum die Fraunhofer-Linien kurz vor Ende der Totalität hell aufleuchten. Die Atome der Sonnenatmosphäre, die Licht bei den Wellenlängen der Fraunhofer-Linien aus dem Spektrum herausfiltern, strahlen es nach allen Richtungen wieder ab. Wenn man seitlich auf den Sonnenrand blickt, so daß man die Sonnenatmosphäre gegen den dunklen Himmelshintergrund beobachtet, sieht man nur das von den Atomen horizontal also parallel zur Sonnenoberfläche abgestrahlte Licht. Es liegt bei genau den Wellenlängen, bei denen die Atome vorher Licht absorbiert haben, also bei denen der Fraunhofer-Linien. Während das Licht des Taghimmels die Erscheinung normalerweise überstrahlt, tritt sie hervor, wenn der Mond die Sonne nahezu vollständig bedeckt und damit die störende Helligkeit des Taghimmels verringert.

Die Finsternis vom 12. Dezember 1871 konnte von Indien und von Australien aus beobachtet werden. Janssen war wieder mit von der Partie. Es gelang ihm, im Spektrum der Korona, in dem Young seine helle grüne Linie gefunden hatte, nun auch dunkle Linien zu erkennen, so wie sie vom Spektrum der Sonnenscheibe her bekannt waren. Janssen fand zum Beispiel Fraunhofers Linie D im Licht der Korona. Es schien als spiegelte sich in ihr nur das Sonnenlicht wider.

Die Sonnenfinsternis im Fernrohrtubus

Die wenigen Minuten einer totalen Sonnenfinsternis sind kostbar. Oft scheitern Expeditionen, die jahrelang vorbereitet worden sind, am schlechten Wetter. So war es seit mehr als hundert Jahren der Wunsch der Astronomen, die schwachen Lichter, die über der Sonnenoberfläche leuchten, auch außerhalb einer Finsternis beobachten zu können.

Bei der Korona gelang dies in den dreißiger Jahren unseres Jahrhunderts. Zwar muß man sich mit dem Streulicht der Erdatmosphäre notgedrungen abfinden, doch unser Blick auf die Korona wird auch durch Licht gestört, das in das Fernrohr dringt und in diesem nach allen Richtungen hin gestreut wird. Auch das an den Innenwänden des Fernrohrtubus reflektierte Licht stört die Beobachtung. Der geniale französische Optiker Bernard Lyot (1897–1952) konstruierte in zwanzigjähriger mühevoller Arbeit ein Fernrohr, in dessen Inneren das störende Licht so stark gemindert wird, daß im Licht des Taghimmels die Korona hervortritt. Lyot bemerkte, daß ein großer Teil des Streulichtes von der Linse am Eingang des Fernrohres stammt. Während Teleskoplinsen normalerweise aus zwei aneinandergekitteten Einzellinsen verschiedener Glassorten bestehen, verwandte Lyot nur eine einzelne Linse, die weit weniger Streulicht erzeugt. Dazu mußte er Glas verwenden, das frei von Blasen und Schlieren war. Die Glasoberfläche mußte extrem fein poliert sein, damit keine Kratzer im Fernrohr herumvagabundierendes

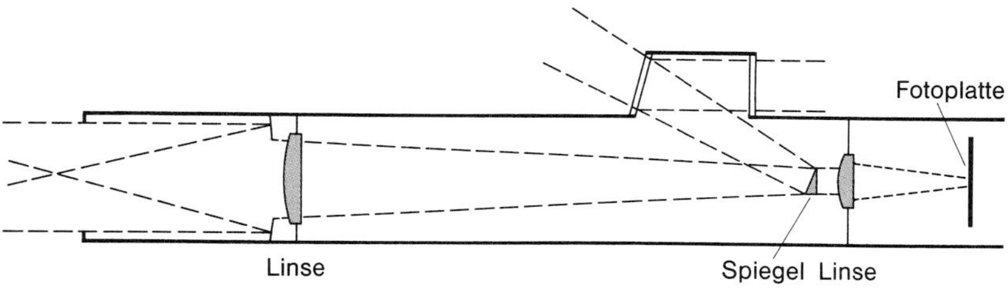

Abb. 4.6: Das Schema eines Koronographen: Sonnenlicht fällt von links her auf eine Linse und würde eigentlich rechts das Bild der Sonnenscheibe erzeugen. Doch ein runder, schräg angebrachter Spiegel wirft das grelle Licht des Sonnenbildes seitlich in eine Kammer, in der es unschädlich gemacht wird. Das Licht der die Sonnenscheibe umgebenden Korona aber geht am Spiegel vorbei auf eine zweite Linse, die rechts ein Bild auf eine Fotoplatte wirft. Die grelle Sonnenscheibe erscheint auf diesem Bild abgedeckt. Deshalb tritt der schwache Lichtschimmer der Korona vor dem durch das Tageslicht erhellten Himmelshintergrund hervor.

Licht erzeugten, auch kein Staubkörnchen durfte auf dem Glas sitzen. In Lyots Instrument wirft die Eintrittslinse ein Bild der Sonnenscheibe auf einen schräg stehenden Spiegel, der ihr Licht seitlich aus dem Strahlengang irgendwohin ablenkt, wo es unschädlich gemacht werden kann (vgl. Abb. 4.6). Der schräge Spiegel ist gerade so groß, daß er nur das Bild der Sonnenscheibe auffängt, das Licht ihrer Umgebung aber nach hinten durchläßt, wo es auf eine zweite Linse fällt. Auch der in der Luft innerhalb des Instruments herumfliegende Staub kann störendes Streulicht erzeugen. Man fettet deshalb die Innenseite des Tubus ein, damit die Staubteilchen hängenbleiben wie an einem Fliegenfänger. Blenden halten herumstreunendes Licht auf, das trotz aller Vorsichtsmaßnahmen das zarte Bild der Korona stören könnte. Hinter einer zweiten Linse entsteht ein Bild. Es zeigt die schwarze Rückseite der Spiegelscheibe, in deren Umkreis man die unmittelbare Nachbarschaft der Sonnenscheibe sehen kann, so wie bei einer Sonnenfinsternis um die schwarze Mondscheibe. Die Kreisscheibe spielt die Rolle des Mondes.

Mit diesem »Koronograph« genannten Gerät konnte man seit den dreißiger Jahren die Korona auch außerhalb von Sonnenfinsternissen untersuchen. Noch mehr Erfolg hatte man bei der Beobachtung der Protuberanzen. Es begann alles mit der Finsternis von 1868.

Bei den fünf denkwürdigen Finsternissen in der Mitte des letzten Jahrhunderts haben wir die indische von 1868 nur kurz erwähnt. Vieles ist von ihr zu erzählen, denn sie läutete eine neue Ära der Sonnenphysik ein. Doch dies brauchte Zeit. Der Mann, der den größten Beitrag dazu leisten sollte, war am Tage der indischen Finsternis erst sieben Wochen alt.

5. Die einfarbige Sonne

Hinter einer alten Truhe am Dachboden fand er Glasstücke eines Kronleuchters. Er wusch sie, spaltete eines... und befestigte es an einer Blechhalterung. Aus einer Pappröhre und ein Paar Brillengläsern baute er das Kollimatorrohr und strich es innen schwarz. Dann paßte er ein zweites Rohr ein, »wie ein Schwert in die Scheide«. In dieses kam eine Messingplatte mit einem Spalt... In jener Nacht betrachtete er eine Kerzenflamme... das Spektrum leuchtete rot, grün und violett...

Helen Wright über den dreizehnjährigen George Ellery Hale in »Explorer of the Universe« (1966)

Was geschieht im Inneren eines Spektralapparates? Schon Newton mußte neben einem Glasprisma eine Linse zu Hilfe nehmen, um ein Spektrum zu erhalten. Wie Newtons Anordnung besitzt ein Spektralapparat auch heute einen schmalen Spalt, durch den das Licht eindringen kann. Von dort fällt es über eine Linse auf ein Prisma. In der Abbildung 3.8 war das schematisch dargestellt: Aus verschiedenen Richtungen auf den Spalt fallendes Licht wird von der Linse gesammelt und auf das Prisma geworfen. Dort wird es nach seinen Wellenlängen gefächert. Würde das Prisma den unterschiedlichen Farben des Lichtes nicht verschiedene Richtungen geben, so würde die zweite Linse ein Bild des Spaltes als schmalen weißen Streifen erzeugen. Das Prisma aber lenkt die Anteile unterschiedlicher Wellenlänge verschieden stark ab. Deshalb entsteht für jede Farbe ein eigenes Bild des Spaltes. Das Spektrum ist eine Reihe aneinandergrenzender Bilder ein und desselben Spaltes, jedes in einer etwas anderen Farbe. In der Abbildung 3.8 ist für die Wellenlängen der Farben Rot und Violett gezeigt, wie das Bild des Spaltes in beiden Farben an verschiedenen Stellen des Spektrums entsteht. Wie wir schon wissen, benutzt man heute bei großen Sonnenteleskopen statt der Prismen reflektierende Spektralgitter, also Spiegel, die das Licht je nach Farbe in verschiedene Richtungen zurückspiegeln.

Wenn man den in Abbildung 3.8 skizzierten einfachen Spektralapparat auf die Sonne richtet, wird Licht aus einem weiten Winkelbereich, nämlich alles Licht, das nach seinem Durchgang durch den Spalt auf die erste Linse fällt, zerlegt. Das Licht der gesamten Sonnenscheibe trägt zu einem einzigen Spektrum bei. Niemals könnte man damit herausfinden, wie sich das Licht aus dem Inneren eines Sonnenflecks von dem der ungestörten Sonnenoberfläche unterscheidet. Dazu müßte man nur Licht aus dem Inneren eines Flecks und kein anderes Sonnenlicht in das Innere des Spektralapparates eindringen lassen. Kombiniert man aber das Spektroskop mit einem Fernrohr, bereitet das kein Problem.

Wir wollen daher in Gedanken das Newtonsche Experiment mit dem Prisma und dem Spalt im Fensterladen leicht abgewandelt wiederholen, indem wir uns dabei noch eines Fernrohres bedienen, mit dem wir das Sonnenbild auf einen Schirm projizieren, so etwa wie es schon Scheiner und Hevelius getan haben. Wir haben die Projektionsmethode in der Abbildung 2.2 bereits kennengelernt. Es ist das in Anhang A für die Beobachtung der Sonne mit dem Feldstecher beschriebene Verfahren. Um die Kombination von Fernrohr und Spektralapparat im Prinzip zu verstehen, wollen wir uns vorstellen, Newton und Hevelius hätten ihre beiden Experimente kombiniert.

Als Newton einst nach Danzig kam

Die beiden sind einander nie begegnet. Lassen wir aber unserer Phantasie freien Lauf und stellen wir uns vor, im Jahre 1670 wäre der 27jährige Isaac Newton nach Danzig gekommen. Zu dieser Zeit hatte er bereits mit dem Prisma experimentiert. Denken wir uns, er hätte sein Prisma im Reisegepäck mitgebracht und er wäre Hevelius, dem 59jährigen berühmten Sohn der damals etwa 60 000 Einwohner zählenden Stadt begegnet. Nehmen wir an, er hätte sich von Hevelius die Sonne nach der Projektionsmethode zeigen lassen.

Als Newton das helle Sonnenbild auf dem Pappschirm sah, kam ihm eine Idee. Er holte sein Prisma hervor und bat Hevelius, einen schmalen Schlitz in den Pappschirm schneiden zu dürfen. Dieser willigte ein, und der junge Newton wiederholte mit einer von Hevelius geliehenen Linse sein früheres Experiment, das wir auf Seite 55 beschrieben haben. Diesmal war es aber nicht ein Spalt im Fensterladen, sondern der Spalt im Pappschirm, auf den Hevelius das Sonnenbild projiziert hatte. Linse und Prisma erzeugten auf einem zweiten Schirm ein Spektrum (vgl. Abb. 5.1). Jetzt stammte das Licht nicht mehr von der ganzen Sonnenscheibe, sondern nur von dem schmalen Spalt im Pappschirm. Das Licht jeder Stelle des Spaltes kam von einer bestimmten Stelle der Sonne. Der breite Streifen des Spektrums war aus zahllosen schmalen Einzelspektren zusammengesetzt. Richtete Hevelius sein Fernrohr so ein, daß der Spalt gerade durch einen Sonnenfleck ging, so hatte sich längs des Spektrums ein schwächer leuchtender Streifen gezogen, das Spektrum des Sonnenflecks, das nach beiden Seiten vom Spektrum der ungestörten Sonne umgeben war.

Lassen wir unsere Phantasie beim Treffen dieser beiden Naturforscher noch weiter schweifen, und nehmen wir an, Fernrohr und Spektralapparat wären so gut gewesen, daß das Spektrum auch modernen Ansprüchen genügt hätte. Was hätten die beiden Gelehrten gesehen?

Tausende von Fraunhofer-Linien waren dunkel im leuchtenden Spektrum auf Newtons Schirm zu erkennen gewesen. Die beiden Männer konnten zum Beispiel im roten Bereich die H-Alpha-Linie als dunklen Querstrich erkennen, dort, wo im Spektrum das Atom des Wasserstoffs Licht verschluckt und nach allen Richtungen wieder abstrahlt. Als

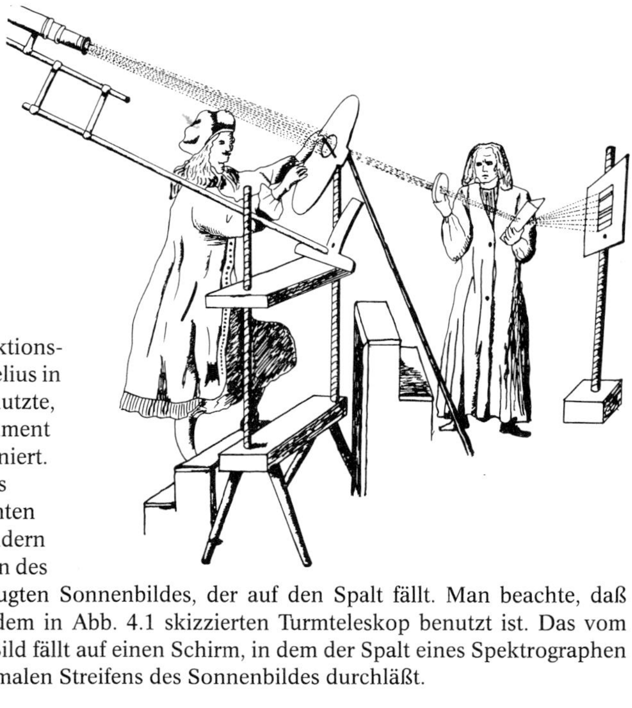

Abb. 5.1: Das Projektionsprinzip, wie es Hevelius in Abb. 2.2, unten, benutzte, mit Newtons Experiment von Abb. 3.1 kombiniert. Man erhält nicht das Spektrum der gesamten Sonnenscheibe, sondern nur von dem Streifen des vom Teleskop erzeugten Sonnenbildes, der auf den Spalt fällt. Man beachte, daß dieses Prinzip bei dem in Abb. 4.1 skizzierten Turmteleskop benutzt ist. Das vom Teleskop erzeugte Bild fällt auf einen Schirm, in dem der Spalt eines Spektrographen nur Licht eines schmalen Streifens des Sonnenbildes durchläßt.

der Spalt im Heveliusschen Schirm quer über eine Stelle ging, bei der über der Sonnenoberfläche eine kühlere Wasserstoffwolke schwebte, sahen sie dort die dunkle Linie verstärkt, da das über der Sonnenatmosphäre schwebende Gas noch mehr Licht verschluckte. Am Rand aber, dort wo man normalerweise auf den Himmelshintergrund schaut, sahen sie etwas Merkwürdiges. Schwebt am Rand nämlich eine Wolke über der Sonnenoberfläche, dann sieht man sie neben der Sonnenscheibe. Die beiden Männer erblickten die sonst dunkle Linie rot leuchtend vor einem dunklen Hintergrund. Sie sahen das Licht, das der Wasserstoff der Wolke verschluckt und seitlich wieder abgibt. Sie sahen die Linie, vor der Sonne dunkel, vor dem Himmelshintergrund aber hell. Wir haben das im Prinzip bereits in der Abbildung 3.7 erläutert. Im Lichte der Wasserstofflinie war der schmale Streifen des Sonnenbildes, der in den Spalt fiel, dort besonders dunkel, wo Wasserstoffwolken, von uns aus gesehen, vor der Sonne stehen. Am Rand der Sonnenscheibe aber, dort wo schwebende Wolken vor dem Himmelshintergrund erscheinen, sahen sie die Linie rot leuchtend. Die beiden Männer sahen die Protuberanzen, ohne eine totale Sonnenfinsternis erlebt zu haben. – Doch die Geschichte ist nicht wahr.

Newton und Hevelius haben nie miteinander experimentiert. Es hat Jahrhunderte gedauert, bis man die Protuberanzen täglich beobachten konnte. Doch das in der erfundenen Geschichte beschriebene Prinzip wird auch heute noch angewendet, wenn dazu auch das Sonnenbild nicht nach der Art des Hevelius projiziert wird. In den Teleskopen erzeugt bereits die Eingangslinse oder der große Hohlspiegel im Fernrohr ein solches Bild. Wir haben gesehen, daß das Sonnenbild im Turmteleskop auf dem Kitt-Peak-Observatorium einen Durchmesser von 33 cm besitzt. Dort kann man das Bild auf einem Schirm auffangen. Schneidet man in diesen einen Spalt, der gleichzeitig Eingangsspalt eines modernen Spektrographen ist, so ist man bei dem eben durch eine Geschichtsfälschung gewonnenen Gedankenexperiment. Die Sonnenphysiker können heute nicht nur Bilder der Sonne im Lichte einer einzelnen Linie herstellen, sie können in Filmen den zeitlichen Ablauf der Vorgänge auf der Sonne im Lichte einer einzelnen Spektrallinie festhalten, sie können auch »Landkarten« der Geschwindigkeit der Stürme, ja sogar tägliche magnetische Karten der Sonne erstellen – wir werden noch darauf zurückkommen.

Daß es dazu kam, hat im wesentlichen die totale Sonnenfinsternis von 1868 bewirkt. Den entscheidenden Schritt aber hat der Amerikaner George Ellery Hale (1868–1938) getan.

Ein junger Mann wird Sonnenforscher

Nachdem ihre beiden ersten Kinder als Säuglinge gestorben waren, glaubten weder Mrs. Hale noch ihr Mann William, daß ihr drittes Kind, ein Junge, lange leben würde. Doch sowohl er wie seine jüngere Schwester überstanden ihre Kinderkrankheiten. Die Hales wohnten damals mitten in Chicago, aber schon zwei Jahre nach der Geburt von George Ellery zogen sie in eine Vorstadt. So entgingen sie den Flammen des großen Feuers von Chicago im Jahre 1871, bei dem George Ellerys Geburtshaus völlig niederbrannte.

Um diese Zeit gründete Vater Hale eine Firma für Fahrstühle – ein Geschäft, das mit den immer höher zum Himmel aufragenden Bauten der amerikanischen Großstädte keinen Mangel an Aufträgen hatte. Auch mit Europa ließ sich das Geschäft gut an. Später baute er sogar die Fahrstühle für den Eiffelturm. Im Jahre 1886 unternahm Vater Hale eine Geschäftsreise nach Europa. Im stillen hoffte er, daß ihm sein nunmehr achtzehnjähriger Sohn in der Firma einmal nachfolgen würde.

Zunächst hatte den Jungen die Mikroskopie interessiert, dann richtete er sich ein chemisches Laboratorium ein. Doch die Lektüre von Jules Vernes Roman »Die Reise zum Mond« beeinflußte ihn so, daß er sein Laboratorium in »Observatorium« umbenannte und sich zunehmend für astronomische Fragen interessierte. Dieses Hobby war zwar für das Fahrstuhlgeschäft nebensächlich, doch der junge Mann war technisch begabt und handwerklich geschult. Vater Hale konnte also noch hoffen.

George Ellery hatte zu Hause viel mit dem Spektrum des Sonnenlichtes experimentiert. Mit siebzehn Jahren hatte er die Fraunhofer-Linien mit seinem eigenen Spektroskop vermessen. Sein Interesse für das Sonnenspektrum hatte den jungen Mann bereits mit Samuel P. Langley (1834–1906), Direktor der Allegheny-Sternwarte in West Virginia, zusammengebracht, der ihm wichtige Tips und Ratschläge für seine Experimente geben konnte. Hale hatte auch zwei Bücher des englischen Sonnenphysikers Norman Lockyer gelesen, und er bedauerte, daß er auf seiner Europareise keine Gelegenheit hatte, mit Lockyer persönlich zu sprechen, doch das machte sein Besuch bei Jules Janssen, dem Direktor der Sternwarte von Meudon bei Paris wieder wett.

Janssen und Lockyer hatten beide 1868, also in Hales Geburtsjahr, unabhängig voneinander eine große Entdeckung gemacht.

Die indische Finsternis

Im August 1868 reiste Janssen zur totalen Sonnenfinsternis nach Guntur in Indien. Während der kurzen Dunkelheit erkannte er im Spektroskop, daß die Protuberanzen hauptsächlich bei den Wellenlängen des Lichtes des Wasserstoffs abstrahlen. Als nach kurzer Zeit die Sonne wieder hinter der Mondscheibe hervortrat und die Protuberanzen verblaßten, soll Janssen ausgerufen haben: »Diese Linien will ich auch außerhalb der Finsternisse beobachten.« Am nächsten Tag richtete er sein mit einem Spektroskop ausgestattetes Fernrohr gleich nach Sonnenaufgang auf die Stelle des Sonnenrandes, an der er während der Finsternis eine besonders helle Protuberanz gesehen hatte. Janssen beobachtete die Sonne nach der gleichen Methode wie Hevelius und Newton in unserer Phantasiegeschichte.

Wenn Janssen in seinem Spektroskop nur auf die Alpha-Linie des Wasserstoffs schaute, dann war er für nahezu alles andere Licht blind. Er sah im schmalen Spalt die Sonne im Licht dieser Wellenlänge. Tatsächlich konnte er das Licht der Spektrallinien der Protuberanzen auch am hellen Taghimmel ausmachen. Durch den Spalt des Spektroskops am Fernrohr sah er im Licht der roten Wasserstofflinie einen schmalen Streifen der über den Rand der Sonnenscheibe herausragenden leuchtenden Gasmassen. Wenn er das Fernrohr leicht bewegte, dann verschob sich der Spalt und bot den Anblick eines benachbarten schmalen Streifens der Protuberanz. So konnte Janssen am Spektroskop Streifen für Streifen des Sonnenrandes abtasten, zeichnen und zu einem Bild der gesamten Protuberanz zusammensetzen.

Das Arbeiten während einer Finsternis ist stets durch Hektik bestimmt, da nur wenige Minuten Zeit bleiben und sich vielleicht für Jahre keine weitere Gelegenheit bietet. Doch jetzt hatte Janssen Muße, mit dem Spektroskop am Fernrohr die Protuberanzen zu zeichnen und zu verfolgen, wie sie innerhalb von Stunden emporzüngelten und wieder herabsanken, sich auflösten oder nach Tagen infolge der Rotation hinter dem Sonnenrand verschwanden. Janssen war von dem faszinierenden Schauspiel so gefesselt, daß er erst einen Monat später der französischen Akademie der Wissenschaften eine Nachricht darüber zukommen ließ. Fünf Minuten bevor sein Brief die Akademie erreichte, war dort aber bereits ein Schreiben von Lockyer verlesen worden, in dem dieser berichtete, wie es ihm gelungen war, Protuberanzen außerhalb einer Sonnenfinsternis zu beobachten. Janssen hatte zwar als erster die Protuberanzen am hellen Taghimmel beobachtet, aber Lockyer hatte seine Ergebnisse fünf Minuten früher veröffentlicht. Die Akademie faßte daher den salomonischen Beschluß, eine Medaille prägen zu lassen, um die Entdeckung zu würdigen: Eine Seite zeigt das Portrait von Lockyer, die andere das von Janssen.

Ich erwähne Janssen und Lockyer deshalb, weil Hale darauf aufbauen sollte. Konnten die beiden Protuberanzen sehen, wenn sie über den Sonnenrand hinausragten und sich gegen den dunklen Nachthimmel abhoben, so sollte es Hale gelingen, die Protuberanzen auch vor der hellen Sonnenscheibe zu erkennen.

Neben dem Zusammentreffen mit Janssen hatte der junge Hale das aufregendste Erlebnis seiner Europareise in London: In einem Geschäft für wissenschaftliche Geräte gelang es ihm, ein gutes Spektroskop zu erstehen.

Hale erfindet den Spektroheliographen

Die Janssen-Lockyersche Methode, Protuberanzen durch den Spalt des Spektroskops am Fernrohr zu beobachten, hatte eine neue Ära der Sonnenforschung eingeleitet. Man konnte beobachten, wie die Protuberanzen erscheinen, wie sie manchmal innerhalb einer Stunde ihren höchsten Glanz erreichen, emporsteigen bis in Höhen von Hunderttausenden von Kilometern, um in einzelne Filamente zu zerfallen und zu verblassen. Charles Augustus Young, der Sonnenforscher, den der junge Hale in Princeton in New Jersey besuchte – wir kennen ihn von der Finsternis von 1870 – war es gelungen, eine durch den etwas geöffneten Spalt des Spektroskops sichtbare Protuberanz zu fotografieren. Aber es war kein gutes Bild geworden. Man öffnet nicht ungestraft den Spalt seines Spektroskops. Die Aufnahme ließ keine Details erkennen. Der erst 21jährige Hale grübelte darüber nach, wie man trotz des störenden Lichtes der Sonne bessere Fotografien gewinnen und damit mehr auf der Platte festhalten konnte.

Später sagte Hale, daß ihm die Idee in der Straßenbahn gekommen wäre, als er aus dem Wagen heraus auf die Latten eines Zaunes blickte und sich der dahinterliegende Garten scheinbar an den Zwischenräumen vorbeibewegte. Das war die Geburt des *Spektroheliographen,* wie Hale das Gerät nannte, das in diesem Augenblick in seinem Kopf entstand.

Nachträglich erscheint die Idee denkbar einfach. Das Teleskop wirft ein Bild der Protuberanz auf die Ebene des Spektrographenspaltes, der

Spalt schneidet aus dem Bild einen schmalen Streifen heraus, und nur das Licht dieses Ausschnittes gelangt in das Innere des Spektrographen. Dieser wiederum erzeugt auf einer Fotoplatte ein Bild des Spaltes in allen Farben. Man kann nun einen zweiten Spalt an die Stelle des Spektrums setzen, wo die dunkle Alpha-Linie des Wasserstoffs steht. Durch diesen zweiten Spalt geht nur das Licht der Wasserstofflinie des durch den ersten Spalt ausgeblendeten Streifens der Sonnenscheibe. Eine Fotoplatte dahinter erhält dann nur das Bild, das der erste Spalt aus der Sonnenscheibe und der zweite Spalt aus dem Spektrum herausschneiden (vgl. Abb. 5.2). Würde man die Platte entwickeln, hätte man im Licht der herausgeblendeten Wellenlänge eine Fotografie der Protuberanz. Das Bild würde aber nur einen schmalen Streifen der Erscheinung zeigen, so, als müsse man in einer Galerie ein Rembrandt-Bild im Nebenraum durch einen mehrere Meter entfernten schmalen Türspalt betrachten, man würde kaum etwas erkennen.

Deshalb arbeitete George Ellery Hale mit folgendem Trick: Während man das Teleskop langsam relativ zur Sonne bewegt, wandert das Bild der Protuberanz langsam über den Spalt. Anders ausgedrückt: Der

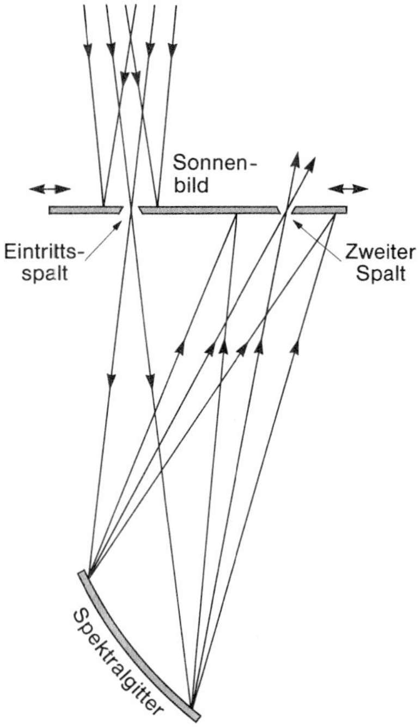

Abb. 5.2: Das Prinzip des Spektroheliographen. Wie im Hevelius-Newton-Experiment der Abb. 5.1 wird aus dem Bild der Sonnenscheibe an der Deckplatte des Geräts mit Hilfe des Eintrittsspaltes ein schmaler Streifen herausgeblendet, dessen Licht, von einem Spektralgitter nach oben zurückgeworfen, an der Deckplatte ein Spektrum erzeugt. Ein zweiter Spalt in der Deckplatte blendet aus dem Spektrum Licht bei einer bestimmten Wellenlänge, etwa das Licht der roten Wasserstofflinie, heraus. Wenn man die Platte mit den beiden Spalten horizontal bewegt, dann tastet der Eintrittsspalt das Sonnenbild Streifen für Streifen ab, und das durch den mitbewegten Austrittsspalt tretende Licht gleitet über eine (hier nicht eingezeichnete) Fotoplatte und erzeugt das Bild der Sonnenscheibe in der ausgewählten Wellenlänge.

schmale Streifen, der fotografiert wird, wandert langsam über die Protuberanz hinweg. Wenn man jetzt die Platte hinter dem zweiten Spalt im Spektrographen mit der richtigen Geschwindigkeit bewegt, so wird Streifen neben Streifen auf die Platte gebannt. Auf der Schicht entsteht so ein Bild der ganzen Protuberanz. Hale ahnte zu diesem Zeitpunkt noch nicht, daß auch andere Sonnenforscher vor ihm die gleiche Idee gehabt hatten, so hatte Oswald Lohse (1845–1915) vom Astrophysikalischen Observatorium in Potsdam das Prinzip bereits in einem Aufsatz beschrieben.

Hale studierte am Massachusetts Institute of Technology. Dort gelang es ihm, von seinem Doktorvater das Thema »Die Fotografie von Protuberanzen« für seine Dissertation zu erbitten. Damit waren sein Studium am Institut und sein Hobby, dem er in seiner Privatsternwarte wie auch am Harvard-Observatorium nachging, vereint.

Lange Zeit hatte er keinen Erfolg. Erst am 14. April 1890 hatte er Glück. »Eine kühle Brise wehte und brachte gute Sicht, obwohl der Himmel weißlich war«, schrieb er später über jenen Tag. »Eine rasche Überprüfung des Sonnenrandes zeigte eine Protuberanz an einer für das Vorhaben günstigen Stelle, und so wurde eine Aufnahme in der F-Linie durch einen Spalt von 0,125 Millimetern Breite gemacht. Nach dem Entwickeln zeigte sie zwei Protuberanzen, die über den Sonnenrand emporragten. Da ich ursprünglich nur eine Protuberanz an dieser Stelle gesehen hatte, ging ich noch einmal an das Fernrohr. Tatsächlich waren es zwei, genau an den Stellen, an denen die Fotografie sie zeigte.« Später schrieb ein Freund Hales, daß die Erfindung zweifellos mehr zum Verständnis der Vorgänge am Himmel beigetragen hatte als irgendeine andere, seitdem Galilei sein Fernrohr zum Himmel gerichtet hat.

Ein Jahr später war Hale wieder in Europa. Nunmehr war der 23jährige bei den Sonnenforschern bereits wohlbekannt. Er wurde zu Vorträgen eingeladen und hatte Gelegenheit, mit Astronomen und Physikern von Rang und Namen zu diskutieren. In London stieß er zufällig auf eine französische Fachzeitschrift, in der Henri Alexandre Deslandres (1853–1948) vom Observatorium in Meudon bei Paris das Prinzip des Spektroheliographen veröffentlicht hatte. Auch Deslandres war – wie Hale und Lohse – unabhängig auf dieselbe Idee gekommen. Hales Verdienst, das Prinzip als erster verwirklicht zu haben, blieb davon aber unberührt.

Nach Amerika zurückgekehrt, gelang es ihm, den gesamten Sonnenrand, mit allen seinen Protuberanzen auf eine einzige Platte zu bringen. Die Zeit, in der man durch den Spalt nur mühsam einen schmalen

Streifen einer Protuberanz betrachten konnte, war dank Hales Erfindung für immer vorbei.

Aber Hales Methode, die Sonne nur in einer Farbe zu betrachten, macht nicht nur Protuberanzen sichtbar, die sich in mehreren Spektrallinien leuchtend am Sonnenrand gegen den vom gestreuten Sonnenlicht erhellten Himmel abheben, sie werden auch sichtbar, wenn sie von uns aus gesehen vor der Sonnenscheibe stehen.

Dank einer Erfindung des französischen Astronomen Bernard Lyot ist zur Beobachtung der Protuberanzen heute kein Spektroheliograph mehr nötig. Man kann Filter herstellen, die nur Licht bei einer bestimmten Wellenlänge durchlassen. Mit Lyot-Filtern, durch die nur das Licht der H-Alpha-Linie dringt, sieht man am Sonnenrand die Protuberanzen hell leuchten, denn wie beim Spektroheliographen wird das Licht aller anderen Wellenlängen zurückgehalten. Mit Hilfe eines solchen Lyot-Filters kann man die Sonne im Lichte dieser Wellenlänge fotografieren und so ein Bild erhalten, das uns zeigt, wo am Sonnenrand der Wasserstoff in diesem Licht strahlt (vgl. Abb. 5.3). Man sieht aber auch vor der Sonnenscheibe Wasserstoffwolken, die im Lichte der H-Alpha-Linie dunkel erscheinen (vgl. Abb. 5.4).

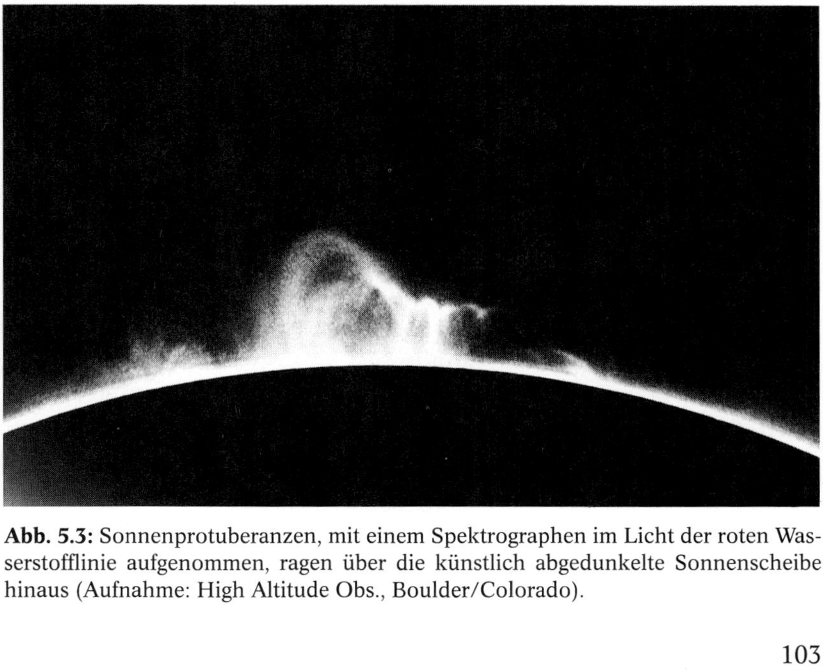

Abb. 5.3: Sonnenprotuberanzen, mit einem Spektrographen im Licht der roten Wasserstofflinie aufgenommen, ragen über die künstlich abgedunkelte Sonnenscheibe hinaus (Aufnahme: High Altitude Obs., Boulder/Colorado).

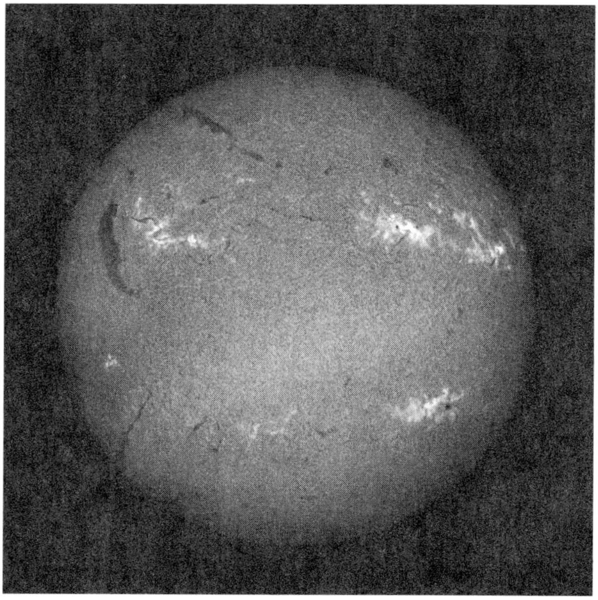

Abb. 5.4: Die Sonne im Licht der roten Wasserstofflinie. In der Nachbarschaft von Sonnenflecken leuchtet der Wasserstoff auf. Die dunklen Gebilde der Sonnenscheibe sind Protuberanzen, also Gasmassen, die oberhalb der Sonnenoberfläche schweben und deren Wasserstoff das Licht bei der Wellenlänge der roten Wasserstofflinie verschluckt und seitlich wieder abgibt, so daß sie von der Seite betrachtet in diesem Licht hell erscheinen, wie es in Abb. 5.3 zu sehen ist (Aufnahme: Haleakala Obs., Maui, Hawaii).

Die Stürme der Sonne

Licht verrät uns noch mehr von den Eigenschaften seiner Quelle. Wir wissen, daß sich Art und Häufigkeit der Materie aus dem Spektrum ablesen lassen. Wir erfahren aber auch etwas über die Bewegung des Sonnengases. Das hängt mit der Wellennatur des Lichtes zusammen.

Wir wissen, die Fraunhoferschen Linien im Sonnenspektrum rühren daher, daß die Atome der kühleren Oberflächenschichten bei bestimmten, für sie charakteristischen Wellenlängen Licht verschlucken. Bei der Alpha-Linie des Wasserstoffs kommen die Wellenberge im Rhythmus von fünf mal hunderttausend Milliarden in der Sekunde bei uns an. Dieses Licht ist auf dem Weg durch die Sonnenatmosphäre stark geschwächt worden, viel stärker als das Licht, dessen Wellenberge in etwas kürzerem oder etwas längerem Rhythmus bei uns ankommen, denn der Wasserstoff verschluckt nur das Licht bestimmter Wellenlängen, etwa des der Alpha-Linie, nicht aber das benachbarter Wellenlängen. Doch ist das nicht ganz richtig.

Die Sonnenoberfläche ist nicht ruhig: Ständig steigen dort die Gasballen der Granulation auf und ab. Die Sonnenmaterie bewegt sich wie die Oberfläche eines sturmgepeitschten Meeres. Betrachten wir eine bestimmte Stelle, etwa in der Mitte der Sonnenscheibe, an der sich im Augenblick die Materie gerade nach oben (also auf uns zu) bewegt. Beobachten wir nun die Wellenberge der vor der aufsteigenden Materie ausgesandten Lichtwelle einer bestimmten Frequenz. Nehmen wir an, die Wellen würden in dem oben genannten Rhythmus ausgesandt. In welchem Rhythmus kämen sie bei uns an? Da sich die die Lichtwelle aussendende Materie auf uns zu bewegt, hat jeder Wellenberg einen kürzeren Weg zu uns zurückzulegen als sein Vorgänger. Die Berge kommen in kürzerem Zeitabstand bei uns an als sie ausgesandt worden sind. Anders ausgedrückt: Der Abstand der ankommenden Wellenberge ist kürzer, die Wellenlänge ist verkürzt. Das ganze Spektrum der aufsteigenden Gaswolke auf der Sonne ist geringfügig zu den kürzeren Wellenlängen, also zum blauen Ende des Spektrums hin, verschoben.

Betrachten wir das Licht von einer Stelle der Sonne, an der die Materie während ihrer Aufwärts- und Abwärtsbewegung gerade auf dem Weg nach unten ist, sich also von uns wegbewegt. Jeder Wellenberg hat jetzt einen längeren Weg zurückzulegen als sein Vorgänger, der ja ausgesandt wurde als die Materie noch etwas näher bei uns war. Die Wellenberge kommen deshalb in größerem Abstand bei uns an, als sie ausgesandt worden sind. Das Spektrum ist etwas nach seinem roten Ende hin verschoben. Das ist der nach dem österreichischen Physiker Christian Doppler (1803–1853) benannte *Doppler-Effekt.* Er gibt den Astronomen die Möglichkeit, aus dem Spektrum selbst der entferntesten Sterne herauszulesen, mit welcher Geschwindigkeit sie sich von uns entfernen oder auf uns zukommen.

Das Licht, das durch den Spalt tritt und unser Spektrum erzeugt, kommt von allen Stellen des aus der Sonnenscheibe herausgeblendeten Streifens. Dort bewegt sich die Sonnenmaterie, wie man an der Granulation sieht (vgl. Abb. 4.2). Welchen Einfluß hat sie auf das Spektrum des aus dem Sonnenbild herausgeblendeten Streifens? Jede Stelle des Spaltes liefert ihr eigenes Spektrum, also einen schmalen horizontalen Streifen, der sich vom blauen bis zum roten Ende zieht. Doch Punkte des Spaltes, die ihr Licht von Stellen der Sonne beziehen, die im Augenblick gerade aufsteigen, erzeugen ein etwas nach dem blauen, Punkte, deren Licht von absinkenden Stellen stammt, ein nach dem roten Ende verschobenes Spektrum. Das Sonnenspektrum besteht also aus vielen schmalen nebeneinanderliegenden horizontalen Einzelspektren, die teilweise nach dem blauen, teilweise nach dem roten Ende hin etwas verschoben sind. Das sieht man besonders deutlich an den dunklen Fraunhofer-Linien. Sie sind nicht gerade, sondern nach rechts und links ausgebeult, wie es die Abbildung 5.5 zeigt. Mit dem Aufsteigen und Absinken einzelner Gasballen bilden sich an jeder Spektrallinie Beulen nach links oder nach rechts, verschwinden wieder oder gehen von der einen Seite zur anderen. Die Stärke der Ausbuchtung gestattet dem Sonnenphysiker, die Geschwindigkeit der Gasballen zu bestimmen. So weiß man, daß sich die Ballen der Granulation im Mittel mit etwa einem Kilometer in der Sekunde bewegen. Das sind 3600 km/h, für irdische Verhältnisse ungeheure Sturmstärken!

Man kann die Beulen in den Fraunhofer-Linien ausnutzen, um die wogenden Bewegungen der Sonnenoberfläche direkt sichtbar zu machen. Betrachten wir dazu noch einmal eine Fraunhofer-Linie der Abbildung 5.5. Im Vergleich dazu ist sie in Abbildung 5.6 links schematisch gezeichnet. Sehen wir nun das Spektrum durch ein Filter, das nur Licht aus dem engen in der Abbildung 5.6 durch zwei dünne parallele

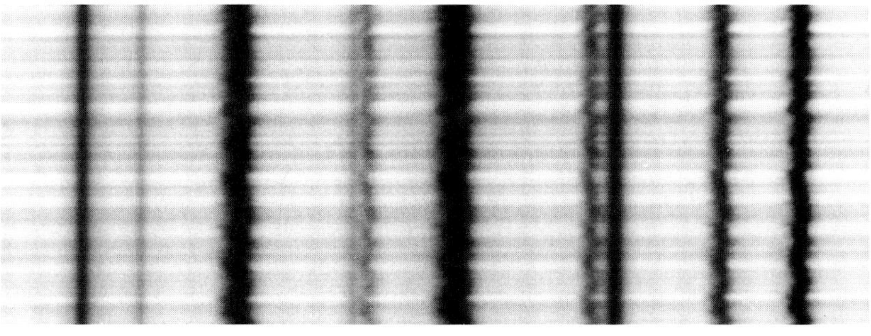

Abb. 5.5: Ein Ausschnitt aus dem Spektrum eines schmalen Streifens der Sonnenscheibe, der auf- sowie absteigende Gasballen der Granulation erfaßt. Die Spektrallinien sind an manchen Stellen durch den Doppler-Effekt nach rechts (rot), an anderen nach links (blau) abgelenkt, sie zeigen eine wellige Struktur. Man beachte, daß es einige Spektrallinien gibt, die diesen Effekt nicht zeigen, etwa die beiden nahe dem linken Bildrand. Sie entstehen nicht auf der Sonne, sondern rühren von Atomen in unserer Erdatmosphäre her, die bei bestimmten Wellenlängen Licht aus der Sonnenstrahlung herausfiltern. Die Turbulenzbewegung auf der Erde besitzt aber wesentlich geringere Geschwindigkeiten.

Linien angedeuteten Bereich durchläßt. Die Stellen der Sonnenoberfläche sind dort dunkel, wo sich die Materie nach oben bewegt und die Fraunhofer-Linie infolge des Doppler-Effektes gerade in den Durchlässigkeitsbereich des Filters verschoben ist. Dort, wo die Materie absinkt, ist die Fraunhofer-Linie nach der anderen Seite ausgebeult. Die entsprechende Stelle des Spaltes erscheint im Filter hell. So wird Geschwindigkeit zur Helligkeit.

In Wahrheit ist eine Fraunhofer-Linie nicht ein einfacher dunkler Streifen. Geht man im Spektrum quer durch eine Linie, dann sinkt das Licht allmählich ab, erreicht ein Minimum, wenn man gerade in der Mitte ist und steigt wieder an, wenn man sich dem anderen Rand der Linie nähert. In der Abbildung 5.6 ist das noch einmal genauer angedeutet. Filtert man im Spektrographen oder mit einem Lyot-Filter Licht etwa aus der rechten »Flanke« der Linie heraus, so erhält man mehr Licht, wenn die Materie gerade absinkt und weniger, wenn sie gerade aufsteigt, denn die Linie ist das eine Mal etwas nach rechts, das andere Mal etwas nach links verschoben. Das rechte Teilbild der Abbildung 5.6 zeigt schematisch das Licht, das durch den schmalen Filterbereich hindurchgeht. Überstreicht man mit dem Spalt die ganze Sonnenscheibe, erhält man ein Bild, das dort hell ist, wo die Materie aufsteigt und dort dunkel, wo sie absinkt. Abbildung 6.10 zeigt eine solche Aufnahme.

Abb. 5.6: Wie man Geschwindigkeiten auf der Sonne sichtbar macht. Spektrallinien sind nicht scharfe, schwarze Striche im Spektrum, sie besitzen eine gewisse Breite. Mit Hilfe eines Lyot-Filters kann man aus der rechten Flanke einer Spektrallinie einen schmalen Streifen herausblenden. Dort, wo die Linie nach rechts ausgebeult ist, bekommt das Filter weniger Licht als dort wo sie der Doppler-Effekt nach links biegt. Wenn man die Sonnenscheibe durch dieses Filter fotografiert, erhält man ein Bild der Sonne, bei dem die sich zum Beobachter hin bewegenden Gasmassen hell, die sich von ihm entfernenden dunkel erscheinen. Eine andere Methode, die Bewegungen der Sonne in einem Bild festzuhalten ist in der Abb. 6.9 angedeutet.

Mit der hier beschriebenen Technik hat man die Geschwindigkeiten der Sonnengranulation gemessen und auch die Rotationsgeschwindigkeit in den polnahen Regionen messen können, dort, wo nie Sonnenflecken zu sehen sind, die uns die Art der Rotation der Sonne in diesen hohen Breiten direkt verraten könnten. Man hat aber mit dieser Technik in der letzten Zeit auch entdeckt, daß neben ihrer Rotation, neben dem Auf und Ab ihrer Granulation die Sonne auch noch schwingt, mit einer Regelmäßigkeit, wie es niemand zuvor geahnt hätte. Wir werden in Kapitel 10 darauf zurückkommen.

Das Spektrum zeigt uns aber nicht nur die Stellen, an denen die Sonne in einer bestimmten Wellenlänge hell oder dunkel erscheint, es zeigt uns nicht nur, wie die Sonnenmaterie auf und ab wogt, es läßt uns auch ihren Magnetismus erkennen.

Magnetfelder und Spektren

Der Nobelpreis des Jahres 1902 wurde an den Holländer Pieter Zeeman (1865–1943) verliehen für eine Entdeckung, die dieser bis dahin unbekannte Physiker im Jahre 1894 gemacht hatte. Die Frage lag seit langer Zeit in der Luft. Michael Faraday (1791–1867) hatte im Jahre 1862 geprüft, ob das Licht, das Atome aussenden, von Magnetfeldern beeinflußt werden kann. Aber er hatte nichts feststellen können. Doch Zeeman, der Faraday sehr verehrte, meinte: »Wenn ein Faraday die Möglichkeit.... in Betracht zog, sollte es vielleicht doch von Wert sein, das Experiment mit den ausgezeichneten Geräten der Spektroskopie unserer Zeit zu wiederholen, da das meines Wissens noch nicht von anderen getan worden ist.«

Zeeman untersuchte die gelbe Spektrallinie, die vom Element Natrium herrührt. Ihr Licht färbt nahezu alle Flammen gelb. Sie ist für die gelbe Farbe einer sonst nahezu farblosen Gasflamme verantwortlich, wenn man Kochsalz hineinstreut. Diese Linie tritt im Sonnenspektrum in Absorption auf, erscheint also dunkel. Ihr Licht wird aus der Strahlung der Sonne herausgefiltert. Fraunhofer hatte ihr den Buchstaben D zugeschrieben. Seither spricht man von der *Natrium-D-Linie.* Als Zeeman die leuchtende Flamme in ein starkes Magnetfeld setzte, sah er die gelbe Linie im Spektrum verbreitert. Bald hatte Zeeman seine Experimentiertechnik so weit verfeinert, daß er erkennen konnte, wie die Linie durch starke Magnetfelder in feine, eng nebeneinanderstehende Einzellinien aufgespalten wird. Der Abstand der einzelnen Kom-

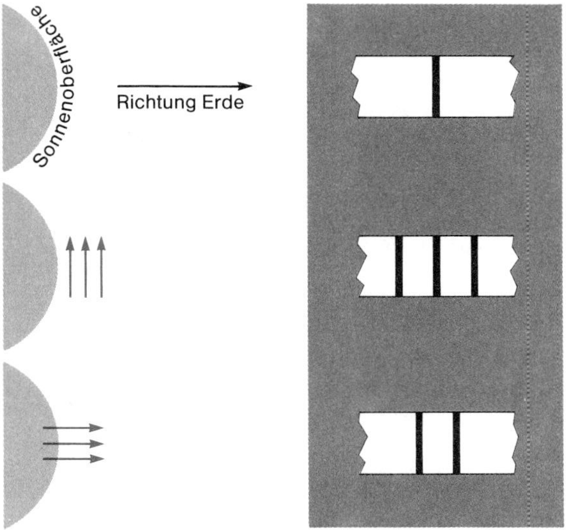

Abb. 5.7: Oben: Richtet man einen Spektrographen von der Erde aus auf die Sonnenoberfläche, so entstehen im Spektrum Absorptionslinien (oben rechts). Magnetfelder oberhalb der Sonnenoberfläche aber verändern das Aussehen der Absorptionslinien im Sonnenspektrum. Liegen die Feldlinien quer zur Blickrichtung, dann spaltet sich jede Linie in drei Komponenten auf (Mitte rechts). Sind sie auf den Beobachter zu oder von ihm weggerichtet, dann spaltet sich die Linie in zwei Komponenten auf. Unten: Vier Linien eines von einem schmalen Streifen der Sonnenoberfläche gewonnenen Spektrums sind hier vergrößert wiedergegeben. Der dunkle Querbalken in der Mitte zeigt das (wesentlich schwächere) Spektrum eines Sonnenflecks, über den sich der untersuchte Streifen der Sonnenscheibe zieht. Die hellen Spektren darüber und darunter sind die Spektren der Umgebung des Flecks. Man sieht, wie sich wegen der starken Magnetfelder die Linien in der Nähe des Flecks aufspalten.

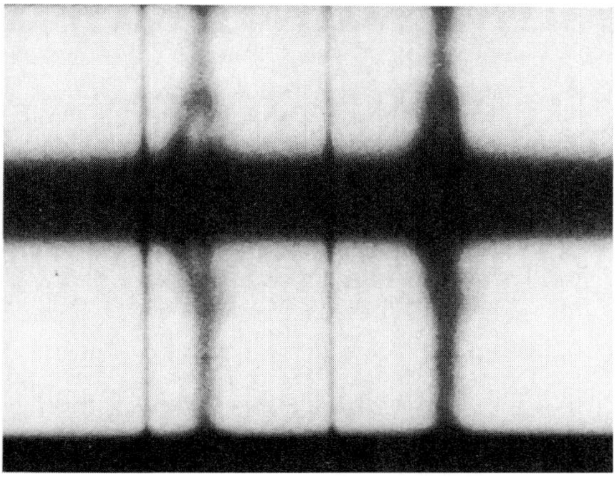

ponenten wächst mit wachsender Stärke des Magnetfeldes. Wir hatten in Kapitel 3 die Polarisationseigenschaften des Lichtes kurz erwähnt. Die vom Magnetfeld aufgespaltenen Fraunhofer-Linien geben durch ihre Polarisation, auf die wir hier aber nicht näher eingehen wollen, auch über die Richtung des Magnetfeldes Auskunft.

Daß das Licht, das von einem Atom ausgesandt oder absorbiert wird, durch ein Magnetfeld beeinflußt werden kann, ist nicht verwunderlich. Licht wird von bewegten elektrischen Teilchen in den Atomen ausgesandt, den Elektronen. Wenn sich aber elektrische Ladungen bewegen, üben Magnetfelder Kräfte auf sie aus. Deshalb beeinflussen Magnetfelder auch die für das Licht verantwortlichen Elektronen in den Atomen und verändern die von den Atomen kommende Strahlung. Im einfachsten Fall bilden sich neben einer Spektrallinie – handelt es sich nun um ausgesandtes Licht oder um absorbiertes – zwei Nebenlinien. Wenn man eine Spektrallinie durch den Zeeman-Effekt aufgespalten sieht, so kann man die Stärke und Richtung des Magnetfeldes erkennen, das für die Aufspaltung verantwortlich ist. Die Abbildung 5.7 zeigt schematisch, wie eine Spektrallinie durch ein starkes Magnetfeld auf der Sonne verändert wird.

Wenige Jahre nachdem Zeeman gezeigt hatte, wie ein Magnetfeld die Spektrallinien verändert, wollte Hale diesen Effekt benutzen, um auf der Sonne nach Magnetfeldern zu suchen.

Hale war als Sonnenforscher bereits anerkannt. Mit seinem Spektroheliographen hatte er die Sonne im Licht der roten Wasserstofflinie und auch anderer Spektrallinien fotografiert. Die *Spektroheliogramme*, wie man sie nennt, zeigen eine Sonne, wie sie noch keiner gesehen hatte.

Dabei gewann Hale den Eindruck, daß die Spektroheliogramme im Lichte der H-Alpha-Linie in der Nähe von Sonnenflecken eine Wirbelstruktur zeigen, die ihn an die in einer Magnetspule in Spiralen fließenden Ströme erinnerten. So vermutete er, daß in den Sonnenflecken starke Magnetfelder vorhanden sind. Hale entdeckte dabei, daß der Zyklus der Sonnenflecken gar nicht elf Jahre beträgt.

6. Die magnetische Sonne

Hätte die Sonne kein Magnetfeld, sie wäre so langweilig, wie sie in den Augen mancher Astronomen erscheint.

Robert Leighton

Wenn bei einer totalen Sonnenfinsternis die Korona wie ein milchigweißer Kranz die verdunkelte Sonnenscheibe umgibt, reichen ihre Strahlen oft weit in den Raum hinaus (vgl. Abb. 6.1). Sie erinnern in ihrer Form an Magnetfeldlinien, wie sie von magnetisierten Körpern ausgehen. So lag schon lange der Verdacht nahe, daß die Sonne ein gewaltiger Magnet sei. Man hatte es gewissermaßen mit freiem Auge gesehen. George Ellery Hale, der Erfinder des Spektroheliographen, entdeckte, daß die Sonne ein recht sonderbarer Magnet ist, einer, der seine Eigenschaften ständig ändert, der aber auch gewisse Gesetzmäßigkeiten zeigt. Bis heute haben wir den Magnetismus der Sonne noch nicht völlig verstanden.

Magnetfelder in Sonnenflecken

Hale verglich das Spektrum des Lichtes aus Flecken mit dem der ungestörten Sonnenoberfläche, denn im Fleckenspektrum treten manche Fraunhofer-Linien stärker hervor. Er verglich ferner das Spektrum der Sonne mit dem leuchtender Gase im Laboratorium. Die Linien der Laborspektren wurden stärker, wenn man die Temperatur der leuchtenden Gase erniedrigte. Deshalb schloß Hale, daß die Sonnenflecken kühler sind als die umgebende Sonnenoberfläche. Heute wissen wir, daß die Gase in den Flecken Temperaturen von 4000 °C und weniger haben, während man in ihrer Nachbarschaft 5500 °C mißt.

Mit Hilfe des Zeeman-Effekts begann Hale auch nach Magnetfeldern auf der Sonne zu suchen. Erinnern wir uns: Eine Fraunhofer-Linie kann sich im Magnetfeld in mehrere Komponenten aufspalten, so wie wir es in der Abbildung 5.7 gesehen haben. Tatsächlich hatte man bereits Jahre zuvor bemerkt, daß in Fleckenspektren bisweilen Spektrallinien aufgespalten sind. Hale gelang es als erstem zu zeigen, daß das Licht der einzelnen Komponenten dieser Linien gerade die Polarisationseigenschaften besitzt, wie sie der Zeeman-Effekt voraussagt. Die Ursache der Aufspaltung waren tatsächlich Magnetfelder.

Im Jahre 1908 veröffentlichte Hale eine Arbeit unter dem Titel »Über die mögliche Existenz von Magnetfeldern in Sonnenflecken«. Wieder hatte er die Fleckenspektren mit denen von leuchtenden Gasen im Laboratorium verglichen. Diesmal setzte er aber die Laborgase starken Magnetfeldern aus, so daß ihre Spektrallinien durch den Zeeman-Effekt gerade so aufgespalten wurden wie die Linien in den Spektren der Sonnenflecken. Er entdeckte unvorstellbar starke Felder. Damals wurde die Stärke eines Magnetfeldes in der Einheit Gauß gemessen. Das Magnetfeld der Erde liegt etwa bei einem halben Gauß. Etwa von dieser Stärke sind auch die Felder in der ungestörten Sonnenoberfläche. Doch die von Hale gemessenen Magnetfelder in den Sonnenflecken hatten Stär-

Abb. 6.1: Die totale Sonnenfinsternis vom 7. März 1970. Durch ein geeignetes Filter ist erreicht worden, daß die Korona auf der Aufnahme sowohl in den der Sonne nahen Gebieten wie auch in ihren weit in den Raum hinausgehenden Strahlen gleich gut belichtet ist. (Aufnahme: High Altitude Obs., Boulder/Colorado).

ken von 2900 Gauß! Hale konnte auch die Richtungen der Felder bestimmen. Manche Flecken waren »Nordpole«, manche »Südpole«. Was man bisher nur als dunkle Flecken auf der Sonnenscheibe gesehen hatte, waren in Wahrheit extrem starke magnetische Gebiete.

Der magnetische Zyklus

Sonnenflecken treten bevorzugt paarweise auf, nicht einfach zufällig nebeneinander, sondern in Ost-West-Richtung orientiert. Da die Rotation der Sonne die Flecken von Ost nach West wandern läßt, nennt man den westlichen den *vorangehenden,* den östlichen den *nachfolgenden* Fleck. Als Hale die Magnetfelder in den Sonnenflecken entdeckte, bemerkte er, daß die Fleckenpaare immer von verschiedener Polarität sind. Ist der eine ein Nordpol, so ist der andere ein Südpol. Dabei sind die Flecken der Nord- und Südhalbkugel der Sonne entgegengesetzt gepolt. Sind auf der Nordhalbkugel alle vorangehenden Flecken Nordpole und die nachfolgenden Südpole, so sind gleichzeitig auf der Südhalbkugel der Sonne alle vorangehenden Flecken Südpole und die nachfolgenden von nördlicher Polarität.

Die große Überraschung aber kam während des darauffolgenden Sonnenfleckenminimums, um das Jahr 1913. Die letzten Flecken des gerade zu Ende gehenden Zyklus erschienen noch in der Nähe des Äquators, als bereits die ersten Flecken in höheren Breiten den neuen Zyklus einleiteten. Sie aber hatten auf beiden Halbkugeln gerade die umgekehrte Polarität als die Überbleibsel des alten Zyklus. In der Abbildung 6.2 ist die Polarität der Flecken für einige Sonnenzyklen der letzten Zeit schematisch dargestellt. Wir sehen daraus, daß sich das Schauspiel eines Sonnenzyklus nicht alle 11, sondern in Wahrheit erst alle 22 Jahre wiederholt.

Wie stand es nun mit der Vermutung, daß die Strahlenstruktur der Sonnenkorona etwas mit einem Magnetfeld zu tun hat? Hale hatte gezeigt, daß die Sonne mit ihren Sonnenflecken über und über mit kleinen magnetischen Nord- und Südpolen übersät ist. Besitzt sie, ähnlich der Erde, an ihren Polen auch eine großräumige Feldstruktur? Sind die Pole der Sonne auch Magnetpole? Hale konnte tatsächlich in der Nähe ihrer Pole einheitliche Felder nachweisen. Ihre Stärke beträgt nur einige Gauß, die Felder der Pole sind also mit denen der Sonnenflecken nicht zu vergleichen. Sie sind also nur wenig stärker als das Magnetfeld der Erde, das unsere Kompaßnadeln ausrichtet. Aber auch die Richtung dieses allgemeinen Magnetfeldes der Sonne, wie man es meist bezeichnet, wechselt im zweiundzwanzigjährigen Rhythmus: Die Sonne wird alle elf Jahre umgepolt. In der Abbildung 6.2 ist auch das skizziert.

Wir hatten bereits auf Seite 52 erwähnt, daß sich auch das irdische Magnetfeld im Laufe von Jahrtausenden stark ändert. Vielleicht sind es ähnliche Mechanismen, die sowohl das allgemeine Magnetfeld der Sonne wie auch das der Erde erzeugen und wechseln lassen.

Heutzutage helfen wieder Lyot-Filter und Magnetographen, die Magnetfelder auf der Sonne zu erkennen. Wenn man sie im Lichte einer Spektrallinie fotografiert, die infolge des Magnetfeldes in zwei oder drei Komponenten aufgespalten ist, so wie es die Abbildung 5.7 zeigt, kann man mit geeigneten Polarisationsfiltern Sonnenbilder erzeugen, auf denen die Bereiche der einen Polarität hell, die anderen dunkel erscheinen.

In der Abbildung 6.3a ist ein solches »Magnetogramm« gezeigt. Der Nordpol der Sonne ist oben, Osten ist links. Die Rotation führt die Sonnenoberfläche von links nach rechts. Man erkennt, wie auf der nördlichen Halbkugel der vorangehende Fleck die eine, der nachfol-

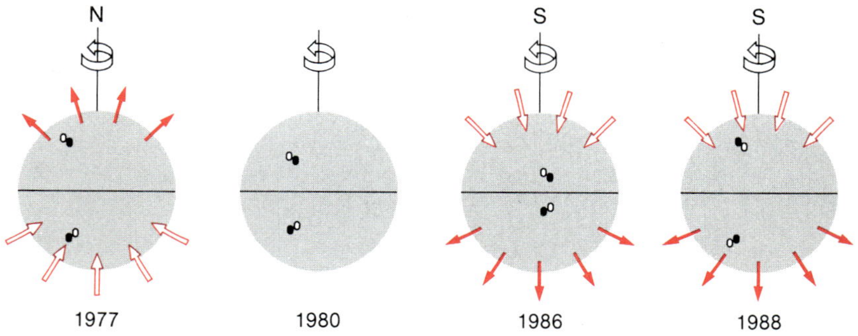

Abb. 6.2: Schema des magnetischen Zyklus der Sonne. 1977 war der Nordpol der Sonne auch ein magnetischer Nordpol. Auf der Nordhalbkugel hatte der vorangehende Fleck nördliche magnetische Polarität, der nachfolgende südliche. Auf der Südhalbkugel war es umgekehrt. Um das Jahr 1980 verschwanden die Polfelder. Nach wie vor waren die Flecken auf beiden Halbkugeln von der gleichen Polarität wie drei Jahre zuvor. Im Jahre 1986 näherte sich der Zyklus seinem Ende, die Flecken standen schon in Äquatornähe, der Nordpol hatte südliche Polarität angenommen, der Südpol nördliche. Im Jahre 1988 waren bereits die Flecken des neuen Zyklus in hohen Breiten zu sehen. Auf der nördlichen Halbkugel hatte der vorangehende südliche Polarität, der nachfolgende nördliche. Wieder war es auf der Südhalbkugel umgekehrt.

Abb. 6.3a: Das Magnetogramm der Sonne vom 12. Februar 1989. Norden ist oben, Osten links. Gebiete nördlicher magnetischer Polarität sind weiß, die von südlicher schwarz. Die Rotation der Sonne bewegt die Flecken im Bild von links nach rechts. Auf der nördlichen Halbkugel sind die vorangehenden Flecken von südlicher, die nachfolgenden von nördlicher Polarität. Auf der Südhalbkugel ist es wieder gerade umgekehrt (Aufnahme: National Solar Obs., Tucson/Arizona).

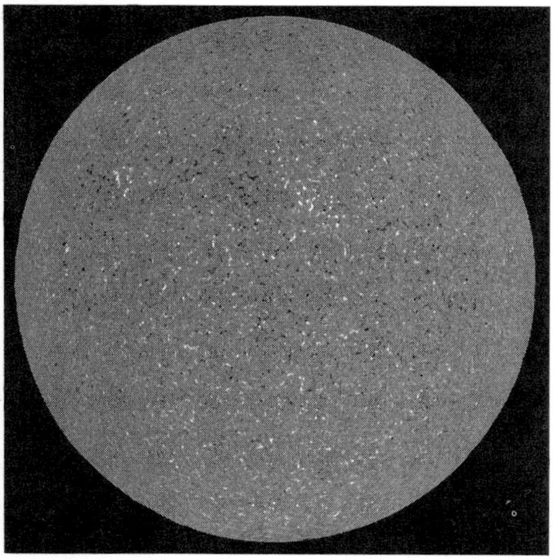

Abb. 6.3b: Das Magnetogramm der Sonne vom 27. Dezember 1985, während eines Fleckenminimums. Es gibt keine großen magnetischen Flecken, wohl aber kleine, nahezu punktförmige von verschiedener Polarität. Am Nordpol der Sonne sammeln sich mehr schwarze, am Südpol mehr weiße Pünktchen. Daran erkennt man, daß die Polfelder in Wahrheit aus einzelnen kleinen Bündeln magnetischer Feldlinien zusammengesetzt sind (Aufnahme: National Solar Obs., Tucson/Arizona).

gende die andere Polarität besitzt, während es auf der Südhalbkugel gerade umgekehrt ist.

Das genauere Studium der magnetischen Polaritäten auf der Sonnenscheibe zeigt, daß es auch ausgedehnte Gebiete gibt, die nur schwach magnetisch sind, aber doch über ihre gesamte Fläche einheitliche Polarität zeigen, magnetische Bereiche, bei denen die Magnetfelder viel schwächer sind als in den »richtigen« Sonnenflecken. Diese magnetischen Gebiete sind optisch nicht von ihrer Nachbarschaft zu unterscheiden, nur die Aufspaltung der Spektrallinien läßt die Felder erkennen.

In der Abbildung 6.3b sieht man die Sonne von 1985, zur Zeit eines Fleckenminimums. Kleine weiße und schwarze Pünktchen sind winzige Stellen verschiedener magnetischer Polarität, die im sichtbaren Licht nicht zu erkennen sind. Man beachte, daß der Nordpol der Sonne (im Bild oben) hauptsächlich schwarze, der Südpol hauptsächlich weiße Pünktchen zeigt. Die Pole der Sonne besitzen also kein einheitliches, überall etwa gleichstarkes Magnetfeld. Vielmehr tritt das Feld in kleinen Bündeln aus im Bild weißen und schwarzen Stellen der Oberfläche heraus. Das von Hale gefundene Magnetfeld der Polregionen setzt sich also aus vielen magnetischen Bündeln zusammen. Im Rhythmus des Sonnenzyklus finden sich in den Polregionen der Sonne einmal bevorzugt weiße, einmal bevorzugt schwarze Pünktchen. Nach elf Jahren kehrt sich das Spiel um. Der Pol, der eben noch weiße Pünktchen hatte, bekommt jetzt schwarze und umgekehrt.

Ganz unsichtbar sind die Magnetfelder auf der Sonne aber nicht. So konnte man sehen, daß über den Stellen, an denen Magnetfelder aus der Sonnenoberfläche nach außen dringen, die darüberliegenden Schichten besonders stark im Licht der K-Linie des Kalziums leuchten (vgl. Abb. 6.4).

Versuchen wir, das Schauspiel, das auf der Sonne im 22jährigen Rhythmus abläuft, noch einmal zusammenzufassen: Zu Beginn eines Zyklus tauchen auf beiden Halbkugeln Fleckenpaare in Gruppen auf. Sie erscheinen in zwei Streifen im Bereich von etwa 30 Grad nördlicher und südlicher Breite. Auf der Nordhalbkugel ist der in der Rotation vorangehende Fleck von nördlicher, der nachfolgende von südlicher magnetischer Polarität. Auf der Südhalbkugel geht dagegen die nördliche magnetische Polarität voran, die südliche folgt. Im Laufe der nächsten Jahre werden die Flecken immer häufiger. Ihr Kommen und Gehen verschiebt sich aber immer näher an den Äquator, so wie es Carrington und Spörer beschrieben haben. Erst etwa zehn Jahre nach Beginn des

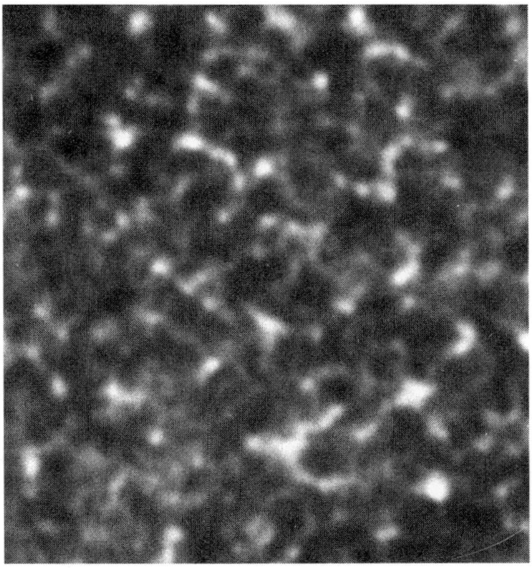

Abb. 6.4: Ein Stück der Sonnenoberfläche, im Licht der violetten Kalziumlinie aufgenommen, zeigt das »Kalzium-Netzwerk« der Sonne, als ein Muster von hellen Linien (Aufnahme: H. Wöhl, Kiepenheuer-Institut für Sonnenphysik, Freiburg).

Zyklus werden die näher am Äquator erscheinenden Flecken spärlicher. Das Sonnenfleckenminimum ist erreicht. Die Flecken des neuen Zyklus kommen wieder in zwei Gürteln von etwa 30 Grad nördlicher und südlicher Breite. Jetzt aber ist die magnetische Polung umgekehrt. In den Fleckenpaaren geht auf der Nordhalbkugel der magnetische Südpol voran, der magnetische Nordpol folgt, während auf der Südhalbkugel der Fleck mit magnetischer Nordpolarität seinen Zwillingsbruder anführt. In den nächsten elf Jahren läuft alles genauso ab, wie vorher. Das heißt, die beiden Gürtel, in denen die Flecken entstehen, wandern langsam zum Äquator, nur daß jetzt alle Magnetfelder in den Flecken die umgekehrte Polarität besitzen als elf Jahre zuvor. Wenn aber das Minimum erreicht ist, und die ersten Flecken des neuen Zyklus erscheinen, dann besitzen sie wieder dieselbe magnetische Polarität wie die Flecken des vorletzten Zyklus. Nach 22 Jahren wiederholt sich das Spiel.

Gelegentlich sind die letzten Flecken des zu Ende gehenden Zyklus noch nicht verschwunden, wenn bereits in hohen Breiten die ersten der neuen Ära auftauchen. Man erkennt sie an ihrer entgegengesetzten Polarität. Der neue Zyklus drängt nach, und die beiden Zyklen »überlappen« sich. Für kurze Zeit können dann etwa Fleckenpaare mit führendem magnetischem Südpol wie auch solche, bei denen der Nordpol vorangeht, auf einer Hemisphäre zu sehen sein. Nachdem der letzte

Fleck des alten Zyklus verschwunden ist, herrscht wieder Ordnung auf der Sonne. – Das glaubte man bis vor wenigen Jahren. Eigentlich wurde das schöne Bild schon im Jahre 1953 erschüttert.

Die Eintagsfliegen unter den Sonnenflecken

Am 13. August 1953 beobachtete der Astronom Clifford Bennett die Sonne am McMath-Hulbert-Observatorium der Universität von Michigan. Das letzte Fleckenminimum lag nun schon acht Jahre zurück. In drei Jahren sollte das nächste folgen. Die beiden Fleckengürtel lagen etwa bei 15 Grad nördlicher und südlicher Breite. In wenigen Jahren würden in größeren Breiten die ersten Flecken des neuen Zyklus erscheinen. Um 12h45m Weltzeit entdeckte Bennett auf der Nordhalbkugel einen winzigen Fleck an einer Stelle, wo eigentlich keiner sein sollte. Wir hatten bereits gesehen, daß Flecken kaum in höheren Breiten als etwa 40 Grad erscheinen (vgl. Abb. 2.9). Der neu erschienene Fleck lag aber bei 52 Grad nördlicher Breite! Sogleich untersuchte man ihn mit dem Spektroheliographen im Lichte der Linien des Kalziums und des Wasserstoffs. Am Ort des Flecks waren die Linien hell.

Auf dem Mt.-Wilson-Observatorium in Kalifornien wird die Sonne regelmäßig auf Magnetfelder hin überwacht. Am 13. August fand man um 17h30m am Ort des in Michigan entdeckten Flecks eine räumlich begrenzte Stelle mit einem Magnetfeld nördlicher Polarität. Von den Kollegen in Michigan aufmerksam gemacht, untersuchten die kalifornischen Sonnenphysiker die ungewöhnliche Stelle noch einmal im Detail und erkannten, daß es sich um ein Fleckenpaar handelte. Der zuerst gefundene Magnetfleck war der vorangehende. Ein zweiter, viel schwächerer mit magnetischer Südpolarität folgte – und das mitten in einem Zyklus, bei dem die Nordhalbkugel der Sonne führende magnetische Südpole und nachfolgende Nordpole zeigte! Der in hohen Breiten aufgetauchte Fleck widersprach der Polaritätsregel. Es schien als ob der erst in Jahren zu erwartende neue Zyklus bereits einen Vorboten gesandt hatte, der nicht nur an einer falschen Stelle erschienen war, sondern auch noch zur unrechten Zeit. In der Abbildung 2.9 ist der ungewöhnliche Fleck in das Schmetterlingsdiagramm gesondert eingezeichnet.

Aber während die magnetischen Eigenschaften des merkwürdigen Fleckenpaares in Kalifornien untersucht wurden, war im sichtbaren Licht längst nichts mehr von ihm zu sehen. Bereits um 14 Uhr Weltzeit, also kaum mehr als eine Stunde nach seiner Entdeckung, hatten die Astronomen in Michigan den Fleck aus den Augen verloren. Die Magnetfelder allerdings hielten sich noch länger. Erst gegen 23 Uhr Weltzeit lösten sie sich auf.

Als die Sonnenforscherin Helen W. Dodson vom gleichen Observatorium in einer kurzen Notiz über den merkwürdigen Fleck berichtete, schrieb sie von der »ephemeren Natur« der Erscheinung. Damit war ein neuer Begriff der modernen Sonnenphysik geboren. »Ephemer« heißt »eintägig, rasch vergänglich«. »Ephemeriden« heißen die Tabellen, in denen der Astronom die täglichen Stellungen der Himmelskörper auflistet. Das ist aber auch der wissenschaftliche Name für die Eintagsfliege. Heute spricht man von *ephemeren Regionen,* wenn man die Eintagsfliegen unter den Sonnenflecken meint. Es ist kein Wunder, daß man so lange nichts von ihrer Existenz wußte, denn meist sind sie unsichtbar. Nur im Magnetogramm der Sonne kann man sie erkennen. Der Fleck vom 13. August 1953 war gar nicht typisch für die ephemeren aktiven Regionen, aber er hat ihnen den Namen gegeben.

Einmal darauf aufmerksam geworden, suchte man die Sonne sorgfältiger nach kurzlebigen magnetischen Eintagsfliegen ab. Das Ergebnis war überraschend. Täglich entstehen und vergehen vielleicht hundert solcher im normalen Licht unsichtbaren Doppelflecken, die sich nur in den Magnetogrammen oder in den Bildern der Spektroheliographen zu erkennen geben. Sie erscheinen plötzlich, sind nach einem Tag meist voll entwickelt und nach einem weiteren Tag wieder verschwunden. Wie die Sonnenflecken sind sie während eines Sonnenfleckenmaximums besonders häufig. Sie verteilen sich aber über die ganze Sonnenoberfläche und erscheinen auch in hohen Breiten, die von Sonnenflekken gemieden werden.

Um das zu veranschaulichen, stellen wir uns das Gradnetz der Sonne samt Äquator und Polen auf die Erdkugel übertragen vor: Sonnenflekken treten in zwei Gürteln auf, die sich zu beiden Seiten des Äquators bis zu Breiten von etwa 32 Grad hinziehen. Auf der Erde entspricht das Gürteln, die vom Äquator nach Norden bis Algerien, im Süden bis Südafrika reichen. Der kurzlebige Fleck vom 13. August aber war in der Breite von Berlin erschienen. Ephemere aktive Regionen können hoch in den Breiten von Norwegen sowie in den äußeren Bereichen des antarktischen Kontinents auftauchen.

Das ist in Abbildung 6.5 schematisch wiedergegeben. Die ephemeren aktiven Gebiete verlängern die »Flügel« im Schmetterlingsdiagramm so, daß sie sich überlappen. Während eines Fleckenmaximums liegen die

Flecken in äquatornahen Zonen, in unserem Bild vielleicht im Bereich des Kongo und in Angola, während gleichzeitig in den Breiten von Mitteleuropa und der Falklandinseln ephemere aktive Gebiete liegen. Im Laufe der Jahre wandern nicht nur die Zonen der Sonnenflecken in Richtung Äquator, sondern auch die beiden Gürtel der ephemeren Gebiete. Wenn diese bis zu Breiten von etwa 30 Grad gelangt sind, dann erscheinen dort Sonnenflecken. Viele Sonnenphysiker glauben, daß es dabei einen kontinuierlichen Übergang von den Gürteln ephemerer Regionen zu denen der Sonnenflecken gibt. Nicht daß in niedrigen Breiten keine ephemeren Gebiete mehr entstehen und vergehen, nein, sie sind auch dort zwischen den Flecken und Fleckengruppen erkennbar. Die ephemeren Gebiete scheinen in hohen Breiten als Vorboten

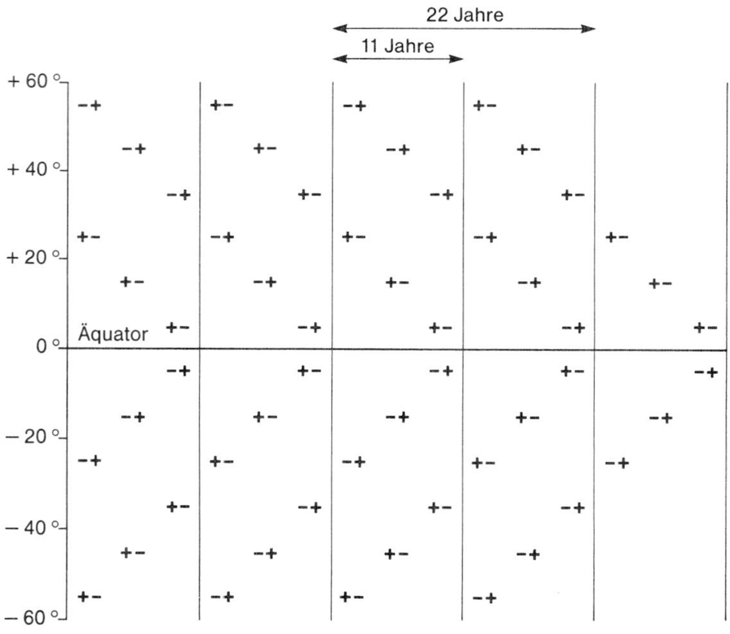

Abb. 6.5: Das Schema der sich überlagernden magnetischen Zyklen der Sonne. Kannte man bis vor kurzem nur die magnetischen Erscheinungen der Sonnenflecken, die sich innerhalb eines Streifens von 30 Grad nördlicher und südlicher Breite abspielen (vgl. Abb. 6.2), so muß man seit der Entdeckung der ephemeren Regionen den Zyklus auch noch auf Zonen bis zu 60 Grad nördlicher und südlicher Breite ausdehnen. Dabei sieht man, daß, während die Flecken eines Zyklus in äquatornäheren Breiten erscheinen, die ephemeren Regionen in höheren Breiten schon den nächsten Zyklus ankündigen.

den neuen Zyklus anzukündigen, während in Äquatornähe noch der alte Zyklus in vollem Gange ist. Das bestätigt auch ihre magnetische Polarität. Die ephemeren Gebiete in hohen Breiten zeigen bereits die magnetische Polarität des nächsten Zyklus.

Das Studium der ephemeren aktiven Gebiete, dieser magnetischen Eintagsfliegen, gestaltet sich schwierig, weil auf der Sonnenoberfläche durch die Granulationsbewegung immer wieder zufällig Gebiete verschiedener magnetischer Polarität einander genähert werden. Das sind keine Regionen, die plötzlich gemeinsam erscheinen und für kurze Zeit eine Art Fleckenpaar im Kleinformat darstellen. Echte ephemere Regionen bilden ein sich zumindest für kurze Zeit treu bleibendes Paar verschiedener magnetischer Polarität. Andere sind zufällig zueinandergeführt worden und liegen nun ohne innere Bindung beieinander. Echte und falsche Paare sind nur schwer voneinander zu unterscheiden. Ephemere Regionen folgen nicht genau dem Gesetz der Polarität von vorangehendem und nachfolgendem Fleck, an das sich echte Fleckenpaare streng halten. Nur statistisch scheinen die in hohen Breiten beobachteten bevorzugt die Polarität des neuen Zyklus anzukündigen, lange bevor der erste richtige Sonnenfleck nach dem Minimum auftaucht.

Die ephemeren magnetischen Gebiete legen nahe, daß das magnetische Schauspiel der Sonne nicht aus zwei elfjährigen Zyklen verschiedener Polarität besteht, sondern aus zwei zweiundzwanzigjährigen Zyklen entgegengesetzter magnetischer Erscheinungen besteht, die in elfjährigem Abstand aufeinanderfolgen und sich daher überlappen. Zu jedem Zeitpunkt beobachtet man gleichzeitig auf der Sonne zwei solcher Zyklen. Zeigt der ältere bereits Sonnenflecken, so ist der jüngere für ephemere Gebiete in hohen Breiten verantwortlich.

Die Protuberanzen der Sonne

In Kapitel 4 war bereits von den roten Flammenzungen, den Protuberanzen, die Rede, die bei einer totalen Sonnenfinsternis in den verdunkelten Himmel ragen, Gasmassen, die über der Sonnenoberfläche frei zu schweben scheinen (vgl. Abb. 4.5). Wir wissen bereits, daß sie auch vor der hellen Sonnenscheibe zu erkennen sind. Die Abbildung 5.4 zeigt mehrere dunkle, wurmartige Gebilde, die sich über die Sonnenoberfläche ziehen. Wir haben sie bereits als Wasserstoffwolken gedeutet, die von der von unten kommenden Sonnenstrahlung gerade das H-Alpha-Licht herausfiltern. Wenn man sie so, gewissermaßen »von oben«, sieht, merkt man, daß sie eigentlich flache, aufrecht stehende »Blätter« kühleren Gases sind. Man nennt sie *Filamente.* Sieht man sie am Sonnenrand von der Seite, erkennt man, daß sie bis in 50000 km Höhe über die Sonnenoberfläche ragen. Während ihre Umgebung, die Sonnenkorona, Temperaturen von etwa zwei Millionen Grad besitzt, sind sie mit Temperaturen von einigen tausend Grad wesentlich kühler. Dafür sind sie 200 bis 300fach so dicht wie das dünne Koronagas. In einem Filament steckt etwa die Masse eines kleineren irdischen Berges. Sie sind langlebige Gebilde. Oft halten sie sich über mehrere Sonnenrotationen, verschwinden hinter dem Ostrand und gehen nach etwa zwei Wochen am Westrand wieder auf. Irgendwie haben sie etwas mit dem Magnetismus der Sonne zu tun. So verteilen sie sich nicht willkürlich über die Sonnenscheibe, sondern treten immer gerade dort auf, wo Magnetfelder verschiedener Polarität aneinandergrenzen. Warum stürzen sie nicht auf die Sonnenoberfläche herab? Wir werden in Kapitel 8 sehen, daß sie von Magnetfeldern in der Schwebe gehalten werden.

Manchmal verschwinden sie einfach, manchmal »explodieren« sie und fliegen mit großer Geschwindigkeit nach oben. Oft werden sie von unsichtbaren Kräften so schnell emporgeschleudert, daß ihre Materie die Sonne verläßt, ja noch weit über die Erdbahn hinausfliegt.

Woher kommt ihre Materie? Es scheint als ob sie aus der Nachbarschaft heraus kondensiert, also aus der schon von totalen Sonnenfinsternissen her bekannten Korona der Sonne.

Wenn Koronagas in Filamenten kondensiert, von denen viele in den Raum fliegen, so müßte sich die Korona eigentlich erschöpfen, wenn sie nicht ständig wieder Materie nachgeliefert bekäme. Wodurch wird die Korona der Sonne immer wieder aufgefüllt?

Spikulen

Betrachtet man den Sonnenrand im Lichte der roten Wasserstofflinie, so erscheint er keineswegs glatt. Kleine leuchtende Spitzen ragen in den dunklen Nachthimmel, wie Gras auf einer Wiese (vgl. Abb. 6.6). Der italienische Sonnenphysiker Angelo Secchi gab ihnen den Namen *Spikulen.* Die einzelnen »Halme« schießen mit Geschwindigkeiten von etwa 20 km/s bis in Höhen von 15000 km. Ihre Dicke beträgt etwa 2000 km. Nach etwa zehn Minuten verschwinden sie wieder, um neuen »Grashalmen« Platz zu machen. Während die alten Spikulen verblassen, entstehen ständig neue. Man beobachtet in ihnen nur nach oben schießende Materie. Nichts davon scheint wieder auf die Sonne zurückzufallen. Wird in den Spikulen ständig Materie von der Sonnenoberfläche in die Korona geschossen?

Man kann Spikulen nicht nur am Sonnenrand beobachten, mit Filtern sieht man sie auch auf der Sonnenscheibe, und man erkennt, daß das Gras nicht gleichmäßig wächst, sondern in »Hecken«, die sich über die Sonnenoberfläche ziehen (vgl. Abb. 6.7).

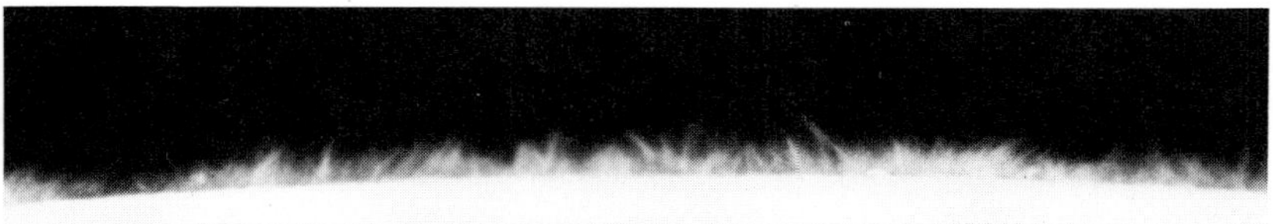

Abb. 6.6: Spikulen im Licht der roten Wasserstofflinie am Sonnenrand aufgenommen (Aufnahme: R. B. Dunn, Sakramento Peak Obs.).

Abb. 6.7: Im Licht der roten Wasserstofflinie gewonnene Bilder von Spikulen vor der Sonnenscheibe erwecken den Eindruck, als würden sie sich zu Hecken anordnen (Aufnahme: R. B. Dunn, Sakramento Peak Obs.).

Das leuchtende Kalzium auf der Sonne

Der Anblick der Sonne im Lichte der roten Wasserstofflinie ist anders als im weißen Licht. Wir sehen mit ihr in eine Schicht, die etwa 1000 km über der Sonnenoberfläche liegt. Noch einmal anders wird das Bild, wenn wir die Sonne im Lichte der violetten Kalziumlinie betrachten, der Fraunhofer den Buchstaben K zugeordnet hatte. Mit ihr blicken wir auf noch höhere Schichten.

Im Licht der Kalziumlinie treten die Sonnenflecken hell hervor. Ganz allgemein erscheinen in den Kalziumbildern die Bereiche hell (vgl. Abb. 6.8), in denen man in den Magnetogrammen Magnetfelder findet. Deshalb sind auf Kalziumbildern die Bereiche um Sonnenflecken hell. Aber man sieht noch mehr. Über die ganze Sonne, auch dort, wo keine Flecken sind, zieht sich im Licht des Kalziums ein Netz von hellen Linien. Dieses *Kalziumnetzwerk* kennen wir schon von der Abbildung 6.4. Die hellen Linien fallen mit den Hecken der Spikulen zusammen. Außerdem zeigen verfeinerte Magnetfeldmessungen, daß dort auch schwache Magnetfelder aus der Sonne herausragen.

Warum leuchten diese Bereiche im Kalziumlicht? Es gibt eine einfache Erklärung dafür. Die K-Linie des Kalziums ist ein empfindliches Thermometer, das uns die Temperatur in Schichten, an die 1000 km hoch, über der Sonnenoberfläche anzeigt. Die im Kalzium-Licht leuchtenden Stellen sind etwas heißer.

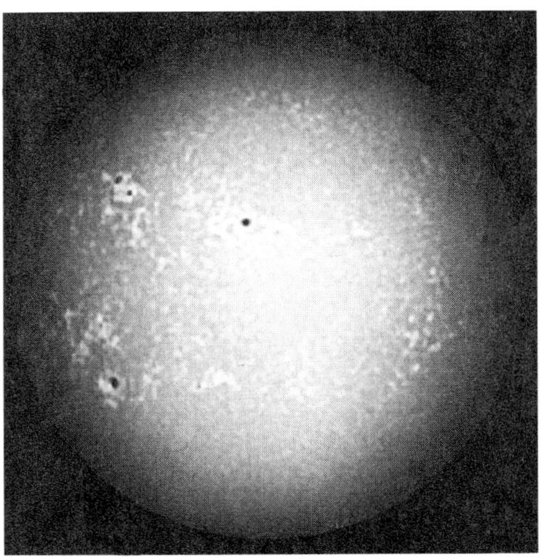

Abb. 6.8: Die Sonnenscheibe im Licht der Kalziumlinie. Dort, wo Magnetfelder sind, zeigt die Sonne helle Flecken.

Warum ist es dort, wo der Magnetismus stärker ist, heißer als anderswo? Und warum wachsen gerade dort die Grashalme der Spikulenwiese? Was ist für die einzelnen Zellen des Kalziumnetzwerkes verantwortlich? Die Antwort kam im Jahre 1959.

Granulen und Supergranulen

Der amerikanische Physiker Robert Leighton, ein Meister der raffinierten Beobachtungstechnik, der am California Institute of Technology in Pasadena lehrt, nahm mit seinen beiden Mitarbeitern Robert Noyes und George Simon mit dem Spektroheliographen die Sonne im Lichte mehrerer Spektrallinien auf. Dabei machten die kalifornischen Sonnenphysiker gleichzeitig jeweils zwei Bilder der Sonne, wobei sie zwei Spalte benutzten, die sie in die beiden Flanken der Linie setzten.

Bei Stellen der Sonne, die sich auf uns zu bewegen, bekommt wegen des Doppler-Effekts der rote Spalt mehr Licht, bei Stellen, die sich von uns weg bewegen, der blaue (vgl. Abb. 6.9). Das von der roten Flanke der Linie gewonnene Bild zeigt also die sich auf uns zu bewegenden Stellen der Sonne heller, das von der violetten Flanke die sich von uns weg bewegenden. Wenn man vom zweiten ein transparentes Negativ macht und dieses auf ein transparentes Positiv des ersten legt, erhält man ein Bild, das hell ist, wo die Materie auf uns zu strömt und dunkel, wo sie sich von uns entfernt. Natürlich ist hier nur die Materie der Schicht gemeint, aus der das Licht der Spektrallinie stammt.

Leightons Bilder zeigten eine deutliche Zellstruktur. Wir sahen bereits eine auf diese Weise gemachte Aufnahme in der Abbildung 6.10. Man erkennt die Zellen besonders deutlich in den Zonen, die nicht zu nahe am Rand und nicht zu nahe bei der Mitte sind. Da treten im Bild die Zellen deutlich hervor. Die dem Zentrum der Sonnenscheibe hingewandte Seite jeder Zelle erscheint hell, die dem Sonnenrand nähere dagegen dunkel. Das erwartet man, wenn aus der Mitte jeder Zelle Gas zum Rand strömt.

Die von Leightons Team entdeckten Zellen haben nichts mit der Granulation zu tun. Die Granulen sind im weißen Licht zu sehen. Schon der Amateurastronom erkennt sie in seinem Fernrohr. Der Anblick der von der Granulation gekörnt erscheinenden Sonnenoberfläche wird durch starke Temperaturunterschiede in den tieferen Schichten der Sonnenatmosphäre hervorgerufen. Die neu entdeckte *Supergranulation* ist im weißen Licht nicht zu sehen. In den Schichten,

Abb. 6.9: Oben: Das Profil einer Fraunhofer-Linie ist symmetrisch. Wenn man also aus dem linken, dem violetten Ende der Spektrums näheren Teil, Licht bei der Wellenlänge v mit einem Lyot-Filter herausfiltert und Licht bei der etwas längeren Wellenlänge r, erhält man zwei gleich helle Bilder. Mitte: Entfernt sich aber die Materie von uns, dann ist die Linie wegen des Doppler-Effektes nach rechts verschoben (gestrichelte Kurve). Das Licht bei v ist deutlich stärker als das bei r. Unten: Wenn die beobachtete Materie sich auf uns zubewegt, ist das Bild in der Wellenlänge v schwächer.

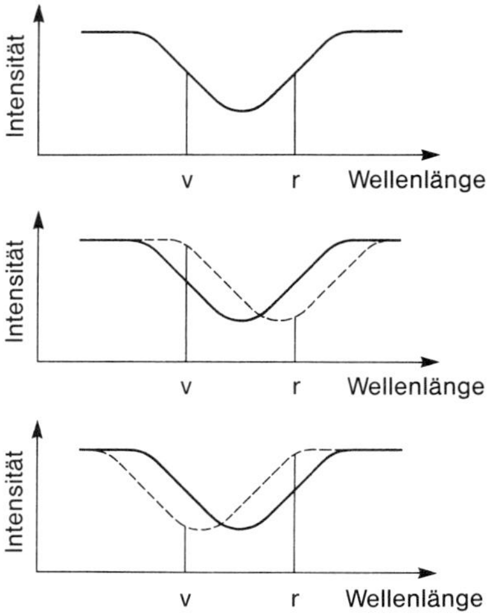

Durch geeignete Kombination der Bilder und ihrer Negative kann man ein Sonnenbild erzeugen, in dem Materie, die sich auf uns zubewegt, hell erscheint, Materie, die sich von uns entfernt, dagegen dunkel. Solch eine Aufnahme ist in Abb. 6.10 wiedergegeben.

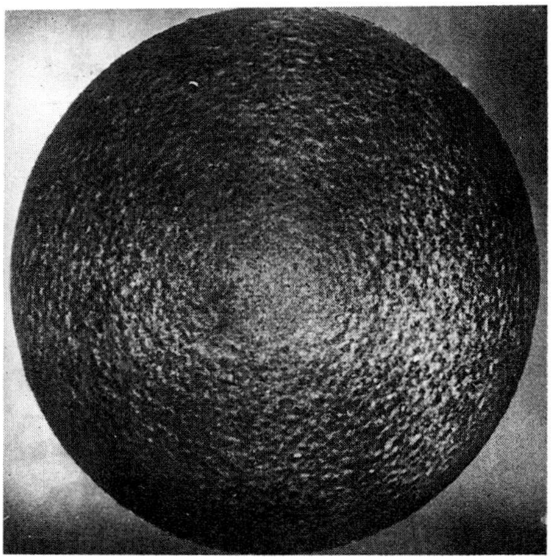

Abb. 6.10: Ein »Doppler-Bild« der Sonne, angefertigt nach dem in Abb. 6.9 erläuterten Prinzip. Es zeigt die sich auf uns zubewegenden Teile der Sonnenoberfläche hell, die sich von uns entfernenden sind dunkel. Die im Bild erkennbare Struktur ist die der Supergranulation. Außerhalb der Mitte der Scheibe bestehen die Zellen, die man schräg von der Seite beobachtet, aus einem hellen und einem dunklen Teil. Der helle ist dem Zentrum der Sonnenscheibe näher, die Materie dort bewegt sich auf uns zu. Der dem Sonnenrand zugewandte Teil erscheint dunkel, die Materie dort entfernt sich von uns. Die Ursache ist die in den Zellen der Supergranulation in der Mitte aufsteigende Materie (California Institute of Technology).

in denen man sie beobachtet, herrscht nahezu einheitliche Temperatur. Die seit langem bekannten Granulen sind klein, meist nur 1000 km im Durchmesser. Die Supergranulen sind etwa dreißigmal so groß. Während die kleinen Granulen sich innerhalb von Minuten bilden und wieder auflösen, leben die Supergranulen im Mittel einen Tag, ehe sie neuen Supergranulen Platz machen. Man beobachtet in den Zellen der Granulation auf- und absteigende Gasballen mit Geschwindigkeiten von einigen km/s. Die Bewegung in den Supergranulen mit ihren Geschwindigkeiten von nur etwa 500 m/s ist, wie wir schon wissen, hauptsächlich horizontal. Deshalb kann man die Supergranulation selbst im einfarbigen Licht einer Spektrallinie nicht in der Mitte der Sonnenscheibe (vgl. Abb. 6.10) erkennen, denn die Strömungen auf der Sonne machen sich nur gegen den Rand hin durch den Doppler-Effekt bemerkbar. Nur dort bewegt sich das auf der Sonnenoberfläche horizontal strömende Gas auf uns zu oder von uns weg.

Es stellte sich heraus, daß das Muster, das die Zellen der Supergranulation bilden, mit dem Muster des Kalzium-Netzwerkes zusammenfällt. Damit wissen wir auch, daß das magnetische Netzwerk etwas damit zu tun hat.

Wir sahen, daß die Vorgänge auf der Sonne, seien es Protuberanzen, sei es das Kalziumnetzwerk und die damit zusammenhängende Supergranulation, stets mit dem Magnetfeld der Sonne verknüpft sind. Noch deutlicher wird das bei den Explosionen, die gelegentlich auf der Sonnenoberfläche beobachtet werden.

Explosionen auf der Sonne

Wir kennen Richard Carrington schon, er hat das Gesetz der Sonnenrotation und das Schmetterlingsdiagramm entdeckt. Am 1. September 1859 um 11h20m projizierte er das Sonnenbild auf einen Schirm, der in einigem Abstand hinter dem Okular angebracht war. Er hatte eben eine Fleckengruppe gezeichnet, als mitten im Bild zwei benachbarte Stellen hell aufleuchteten. Zusehends vergrößerten sich die hellen Flecken. Noch nie hatte der erfahrene Sonnenbeobachter so etwas gesehen, deshalb wollte er schnell einen Zeugen holen. Als er nach einer Minute zurückkehrte, war nichts mehr zu erkennen. Das Ereignis hatte nicht länger als fünf Minuten gedauert.

In der darauffolgenden Nacht konnte man in den Beobachtungsstationen, die das Magnetfeld der Erde überwachen, starke magnetische

Störungen von bis dahin noch unbekannter Stärke messen, einen sogenannten *magnetischen Sturm*. Carrington vermutete, daß der Vorgang, den er auf der Sonne beobachtet hatte, dafür verantwortlich war. Aber er war vorsichtig. Man kann aus dem zeitlichen Zusammenfallen zweier Ereignisse nicht schließen, daß sie auch ursächlich zusammenhängen, schrieb er, und ergänzte »Eine Schwalbe macht noch keinen Sommer«.

Inzwischen sind die explosionsartigen Aufhellungen auf der Sonne, sogenannte »Flares«, oft beobachtet worden. Meist währten sie nicht länger als eine Stunde (vgl. Abb. 6.11). Carrington hatte recht gehabt, sie rufen magnetische Störungen auf der Erde hervor. Hand in Hand damit gehen auch Polarlichter.

Die Flares treten immer dort auf, wo man starke Magnetfelder beobachtet. Sie scheinen das Feld in ihrer Nachbarschaft durcheinander zu bringen. Oft löst ein Flare auch die »Explosion« eines sonst ruhigen Filaments aus, das wie durch Geisterhand in die Korona der Sonne und noch weiter hinaus in den Raum geschleudert wird.

Wir hatten bereits von der Korona gesprochen, die sichtbar wird, wenn bei einer totalen Sonnenfinsternis der Mond die Sonnenscheibe

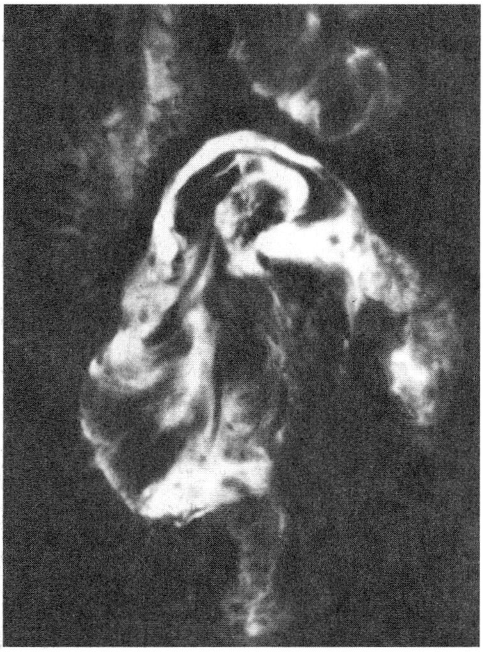

Abb. 6.11: Eine am 3. Juli 1974 aufgenommene Flare-Erscheinung im Lichte der roten Wasserstofflinie (Aufnahme: A. Bruzek, Kiepenheuer-Institut für Sonnenphysik, Freiburg).

abdeckt und die unmittelbare Umgebung der Sonne am Himmel nicht mehr überstrahlt wird.

Seit man weiß, daß es das Element Coronium (vgl. S. 90) nicht gibt, sondern daß Eisenatome, die die Hälfte ihrer Elektronen verloren haben, für die grüne Koronalinie verantwortlich sind, weiß man auch, daß die Sonnenkorona heiß ist. Denn nur dann bewegen sich die Atome so rasch, daß sie bei gelegentlichen Begegnungen einander Elektronen abschlagen. Aber selbst wenn man auf der Erde solche verstümmelten Eisenatome in großer Zahl herstellen könnte, man sähe die grüne Koronalinie immer noch nicht, denn sie erscheint nur, wenn der Eisendampf so verdünnt ist wie in der Korona der Sonne. Dort aber sind die Dichten der Materie niedriger als im besten auf der Erde herstellbaren Vakuum.

Tatsächlich ist die dünne Materie in der Korona der Sonne extrem heiß. Man schätzt die Temperaturen auf zwei Millionen Grad. Solche Temperaturen erreicht die Sonne sonst nur in ihrem tiefen Inneren. Gegenüber der Temperatur der Korona ist die darunterliegende Sonnenoberfläche mit ihren 5500 °C eiskalt. Bei einer Temperatur von Millionen Grad sendet die Materie Strahlung im Bereich der Röntgenstrahlung aus. Das Röntgenlicht der Sonne half uns, mehr über die Korona zu erfahren.

Weder unsere Wärmelehre noch die Mechanik scheinen auf der Sonne zu gelten. Dunkle Magnetflecken und darüber blätterförmige, anscheinend frei schwebende Verdichtungen beherrschen während des Fleckenmaximums die Oberfläche. Darüber dehnt sich die Korona aus, viel heißer als der Boden unter ihr. Helle Lichter blitzen unvorhergesehen auf, und unsichtbare Kräfte schleudern Protuberanzen so rasch nach oben, daß sie nicht mehr zurückfallen. Warum verhält sich die Sonnenmaterie so merkwürdig? Der Grund dafür ist, daß sie in einem besonderen Zustand ist. Die Sonnenmaterie ist ein *Plasma*.

7. Das Sonnenplasma

Noch von der Schulbank her sind wir es gewohnt, alle Stoffe in drei Aggregatzustände – fest, flüssig und gasförmig – einzuteilen. In den letzten Jahren rückt jedoch der vierte Aggregatzustand, den man auf Grund seines eigenartigen Verhaltens als Plasma bezeichnet, immer mehr in den Mittelpunkt des Interesses.

D. A. Frank-Kamenezki

Wir sind gewohnt, daß Materie der Schwerkraft folgt, sei sie fest, flüssig oder gasförmig. Sie fällt auf der Erde nach unten, wenn sie nicht gehalten wird. Ihre Bewegung wird durch die Mechanik bestimmt. Uns erscheint das normal. Aber nur eine winzige Spur der Materie des Weltalls ist in diesem einfachen Zustand. Der weitaus größte Teil ist in Sternen vereinigt, dort ist sie nicht »normal«, sie ist heiß und besitzt ungewöhnliche Eigenschaften. Zwar wird sie noch immer von der Schwerkraft angezogen, doch andere Kräfte sind meist stärker.

Während normalerweise in der Luft kein elektrischer Strom fließen kann, ist das Gas einer Kerzenflamme elektrisch leitend. Auch das Gas in den Sternen leitet elektrische Ströme. Denn bei den hohen Temperaturen, die dort herrschen, sind die Atome leicht »beschädigt«. Von den um den Atomkern kreisenden Elektronen sind einige abgeschlagen und bewegen sich frei zwischen den nunmehr positiv geladenen Atomresten, den sogenannten *Ionen.* Deshalb nennt man das Gas auch *ionisiert.* Von den Ionen des Eisens war in Zusammenhang mit der extrem heißen Sonnenkorona bereits die Rede. Ganz ähnliche Verhältnisse haben wir in Metallen. Zwar sind die Ionen in einem Metall meist nicht gegeneinander frei beweglich, doch können die Elektronen frei zwischen ihnen umherströmen. Deshalb sind Metalle gute Elektrizitätsleiter. Aus dem gleichen Grund ist das Gas in einer Flamme und ebenso das Gas in den Sternen elektrisch leitend, denn beide sind ionisiert.

Es ist aber nicht nur die hohe Temperatur eines Gases, die es elektrisch leitend macht. Auch bei niedrigeren Temperaturen können die Gase des Weltalls elektrisch leitend sein. So genügt das schwache Sternlicht im nahezu leeren Raum zwischen den Sternen, um den Atomen der meisten schwereren chemischen Elemente wenigstens ein Elektron abzuschlagen. Diese Elektronen reichen aus, damit das Gas zwischen den Sternen, das sogenannte *interstellare Gas*, elektrisch leitend wird. Das Gas der Sonne ist in diesem Zustand. Die elektrische Leitfähigkeit des Sonnengases ist etwa so groß wie die des Kupfers auf der Erde.

Das Kupfer in einem Leitungsdraht ist ein fester Körper, wenn er auch von frei beweglichen Elektronen durchflossen wird. Die Ionen halten das Metall starr zusammen, man muß Kraft aufwenden, um es zu biegen. Das ionisierte Gas im Inneren der Sterne kann fließen. Das interstellare Gas strömt frei durch die Weiten des Raumes zwischen den Sternen. Diesem Zustand der kosmischen Gase kommt wohl auf der Erde noch am ehesten der des Quecksilbers nahe. Als Metall ist es elektrisch leitend, besitzt also frei bewegliche Elektronen. Aber auch seine Ionen sind frei gegeneinander beweglich, denn Quecksilber ist bei Zimmertemperatur flüssig. Materie mit frei beweglichen Elektronen und frei beweglichen Ionen nennt man ein Plasma, seit der amerikanische Physiker Irving Langmuir (1881–1957) im Jahre 1928 diesen Namen prägte. Das flüssige Quecksilber ist ein Plasma, aber auch das Gas in einer Flamme, das Gas in der Sonne und das Gas zwischen den Sternen.

Der sowjetische Physiker Frank-Kamenezki schrieb 1963: »Vom Plasma sprechen die Physiker erst seit kurzer Zeit, doch gesehen hat es schon jeder. In dem imposanten Schauspiel, das Blitz und Nordlicht bieten, ist das Plasma der Hauptakteur. Wer einmal das ›Vergnügen‹ hatte, einen Kurzschluß in der elektrischen Leitung zu verursachen, hat ebenfalls mit dem Plasma Bekanntschaft gemacht. Der Funke, der von einem Leiter zum anderen überspringt, besteht aus dem Plasma einer elektrischen Entladung in der Luft. Wenn wir abends durch die Straßen einer Großstadt spazieren und die Lichtreklamen sehen, denken wir nicht daran, daß in den Röhren das Plasma der Edelgase Neon oder Argon leuchtet. Jeder auf eine ausreichend hohe Temperatur erhitzte Stoff geht in den Plasmazustand über... Eine gewöhnliche Flamme besitzt eine gewisse elektrische Leitfähigkeit; sie ist – wenn auch in geringem Maße – ionisiert, sie ist ein Plasma.«

Nahezu alle Materie im Weltall ist ionisiert. Elektrische und vor allem magnetische Kräfte bestimmen bisweilen die Bewegung eines Plasmas stärker als die Schwerkraft. Die frei gegeneinander beweglichen Elektronen und Ionen verleihen dem Plasma, gegenüber der Materie in der uns gewohnten Art, viele neue Eigenschaften.

Um das Verhalten der Materie im Plasmazustand zu verstehen, müssen wir uns erst einige Fakten aus der Lehre des Magnetismus ins Gedächtnis zurückrufen.

Magnetfelder

Wir wissen, daß Magneten Eisen- und Stahlstücke anziehen. Ein bekannter deutscher Experimentalphysiker pflegte in seiner Anfängervorlesung regelmäßig seinen Assistenten, der sich an einer Eisenplatte festhalten mußte, mit einem Magneten an einem Flaschenzug in die Luft zu ziehen. Seine Kollegen sagten ihm nach, er würde seine Assistenten hauptsächlich nach Körpergewicht auswählen, um auf dieses eindrucksvolle Experiment nicht verzichten zu müssen.

Magnetische Kräfte haben von jeher die Menschen beeindruckt, da sie anscheinend durch den leeren Raum wirken und etwa ein Stück Eisen bewegen können, ohne daß der Magnet damit in Berührung kommt. Wir wissen, daß die Kompaßnadel dem unsichtbaren Magnetfeld der Erde folgt. Man sagt, die Kraft wird im leeren Raum durch ein *magnetisches Feld* übertragen.

Um das besser zu verstehen, hat man ein Hilfsmittel ersonnen, von dem auch wir im folgenden ausgiebig Gebrauch machen wollen. Es ist der Begriff der *magnetischen Feldlinien.* Sie sind ein unentbehrliches Hilfsmittel für jeden, der die Kraftwirkung eines Magneten oder eines von einem Strom erzeugten Feldes studieren will. Sie werden uns durch mehrere Kapitel begleiten und uns helfen, magnetische Erscheinungen auf der Sonne zu verstehen. Neben ihren Vorteilen haben sie nur einen Nachteil: Es gibt sie gar nicht. Sie sind nur gedachte Linien, die aber bereits durch einen einfachen Schulversuch nahegelegt werden.

Erinnern wir uns, was der Physiklehrer uns einst vorführte. Er legte über einen Magneten ein Blatt Papier. Auf die horizontale Papierfläche streute er Eisenpulver. Beim Auftreffen, und vor allem wenn man dann das Blatt leicht schüttelte, richteten sich die Teilchen des Eisenpulvers aus, und eine regelmäßige Struktur kam zum Vorschein, so als ordneten sich die Eisenteilchen längs gebogener Linien an, die aus der Gegend des einen Pols austreten, um in mehr oder weniger weitem Bogen am anderen Pol wieder in den Magneten einzudringen. Diese gedachten und von den Eisenteilchen angedeuteten Linien nennt man magnetische Feldlinien. In der Abbildung 7.1 ist ihr Verlauf in der Nachbarschaft eines Hufeisenmagneten sichtbar gemacht.

Abb. 7.1: Die auf eine Glasplatte gestreuten Eisenfeilspäne lassen die magnetischen Feldlinien eines unter der Platte liegenden Hufeisenmagneten erkennen.

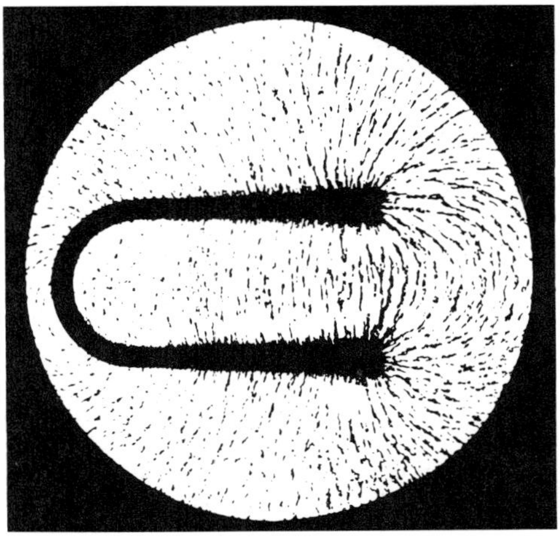

Ich sagte schon, die magnetischen Feldlinien gibt es gar nicht, nun will ich das erläutern. In der Nachbarschaft eines Magneten ist der Raum – sei er nun mit Luft erfüllt, sei er völlig leer – in einem besonderen Zustand. Auf andere Magneten, wie etwa auf die Nadel eines Kompasses, werden dort Kräfte ausgeübt. Auch Teilchen gestreuten Eisenpulvers fallen nicht dorthin, wohin sie die Schwerkraft zieht. Sie werden von einer unsichtbaren Kraft abgelenkt. Den Zustand des Raumes um den Magneten – man spricht von einem magnetischen Feld – kann der Physiker nur mit komplizierten mathematischen Formeln beschreiben. Mit ihnen berechnet er die Kräfte, die Eisenteilchen in ihrem Fall ablenken. Die Formeln geben auch die Richtung, in die sich die vom Magneten abgelenkte Kompaßnadel stellt. Das alles kann der Physiker mit Formalismen beschreiben, die er als Student in den Vorlesungen über Elektrodynamik und Potentialtheorie gelernt hat. Dem Laien sind die Formeln der Physik im allgemeinen unzugänglich. Gerade ihm kommen die magnetischen Feldlinien zu Hilfe.

Die komplizierten und oft nur schwer vorhersagbaren Wirkungen von Magnetfeldern lassen sich, zumindest qualitativ, auf einige wenige Regeln zurückführen. Diese Regeln, auf die wir noch im einzelnen kommen werden, lauten so, als ob es im magnetischen Feld unsichtbare Linien gäbe, die Feldlinien, deren Verlauf man aus dem Bild der Eisenspäne erraten kann. Oft sind die magnetischen Kräfte gerade so, als wollten sich die (gedachten) Feldlinien zusammenziehen wie gespannte Gummifäden.

Wir wollen uns nun mit den Magnetfeldern befassen, wie sie in einem Plasma auftreten können und wie sie auf ein Plasma wirken. Dabei sollen uns, wie schon im Vorwort angekündigt, die Träume des Herrn Meyer helfen.

Herr Meyer in Plasmaland

Herr Meyer hatte einen anstrengenden Tag hinter sich, als er am Samstagabend nach München zurückkehrte. Seit dem Morgen war er im Max-Planck-Institut für Plasmaphysik im Garchinger Forschungsgelände von Gebäude zu Gebäude, von Experimentierhalle zu Experimentierhalle gewandert. Das Institut hatte seinen Tag der offenen Tür gehabt, und zusammen mit mehreren tausend Besuchern hatte Herr Meyer, der vorher mit dem Wort Plasma nur einen Begriff aus der Medizin verbunden hatte, erfahren, welch kompliziertes Ding ein physikalisches Plasma ist. Die Physiker des Instituts erzeugten es in trickreichen Versuchsanordnungen. Doch kaum entstanden, glitt es ihnen immer wieder aus den Fingern. Begriffe wie Ionen, Elektronen und Magnetfeldlinien gingen noch in seinem Kopf durcheinander, als er einzuschlafen versuchte.

Und dann war er plötzlich in Hamburg. Er schritt gerade aus dem Dammtorbahnhof, als er auf der anderen Seite Mr. Tompkins stehen sah. Freudig überquerte er die stark befahrene Straße und ging auf seinen Bekannten zu. Es war eine endlose Zeit vergangen, seit sich die beiden in einer anderen Stadt begegnet waren, und auch Mr. Tompkins strahlte vor Freude.

»Mr. Tompkins«, fragte Herr Meyer »was bringt Sie nach Deutschland?«

»Ich will mir hier in Hamburg den Zirkus ansehen«, und er deutete auf die Zelte und Buden, die auf der Moorweide aufgestellt waren, mitten in Hamburg.

»Überall in der Welt wird der Zirkus Plasmaland gerühmt, und so wollte ich selbst einmal dabeisein«, fügte er hinzu. »Sie kennen ja meinen Sinn für Merkwürdigkeiten.«

Herr Meyer wußte, daß es in der Gesellschaft von Mr. Tompkins immer interessant war. Sicher hatte es mit dem Zirkus eine besondere Bewandtnis. Deshalb sagte er: »Wenn es Ihnen nichts ausmacht, würde ich gerne mitkommen.«

So strebten die beiden kurze Zeit darauf der Zirkuskasse zu. »Sie sind natürlich mein Gast«, sagte Mr. Tompkins, und bald kam er mit zwei Eintrittskarten, zwei Pappbrillen und zwei Programmzetteln zurück.

»Die Brillen machen die Magnetfelder sichtbar«, erklärte er. Der Blick durch die Brille war enttäuschend. Herr Meyer sah durch die Plastikfolien, die anstelle von Gläsern eingesetzt waren, alle Gegenstände nicht anders als ohne Brille. Nichts erschien größer, nichts kleiner. Die Farben waren dieselben wie zuvor.

»Sehen Sie einmal«, damit holte Mr. Tompkins ein kleines Metallstück aus der Tasche, das die bekannte Hufeisenform eines Magneten besaß. Durch die Brille konnte Herr Meyer jetzt gebogene rote Linien erkennen, die vom einen Ende des Hufeisens in Bögen durch die Luft in das andere Ende gingen (vgl. Abb. 7.2).

»Interessant wird es erst werden«, fuhr Mr. Tompkins fort, während er im Programm blätterte, »wenn man später das Plasma einschaltet.«

Als Herr Meyer ihn fragend anblickte, fuhr er fort. »Das ist das Wesentliche am Zirkus Plasmaland«, erklärte er. »Hier stehen Apparate, die ihrem Erfinder leicht Millionen gebracht hätten, wäre er nicht auf den Gedanken gekommen, sein Patent in einem Zirkus Groß und Klein vorzuführen. Wird solch ein Apparat eingeschaltet, sendet er Wellen aus, die in der Nähe der Maschine Luft, Wasser und alle Gegenstände elektrisch leitend machen. Plötzlich wird alles zu Plasma. – Wir können uns übrigens gleich die erste Nummer ansehen.«

Mit diesen Worten führte er Herrn Meyer bereits in das nächste Zelt. Ehe wir den beiden weiter folgen, wollen wir uns mit der Frage befassen, wo in der Natur die Magnetfelder herkommen.

Abb. 7.2: Mr. Tompkins zeigt Herrn Meyer die von einem Hufeisenmagneten ausgehenden Feldlinien.

Elektrische Ströme erzeugen Magnetfelder

Denken wir uns einen Kupferdraht, der die beiden Pole einer elektrischen Batterie verbindet. Fließt ein elektrischer Strom, wird der Draht möglicherweise heiß, vielleicht glüht er sogar oder schmilzt. Elektrische Ströme und Magnetfelder sind aufs engste miteinander verkettet. Jeder elektrische Strom erzeugt im Raum um sich ein Magnetfeld. In der Abbildung 7.3a sind die Feldlinien des Stromes durch einen geraden, die Bildebene senkrecht durchstoßenden Draht durch Eisenfeilspäne angedeutet. Besonders stark wird das Magnetfeld, das ein Draht erzeugt, der zu einer Spule aufgewickelt ist. In den beiden Teilbildern b, c der Abbildung 7.3 sind die Magnetfelder einer Drahtschleife und das mehrerer zu einer Spule zusammengefaßter Windungen wieder durch ihre magnetischen Feldlinien dargestellt. In Abbildung 7.3d ist schließlich das Eisenfeilspänebild einer zum Ring geschlossenen Spule gezeigt.

Es scheint, als ob es zwei Arten von Magnetismus gibt, den zu einem Magneten und den zu einem Strom gehörenden. Der Unterschied ist aber nur scheinbar. Im Inneren eines Magneten fließen auch Ströme. Sie sind für das Magnetfeld etwa eines Hufeisenmagneten verantwort-

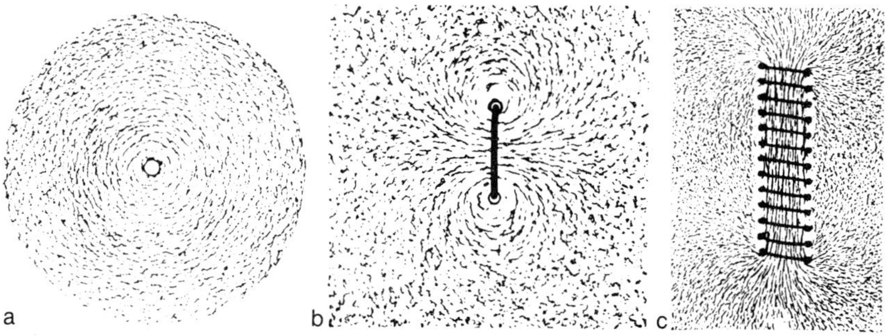

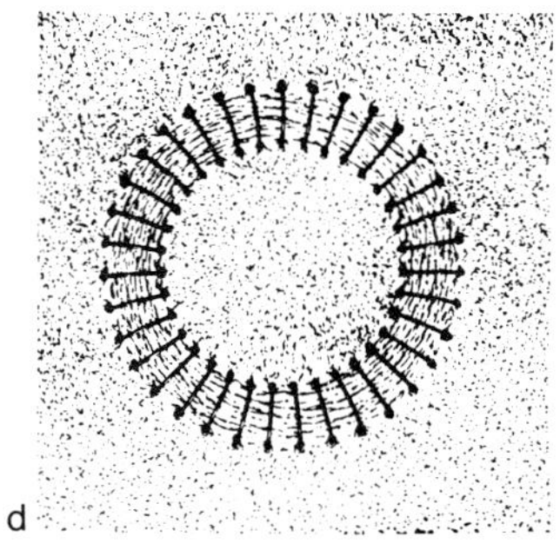

Abb. 7.3: Mit Eisenfeilspänen sichtbar gemachte Feldlinien, die von durch Ströme erzeugten Feldern herrühren. a: Ein senkrecht durch die Bildebene gehender Strom erzeugt kreisförmige Feldlinien. b: Das Feld einer stromdurchflossenen Drahtschleife, die senkrecht zur Bildebene steht. c: Das Feld eines zu einer Spule gewickelten Drahtes. d: Das Feld eines zu einer Ringspule gewickelten Drahtes.

lich. Alle Magnetfelder werden durch Ströme hervorgerufen. Auch das Magnetfeld, das unsere Kompaßnadeln ausrichtet, stammt von Strömen im Inneren der Erde.

Magnetfelder erzeugen elektrische Ströme

Elektrische Ströme erzeugen Magnetfelder. Aber Magnetfelder erzeugen auch elektrische Ströme. Wenn man einen elektrisch leitenden Draht in einem Magnetfeld geeignet bewegt, so fließt in ihm ein elektrischer Strom. Ein Beispiel dafür ist der Fahrraddynamo. Wenn der Dynamo durch das Rad getrieben wird, bewegt sich ein zu einer Spule aufgewickelter Draht relativ zum Feld eines Magneten, und es entsteht der Strom für die Fahrradlampe.

Wenn wir die beiden eingangs zusammengefaßten Regeln über die Wechselbeziehung von Strom und Feld betrachten, so wird deutlich, wie kompliziert die Verhältnisse in einem Plasma sind. Stellen wir uns vor, wir hätten ein Magnetfeld in einem Plasma, das wir bewegen wollen. Schließlich ist es ja eine Flüssigkeit oder ein Gas, und es sollte uns nicht schwerfallen, es strömen zu lassen. Aber beachten wir, daß das Plasma ein Leiter ist. Wir bewegen also einen Leiter relativ zum Magnetfeld. Das bedeutet, daß im Leiter, also im Plasma, ein Strom entsteht. Dieser erzeugt ein neues Magnetfeld, das zum vorhandenen hinzukommt. Wenn sich das Plasma bewegt, wird das Magnetfeld beeinflußt.

Auf den ersten Blick erscheint es hoffnungslos, voraussagen zu wollen, wie sich das Magnetfeld dabei verändert. Es gibt aber eine einfache Regel, die uns selbst bei den verwickeltsten Magnetfeldern und den kompliziertesten Strömungen die Veränderung des Magnetfeldes im Plasma voraussagen läßt. Dabei wird uns der Begriff der magnetischen Feldlinie helfen. Wir wollen das Problem vorerst vereinfachen und annehmen, daß das Plasma ein unendlich guter Leiter sei. Wir wissen, daß jeder Draht dem elektrischen Strom einen gewissen Widerstand entgegensetzt. Das rührt daher, daß die Elektronen, die sich im Metalldraht bewegen, doch nicht völlig frei beweglich sind. Wenn sie an den Ionen des Metalls vorbeigehen, stoßen sie gelegentlich an und bewegen sich nicht ungehindert. In schlechten Leitern ist die Reibung zwischen Elektronen und Ionen groß, in guten ist sie gering. Wir wollen also vorerst annehmen, unser Plasma sei ein sehr guter Leiter, von Reibung zwischen Ionen und Elektronen sei keine Spur. Dann wird alles einfach. Das sah Herr Meyer bei seinem Besuch im ersten Zelt.

Herr Meyer, der Clown und der Hund

Mr. Tompkins hatte noch zwei Sitzplätze in der vordersten Reihe erstanden. Herr Meyer konnte von seinem Platz aus direkt in die Manege blicken.

»Es sieht hier wie in einem richtigen Zirkus aus, mit Sägespänen in der Manege. Man kann die großen Magnetspulen nicht sehen, die im Boden und oben an der Decke versteckt sind«, erläuterte Mr. Tompkins. Bisher war Herrn Meyer auch wirklich noch nichts Besonderes aufgefallen, bis auf die große Deckenplatte, die den Blick nach oben versperrte und die genauso groß war wie die Bodenfläche.

»Zwischen diesen beiden Platten wird gleich ein Magnetfeld eingeschaltet werden. Genau drei Minuten später beginnen die Plasmageneratoren zu arbeiten. Wir sollten vielleicht jetzt unsere Brillen benutzen.«

Sie setzten die Pappbrillen auf die Nasen. Noch immer sah für Herrn Meyer die Welt nicht anders aus als zuvor ohne Brille. Da erbat er sich von Mr. Tompkins den Magneten und hielt beide Enden des Hufeisens an seine Handfläche. Die Linien drangen ungehindert durch seine Hand und kamen auf der anderen Seite wieder heraus.

Plötzlich verspürte Herr Meyer einen heftigen Ruck an dem Magneten, daß er ihm aus der Hand und zu Boden fiel.

»Jetzt ist das Magnetfeld da!« rief Mr. Tompkins aus. Herr Meyer blickte auf. In der Manege waren zwischen Boden- und Deckenplatte Linien zu sehen, die geradlinig von unten nach oben gingen, wie parallel gespannte Fäden. Nur am Rand der Manege waren die Linien gekrümmt und beulten sich zwischen den Platten seitlich nach außen in den Zuschauerraum. Sie erfaßten noch die ersten beiden Zuschauerreihen, und bei näherem Hinsehen erkannte Herr Meyer, daß auch um ihn herum Feldlinien zu sehen waren.

Das Magnetfeld mußte es gewesen sein, das ihm den Hufeisenmagneten aus der Hand gerissen hatte. Er bückte sich danach und hob ihn auf. Der Magnet zeigte noch seine aus dem einen Ende kommenden und in das andere wieder zurückgehenden Feldlinien, doch in einigem Abstand vom Hufeisen wurden sie durch das Feld in der Manege verbogen. Eben merkte Herr Meyer, daß auch die neuen Feldlinien seine Hand durchdrangen, als Beifall aufbrauste und ein Clown mit seinem Hund die Manege betrat. Noch immer gingen die Feldlinien geradlinig von oben nach unten. Clown und Hund bewegten sich ungehindert durch sie hindurch. Herrn Meyer verwunderte das nicht, er hatte ja bereits vorher an seiner Hand gesehen, daß sich menschliche Körper

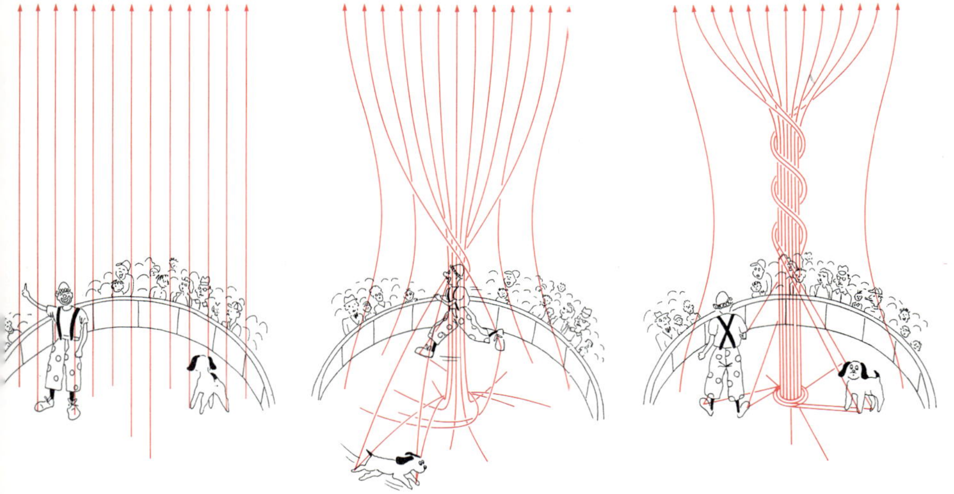

Abb. 7.4: Eingefrorene Feldlinien im Zirkus Plasmaland. Zu Beginn der Vorstellung gehen die Feldlinien senkrecht von oben nach unten in die Manege. Da Clown und Hund Plasma geworden sind, ziehen sie bei ihrem Lauf die magnetischen Feldlinien hinter sich her. Dabei wickeln sie die Linien sowohl oben in der Luft wie auch in Bodennähe auf. Nachdem die beiden Darsteller ihre Bewegungsrichtung umgekehrt haben, lösen sich die verdrillten Linien wieder auf. Am Schluß gehen sie wieder gerade von oben nach unten.

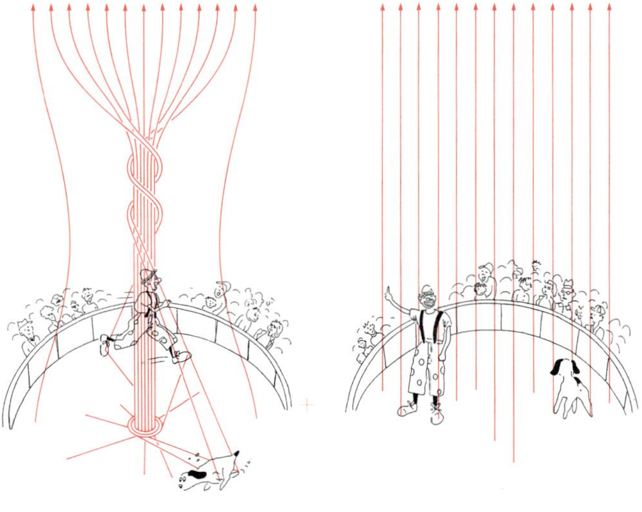

und Magnetfeld, sei es nun das des Hufeisenmagneten oder das im Zirkus erzeugte, nicht beeinflußten.

Plötzlich war der ganze Zirkusraum in rotes Licht gehüllt.

»Aah«, ging ein Ausruf durch die Reihen der Besucher. Mr. Tompkins erklärte: »Jetzt ist hier alles zu Plasma geworden. Sie werden es gleich merken.«

Herr Meyer sah plötzlich, daß die Magnetfeldlinien an seiner Hand zu hängen schienen. Linien, die durch die Handfläche drangen, blieben unverändert in ihr, auch als er die Hand bewegte. Sie folgten der Hand und drängten dabei andere Feldlinien zur Seite. Als Herr Meyer den kleinen Magneten, den er noch in seiner Rechten hielt, der Handfläche seiner linken Hand näherte, beobachtete er, daß die Linien des Magneten, die beim Aufleuchten des roten Lichtes außerhalb seiner Hand verliefen, nunmehr keineswegs in diese eindringen wollten. Statt dessen bogen sie sich und drängten sich vor der Handfläche dicht aneinander, um ja nicht in die Hand eindringen zu müssen. Es schien als fürchteten sie sich davor. Nur die Feldlinien, die schon vor dem Einschalten der Plasmageneratoren in seine Hand gegangen waren, durchdrangen sie auch jetzt.

Schließlich wurde seine Aufmerksamkeit von den Vorgängen in der Manege gefesselt. Musik setzte ein. Die nun folgenden Vorgänge sind in den Zeichnungen der Abbildung 7.4 skizziert. Der Clown versuchte den Hund zu fangen, der im Kreis herumlief, doch dem Clown gelang es nicht, ihn einzuholen. Aber nicht die beiden Läufer fesselten Herrn Meyers Interesse, sondern das Magnetfeld. Die Linien, die vorher die Körper der beiden Darsteller durchdrungen hatten, schienen wie Bindfäden festzuhängen und folgten deren Bewegungen. So wickelten sie sich sowohl oben in der Luft wie auch unten am Boden auf, immer dichter, denn Clown und Hund hielten in ihrem Lauf nicht inne. Schließlich waren die Feldlinien so dicht aufgewickelt, daß Herr Meyer die einzelnen Linien an den dichtesten Stellen kaum noch erkennen konnte. Auf ein Zeichen der Musik blieben beide stehen, drehten sich und liefen nunmehr in umgekehrtem Sinn um die Manege. Wieder folgten die Linien den Darstellern. Da die Richtung umgekehrt war, entwirrten sie sich wieder, so als wickelte man ein verdrilltes Seil auf. In dem Augenblick als die Feldlinien wieder gerade waren, blieb der Hund wie angewurzelt stehen. Auch der Clown hielt in seinem Lauf inne. Nun waren die Feldlinien nahezu gerade wie am Anfang.

Nun wurde der Plasmazustand abgeschaltet. Das rote Licht verschwand, dann verblaßten die Feldlinien. Plasmaland war wieder ein gewöhnlicher Zirkus geworden. Die Leute klatschten, der Clown verbeugte sich, der Hund stellte sich auf die Hinterbeine und gab zu erkennen, daß er den Beifall schätzte.

»Hier haben Sie ein Beispiel für eingefrorene Feldlinien gesehen. Während alles hier Plasma war, auch Clown und Hund, da bewegten sich die Feldlinien mit der Materie. Sie waren in den Körpern der Darsteller ›eingefroren‹«, sagte Mr. Tompkins. Nun hatte Herr Meyer endlich verstanden, was die Plasmaphysiker am Tag der offenen Tür in Garching immer mit eingefrorenen Feldlinien gemeint hatten.

»Hätten sie dort einen Clown mit einem Hund gehabt, dann hätten es alle begriffen«, dachte Herr Meyer versonnen.

Eingefrorene Magnetlinien

Die Vorgänge in dem aus Clown, Hund und der sie umgebenden Zirkusluft bestehenden Plasma waren recht kompliziert. Beginnen wir mit einem einfacheren Beispiel, mit dem Magnetfeld am Anfang, dessen Feldlinien gerade von oben nach unten gehen. Nehmen wir ein Plasma, ohne Mensch und Tier darin, ein gleichförmiges elektrisch leitendes Gas. Bewegen wir es nun in einer Höhenschicht horizontal zur Seite, etwa so wie es durch die horizontalen Pfeile in der Abbildung 7.5 angedeutet ist. Wir wissen schon, daß dann Ströme im Plasma fließen, die das Magnetfeld verändern. Wie sieht es danach aus? Ganz einfach: Die Feldlinien haben sich mit der Materie mitbewegt, so, als ob sie mit ihr verschoben worden wären. Die Feldlinien hängen am Plasma fest! Deshalb spricht man von im Plasma *eingefrorenen Feldlinien.*

Eine andere Eigenschaft des Wechselspiels zwischen Plasma und Magnetfeld hängt eng damit zusammen. Wir erläutern sie an einem

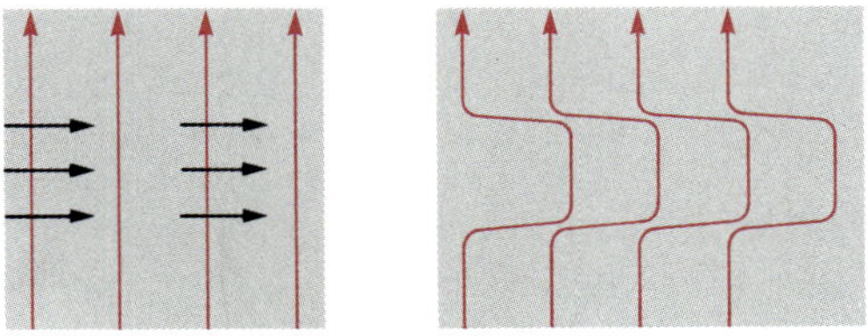

Abb. 7.5: Parallele Feldlinien in einem Plasma (links), das in der mittleren Höhe des Bildes plötzlich nach rechts verschoben wird (schwarze Pfeile). Die im Plasma eingefrorenen Feldlinien werden bei der Bewegung nach rechts ausgelenkt (rechts).

anderen Gedankenexperiment. Zwischen den beiden Polen eines großen Magneten herrsche ein Magnetfeld, das wieder durch parallele Feldlinien beschrieben werden kann. In sicherer Entfernung davon schwebe eine Wolke (unendlich gut) elektrisch leitenden Plasmas, das praktisch frei von Magnetfeldern ist. Bewegen wir jetzt das Plasma auf das Magnetfeld zu. In der Abbildung 7.6, links, ist gezeigt, was geschieht. Die Magnetlinien meiden das Plasma! Genauer gesagt: Wenn sich das elektrisch leitende Plasma auf das Magnetfeld zu bewegt, entstehen in ihm Ströme, die wiederum ein Magnetfeld erzeugen, das zusammen mit dem ursprünglich vorhandenen gerade die in der Abbildung gezeigte Verbiegung der Feldlinien bewirkt. Man kann es auch etwas legerer ausdrücken: *Wenn von Anfang an im Plasma kein Magnetfeld war, dann bringt man auch später keines hinein.* Das umgekehrte gilt auch (vgl. Abb. 7.6 rechts): Wenn anfangs im Plasma ein

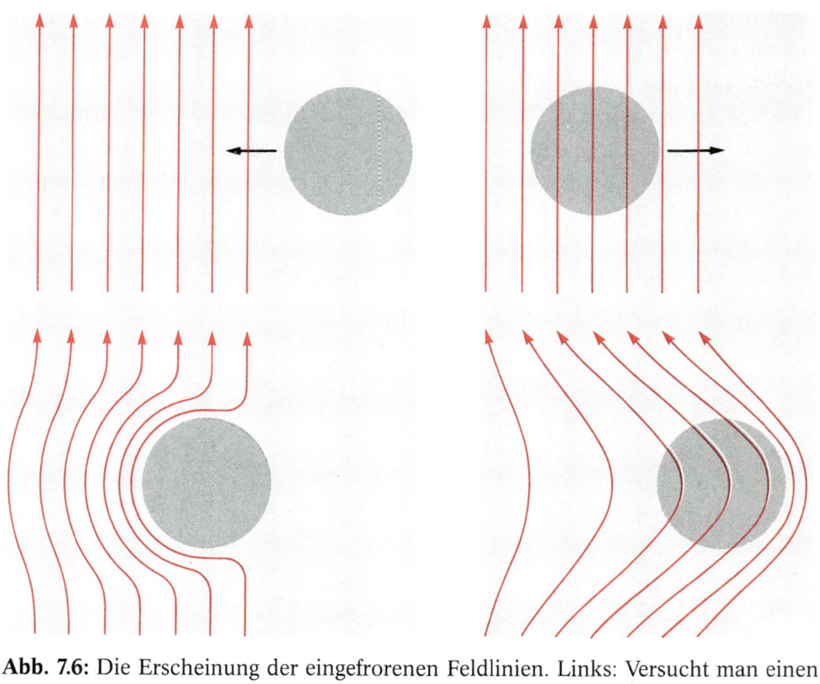

Abb. 7.6: Die Erscheinung der eingefrorenen Feldlinien. Links: Versucht man einen Plasmaballen in ein Magnetfeld hineinzubringen, dann verbiegen sich die Linien und weichen dem Plasma aus. Rechts: Versucht man einen Ballen aus einem Magnetfeld herauszuholen, dann folgen die Feldlinien der Bewegung, denn die den Ballen durchdringenden Linien bleiben eingefroren.

Magnetfeld vorhanden ist – wie immer es hineinkam – es kann im Plasma nicht mehr verschwinden. Wenn nämlich das Magnetfeld aus irgendeinem Grund schwächer wird, fließen im Plasma sofort Ströme, die es am Leben zu halten versuchen. Bei einem unendlich gut leitenden Plasma gibt es nichts, was diese Ströme erlahmen läßt. Wieder etwas vereinfacht ausgedrückt: *Wenn am Anfang im Plasma ein Magnetfeld war, dann bringt man es nicht wieder heraus.*

Was hat es für einen Sinn, von einem Magnetfeld in einem Plasma zu sprechen, wenn es nicht gelingt, von außen her eines hineinzubringen? Das ist kein Widerspruch. Man kann zum Beispiel in einem Gedankenexperiment gewöhnliche Luft haben, die nicht elektrisch leitend ist, und die sich daher nicht durch Ströme in ihrem Inneren gegen das Eindringen eines Magnetfeldes wehrt. Ist das Feld einmal drin, kann ich die Luft so stark erhitzen, daß die Atome der Luft ionisiert werden. Die abgeschlagenen Elektronen sind frei beweglich und machen das Gas zu einem Plasma, das nun von einem Magnetfeld durchsetzt ist. Wenn wir wieder idealisieren und annehmen, daß die elektrische Leitfähigkeit unendlich ist, kann das Magnetfeld nicht mehr heraus, so lange die Materie im Plasmazustand ist.

Bisher haben wir das Plasma bewegt und gesehen, wie das Magnetfeld darauf reagiert. Das hat uns zum Konzept der eingefrorenen Magnetlinien gebracht. Bewegt sich das Plasma nicht, bleiben einmal vorhandene Feldlinien immer unverändert. Bewegt sich das Plasma, gehen die Feldlinien mit dem Plasma mit. Ist aber von vornherein kein Magnetfeld im Plasma, dann kann ihm niemand eins aufzwingen.

Das unendlich gut leitende Plasma ist nur eine Idealisierung, die wir gebrauchen, um uns mit seinen wichtigsten Eigenschaften vertraut zu machen. Trotzdem bemerkt man schon bei elektrischen Leitern, denen wir im täglichen Leben begegnen, einige der hier beschriebenen Eigenschaften eines Plasmas, zumindest im Ansatz.

Versucht man, einen Kupferblock von zehn Zentimeter Kantenlänge in ein starkes Magnetfeld zu bringen, so dringen die magnetischen Feldlinien nicht sofort ein. Im Kupfer bilden sich elektrische Ströme, deren Magnetfelder dem von außen her eindringenden Feld entgegenwirken. Es dauert etwa eine Sekunde, bis die Gegenströme erlahmen und das äußere Magnetfeld in den Block eingedrungen ist. Ähnlich ist es, wenn wir den Block rasch aus dem Magnetfeld herausnehmen. Dann entstehen wieder Ströme, die nunmehr das im Block vorhandene Magnetfeld aufrechterhalten wollen. Wenn wir also den Kupferblock aus dem Magnetfeld rasch herausnehmen wollen, kommen die Feldlinien mit und bleiben noch für etwa eine Sekunde im Block. Das aus dem Magnetfeld herausgenommene Kupfer nimmt für eine Sekunde lang das Magnetfeld mit sich. Für etwa eine Sekunde lang ist das Magnetfeld eingefroren. Dann erlahmen die Ströme, die es aufrecht erhalten, das Magnetfeld verschwindet.

Dieser Effekt wird um so deutlicher, je größer unser Kupferblock ist. Will man die Zeit nur grob abschätzen, so genügt eine einfache Faustregel: doppelter Blockdurchmesser, vierfache Verweilzeit, dreifacher Durchmesser, neunfache Verweilzeit des Magnetfeldes. Denken wir uns das Experiment mit einem Block von einem Meter Durchmesser wiederholt. Dann braucht das Magnetfeld 100 Sekunden, um einzudringen, und die gleiche Zeit währt es, bis es wieder aus dem Kupferblock austritt. Das sind jeweils nahezu zwei Minuten. Je größer der Kupferblock ist, um so länger werden Eintritts- und Abklingzeit. Stellen wir uns einen Block von der Größe der Erde vor. Bei ihm liegen die entsprechenden Zeiten bereits bei mehr als hundert Millionen Jahren. Man sieht, daß die Regel der eingefrorenen Feldlinien selbst bei irdischen Leitfähigkeiten wichtig wird, wenn wir uns kosmischen Dimensionen nähern.

Die eingefrorenen Felder der Sonnenflecken

Die mittlere elektrische Leitfähigkeit der Materie in der Sonne ist etwa vergleichbar mit der unseres Kupferblocks. Bei einem Durchmesser von 1,4 Millionen Kilometern wird die Abklingzeit des Feldes in der Sonne größer als die 4,6 Milliarden Jahre, die wir für ihr Alter annehmen. Was immer wir an Veränderungen der Magnetfelder auf der Sonne sehen, es kann sich keinesfalls um Felder handeln, welche die Sonne als ganzen Körper erfassen.

Selbst über die sich über verhältnismäßig kleine Raumbereiche erstreckenden Sonnenflecken kann man etwas mit der Faustformel über die Abklingzeiten der Magnetfelder in einem Plasma lernen. Ein großer Sonnenfleck erstreckt sich vielleicht über einen Bereich von etwa 30000 Kilometern. Schon mit ungefähren Zahlenwerten für die elektrische Leitfähigkeit findet man, daß in einem Sonnenfleck das Magnetfeld höchstens in Zeiträumen von einigen Jahren verschwinden kann. Sonnenflecken aber erscheinen und verschwinden in kürzeren Zeiträumen. Wir müssen daher annehmen, daß das Magnetfeld eines Flecks längst schon besteht, ehe der Fleck sichtbar wird und daß es auch nach seinem Verschwinden noch irgendwo weiter existiert. Der Sonnenfleck kann nur die vorübergehende Erscheinung eines viel beständigeren, sonst nicht sichtbaren Gebildes sein.

Wenn die Magnetfelder der Flecken länger leben als die Flecken selbst, wo verstecken sie sich vorher und wohin gehen sie nachher? Wir wissen bereits, daß Sonnenflecken meist in Paaren verschiedener magnetischer Polarität auftauchen. Das brachte die Sonnenforscher auf die Idee, daß das Magnetfeld der Flecken den größten Teil der Zeit in horizontal liegenden Strängen unter der Sonnenoberfläche verborgen ist. Nehmen wir an, unterhalb der Sonnenoberfläche sei ein Magnetfeld, dessen Feldlinien dort nicht gleichmäßig im Plasma verteilt, sondern zu einer Art magnetischem Tauwerk verdrillt sind (vgl. Abb. 7.7). Wenn ein

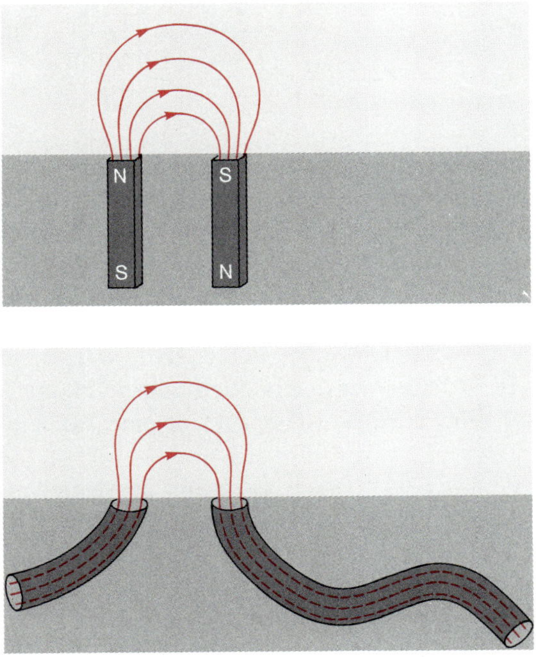

Abb. 7.7: Wie man sich das Magnetfeld eines Sonnenfleckenpaares vorstellen muß. Oben: Feldlinien, die von zwei Magneten unterhalb der Sonnenoberfläche erzeugt werden. Von außen sieht man einen Fleck nördlicher und einen südlicher Polarität. Unten: Wenn das Magnetfeld unter der Sonnenoberfläche einen magnetischen Schlauch bildet, der an einer Stelle zur Oberfläche aufsteigt, dann entsteht in der Atmosphäre der Sonne ein ähnliches Magnetfeld wie das im oberen Teilbild.

Stück Tau an die Oberfläche kommt, natürlich mit seinem Plasma, dann können die Feldlinien auf der Oberfläche austreten und sich in die darüberliegenden Atmosphärenschichten erstrecken. Ein Teil der Materie fließt entlang der Feldlinien wieder zurück. Das Magnetfeld selbst erstreckt sich hoch in die Atmosphäre hinaus. Dort verdrängt es das atmosphärische Plasma und ersetzt es durch seine eigene, aus tieferen Schichten gekommenen Plasmamassen. Dort, wo der Schlauch aus der Sonnenoberfläche herauskommt und dort, wo er wieder in die Sonnenoberfläche hineingeht, sieht man zwei Flecken verschiedener Polarität, denn einmal kommen dort die Feldlinien heraus, das andere Mal gehen sie hinein. Wir sahen schon, daß Sonnenflecken bevorzugt paarweise mit verschiedener magnetischer Polarität auftreten. Das paßt gut zum Bild vom magnetischen Tauwerk.

Warum aber erscheinen die Sonnenflecken dunkel? Die Lösung liegt in einer Art von Wechselspiel zwischen Magnetfeld und Plasma, das wir noch nicht betrachtet haben.

Die Kraft des Magnetfeldes

Gehen wir zurück zum Plasma der Abbildung 7.6, links, das wir in ein Magnetfeld bringen wollen. Beim Einbringen des Plasmas verspüren wir einen Widerstand, so als wehre sich das Magnetfeld gegen den Fremdkörper. Der Grund dafür liegt darin, daß Magnetfelder Kräfte ausüben. An ihren Kräften hat man die Magnetfelder ja zuerst entdeckt.

Wenn man beachtet, wie verschieden Magnetfelder sein können, so scheint es schier unmöglich, zu erraten in welche Richtung ein Magnetfeld ein Plasma zieht oder drückt. Aber wieder gibt es eine einfache Hilfe.

Man stelle sich die Magnetlinien wie Gummifäden vor, die so ziehen, als ob sie sich verkürzen wollen. Das erklärt zum Beispiel, warum sich verschiedene Magnetpole anziehen (Abb. 7.8, links). Das ist aber noch nicht alles. Feldlinien wollen sich nicht nur verkürzen, sie stoßen einander auch gegenseitig ab. Das erklärt zum Beispiel, warum sich gleiche Magnetpole abstoßen (vgl. Abb. 7.8, rechts). Gehen wir zurück zum Fall des gegen ein Magnetfeld bewegten Plasmaballens. In der Abbildung 7.6, links unten, ist der Verlauf der Feldlinien gezeichnet, nachdem man das Plasma in ihre Nähe gebracht hat. Das Feld besteht nun aus dem ursprünglichen (geradlinigen) Feld und dem zusätzlichen, das von den Strömen beim Annähern des Plasmas erzeugt wird. Wir wissen, wie es

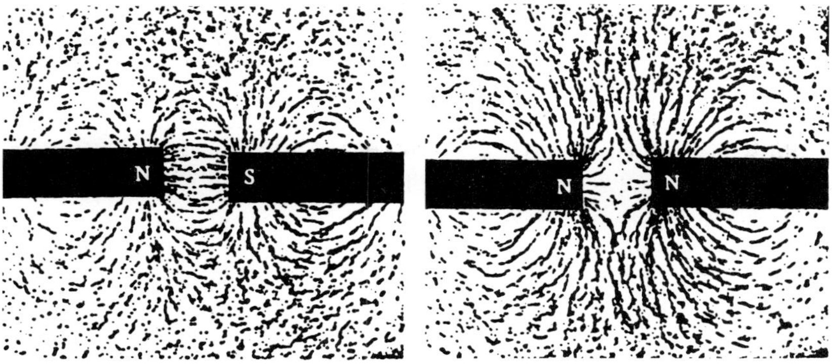

Abb. 7.8: Durch Eisenfeilspäne angedeutete Feldlinien zwischen zwei verschiedenartigen Magnetpolen (links) und zwischen zwei gleichartigen (rechts).

ungefähr aussieht. Die Regel von den eingefrorenen Feldlinien sagt es uns. Da die Feldlinien nicht in das eingebrachte Plasma eindringen können, biegen sie sich um den unwillkommenen Eindringling herum. Links vom Plasma stehen die Feldlinien dicht beieinander. Sie möchten sich einerseits verkürzen, und zum anderen stoßen sie sich vor dem Körper voneinander ab. Beides bewirkt eine Kraft, die nach rechts wirkt. Das Feld wehrt sich gegen den Eindringling. Mit der Regel von den Gummifäden, die sich verkürzen wollen, aber einander auch abstoßen, können wir die Kraft eines Magnetfeldes auf ein Plasma recht gut voraussagen. Die Regel wird uns auch helfen, Herrn Meyers nächstes Erlebnis im Zirkus zu verstehen.

Herr Meyer und die zwei Cardonas

Mr. Tompkins und Herr Meyer ließen sich nach dem Besuch im ersten Zelt mit der strömenden Menge treiben und standen plötzlich vor einem zweiten, diesmal größeren Zelt. Mehrere Zebras verließen die Manege, als eine Stimme im Lautsprecher ertönte.

»Und nun, meine Damen und Herren, kommen wir zum Höhepunkt der heutigen Vorstellung: die zwei Cardonas. Als erste wird Carmen Cardona den Todessprung aus der Zirkuskuppel direkt in die Manege vorführen.«

Herr Meyer blickte nach oben und sah an der höchsten Stelle des Zeltes auf einem winzigen Podest eine junge Artistin stehen. Er hatte den berühmten Sprung aus der Zirkuskuppel schon öfters gesehen. Am Boden hatte immer ein mit Wasser gefülltes Bassin gestanden. Die Kunst bestand darin, aus großer Höhe genau in das Gefäß zu springen, um dort vom Wasser die gesamte Wucht des Sprunges auffangen zu lassen. Aber jetzt konnte Herr Meyer keinerlei Auffanggefäß sehen. Wer hier heruntersprang, mußte direkt auf den harten Boden der Manege prallen und sich den Hals brechen.

Oben schien sich die junge Frau zum Sprung fertigzumachen. Plötzlich wurde es totenstill. Leiser Trommelwirbel erhöhte die Spannung. Herr Meyer wurde unruhig.

»Merkt denn keiner, daß in der Manege kein Auffanggefäß steht?«, stieß er Mr. Tompkins an.

»Vielleicht sollten Sie Ihre Brille aufsetzen«, antwortete dieser. Da wurde Herrn Meyer bewußt, daß er vorhin seine Pappbrille abgenommen hatte. Durch sie sah er jetzt zwar noch immer kein Auffanggefäß, doch erkannte er, daß oben zwei große Spulen, die er vorher nicht beachtet hatte, ein starkes Magnetfeld erzeugten, dessen Linien horizontal quer durch den Körper der Artistin gingen. Als der rote Lichtschimmer erschien, wußte Herr Meyer, daß der Plasmazustand eingeschaltet war.

Die Frau sprang in die Tiefe. Ein Aufschrei ging durch das Publikum. Herr Meyer sah sie stürzen und bemerkte, daß sie gleichzeitig die Magnetfeldlinien mit nach unten zog (Abb. 7.9). Die Linien folgten ihr wie zwei Stränge zu beiden Seiten der Fallstrecke. In Bruchteilen von Sekunden mußte sie auf dem Boden aufschlagen. Da wurde ihr Fallen langsamer, und in etwa zwei Metern über dem Boden kam sie zum Stehen. Gleich danach flog sie – wie von Gummifäden gezogen – in immer rascherer Bewegung nach oben zurück und erreichte wieder nahezu die Höhe des Podestes, an dem sie sich geschickt festhielt. Die langgezogenen Magnetfeldlinien waren mit der Artistin nach oben gegangen und erstreckten sich nun wieder horizontal zwischen den beiden Spulen.

Beifall brauste auf. Das rote Licht wurde ausgeschaltet, und gleich danach verschwanden auch die Feldlinien.

»Und nun«, tönte es aus dem Lautsprecher, »zeigt Ihnen Manuel Cardona die zweite Art des Todessprunges.«

Inzwischen hatten Zirkusangestellte in der Manege zwei senkrecht stehende Platten, wie Plakatwände, parallel gegenüber aufgestellt. Dann wurde das Magnetfeld eingeschaltet. Diesmal hatte Herr Meyer seine Brille nicht abgenommen, und so konnte er die geraden Linien, die aus der einen Platte herauskamen und waagerecht durch den Raum in die andere Platte gingen, deutlich sehen.

Am oberen Ende eines hohen Mastes stand ein Mann. Oben war kein Magnetfeld zu erkennen. Wieder setzte man die Plasmageneratoren in Gang. Der rote Lichtschimmer und der leise Trommelwirbel ließen die Zuschauer verstummen (vgl. Abb. 7.10).

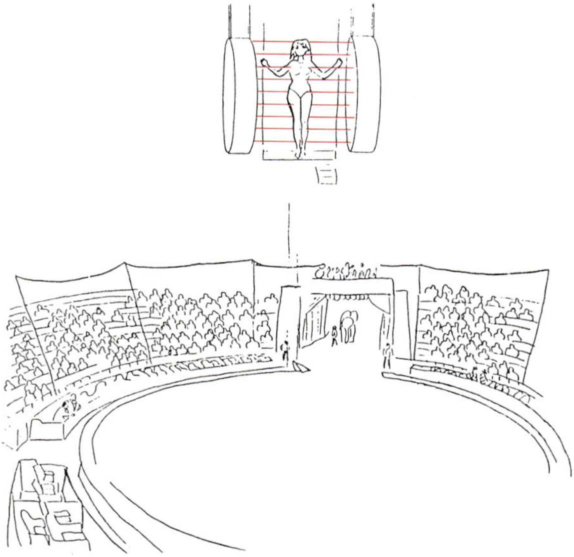

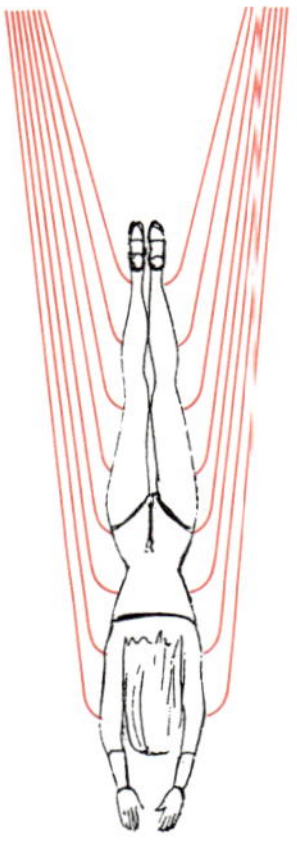

Abb. 7.9: Oben: Die in Zirkus Plasmaland auf dem Trapez zwischen zwei kräftigen Magnetspulen stehende Artistin springt nach unten und nimmt die durch das Plasma ihres Körpers gehenden Feldlinien beim Fallen mit (unten). Die Linien, die die Tendenz haben, sich wie Gummifäden zusammenzuziehen, halten den Sturz auf.

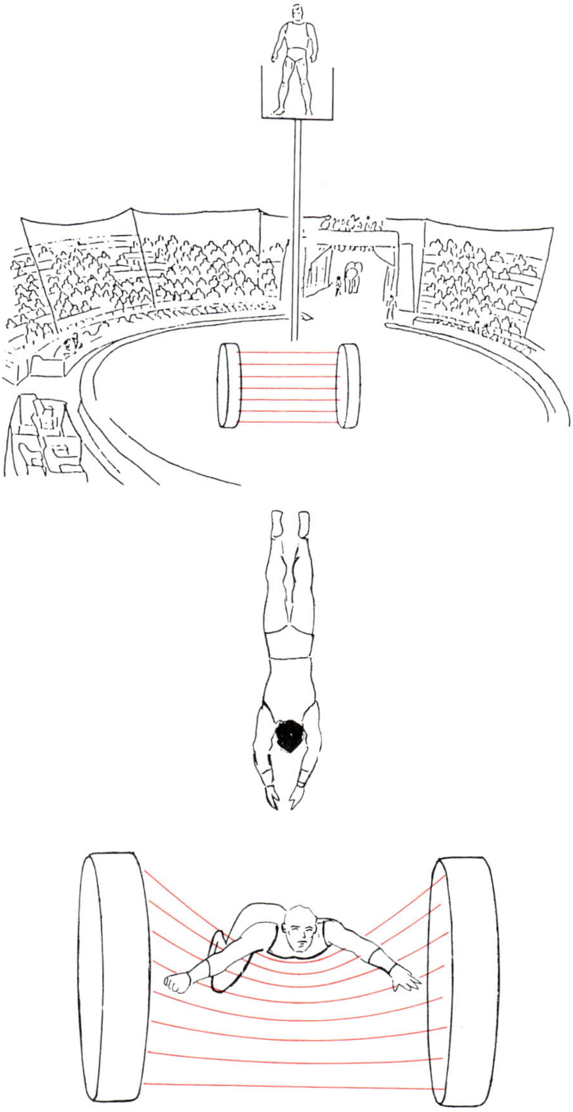

Abb. 7.10: Oben: Der Artist im Zirkus Plasmaland springt aus großer Höhe auf ein Magnetfeld, das in der Manege zwischen zwei magnetischen Spulen erzeugt wird. Mitte: Im Unterschied zur Artistin zieht er keine Feldlinien mit sich. Sein Fall wird also vorerst nicht gebremst. Unten: Erst wenn er den Raum zwischen den beiden Spulen erreicht, verbiegen sich die Feldlinien, da sie nicht in das Plasma seines Körpers eindringen können. Die dabei entstehenden Kräfte bremsen den Fall und federn den Artisten wieder nach oben.

Der Artist sprang und kam in horizontaler Lage mit ausgestreckten Armen nach unten. Anders als seine Schwester zog er keine Magnetfeldlinien hinter sich her. Er war so abgesprungen, daß er genau zwischen den beiden senkrecht stehenden Wänden auf den Boden treffen mußte. Als er den Bereich der horizontalen Feldlinien erreichte, drückten sich diese unter seinem Körper zusammen. Gleichzeitig verlangsamte sich sein Fall. Schließlich kam er zum Stillstand, während die Feldlinien unter seinem Körper dicht zusammengepreßt waren. Dann kehrte sich seine Bewegung um, und wie von einer Feder wurde er nach oben zurückgeschleudert, während die Feldlinien unter ihm wieder ihre alte geradlinige Form annahmen. Der Akrobat flog nach oben, fiel wieder herab und traf zum zweiten Mal auf die Feldlinien. Dabei drehte er sich jetzt so, daß er diesmal mit dem Rücken aufkam. Wie auf einem Trampolin vollbrachte er unter dem Jubel der Menge weitere Kunststücke, wobei er mit jedem Mal weniger weit nach oben zurückgefedert wurde, bis er schließlich aus geringer Höhe mit den Füßen zuerst auf das magnetische Polster traf.

Die Feldlinien bewegten sich etwas zur Seite, und er gelangte gewissermaßen zwischen den Linien, die ihm seitlich auswichen, mit den Füßen auf den Boden. Plasma und Magnetfeld wurden ausgeschaltet.

Die Vorstellung der zwei Cardonas war zu Ende.

»Zwei schöne Beispiele für die Kräfte von Magnetfeldern«, sagte Mr. Tompkins beim Hinausgehen.

»Beim Sprung der Frau wurden die Feldlinien in die Länge gezogen. Wie Gummifäden hielten sie den Sturz auf. Bei ihrem Partner wurden die horizontalen Feldlinien eng aneinandergepreßt. Die Kräfte wirkten so, als ob sich die Linien abstoßen. Das bremste den Fall des Artisten und schleuderte ihn wieder nach oben.«

»Mr. Tompkins ist zwar ein interessanter Mann«, dachte Herr Meyer, »aber manchmal spielt er sich ein bißchen als Schulmeister auf.«

Magnetische Kräfte in den Sonnenflecken

Wir haben gesehen, daß eingefrorene Feldlinien der Materie folgen, daß also im Plasma die Materie bestimmt, wie sich ein Magnetfeld zu ändern hat. Es wurde aber auch deutlich, daß Magnetfelder durch ihre Kräfte bestimmen können, wie sich die Materie zu bewegen hat. Wer hat nun im Plasma das Sagen, die Materie oder das Feld?

Im Prinzip sind zwei Fälle denkbar. Wenn das Magnetfeld schwach ist, sind seine Kräfte gering. Die Materie bewegt sich unabhängig vom Magnetismus, das eingefrorene Feld folgt hilflos der Materie. Wenn aber das Magnetfeld stark ist, bestimmen die magnetischen Kräfte, was zu geschehen hat, und die Materie hat dem Feld zu folgen. Beide Fälle kommen in der Natur vor.

Der Fall, daß die Magnetfelder bestimmen, was zu geschehen hat, scheint in Sonnenflecken realisiert zu sein. Während in weiten Bereichen der Sonnenoberfläche die aus dem Inneren kommende Energie durch eine wallende Bewegung der Materie in den obersten Schichten nach außen transportiert wird – wir werden auf diese für die Granulation (vgl. S. 80) verantwortliche Bewegung der Sonnenmaterie in Kapitel 9 zu sprechen kommen –, sind die Magnetfelder in den Flecken so stark, daß sie darüber entscheiden, was sich bewegt. Die Form der Feldlinien wird dann allein durch die Regeln der Gummifäden festgelegt: möglichst kurz und möglichst weit voneinander entfernt. Jede Veränderung ihres Verlaufes bedarf starker Kräfte. Die wallende Bewegung der Materie ist daher in den Flecken abgeschwächt. Pro Quadratmeter wird dort weniger Sonnenenergie zur Oberfläche gebracht. Die Temperatur in den Flecken ist deshalb niedrigerer, darum erscheinen uns die Sonnenflecken dunkler.

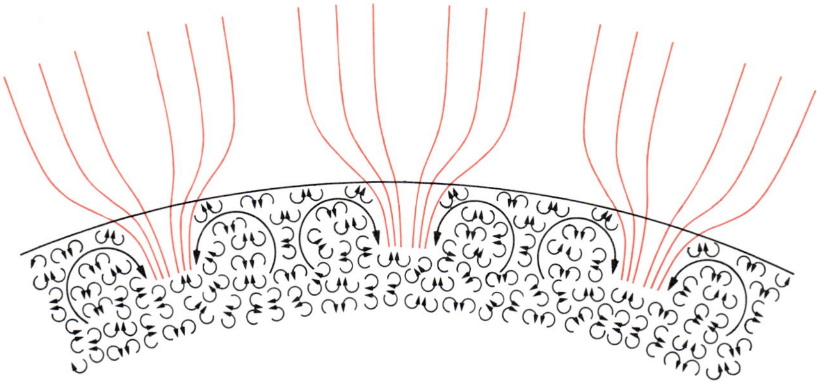

Abb. 7.11: Die an der Sonnenoberfläche horizontale Bewegung der Supergranulen verbiegt die eingefrorenen, aus der Sonne herauskommenden und in sie hineingehenden Feldlinien, so daß sie dort besonders dicht stehen, wo die Materie absinkt, also an den Rändern der Zellen. Die Bewegungen sind durch krumme Pfeile angedeutet: die kleinen deuten die Granulation, große die Supergranulation an. In der Mitte der Zellen der Supergranulation, dort, wo die Materie aufsteigt, sind keine Feldlinien mehr vorhanden. Das erklärt, warum das Muster der Supergranulation auf der Sonne mit dem der Magnetfelder zusammenfällt.

Nicht immer reichen die Magnetfelder aus, um die Bewegung der Materie zu unterbinden oder zumindest zu vermindern. Wir sahen bereits, daß es große magnetische Flecken auf der Sonne gibt, die man im sichtbaren Licht genausowenig erkennen kann wie die ephemeren Regionen. In beiden Fällen sind die Magnetfelder so schwach, daß sie von der Materie mitbewegt werden.

Man kann jetzt auch verstehen, warum an den Rändern der Zellen der Supergranulation die magnetischen Felder besonders stark sind. In der Abbildung 7.11 ist es schematisch dargestellt. Die an der Oberfläche horizontale Strömung der Supergranulation nimmt die schwachen Magnetfelder mit. An den Rändern der Zellen, dort, wo die Materie nach unten verschwindet, sammeln sich die magnetischen Feldlinien an. So entsteht das magnetische Netzwerk. Nun drängt sich sofort die Frage auf, warum das Kalziumnetzwerk mit dem magnetischen Netzwerk zusammenfällt. Der Grund dafür liegt wieder in einer besonderen Eigenschaft des Plasmas, die wir zuerst in einem Erlebnis des Herrn Meyer im Zirkus erläutern wollen.

Herr Meyer, das Mädchen und der Junge mit den Sommersprossen

Herr Meyer dachte später noch oft an das junge Mädchen und an den sommersprossigen jungen Mann zurück, die er unbeabsichtigt miteinander bekannt gemacht hatte.

Es war mitten in einer Zirkusnummer, in der ein Clown Wäsche an horizontalen Feldlinien aufhängen wollte. Er hielt ein großes Laken in ein Magnetfeld. Dann wurde das Plasma eingeschaltet. Als er das Wäschestück losließ, senkte es sich nur ein wenig nach unten und blieb schließlich frei schwebend in den etwas nach unten durchgebogenen Feldlinien hängen. Stolz verbeugte er sich unter dem Beifall der Menge. Als er aber zur Seite weggehen wollte, zog er, der ja auch zu Plasma geworden war, die Feldlinien mit sich, und das an ihnen hängende Wäschestück schien ihm zu folgen. Er ging auf seinen alten Platz zurück, und das Laken schwebte wieder dorthin, wo er es aufgehängt hatte. In den nun folgenden Minuten versuchte der Clown das Wäschestück auf allerlei Art zu überlisten. Versuchte er sich langsam fortzuschleichen, so folgte es ihm ebenso langsam. Blickte er versonnen auf eine Zuschauerin in der ersten Reihe, um das Tuch erst abzulenken und dann plötzlich ohne Vorwarnung wegzurennen, so kam es nach. Schließlich verhedderte er sich selbst im Laken.

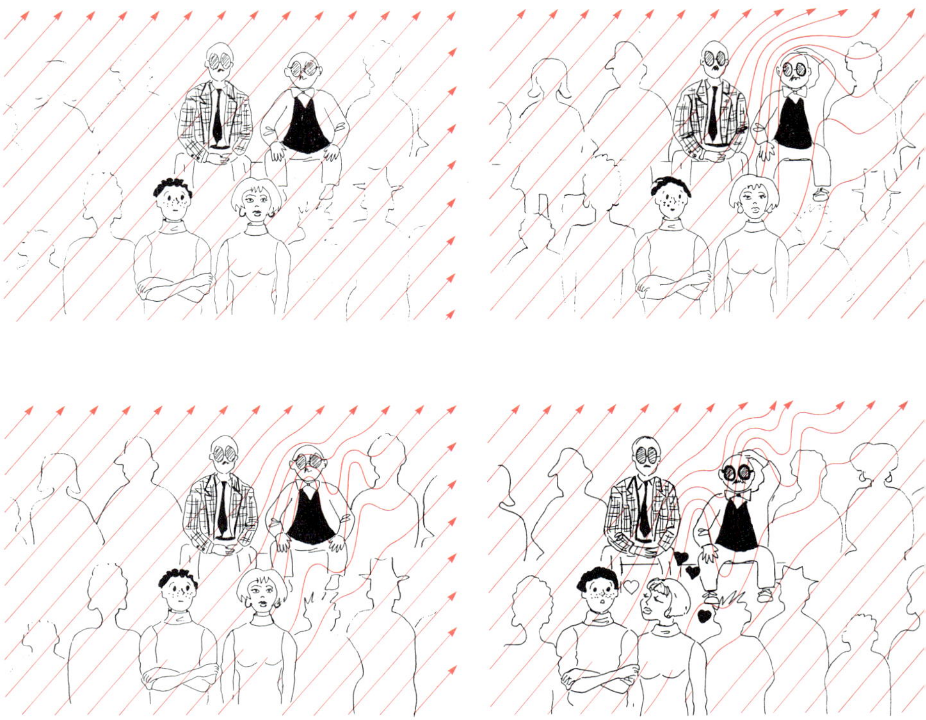

Abb. 7.12: Während Herr Meyer im Zirkuszelt sich zweimal an den Kopf greift, hebt er die durch seine Hand gehenden Feldlinien zweimal an. Ausbeulungen wandern längs der Feldlinien und treffen auf den Nacken des Mädchens vor ihm. Es wird durch die Kraftwirkung der von Herrn Meyer erzeugten Alfvén-Wellen irritiert.

Herr Meyer sah aber nicht nur die Vorgänge in der Manege. Er erkannte plötzlich, daß Linien des Feldes auch bis zu ihm reichten. Sie gingen von einer rechts vor ihm sitzenden jungen Frau aus nach hinten und durchdrangen seinen Körper. Herrn Meyer war sie schon vorher aufgefallen. Sie saß direkt neben einem jungen Mann. Die nun folgenden Vorgänge sind in den Bildern der Abbildung 7.12 skizziert.

Mr. Tompkins hatte die Feldlinien auch bemerkt, die durch seinen Körper gingen.

»Jetzt können wir die Wellenbewegungen im Plasma längs der Feldlinien studieren«, sagte er und bewegte seine Hand vor sich auf und ab. Die durch seine Hand tretenden Linien folgten der Bewegung. Aber als Mr. Tompkins' Hand wieder am alten Platz war, konnte Herr Meyer sehen, wie sich nach beiden Seiten je eine Ausbuchtung entlang der Feldlinien von Mr. Tompkins Hand wegbewegte.

»Das verstehe ich nicht«, dachte er und faßte sich an den Kopf. Er hatte vergessen, daß eine Feldlinie, die durch seine linke Hand ging, gerade im Nacken des Mädchens mündete. Als er sich an den Kopf faßte, ging eine Welle längs der Linie direkt an den Hals der jungen Frau vor ihm. Herr Meyer wußte, daß die Feldlinien dann eine Kraft ausübten. Diese mußte das Mädchen spüren. Da sie keine Brille aufhatte, konnte sie die Feldlinien nicht sehen, mußte aber ein leichtes Kitzeln am Hals verspürt haben. Offensichtlich schrieb sie es nicht dem Magnetfeld zu, sondern glaubte, der junge Mann rechts von ihr hätte einen zaghaften Annäherungsversuch gemacht. Sie strahlte ihn freundlich an, und der sommersprossige Junge lächelte verlegen zurück. Die beiden kamen ins Gespräch, und später sah Herr Meyer sie Hand in Hand über die Zirkuswiese gehen.

Er hätte gerne gewußt, was aus den beiden später geworden ist.

Alfvén-Wellen

Im Jahre 1970 erhielt der schwedische Physiker Hannes Alfvén den Nobelpreis für Physik. Damit wurde ein Forscher geehrt, der sich um das Verständnis der Eigenschaften des Plasmas besonders verdient gemacht hat. Seine größte Entdeckung war, daß ein Plasma, in das ein Magnetfeld eingeschlossen ist, eine Art Wellenbewegung machen kann, die wir von normalen Flüssigkeiten und Gasen nicht kennen.

Um das zu verstehen, denken wir uns ein Plasma mit einem sogenannten homogenen Magnetfeld, eines, bei dem die Feldlinien parallel sind und bei dem die Stärke des Feldes überall im Raum dieselbe ist (Abb. 7.13a). Wir bewegen nun einen Bereich des Plasmas, etwa am linken Bildrand, nach oben (Abb. 7.13b). Die Feldlinien folgen ihm und krümmen sich. Die dann auftretenden magnetischen Kräfte versuchen einerseits den bewegten Plasmaballen wieder in seine Ruhelage zurückzudrängen, zum anderen wollen sich die Feldlinien in den Bereichen links und rechts vom bewegten Ballen verkürzen. Als Folge davon pflanzt sich die Auslenkung der Feldlinien nach rechts fort (vgl. Abb. 7.13c,d). Hebt man das Plasma am linken Bildrand nicht nur an, sondern bringt es unmittelbar danach wieder in seine alte Lage zurück, dann wandert ein Wellenberg nach rechts (Abb. 7.13e). Bewegt man das Plasma am linken Bildrand rhythmisch auf und ab, so wandert ein

Wellenzug nach rechts. Das sind die sogenannten *Alfvén-Wellen*. Man beachte, daß es zwar in der Luft Wellen gibt, die Schallwellen, doch handelt es sich dabei um Verdichtungen der Luft. Bei jeder Schwingung bewegt sich die Luft in der Ausbreitungsrichtung vor und zurück.

Bei den Alfvén-Wellen bewegt sich die Materie quer zur Ausbreitungsrichtung. In der Abbildung 7.13 wandern die Auslenkungen der Feldlinien nach rechts, während das Plasma sich in der Welle nach oben und unten bewegt. Für diese neue Art von Wellen sind Magnetfelder verantwortlich. In einem Plasma ohne Magnetfeld gibt es sie nicht.

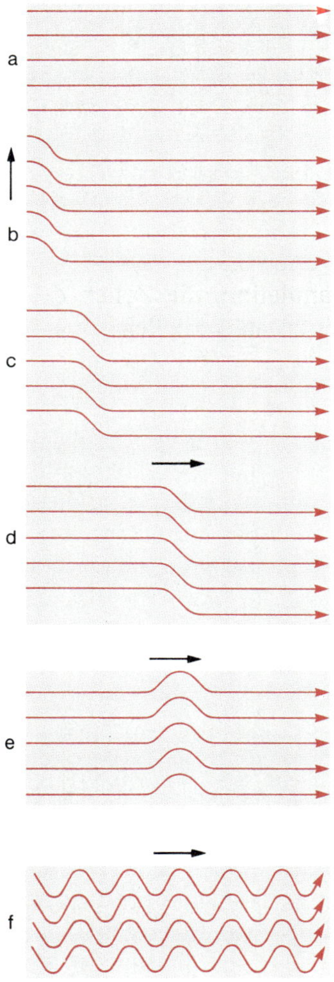

Abb. 7.13: Die Ausbreitung von Wellen längs magnetischer Feldlinien:
a: in einem Plasma seien die Feldlinien geradlinig und horizontal. Wenn man links das Plasma hebt, bewegen sich dort auch die (eingefrorenen) Feldlinien nach oben.
b, c, d: Die Auslenkung bewegt sich längs der Feldlinien nach rechts.
e: Hebt man das Plasma links einmal an und senkt es wieder ab, dann bewegt sich ein Wellenberg nach rechts.
f: Wenn man das Plasma links in einem festen Rhythmus ständig auf- und abwärts bewegt, so läuft ein Wellenzug nach rechts, das sind die Alfvén-Wellen.

Wahrscheinlich haben die Alfvén-Wellen mit dem Kalziumnetzwerk zu tun. Wir hatten schon erwähnt, daß das Licht der Kalziumlinie ein empfindlicher Temperaturanzeiger ist. Wir sahen auch bereits auf S. 152, daß das magnetische Netzwerk, das mit den Rändern der Supergranulen zusammenfällt, durch die horizontale Strömung entsteht, die die Feldlinien in jeder Zelle an den Rand drängt. Doch warum ist dort die Sonnenmaterie in hohen Schichten heißer, dort, wo das Licht der Kalziumlinie entsteht? Die sich an den Zellenrändern sammelnden Feldlinien werden dort durch die auf- und absteigenden Ballen der Granulation geschüttelt und gebeutelt. Dabei treten auch horizontale, also quer zu den Feldlinien gerichtete Bewegungen auf. Diese pflanzen sich als Alfvén-Wellen längs der Feldlinien nach oben und unten fort. Betrachten wir nur die Wellen, die nach oben gehen. Sie wandern in die äußeren Bereiche, wo die Dichte nach oben abnimmt. Dort verwandelt sich die Energie der Wellen in Wärme und erhöht die Temperatur gerade an den Stellen, an denen besonders viele Feldlinien von der Oberfläche nach oben gehen, also gerade an den Rändern der Supergranulation.

Das Bild von den eingefrorenen Feldlinien und von den Alfvén-Wellen erklärt, warum die Zellen der Supergranulation, die Zellen des magnetischen und die des Kalziumnetzwerkes zusammenfallen.

8. Dem Sonnendynamo auf der Spur

Für mindestens 2000 Jahre wurden die Astronomen von der... Sonne gefesselt: es waren erst die Flecken mit ihrem Kommen und Gehen, dann ihre Struktur, die Protuberanzen, die Veränderungen in der Korona und die Ausbrüche, die auf der Erde Polarlichter und Funkstörungen hervorrufen... Man weiß jetzt, daß alle Sonnenaktivität daher rührt, daß die Sonne ein Magnetfeld besitzt.

Michael Stix

Seit Hale die Magnetfelder der Sonne entdeckte, weiß man, daß nahezu alle Erscheinungen auf ihr – seien es Flecken oder Flares, ja selbst Strukturen, die, wie die Protuberanzen, nur im Lichte einzelner Spektrallinien hervortreten – mit Magnetfeldern zusammenhängen.

Man weiß aber bis heute noch immer nicht genau, woher der Magnetismus der Sonne kommt, ebensowenig, wie man die genaue Ursache des Magnetfeldes der Erde kennt. Da das Gas in der Sonne und das flüssige Innere der Erde im Plasmazustand sind, hat man einige Hinweise. So haben wir bereits aus der Abklingzeit der Magnetfelder in der Sonne gelernt, daß der Magnetismus der Flecken nicht erst mit ihnen entstehen kann, und daß er auch nicht mit ihnen vergeht. Das brachte uns auf das Bild von den unter der Sonnenoberfläche verborgenen magnetischen Schläuchen.

Wir werden bald nicht nur verstehen, wie magnetische Schläuche entstehen, sondern auch, warum sie gelegentlich an die Oberfläche kommen und ein Fleckenpaar erzeugen. Dazu müssen wir uns aber erst noch etwas mehr mit den Eigenschaften eines Plasmas befassen.

Die Energie im Magnetfeld

Gehen wir noch einmal zurück zur Abbildung 7.5. Wenn wir – wie dort gezeichnet – das Plasma einer bestimmten Schicht nach rechts verschieben, dann verbiegen sich die eingefrorenen Feldlinien so, wie das in der

Abbildung 7.5, rechts, angedeutet ist. Sie müssen sich dabei dehnen. Wir wissen schon, daß sie dann auf das Plasma Kräfte ausüben, welche die Bewegung des Plasmas verhindern wollen. Nur mit Gewalt können wir die »Gummifäden« der Feldlinien verlängern. Wenn wir das Plasma bewegen, müssen wir also Energie aufbringen. Demnach steckt diese Energie im Magnetfeld. Wenn wir das Plasma wieder loslassen würden, zöge das Feld das Gas wieder in die alte Position zurück. In Magnetfeldern steckt also Energie. Je gespannter die Gummifäden sind und je enger aneinandergepreßt, um so mehr Energie ist im Magnetfeld gespeichert, um so größer sind aber auch die Kräfte, die vom Magnetfeld auf das Plasma ausgeübt werden, um es zurück in seinen »Lieblingszustand« zu bringen: Feldlinien möglichst kurz und möglichst weit voneinander entfernt.

In der Sonne wird in jedem Augenblick Energie in das Magnetfeld gepumpt. Schuld daran ist ihre eigenwillige Rotation.

Das Magnetfeld in der rotierenden Sonne

Stellen wir uns vor, in der Sonne sei ein Magnetfeld, dessen Feldlinien aus der Gegend des Nordpols austreten, und in weitem Bogen über den Außenraum wieder in den Südpolbereich der Sonne gehen*. Im Sonneninneren mögen die Feldlinien sich wieder schließen. Dabei nehmen wir an, daß die Feldlinien nicht allzu tief eindringen, sondern nach Möglichkeit sich unter der Sonnenoberfläche halten. Anfangs seien sie sowohl im Außenraum wie im Innenraum nur in Nord-Süd-Richtung ausgerichtet, so wie die Meridiane auf einer Kugel. Wir sagen das Feld sei meridional (vgl. Abb. 8.1a). Was geschieht, wenn die Sonne rotiert?

Würde sie sich wie ein starrer Körper drehen, so würden die eingefrorenen Feldlinien mit ihr rotieren. Aber die Sonne dreht sich anders. Hat sich ein Punkt ihrer Äquatorgegend einmal um die Rotationsachse der Sonne bewegt, so hat ein Punkt der polnahen Schichten seinen Umlauf um die Achse noch längst nicht beendet (vgl. Abb. 2.8). Was bedeutet das für die Linien unseres Magnetfeldes?

---

* Wir wollen uns hier an die Regel halten, daß wir ein Magnetfeld, dessen Feldlinien aus der Sonnenoberfläche herauskommen, als magnetischen Nordpol bezeichnen, wenn aber die Feldlinien in die Oberfläche eindringen, als magnetischen Südpol. In dem hier gewählten Beispiel hat also der Nordpol der Sonne nördliche magnetische Polarität. Nach elf Jahren wird der Nordpol der Sonne zum magnetischen Südpol geworden sein.

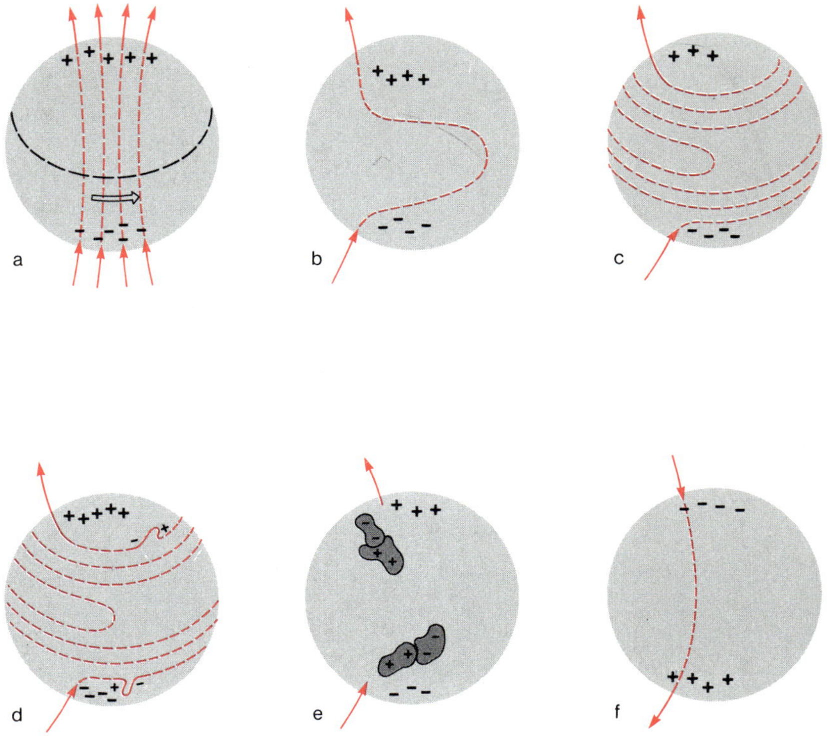

Abb. 8.1: Wie man sich das in Abb. 6.2 skizzierte Schema des magnetischen Sonnenzyklus teilweise erklären kann.
Die Magnetfeldlinien, die im Teilbild a unten in den Sonnenkörper hineingehen und in den nördlichen Polregionen wieder herauskommen, gehen unterhalb der Sonnenoberfläche geradewegs von Süden nach Norden (gestrichelt).
b, c: Durch den rascher rotierenden Sonnenäquator werden die Teile der Feldlinien, die unterhalb der Oberfläche verborgen sind, aufgewickelt.
d: Dabei werden die Felder immer stärker, und der magnetische Auftrieb läßt Teile der sich bildenden Magnetfeldschläuche auftauchen. Wie in Abb. 7.7 (unten), entstehen dann zwei magnetische Flecken. Aus dem einen kommen die Feldlinien heraus, in den anderen gehen sie hinein.
e: Auf der Nordhalbkugel ist der vorangehende Fleck von nördlicher (+), der nachfolgende von südlicher (−) Polarität. Auf der Südhalbkugel ist es umgekehrt.
f: Durch irgendeinen noch nicht verstandenen Mechanismus kehren sich die Vorzeichen der Polfelder um, und man endet, nachdem alle aufgewickelten Schläuche aufgestiegen sind und sich an der Oberfläche abgeschwächt haben, wieder mit einem Feld, das dem Zustand in a entspricht, nur daß die magnetische Polarität umgekehrt ist. Die sechs Teilbilder umfassen einen elfjährigen Zyklus.

Da sie in der Materie eingefroren sind, werden sie so aufgewickelt, wie das in den Abbildungen 8.1b,c dargestellt ist. Dabei muß die Rotation gegen die magnetischen Kräfte Arbeit verrichten, denn beim Aufwickeln verlängern sich die Feldlinien. Energie geht in das Magnetfeld, das dabei stärker wird. Wir sehen hier, daß sich dabei unterhalb der Sonnenoberfläche magnetische Schläuche bilden, so wie wir sie schon im Zusammenhang mit den Sonnenflecken diskutiert haben. Das unter der Sonnenoberfläche verborgene Feld ist nach langem Aufwickeln auf der Nordhalbkugel nach Osten, das auf der Südhalbkugel nach Westen gerichtet.

Stellen wir uns vor, aus irgendwelchen Gründen würde ein Teil des unterhalb der Sonnenoberfläche aufgewickelten Magnetfeldes zur Oberfläche kommen (Abb. 8.1d). Was würden wir beobachten? Wir sähen zwei Stellen verstärkten, von unten aufgetauchten Magnetfeldes, ein Fleckenpaar. In der Abbildung 8.1d erkennt man, daß dann auf der Nordhalbkugel die Feldlinien aus dem vorangehenden Fleck austreten. Er hat also nördliche Polarität. Der nachfolgende dagegen ist ein magnetischer Südpol, denn bei ihm treten die Feldlinien wieder in die Sonne ein. Auf der Südhalbkugel aber ist es gerade umgekehrt. Der vorangehende Fleck ist ein magnetischer Südpol, und der nachfolgende ist ein Nordpol. Genau das aber hat Hale bemerkt, wie wir schon in Kapitel 6 sahen.

Jetzt haben wir ein kleines Stück vom Geheimnis des magnetischen Zyklus der Sonne gelüftet. Aber wir sind noch weit von der Lösung des Rätsels entfernt. Wir wissen noch nicht, warum die unter der Sonnenoberfläche verborgenen magnetischen Schläuche zur Oberfläche kommen. Vor allem wissen wir nicht, warum sich das Magnetfeld der Sonne regelmäßig umpolt. Das scheint mit unserer Regel von den eingefrorenen Feldlinien völlig unvereinbar.

Der magnetische Auftrieb

Warum sollen die unterhalb der Sonnenoberfläche verborgenen magnetischen Feldlinien nach oben kommen, um Fleckenpaare zu bilden? Der Grund liegt darin, daß magnetische Feldlinienschläuche schwimmen. Stellen wir uns zuerst einen vereinfachten Fall vor. Betrachten wir einen magnetischen Schlauch unterhalb der Sonnenoberfläche. Das heißt, innerhalb eines röhrenförmigen Raumgebietes seien magnetische Feldlinien, während außerhalb kein Magnetfeld sei (Abb. 8.2). Da sich die Feldlinien gegenseitig abstoßen, versuchen sie den Durchmesser des Schlauches zu vergrößern, die magnetische Röhre möchte dicker werden, denn die Magnetfelder drücken nach außen. Das Plasma im Schlauch wird einerseits durch seinen eigenen Druck, andererseits durch den Druck des Magnetfeldes auseinandergedrückt. Wenn kein Magnetfeld vorhanden wäre, wäre der Druck des Plasmas im Schlauch genauso groß wie der in der Umgebung, und Innen- und Außendruck würden sich die Waage halten. Jetzt aber ist der Innendruck durch die magnetischen Kräfte verstärkt, der magnetische Schlauch wird etwas aufgebläht. Dabei aber wird die Dichte seiner Materie geringer als in der Nachbarschaft. Der Schlauch verspürt einen Auftrieb und steigt zur Oberfläche auf.

Wir haben hier nur einen einzigen Magnetschlauch in einer sonst unmagnetischen Nachbarschaft angenommen. In dem Bild von den unter der Sonnenoberfläche aufgewickelten Feldlinien haben wir aber eine ganze magnetische Schicht und keinen isolierten Schlauch. Durch die Granulation und die Supergranulation werden aber die aufgewickelten Feldlinien ständig geschüttelt. Es genügt, daß durch einen leichten Stoß ein Teil des aufgewickelten Feldes nach oben gehoben wird und in einen Bereich ragt, dessen Magnetfelder schwächer sind. Dann beginnt bereits der Auftrieb zu wirken, und der emporgehobene Teil wird weiter nach oben schweben. Daß sich dabei die magnetischen Feldlinien etwas verlängern, spielt keine allzu große Rolle, der Auftrieb ist stärker als der Zug in den Linien, der den Schlauch unten halten will.

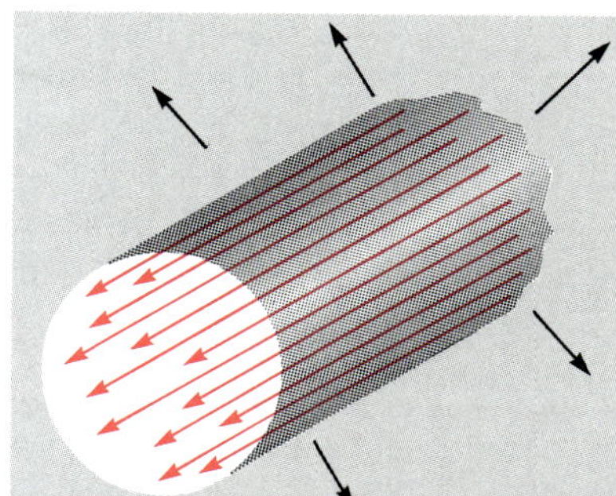

Abb. 8.2: Ein »magnetischer Schlauch« unterhalb der Sonnenoberfläche. Da sich die Feldlinien gegenseitig abzustoßen versuchen, drückt das Magnetfeld nach außen und möchte den Schlauch verbreitern. Wenn zwischen Innenbereich und Umgebung Gleichgewicht herrschen soll, muß der Gasdruck im Innern niedriger sein als außen. In dem Maße, in dem sich die Temperaturen innen und außen angleichen, muß also die Dichte im Schlauch geringer werden als in der Umgebung. Der Schlauch verspürt einen Auftrieb.

Fast scheint es, als wäre das Rätsel der Sonnenflecken gelöst. Sie entstehen, wenn magnetische Feldschläuche durch ihren Auftrieb nach oben gebracht werden. Das Erscheinen der ersten Flecken eines neuen Zyklus in hohen Breiten und die elfjährige Wanderschaft der Fleckenzonen zum Äquator würden dann bedeuten, daß das Aufwickeln des Feldes zuerst in hohen Breiten einen merklichen magnetischen Auftrieb bewirkt und daß später im Zyklus die Schläuche niedriger Breiten aufsteigen. Doch die ephemeren Regionen, die gleichzeitig mit Flecken auftreten, wenn auch in höheren Breiten, aber eine entgegengesetzte Polarität besitzen, haben dieses schöne Bild zerstört.

Aber selbst wenn wir von der Komplikation absehen, welche die ephemeren Regionen in unser Bild gebracht haben, wir haben bisher noch nicht verstanden, warum sich alle magnetischen Erscheinungen im elfjährigen Rhythmus umpolen. Es leuchtete zwar ein, daß sich ein anfangs vorhandenes schwaches meridionales Magnetfeld aufwickelt, dabei stärker wird und durch den magnetischen Auftrieb Fleckenpaare erzeugt. Was aber geschieht danach? Das, was uns die Sonne alle elf Jahre vorführt, legt die Vermutung nahe, daß der nächste Zyklus wieder so beginnt, wie der vorangegangene, also mit einem meridionalen Feld, jetzt aber mit umgekehrter Polarität. Gegen Ende eines Zyklus hat man nach Abbildung 8.1 ein stark aufgewickeltes Feld. Wie soll daraus das unaufgewickelte meridionale Feld entstehen, mit dem wir den neuen Zyklus wieder beginnen lassen wollen?

Wir müssen beachten, daß wir hier das Sonnenplasma viel einfacher beschrieben haben, als es in Wirklichkeit ist. Die Leitfähigkeit des Sonnenplasmas ist nicht unendlich groß. Die Feldlinien sind deshalb nicht vollständig eingefroren. Wir werden gleich noch darauf zurückkommen.

Erlahmende Magnetfelder

Denken wir uns ein Plasma mit einem Magnetfeld, dessen Feldlinien wie in Abbildung 7.3a Kreise sind. Wir wissen schon, wie der elektrische Strom fließt, der solch ein Feld erzeugt. Wie dort geht er in der Mitte der Kreise senkrecht durch die Bildebene. Aber Elektronen können sich in unserem Leitungsdraht nicht ungehindert bewegen, sie verhalten sich nicht wie eine Handvoll Sandkörner, die man im schwerefreien, leeren Weltraum in eine Richtung wirft und die, ohne auf ein Hindernis zu treffen, für immer weiterfliegen. Die Elektronen im Plasma stoßen immer wieder mit Ionen zusammen, werden abgelenkt und gelegentlich sogar ein Stück zurückgeworfen. Bei dieser, immer wieder unterbrochenen Bewegung durch das Plasma werden sie gebremst. Der elektrische Strom, den sie darstellen, wird schwächer. Das vom Strom erzeugte Magnetfeld klingt ab. Das ist der Grund, warum ein Magnetfeld in einem Kupferblock abklingt, wenn man ihn sich selbst überläßt und nicht durch ständig von außen eindringende Ströme in ihm ein

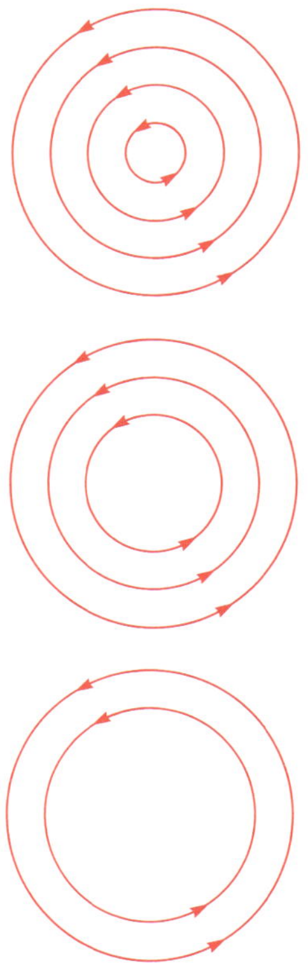

Abb. 8.4: Sich selbst vernichtende kreisförmige Feldlinien in einem Plasma, dessen elektrische Leitfähigkeit nicht unendlich groß ist.

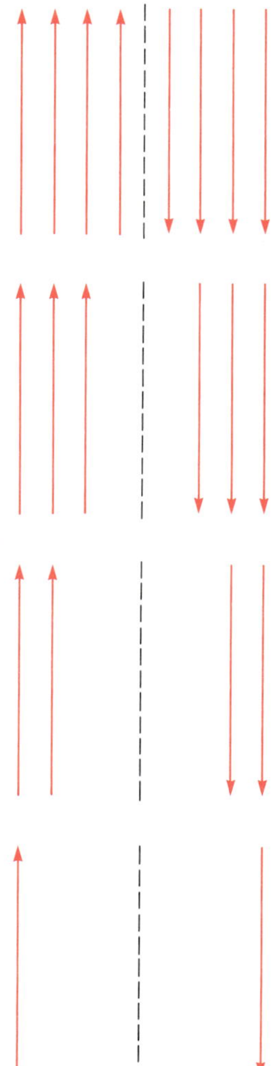

Abb. 8.3: Wie sich entgegengesetzte Magnetfelder in einem Plasma gegenseitig vernichten, wenn die elektrische Leitfähigkeit nicht unendlich groß ist.

Magnetfeld aufrechterhält. Wir sahen bereits, daß die Abklingzeit immer länger wird, je größer der Kupferblock ist. Wir lernten die Regel kennen, wonach zur doppelten Größe des Kupferblocks die vierfache Abklingzeit gehört.

Was geschieht, wenn ein Magnetfeld verschwindet? Werden die magnetischen Kräfte einfach überall schwächer oder wandern die Feldlinien aus dem Körper hinaus ? Betrachten wir dazu statt eines Feldes mit kreisförmigen Feldlinien das Feld der Abbildung 8.3. Dort laufen parallele gerade Linien in entgegengesetzten Richtungen nebeneinander her. Wie klingt dieses Feld ab? Wenn man den Vorgang im einzelnen verfolgt, merkt man, daß sich das Feld zuerst dort ändert, wo benachbarte Feldlinien gegeneinander laufen. Es ist, als würden entgegengesetzt gerichtete Feldlinien einander vernichten, so wie entgegengesetzte elektrische Ladungen einander neutralisieren. Man spricht deshalb von der gegenseitigen *Annihilation* der Magnetfelder. Je näher entgegengesetzt gerichtete Magnetfelder beieinanderliegen, um so schneller vernichten sie sich gegenseitig.

Auch das Abklingen eines Feldes mit kreisförmigen Feldlinien, so wie es etwa in der Abbildung 7.3a, durch Eisenfeilspäne angedeutet ist, kann man als gegenseitige Vernichtung entgegengesetzt gerichteter Felder betrachten. In gegenüberliegenden Punkten der Kreise sind die Magnetfelder einander entgegengesetzt gerichtet. Deshalb verschwindet zuerst das Feld im Inneren, denn dort ist der Abstand entgegengesetzter Feldlinien am kleinsten, dort geht die Vernichtung am schnellsten vor sich. Dann verschwinden der Reihe nach auch die Felder, deren Feldlinien Kreise mit größerem Radius sind. Der zeitliche Verlauf ist schematisch in der Abbildung 8.4 dargestellt.

Wie man die Abklingzeit betrügt

Wenn man die Regel von der Abklingzeit auf die Sonne anwendet, so wie wir es oben für unseren Kupferblock taten, findet man Abklingzeiten, welche das Alter der Sonne weit überschreiten. Wenn die Sonne also ein Magnetfeld besitzt, muß es schon von Anfang an da gewesen sein, es kann aber auch nicht mehr verschwinden. Nun beobachten wir, wie sich das Magnetfeld der Sonne alle elf Jahre umpolt. Umpolen bedeutet, daß das alte Feld abklingt und ein neues wieder entsteht. Nach unserer Regel von der Abklingzeit wären dazu Jahrmillionen nötig. Wo liegt der Fehler?

Man kann die Abklingformel betrügen. Die Natur macht davon reichlich Gebrauch. Wir wollen jetzt an einem einfachen Gedankenexperiment zeigen, wie man sich um die Abklingzeit herummogelt.

Nehmen wir an, wir hätten zwei gleichgroße Quadrate, wobei jedes von parallelen geradlinigen Feldlinien durchstoßen wird. Die Feldlinien des einen Quadrats seien nach oben, die des anderen nach unten gerichtet (vgl. Abb. 8.5). Wie lange wird es dauern, bis die beiden beieinanderliegenden Felder einander vernichten? Zuerst werden die Felder entgegengesetzter Richtung, die nahe der Grenzlinie durch die Quadrate gehen, einander aufheben. Es entsteht an der Grenze eine feldfreie Zone, die sich immer weiter in die beiden Quadrate hinein ausbreitet. Wenn die Seitenlänge der beiden Quadrate einen Kilometer beträgt, und das Plasma die Leitfähigkeit von Kupfer besitzt, wird es einige Jahre dauern bis sich die beiden Felder gegenseitig vernichtet haben, denn die Feldlinien entgegengesetzter Richtung sind im Mittel einen Kilometer voneinander entfernt.

Wir können die Abklingzeit wesentlich verkürzen, wenn wir die vertikalen Säulen des Plasmas mitsamt ihrem Magnetfeld so bewegen, daß jede Feldlinie zwar eine vertikale Gerade bleibt, daß aber aus den beiden ursprünglichen Quadraten eine Art Schachbrettmuster entsteht (vgl. Abb. 8.5, rechts). Um das zu vollbringen, muß man keine Kraft aufwenden, denn die Feldlinien werden dabei nicht gedehnt. Sie werden auch nicht dichter aneinandergepreßt. Nach dem Umordnen ist die Abklingzeit kürzer geworden. Nehmen wir an, daß wir jetzt in jedem der beiden Quadrate 100 Schachbrettfelder haben, dann ist der mittlere Abstand von Feldlinien verschiedener Polarität nur noch der zehnte

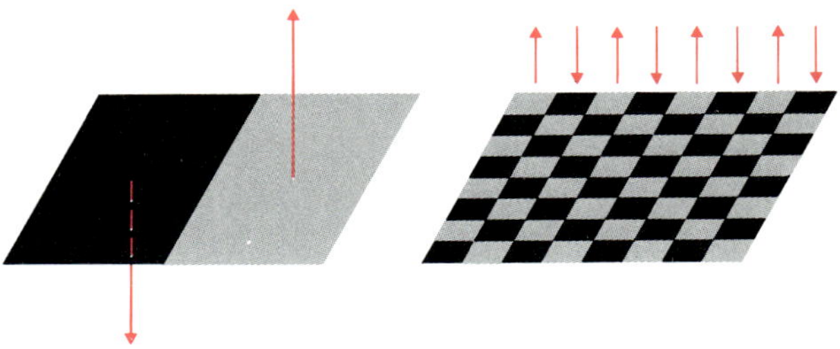

Abb. 8.5: Zwei von magnetischen Feldlinien durchdrungene Flächen (links) werden durch horizontale Bewegungen zu einem Schachbrettmuster umgeordnet (rechts). In den helleren Flächen gehen die Feldlinien nach oben, in den dunkleren nach unten. Da im rechten Bild entgegengesetzt laufende Feldlinien näher beieinanderliegen, vernichten sie sich rascher als die im linken Bild.

Teil von vorher. Die Abklingzeit ist also ein Hundertstel und liegt nur noch bei Wochen.

Wer in einem Plasma ein Magnetfeld rasch zum Verschwinden bringen will, muß nur die Feldlinien verschiedener Polarität nahe aneinanderbringen. Dann vernichten sie sich in kürzerer Zeit als es der Abklingzeit des ursprünglichen Magnetfeldes entspricht.

Die sich entknotenden Feldlinien

In der Natur geschieht es immer wieder, daß sich Magnetfelder gegenseitig vernichten. Stellen wir uns vor, magnetische Feldlinien seien im Plasma wie unendlich lange Spaghetti in einem Teller. Wenn wir mit einer Gabel im Spaghetti-Plasma zu drehen beginnen, wickeln wir die Spaghetti zu einem mehr oder weniger starren Klumpen auf, der mit jeder Drehung noch freie Teile der Nudeln aufnimmt und sich dabei vergrößert. Somit kommen Feldlinien entgegengesetzter Richtung einander nahe und vernichten sich. Dabei werden die aufgewickelten Magnetfeldlinien wieder einfach. In der Abbildung 8.6 ist zu sehen, wie Feldlinien anfangs reagieren, wenn man sie aufzuwickeln versucht. Wickelt man weiter, werden sie sich gegenseitig vernichten. Das ist anschaulich in einem Computerfilm des Cambridger Sonnenphysikers Nigel Weiß dargestellt, aus dem wir in der Abbildung 8.7 einige Einzelbilder zeigen.

Von der gegenseitigen Vernichtung der Feldlinien machte in einem der Träume des Herrn Meyer ein Zirkusartist Gebrauch.

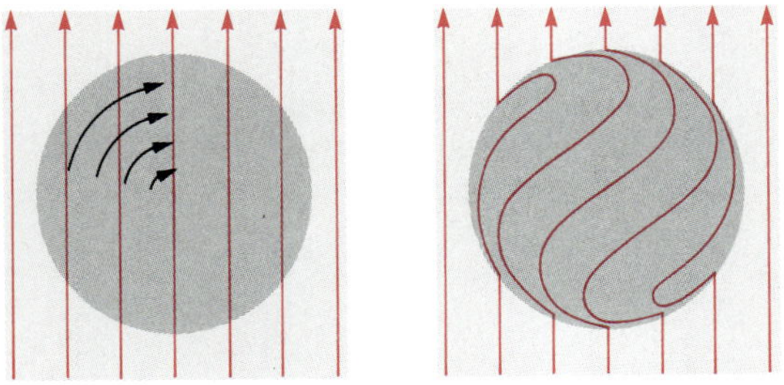

Abb. 8.6: Versetzt man ein von magnetischen Feldlinien durchdrungenes Plasma in Drehbewegung (links), so folgen die (eingefrorenen) Feldlinien und »wickeln sich auf«.

a
b
c
d
e
f
g
h
i
k
l
m
n
o
p

Herr Meyer und der Entfesselungskünstler

»Für die nächste Nummer bitte ich eine mutige Person in die Manege«, rief der Mann im schwarzen Frack und blickte auf Mr. Tompkins und Herrn Meyer, die in der ersten Reihe saßen. Es war in der dritten Show, die sie besuchten. Herr Meyer faßte Mut und kletterte über die Bande in die Manege. Alle Blicke waren auf ihn gerichtet.

»Ehe ich jetzt Pedros, den in aller Welt bekannten Entfesselungskünstler dem verehrten Publikum vorstelle, werde ich einen Zuschauer bitten, die Apparatur zu prüfen.« Es waren wieder zwei vertikal stehende Metallplatten, zwischen denen Herr Meyer durch seine Brille horizontale Magnetfeldlinien sah. Der Herr im Frack bat Herrn Meyer, in das Magnetfeld zu treten, und da das Plasma noch nicht eingeschaltet war, konnte er das ungehindert tun. Die Feldlinien durchdrangen seinen Körper, aber er verspürte keinerlei Wirkung. In diesem Augenblick erschien der rote Lichtschimmer, und Herr Meyer wußte, daß nun das Plasma eingeschaltet war. Er verspürte die Kraft des Feldes, und es gelang ihm nicht mehr, seine Hand zu bewegen. Wenn er seinen Arm auch nur ein Stückchen heben wollte, so folgten ihm die Linien, und eine starke Kraft versuchte, den Arm wieder in die ursprüngliche Position zurückzuziehen.

»Kommen Sie jetzt bitte zu mir«, rief der Herr im Frack, und Herr Meyer wäre der Aufforderung gerne nachgekommen, denn er fühlte sich in dem Magnetfeld zwischen den beiden Platten nicht sehr wohl. Aber so sehr er auch versuchte, seine Beine zu bewegen, er mußte gegen eine so starke Kraft ankämpfen, daß er höchstens einen halben Schritt machen konnte, ehe es ihn wieder zurückzog. Herr Meyer stand, vom Magnetfeld gefesselt, hilflos zwischen den Platten.

Abb. 8.7: Wie sich in einem Plasma eingefrorene Feldlinien aufwickeln, wegen der endlichen Leitfähigkeit voneinander lösen und neue Verbindungen eingehen. Ein Plasma drehe sich so, wie es in a durch die schwarzen Linien angedeutet ist. Ein gleichförmiges Magnetfeld mit parallelen Feldlinien (b) wird durch die Bewegung aufgewickelt, wie es schon in der Abbildung 8.6 dargestellt ist. Dadurch kommen sich entgegengesetzt gerichtete Feldlinien nahe und vernichten einander. Als Folge davon bilden sich im Inneren des Wirbels geschlossene Feldlinien, die nicht mehr mit denen der äußeren Teile verbunden sind (m, n). Schließlich verschwinden die Felder in den bewegten Bereichen des Plasmas vollständig (o, p).

»Versuchen Sie sich über die Strickleiter zu befreien!« Das war einfach gesagt, aber unmöglich zu befolgen. Herr Meyer, der die unterste Sprosse der von oben herabhängenden Leiter ergriffen hatte, konnte sich nur wenige Zentimeter nach oben ziehen. Die magnetischen Kräfte hielten ihn zurück (Abb. 8.8). Erst als auf ein Zeichen des Herrn im Frack der Plasmazustand ausgeschaltet wurde, konnte Herr Meyer sich wieder frei bewegen.

»Und nun, verehrte Damen und Herren, Pedros, der Entfesselungskünstler.« Bei diesen Worten trat der Mann im Trikot vor, der die ganze Zeit stumm und bewegungslos neben den Magnetplatten gestanden und

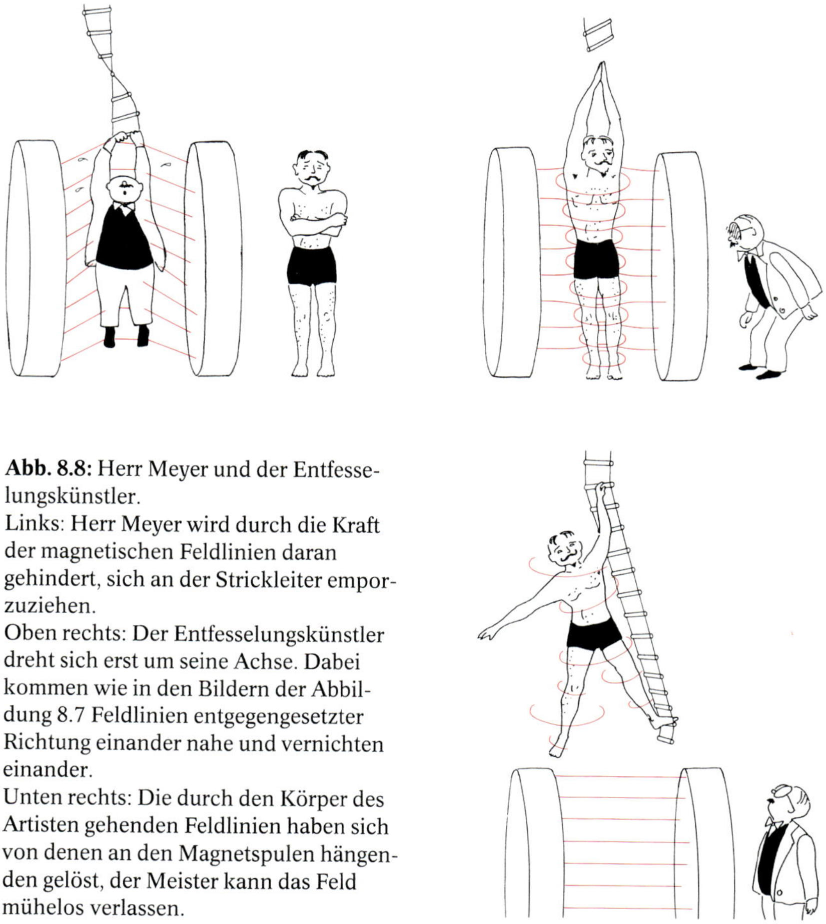

Abb. 8.8: Herr Meyer und der Entfesselungskünstler.
Links: Herr Meyer wird durch die Kraft der magnetischen Feldlinien daran gehindert, sich an der Strickleiter emporzuziehen.
Oben rechts: Der Entfesselungskünstler dreht sich erst um seine Achse. Dabei kommen wie in den Bildern der Abbildung 8.7 Feldlinien entgegengesetzter Richtung einander nahe und vernichten einander.
Unten rechts: Die durch den Körper des Artisten gehenden Feldlinien haben sich von denen an den Magnetspulen hängenden gelöst, der Meister kann das Feld mühelos verlassen.

keine Miene verzogen hatte, als das Publikum über Herrn Meyers hilflose Versuche, sich zu befreien, lachte. Er verbeugte sich nach allen Seiten hin und begab sich in das Feld zwischen den beiden Platten. Das Plasma wurde eingeschaltet. Anfangs stand der Artist unbeweglich da, die Arme nach oben gestreckt. Herr Meyer konnte sich gut vorstellen, wie er bei der leisesten Bewegung die Kraft des Magnetfeldes spüren mußte. Dann begann der Artist sich zu drehen. Man konnte sehen, welch große Kraft seine Beine aufbringen mußten. Immer wieder setzte er zur Drehbewegung an. Schließlich gelang ihm eine halbe Umdrehung.

Hatte er anfangs Herrn Meyer ins Gesicht geblickt, so wandte er ihm jetzt seinen Rücken zu. Die Magnetfeldlinien folgten ihm und schienen sich um seinen Körper zu wickeln. Bald hatte man den Eindruck, es würde ihm leichter fallen, sich zu bewegen. Schließlich hatte er eine ganze Umdrehung vollendet, es folgte die zweite. Herr Meyer konnte nicht genau erkennen, wie es zugegangen war, doch plötzlich schienen die Feldlinien nicht mehr durch den Körper des Mannes zu gehen, sondern um seinen Körper herum. Jetzt drehte sich der Artist schnell und wandte Herrn Meyer in rascher Folge einmal das Gesicht, dann wieder den Rücken zu, so, als ob ihm die Magnetfeldlinien überhaupt nichts mehr anhaben konnten. Er griff zur Leiter, zog sich mühelos hoch und verließ so den Raum zwischen den beiden Platten. Die Feldlinien wurden wieder gerade. Einige Feldlinien schlangen sich noch um den Körper des Artisten, doch sie wurden zusehends schwächer.

Das Publikum geizte nicht mit Beifall. Die Strickleiter schwenkte zur Seite, der Künstler sprang neben den Platten auf den Boden und verbeugte sich.

Das Erlebnis beschäftigte unsere beiden Freunde so sehr, daß zumindest Herr Meyer auf den Rest der Vorstellung gar nicht mehr achtete.

»Natürlich«, sagte Mr. Tompkins »dadurch, daß er sich drehte, erreichte er, daß entgegengesetzt gerichtete Feldlinien einander näherten und gegenseitig vernichteten. Die Feldlinien aus den Platten schlossen sich zu neuen Feldlinien zusammen, die nicht mehr durch seinen Körper gingen. Linien, die von Anfang an seinen Körper durchdrangen, schlossen sich um ihn und hingen nicht mehr mit den äußeren Feldlinien zusammen.«

Daß Mr. Tompkins Erklärung die richtige war, erfuhren sie, als beim Hinausgehen der Artist auf die beiden zukam und sich für Herrn Meyers Mithilfe bedankte. Mr. Tompkins fragte ihn sogleich, ob der Trick etwas mit der Annihilation der Felder zu tun hat.

»Ja, die sich gegenseitig vernichtenden Feldlinien sind es, mit denen ich jetzt meinen Lebensunterhalt bestreite. Es ist kein Geheimnis dabei, ich mache die Nummer ja ganz offen, nicht hinter einem Vorhang versteckt oder in einem geschlossenen Kasten. Gäbe es nicht das Phänomen der sich gegenseitig vernichtenden Feldlinien, so könnte ich mich nicht befreien.

Aber dann hätte ich auch nicht meinen Unfall gehabt, der mich vor zehn Jahren vom magnetischen Trapez in die Manege stürzen ließ«, fügte er hinzu. Jetzt erst bemerkte Herrn Meyer, daß der Künstler beim Gehen das rechte Bein nachzog.

»Man hat die Nummer später verboten«, fuhr der Artist fort. »Ähnlich wie beim ›Sprung von der Zirkuskuppel‹ stand ich zu Beginn der Nummer oben auf dem Artistenstand an der höchsten Stelle des Zeltes zwischen zwei Magnetplatten. Das Plasma wurde eingeschaltet, und ich

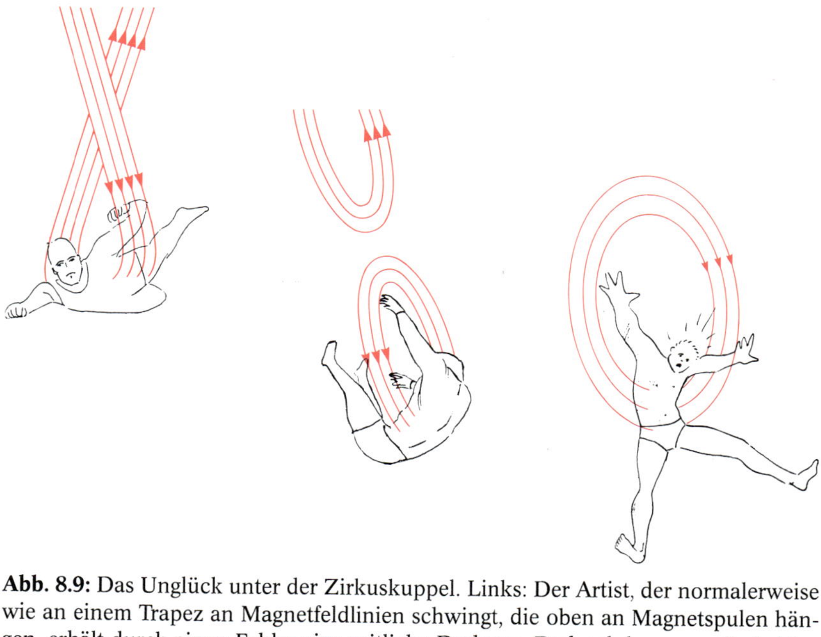

Abb. 8.9: Das Unglück unter der Zirkuskuppel. Links: Der Artist, der normalerweise wie an einem Trapez an Magnetfeldlinien schwingt, die oben an Magnetspulen hängen, erhält durch einen Fehler eine seitliche Drehung. Dadurch kommen die beiden Teile des Stranges von magnetischen Feldlinien, an denen er hängt, einander gefährlich nahe. Wegen der endlichen elektrischen Leitfähigkeit vernichten sich die Feldlinien, und das Magnetfeld, das durch den Körper des Artisten geht, löst sich von dem oben in der Kuppel verankerten Feld. Mitte: Die durch seinen Körper gehenden Feldlinien können ihn nicht mehr halten, er stürzt in die Manege (rechts).

sprang nach unten. Auf halber Höhe bremsten die von mir nach unten gezogenen Feldlinien meinen Fall. Nach einigen Pendelbewegungen blieb ich im Magnetfeld in etwa zehn Meter Höhe hängen und mußte durch Schaukelbewegungen mein magnetisches Trapez zum Schwingen bringen. Normalerweise brauchte ich recht lang, bis ich quer über die Manege von der einen Seite zur anderen schwingen konnte. Um die Zeit für die Zuschauer etwas kurzweiliger zu machen, schwang ich einmal mit den Füßen, einmal mit dem Kopf nach unten quer über sie hinweg. Die Nummer kam gut an, denn es beeindruckt die Leute, wenn jemand, wie von unsichtbaren Seilen gehalten, frei durch den Raum schwebt. Vor allem, wenn man für diese Nummer keine Magnetfeldbrillen verteilt. Der Direktor zahlte mir eine viel höhere Gage als heute.

Aber dann kam der Unfall. Vielleicht war ich an diesem Abend etwas nervös, vielleicht war es etwas anderes. Ich habe oft darüber nachgedacht, aber ich kann es mir heute noch nicht erklären. Ich hatte gerade die vollen Schwingungen erreicht. Da verdrehte sich der Magnetfeldstrang, an dem ich hing. Ich muß es genauer sagen, ich hing beim Schwingen an zwei Strängen. Einer kam oben aus dem Magneten und ging links in meinen Körper, der andere kam rechts heraus und ging wieder nach oben in den Magneten hinein. Die beiden Stränge hatten also entgegengesetzte Richtungen (Abb. 8.9). An diesem Tag drehte ich meinen Körper irgendwie zur Seite. Da kamen sich die beiden entgegengesetzt gerichteten Feldlinienstränge zu nahe und vernichteten einander gegenseitig. Die Stränge, an denen ich hing, wurden auf halber Höhe unterbrochen. Ich verlor meine Verbindung mit dem Magneten in der Zirkuskuppel und stürzte in die Manege. Als mich die Ärzte wieder aus ihren Händen ließen, baute ich mir die Entfesselungsnummer auf. Der Magnet ist übrigens immer noch der gleiche, den ich früher verwendet habe, nur ist jetzt das Magnetfeld stärker.«

Das sich umpolende Magnetfeld der Sonne

Kehren wir zurück zum magnetischen Zyklus der Sonne. Wenn wir mit einem in Nord-Süd-Richtung verlaufenden Feld, etwa wie in der Abbildung 8.1a, dargestellt, beginnen, verstehen wir, wie auftauchende Schläuche von aufgewickelten Feldlinien Doppelflecken erzeugen können, die auf beiden Halbkugeln gerade die beobachtete Polarität besitzen. Wir haben ferner gesehen, daß es Gründe dafür gibt, warum Feldlinienschläuche zur Oberfläche kommen, wenn sie genügend starke

Felder enthalten. Die Ursachen des Zyklus wären kein Geheimnis mehr, wenn wir wüßten, was weiterhin geschieht. Eigentlich müßten wir erwarten, daß sich das Feld weiter aufwickelt und daß Doppelflekken stets gleicher Polarität entstehen. Das stimmt nur, wenn wir streng an das Bild der eingefrorenen Feldlinien glauben. Wir haben aber schon gesehen, daß es seine Gültigkeit verliert, wenn Feldlinien beginnen, sich gegenseitig zu vernichten. Das müssen wir aber in den äußeren Schichten der Sonne erwarten, dort wo Granulation und Supergranulation die Feldlinien in komplizierter Weise hin und her schieben. Dabei bringen sie Feldlinien entgegengesetzter Richtung immer wieder nahe aneinander und lassen Magnetfelder sich gegenseitig vernichten. Wir haben bis heute das Wechselspiel zwischen turbulenter Sonnenmaterie und Magnetfeldern noch nicht völlig verstanden. Es gibt aber Ansätze einer geeigneten Theorie, die vor allem Fritz Krause und Max Steenbeck (1904–1981) in Ostdeutschland entwickelte haben, nach der das aufgewickelte Magnetfeld durch die turbulente Bewegung des Sonnengases auch wieder vernichtet wird und ein schwaches Nord-Süd-Feld übrigbleibt, ähnlich dem Feld in der Abbildung 8.1a, nur ist jetzt die Richtung der Feldlinien gerade entgegengesetzt. Das Spiel kann von neuem beginnen. Die Sonnenrotation wickelt die Feldlinien wieder auf. Alles läuft so ab, wie elf Jahre zuvor. Aber jetzt sind alle Feldrichtungen umgekehrt, genau so wie man es seit Hale weiß.

Wir haben damit eine ungefähre Ahnung, wie der Sonnenzyklus vielleicht zustande kommt. Es gibt aber noch mehr magnetische Phänomene auf der Sonne, die wir mit unseren einfachen Regeln für ein Plasma zumindest plausibel machen können. Dazu zählen zum einen die Filamente und Protuberanzen, Vorgänge in der Korona und schließlich die hellen Blitze, die unvermutet plötzlich auf der Sonnenscheibe aufleuchten. Mit ihnen wollen wir uns im Folgenden befassen.

Protuberanzen

Magnetische Kräfte scheinen es auch möglich zu machen, daß Protuberanzen wie auf der Kante stehende Papierblätter über der Sonnenoberfläche hochragen, ohne herunterzufallen. Den Schlüssel dazu lieferte die Beobachtung, daß die Filamente fast immer über den Grenzlinien ausgedehnter Flächen verschiedener magnetischer Polarität zu finden sind. In der Abbildung 8.10, links oben, sind zwei Flächen verschiedener Polarität gezeichnet. In der Abbildung 8.10, rechts oben, sieht man den Feldverlauf von der Seite her. Das Teilbild links unten zeigt schematisch ein Filament, das sich genau längs der Grenzlinie der beiden Flächen verschiedener Polarität angeordnet hat. Die Filamente scheinen gerade dort im Koronagas zu stehen, wo man erwartet, daß die Feldlinien horizontal sind. So liegt es nahe, anzunehmen, daß die in den Filamenten verdichtete Materie, die von der Schwerkraft der Sonne nach unten gezogen wird, die Feldlinien nach unten verbiegt (Abb. 8.10, rechts unten). Die sich gegenseitig abstoßenden Feldlinien erzeugen

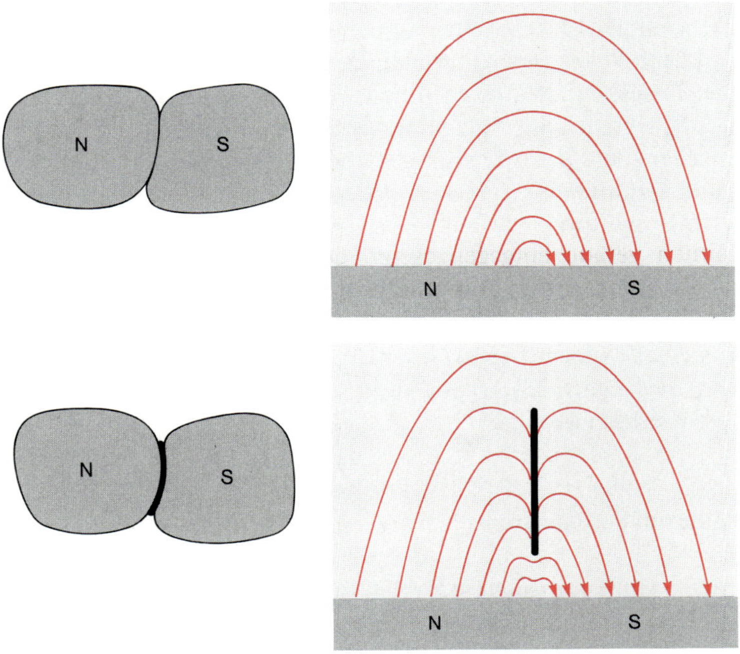

Abb. 8.10: Wie Protuberanzen auf der Sonne von Magnetfeldern schwebend in der Atmosphäre gehalten werden. Links oben: Zwei Bereiche der Sonnenoberfläche von verschiedener magnetischer Polarität liegen nebeneinander. Rechts oben: Das Magnetfeld zwischen den beiden Bereichen von der Seite gesehen. Links unten: An der Grenze zwischen den beiden magnetischen Flecken sammelt sich Wasserstoffgas an, die magnetischen Feldlinien, die es durchdringen, sind in ihm eingefroren. Rechts unten: Wenn die Gaswolke durch die Schwerkraft nach unten gezogen wird, so folgen die Feldlinien, verbiegen sich also nach unten, der Wasserstoff sammelt sich in einer dünnen, aufrechtstehenden Schicht. Die dabei auftretenden Kräfte wirken der Schwerkraft entgegen und halten das Gas in einer dünnen Schicht aufrecht über der Sonnenoberfläche in der Schwebe.

eine Kraft nach oben, die der Schwerkraft die Waage hält. Das Filament hängt im Magnetfeld und fällt nicht herunter. In einer Plasmawelt kann man magnetische Feldlinien als Wäscheleinen benutzen.

Das scheinbare Schweben der Filamente über der Sonnenoberfläche haben Arnulf Schlüter, der jetzt am Max-Planck-Institut für Plasmaphysik in Garching arbeitet, und ich in den fünfziger Jahren auf die unsichtbaren magnetischen Feldlinien, in denen sie hängen, zurückgeführt. Inzwischen sind mehr als drei Jahrzehnte ins Land gegangen. Später hat man gemerkt, daß das Bild der in den Feldlinien hängenden Filamente sicherlich zu einfach ist. Man beobachtet in ihnen deutlich nach unten strömende Materie, was mit unserem Bild von den eingefrorenen Feldlinien nicht vereinbar zu sein scheint, doch handelt es sich um Einzelheiten, die möglicherweise erst ein komplizierteres Modell erklären kann.

Wir sahen schon, daß gelegentlich eine Protuberanz nach oben geschleudert werden kann. Magnetische Kräfte bringen das zustande, denn ein Magnetfeld kann Energie speichern. Wenn man ein Plasma so bewegt, daß sich die eingefrorenen Feldlinien dehnen oder verdrehen müssen, muß man dabei Arbeit leisten. Wenn man die Magnetfelder hinreichend in ihrer Längsrichtung dehnt und in ihrer Querrichtung zusammendrückt, kann man ein magnetisches Energiereservoir schaffen. Wenn es gelingt, diese Energie plötzlich wieder zu befreien, kann man damit das Plasma auf hohe Geschwindigkeiten beschleunigen. Wir werden später sehen, daß gespeicherte magnetische Energie auch in Wärme verwandelt werden kann.

Magnetfelder in der Korona

Gelegentlich sieht man leuchtende Materieklumpen von einer Protuberanz seitlich weg auf die Sonnenoberfläche fliegen. An ihren Bahnen erkennt man die Form der sonst nicht sichtbaren Magnetfeldlinien in der Korona. Da die Felder in den sichtbaren Materieballen eingefroren und so stark sind, daß die Materie sich nach ihnen richten muß, können die Gasmassen nicht einfach der Schwerkraft folgen und lotrecht zu Boden fallen, sie müssen, wie die Kabinen einer Seilbahn, längs der Feldlinien schräg nach unten gleiten.

Die Korona ist von Magnetfeldern durchsetzt. Bögen, durchströmt von leuchtender Materie, die von der Sonnenoberfläche nach oben gehen und wieder am Boden enden, zeigen Formen, die uns von magnetischen Feldlinien her vertraut sind (vgl. Abb. 5.3). Mehr von den

Magnetfeldern in der Sonnenkorona haben uns die Röntgenstrahlen der Sonne verraten.

Seit man die Sonne mit Instrumenten untersuchen kann, die außerhalb der Erdatmosphäre arbeiten, kennt man auch die Röntgenstrahlen der Sonne, die nicht bis zur Erdoberfläche herab dringen können, weil sie von der Atmosphärenluft verschluckt werden. Wir werden in Kapitel 12 noch auf die von Raumstationen aus gewonnenen Ergebnisse eingehen.

Die Röntgenstrahlen der Sonne kommen hauptsächlich von der heißen Korona, die mit ihren Temperaturen von Millionen Grad im Röntgenbereich »glüht«. Wie eine feine Nebelschicht leuchtet sie über der im Röntgenlicht verhältnismäßig dunklen Sonnenoberfläche. Aber der Röntgenschimmer der Korona ist nicht gleichmäßig hell. Es gibt heller leuchtende Flecke, gelegentlich helle Knoten und wiederum dunkle Bereiche, aus denen kaum Röntgenstrahlung zu uns kommt. Es sind die sogenannten *koronalen Löcher,* die erst mit Raumsonden entdeckt worden sind (vgl. Abb. 12.2).

Tatsächlich ist die Dichte des heißen Koronagases in ihnen viel geringer als in den anderen Regionen der Korona. Schuld daran sind die Magnetfelder. Die magnetischen Feldlinien, die oft hoch in die Korona hinaufragen, sind in der Sonnenoberfläche verwurzelt. Oberflächenbereiche magnetischer Nord- und Südpolarität liegen auf der Sonnenoberfläche oft friedlich nebeneinander. Die Linien kommen aus einem der beiden magnetischen Flecken, um im anderen wieder in die Sonne zurückzukehren. Die Feldlinien ähneln dann in ihrer Form den Linien zwischen zwei verschiedenen Magnetpolen, so wie sie an den Eisenspänen etwas oberhalb der Mitte der Abbildung 7.8, links, zu erkennen sind.

Manchmal liegen aber auch Bereiche gleicher Polarität auf der Sonnenoberfläche nebeneinander. Dann ähneln ihre Feldlinien eher denen zwischen zwei gleichartigen Magnetpolen, so wie man sie etwas oberhalb der Mitte der Abbildung 7.8, rechts, sieht. In der Abbildung 8.11 ist schematisch dargestellt, wie die beiden Feldlinienformen in der Korona verlaufen können. Im Falle verschiedener Polarität bleibt jede Feldlinie in der Nähe der Sonne, bei gleicher Polarität gehen Feldlinien in den Raum, hinaus in große Entfernungen.

Denken wir uns die Korona gleichförmig mit einem dünnen Plasma angefüllt. In den in Abbildung 8.11 mit a gekennzeichneten Bereichen, in denen die Feldlinien aus der Oberfläche herauskommen und wieder zurück in die Sonne führen, kann das Plasma die Korona nicht verlas-

Abb. 8.11: Magnetfelder in der Korona. In den Bereichen a sind die Feldlinien geschlossen und halten das Plasma der Korona fest. Im Bereich b reichen sie in den Raum hinaus, das Plasma kann längs der Feldlinien entweichen. Der Bereich b ist ein sogenanntes koronales Loch.

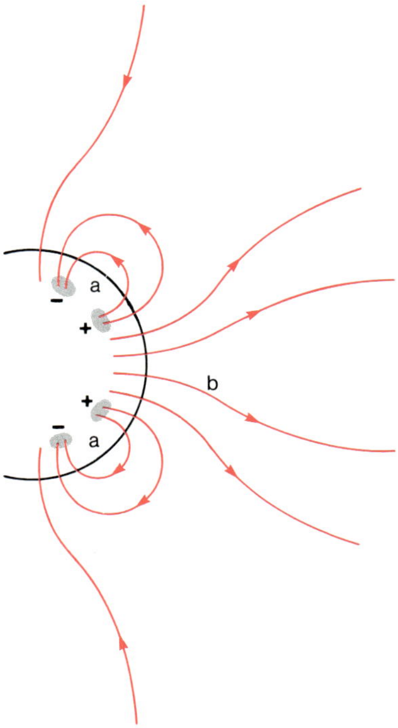

sen. Die Feldlinien müssen ja im Plasma eingefroren bleiben. Wenn die Materie sich von der Sonne entfernen würde, müßten sich die Feldlinien verlängern. Ihre Gummifadenkräfte würden die Materie an jedem Fluchtversuch hindern. Anders aber ist es in dem Bereich b. Dort kann das Gas längs der Feldlinien in den Raum entweichen, ohne daß Feldlinien gedehnt oder gepreßt werden. Das Magnetfeld behindert die entweichende Materie nicht. Überall, wo die Magnetfelder eine Struktur besitzen wie an der Stelle b in Abbildung 8.11, hat sich die Korona entleert. Kein Wunder also, daß dort keine strahlende Materie mehr ist und daher aus diesem koronalen Loch kaum Röntgenstrahlen zu uns kommen.

Daß dieses Bild wahr ist, wird nicht nur durch die unabhängig davon beobachtbaren Strukturen des Magnetfeldes bestätigt, man hat noch einen anderen Hinweis dafür.

Die Sonne rotiert, und mit ihr bewegen sich die in der Sonnenoberfläche eingefrorenen Magnetfelder der Korona in etwa 27 Tagen einmal um die Sonne. Von der Erde aus gesehen wandern daher auch die koronalen Löcher über die Sonnenscheibe. Wenn wir eines dieser Löcher in der Nähe des Zentrums der Sonnenscheibe sehen, dann »zielt« es gerade in diesem Augenblick auf uns. Die dort ausströmende Koronamaterie bewegt sich in unsere Richtung. Tatsächlich frischt der Sonnenwind, der ständig Materie aus der Korona in den Raum bläst, bei uns dann nach etwa drei Tagen auf. Aus dem Zeitunterschied zwischen dem Augenblick, zu dem wir in der Zielrichtung waren und dem Moment, da uns der Windstoß erreicht, kann man schließen, daß die Geschwindigkeit der die Sonne in den koronalen Löchern verlassenden Materie bei 600 km/s liegt.

Woran merken wir, daß wir im Zielgebiet eines koronalen Loches sind? Etwa drei Tage nachdem eines über die Mitte der Sonnenscheibe gezogen ist, beobachtet man Störungen im Magnetfeld der Erde. Es beginnt zu »wackeln«. Der Grund dafür ist das Plasma des Sonnenwindes, das auf das Magnetfeld der Erde trifft und die Feldlinien schüttelt.

Feldlinien, die sich ablösen

Holen wir in Gedanken einen Plasmaballen aus einem Magnetfeld heraus, wie wir es schon in der Abbildung 7.6, rechts, taten. Die Feldlinien versuchen, dem bewegten Ballen zu folgen, schließlich sind sie ja eingefroren. Dabei kommen sich aber Feldlinien entgegengesetzter Richtung nahe, und ihre Felder vernichten einander (vgl. Abb. 8.12). Die Feldlinien des bewegten Plasmas lösen sich von den im ruhenden Plasma verankerten Teilen, und es entstehen Feldlinienschleifen, die den bewegten Plasmaballen begleiten und Feldlinien, die im unbewegten Teil des Plasmas zurückbleiben.

Das ist zwar nur ein Gedankenexperiment, doch es hat auch in der Natur seine Bedeutung. Dazu kehren wir zurück zu der teilweise durch Magnetfelder an die Sonne gebundenen und teilweise den Einflußbereich der Sonne verlassenden Koronamaterie. Wir sahen, daß die an geschlossene Feldlinien gebundene Materie von der Sonne nicht entweichen kann, während Materie, die von offenen Feldlinien durchsetzt ist, die Sonne verläßt. Doch auch von geschlossenen in der Sonne verankerten Feldlinien gefangene Materie kann gelegentlich der Sonne entkommen. Sie kann so hohe Druckkräfte entwickeln, daß sie die Magnetfeldlinien in große Höhen drückt. Dann liegen Feldlinien entgegengesetzter Polarität nahe beieinander und vernichten sich gegenseitig.

Feldlinien schließen sich zu neuen Schleifen zusammen, die nicht mehr in der Sonne verankert sind und die deshalb die Plasmamaterie nicht mehr an die Sonne binden. Der Plasmaballen hat sich magnetisch von der Sonne entkoppelt und kann frei in den Raum fliegen.

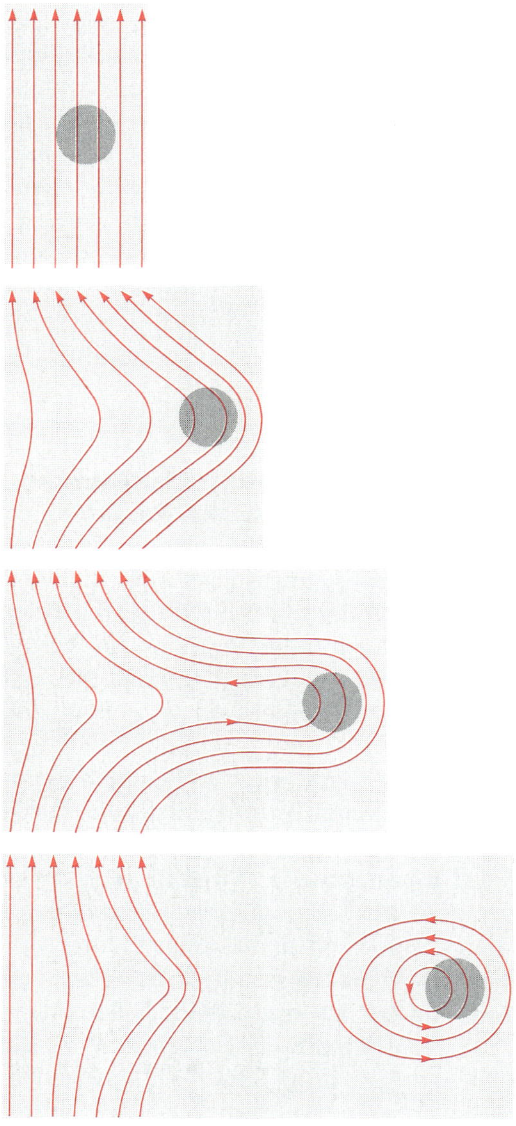

Abb. 8.12: Wenn man das Experiment der Abb. 7.6, rechts, mit einem Plasma von endlicher elektrischer Leitfähigkeit wiederholt, dann vernichten sich entgegengesetzt laufende Feldlinien, der Plasmaballen löst sich vom ursprünglichen Magnetfeld ab.

Flares

Im Magnetfeld eines Plasmas steckt Energie. Auf der Sonne kann ein Magnetfeld mit Energie aufgefüllt werden, denken wir nur an die aufgewickelten Magnetfelder. In einem Kubikkilometer Plasma aus der Mitte eines Sonnenflecks steckt etwa soviel magnetische Energie wie bei der Explosion der Atombombe von Hiroshima frei wurde. Was wird aus der Energie, wenn zwei Magnetfelder entgegengesetzter Polarität einander nahe kommen und sich gegenseitig vernichten? In der Abbildung 8.13 ist links eine Fleckengruppe im weißen Licht abgebildet. Rechts daneben das Magnetogramm. Man erkennt, daß der linke Fleck von nördlicher Polarität ist (weiß), der rechte von südlicher (schwarz). Auffallend ist jedoch ein kleinerer Fleck, den man unterhalb des rechten Flecks erkennt. Das Magnetogramm zeigt, daß in ihm Magnetfelder verschiedener Polarität eng aneinandergepreßt sind. Die Grenze zwischen Weiß und Schwarz ist recht scharf. Kurz darauf leuchtete dort ein Flare auf. Danach war von den Magnetfeldern an dieser Stelle nicht mehr viel zu sehen, sie hatten sich gegenseitig vernichtet.

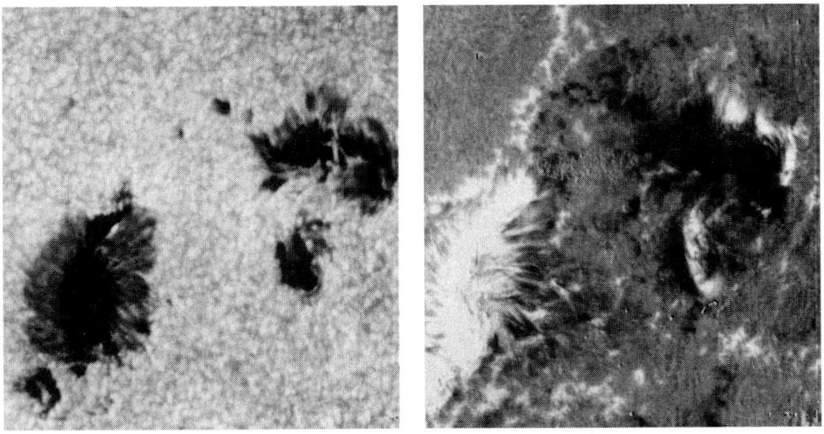

Abb. 8.13: Links: eine Fleckengruppe im weißen Licht. Rechts: das Magnetogramm derselben Stelle zeigt, daß der linke Fleck von nördlicher Polarität ist (weiß), der oben rechts von südlicher (schwarz). Der kleinere Fleck unter dem rechten oberen aber enthält scharf aneinandergrenzende entgegengesetzte Felder (Schwarz grenzt scharf an Weiß). Die Felder können einander rasch vernichten. Die dabei freiwerdende Energie erzeugte kurz danach einen Flare-Ausbruch (Aufnahme: Lockheed Research Lab., mit Hilfe des schwedischen Vakuum-Turmteleskops auf La Palma).

Die Flares scheinen ihre Energie aus sich vernichtenden Magnetfeldern zu beziehen. Wie die elektrische Energie eines Gewitters einen Blitz erzeugt, so wird die magnetische Energie eines Magnetfeldes in der Sonne in einem Flare in kürzester Zeit freigesetzt, wir wissen, es handelt sich um Minuten. Hier wie dort werden Elektronen auf hohe Geschwindigkeiten gebracht. Allerdings sind Blitze in der Erdatmosphäre und Flares auf der Sonne wesentlich voneinander verschieden. Beim Blitz kommt das Licht von dem erhitzten Gas, denn die Luft wird plötzlich elektrisch leitend, und wie bei einem Kurzschluß erzeugt der nunmehr ungestört fließende Strom hohe Temperaturen. Elektrische Energie wird zu Wärme. Beim Flare vernichten sich die Felder, und die Elektronen des Plasmas erreichen Geschwindigkeiten, die mit der des Lichtes vergleichbar sind. In den sich erst verstärkenden, dann sich gegenseitig vernichtenden Magnetfeldern einer Flare-Region geht von extrem rasch fliegenden Elektronen Strahlung aus, die wir als Lichter wahrnehmen, sogenannte *Synchrotron-Strahlung.*

Wir glauben zu wissen, daß die Energie eines Flare auf der Sonne aus den Magnetfeldern kommt. Woher aber nehmen die Felder ihre Energie? Wir glauben, daß die Rotation der Sonnenoberfläche mit ihrem rascher rotierenden Äquatorgürtel und den langsameren Polregionen die Feldlinien aufwickelt und Energie in den Feldern speichert. Woher aber nimmt die Rotation der Sonne ihre Energie? Wir wissen es nicht. Wir wissen bereits von der Granulation, daß die äußeren Schichten des Sonnenballes in ständiger Bewegung sind. Im nächsten Kapitel werden wir sehen, daß der aus dem Inneren kommende Strom an Sonnenenergie dafür verantwortlich ist. Diese Bewegungen könnten es bewirken, daß sich die Sonne nicht wie ein starrer Körper dreht. Wenn das alles stimmt, ist es letztlich die Kernenergie aus dem Zentrum der Sonne, die uns immer wieder das gleiche magnetische Schauspiel in 22jährigen Vorstellungen vorführt.

Deshalb wollen wir uns jetzt mit den Vorgängen im tiefen Inneren der Sonne befassen.

9. Die Sonne im Computer

Mitten unter der Vielzahl der Sterne ist die Sonne ein Unscheinbares Etwas, ein gewöhnlicher Stern von durchschnittlichem Glanz. Wir kennen Sterne, die mindestens das Zehntausendfache an Licht spenden und solche, die nur ein Zehntausendstel ihres Lichtes aussenden.

Sir Arthur Eddington (1882–1944)

So groß das Arsenal an Instrumenten und Meßgeräten der modernen Sonnenforscher von heute auch ist, in einem können wir Fabricius, Scheiner und Galilei nicht übertreffen: Wir können auch heute noch nicht tiefer in das Innere des Sonnenkörpers hineinschauen. Da nützen auch die besten Vakuumteleskope und Sonnenobservatorien in Umlaufbahnen um die Erde nichts. Die Sonnenmaterie ist zwar nicht vollständig undurchsichtig, doch kommt nur Licht aus ihren alleräußersten Schichten direkt zu uns. Wir blicken auch heute, selbst mit unseren raffiniertesten optischen Teleskopen, nur durch eine dünne Oberflächenhaut der Sonne. Die größten Teleskope bieten keinen tieferen Einblick in ihr Inneres als die Fernrohre der ersten Sonnenbeobachter.

Daß wir trotzdem mehr darüber wissen als über das Innere unseres Erdkörpers, hängt damit zusammen, daß die Sonnenmaterie selbst bis in ihre tiefsten Eingeweide viel einfachere Eigenschaften besitzt als der Stoff, aus dem die Erde ist. Das wiederum hängt vor allem an der hohen Temperatur der Sonnenmaterie. In ihr haben die Atome längst mehrere, vielleicht alle Elektronen verloren. Ionen und Elektronen bewegen sich frei nebeneinander. Sie können sich nicht zu komplizierten Molekülen oder zu Kristallen zusammenklumpen. Das erleichtert das Leben derer, die das Innere des Sonnenkörpers ergründen wollen, ohne einen Blick hineinwerfen zu können.

Man kennt die chemischen Elemente, aus denen die Sonne besteht, durch die Spektralanalyse. Die mittlere Dichte kann man aus der Sonnenmasse und aus ihrem Durchmesser berechnen. In der Sonne ist etwa die 300 000fache Masse der Erde vereinigt. Sie hat etwa den hundertfachen Durchmesser. Ihre mittlere Dichte beträgt demnach etwa das 1,4fache der Dichte des Wassers. Die Dichte der Erde ist dagegen etwa das 5,5fache der Wasserdichte. Man schätzte schon frühzeitig die Temperatur im Zentrum der Sonne auf einige Millionen Grad, ein Wert, der gar nicht so weit von dem heute angenommenen entfernt ist. Bei diesen relativ niedrigen Dichten und extrem hohen Temperaturen kennt man die Eigenschaften der Materie recht gut.

Als man nach dem letzten Krieg über Computer verfügte, konnte man die den Aufbau und die Entwicklung eines Sterns beschreibenden Gleichungen endlich lösen und damit gewissermaßen Sterne im Computer simulieren. Das hat uns geholfen, die Sterne und ihre Lebensgeschichten zu verstehen, im besonderen hat es uns die Geschichte der Sonne und ihren inneren Aufbau enthüllt.

Kernfusion im Inneren der Sonne

Wie wir bereits in Kapitel 1 gesehen haben, stammt die Energie der Sonne aus ihren Atomkernen. Physiker wie George Gamow, Hans Bethe und Carl Friedrich von Weizsäcker haben die wesentlichen Schritte zu dieser Erkenntnis getan. Für die Sonnenenergie ist hauptsächlich die sogenannte *Proton-Proton-Kette* verantwortlich.

In der Abbildung 1.2 ist sie schematisch in drei Schritten dargestellt: Zwei Atomkerne des Wasserstoffs, also zwei Protonen, prallen infolge der hohen Temperatur mit großer Geschwindigkeit aufeinander. Protonen haben eine positive elektrische Ladung. Wenn sie aufeinander zufliegen, werden sie durch die abstoßenden Kräfte der gleichen Ladungen gebremst oder abgelenkt. Sie kommen sich fast nie so nahe, daß sie miteinander verschmelzen. Doch durch einen Effekt, den man erst in den zwanziger Jahren durch die Quantenmechanik kennengelernt hat, vereinigen sich trotzdem in jedem Augenblick in der Sonne genügend viele Protonen zu einem neuen Atomkern, dem Deuterium, von dem schon auf Seite 25 die Rede war. Die positive elektrische Ladung eines der beiden verschmolzenen Kerne verläßt dabei auf einem Positron den neu gebildeten Atomkern. Bald wird es auf eines der frei umherschwirrenden Elektronen treffen und mit ihm in einem Lichtblitz verstrahlen. Wird nun der neugeborene Deuteriumkern von einem normalen Wasserstoffkern, also von einem Proton, getroffen, verschmelzen die beiden zu einem neuen Atomkern. In dem in der Bildmitte von Abbildung 1.2 beschriebenen Prozeß wird aus den Kernen ^{1}H und ^{2}H ein Kern des

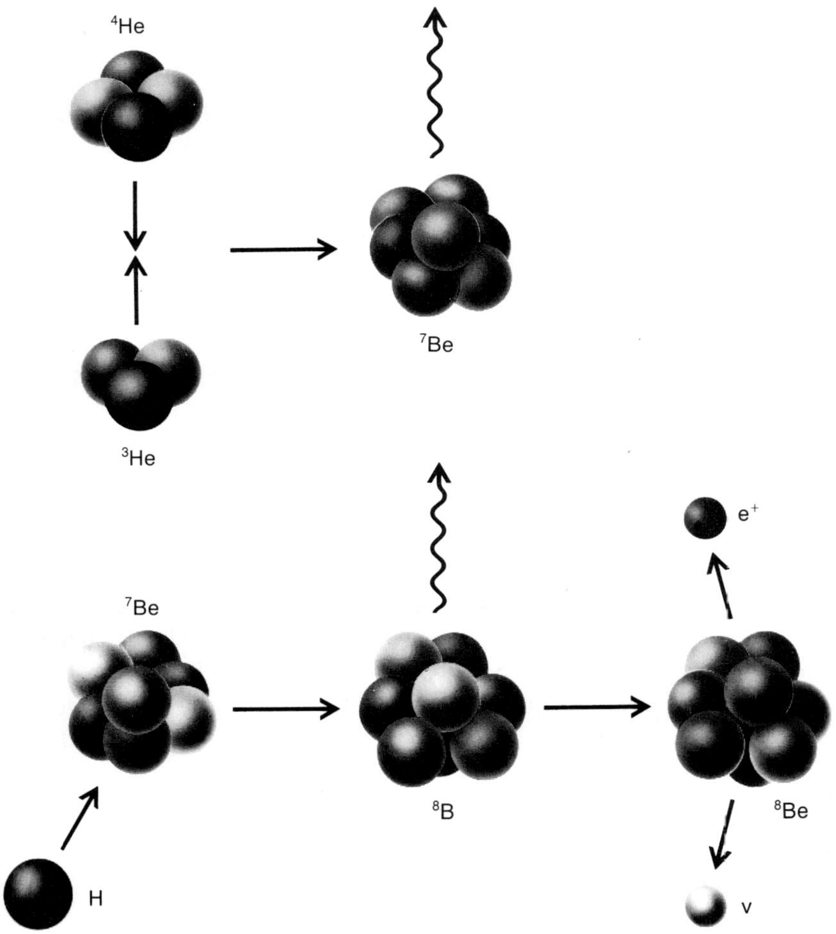

Abb. 9.1: Neben den in der Abbildung 1.2 dargestellten Prozessen der Energieerzeugung in der Sonne aus Wasserstoff, laufen noch mehrere Nebenreaktionen ab, die für die Energieerzeugung in der Sonne nicht wichtig sind. Bei dem hier dargestellten bilden sich aus Helium- und Wasserstoffatomen Boratome (^8B), die zu Berylliumatomen (^8Be) zerfallen. Dieser Prozeß ist von Bedeutung, weil dabei Neutrinos (ν) hoher Energie entstehen. Sie kommen aus dem Inneren der Sonne ungehindert zur Erde und können hier untersucht werden.

Heliumisotops ^3He. Hierbei bedienen wir uns der schon in Kapitel 1 eingeführten Schreibweise. Nebenher wurde auch noch Strahlung frei, die den Ort des Prozesses verläßt und die in der Nachbarschaft umherschwirrenden Elektronen heizt. Das Isotop ^3He kommt in der Sonne nicht allzu häufig vor, denn kaum entstanden, verschmelzen seine Kerne in dem im dritten Bild von Abbildung 1.2 wiedergegebenen Prozeß zu einer anderen Heliumart, dem ^4He. Wie man in der Abbildung sieht, werden dabei zwei Protonen wieder abgestoßen. Insgesamt sind also vier Protonen zu einem Heliumkern verschmolzen. Die Masse eines Heliumkerns ^4He ist aber etwas weniger als die Masse der vier Protonen, aus denen er entstanden ist. Es fehlen etwa 0,7 Prozent der ursprünglichen Masse. Ein Teil davon ging mit dem Positron in den Raum und verstrahlte kurz danach beim nächsten Zusammentreffen mit einem Elektron. Ein Teil verlor sich auch mit dem Strahlungsblitz, der entstand, als sich der ^3He-Kern bildete. Masse wurde zu Energie, als der Wasserstoff zu Helium wurde. Das ist der Mechanismus, bei dem in der Sonne Masse in Energie verwandelt wird. Als sich der Deuteriumkern bildete, trug noch ein weiteres Teilchen Energie fort, ein Neutrino. Darauf werden wir noch zu sprechen kommen.

Wir haben aber die Vorgänge etwas zu einfach beschrieben. Neben den in der Abbildung 1.2 dargestellten drei Prozessen laufen noch mehrere Nebenprozesse ab, die in der Abbildung 9.1 schematisch angedeutet sind. Sie spielen für die Energiebilanz der Sonne kaum eine Rolle. Daß sie den Astrophysikern trotzdem Kopfschmerzen bereiten, werden wir noch sehen.

Die Geburt der Sonne

Will man die Lebensgeschichte der Sonne auf dem Computer simulieren, so steht man zuerst vor der Frage, wie man anfangen soll. Wie hat die Sonne begonnen? War sie schon immer so wie heute? Das kann nicht sein, denn es steht ihr nur ein endlicher Energievorrat zur Verfügung. Sie kann nicht seit eh und je so gestrahlt haben wie heute. Wie also ist die Sonne entstanden? Darüber geben uns die anderen Sterne Auskunft. Der Astronom weiß, daß Sterne mit großer Leuchtkraft kurzlebig sind. Die leuchtkräftigsten Sterne unseres Milchstraßensystems sind die jüngsten. Manche sind erst vor kurzem entstanden, wenn dieses »vor kurzem« auch vielleicht eine Million Jahre bedeutet. Für Sterne ist das eine kurze Zeitspanne. Man kann diesen Zeitraum – so unvorstellbar lang er uns auch erscheint – mit der Entwicklungszeit des Menschen vergleichen. Vor einer Million Jahre gab es bereits den Affenmenschen von Java.

Die Stellen am Himmel, an denen vor kurzem erst Sterne entstanden sind, geben uns Auskunft darüber, wie Sterne entstehen. Immer findet man dort besonders viele Gas- und Staubwolken, Überreste der den Raum zwischen den Sternen erfüllenden Materie, der sogenannten interstellaren Materie, aus der sie offensichtlich entstanden sind. Immer wieder stürzen Gaswolken, durch ihre eigene Schwerkraft getrieben, in sich zusammen. Verdichtungen bilden sich, aus denen Sterne entstehen. Sie werden immer in großen Würfen geboren. Wir beobachten am Himmel solche Gruppen beim Kollaps einer Gaswolke gleichzeitig entstandener Sterne. Es sind die sogenannten *Sternhaufen*. In ihnen stehen oft einige hundert, manchmal aber hunderttausend Sterne beieinander, die aller Wahrscheinlichkeit nach gleichzeitig geboren wurden. Auch die Sonne dürfte so entstanden sein, und irgendwo in der Milchstraße finden sich mit Sicherheit noch einige hundert ihrer Geschwister. In den vergangenen 4,5 Jahrmilliarden haben sie sich alle voneinander entfernt und über große Bereiche unseres Milchstraßensystems verteilt. Wir können heute unter den Milliarden Sternen die Geschwister der Sonne nicht wiederfinden.

Unser Bild von der Entstehung der Sterne ist noch recht unvollständig. Glücklicherweise hängt die weitere Geschichte der Sonne nicht von den Einzelheiten ihres Geburtsprozesses ab. Uns Menschen ist das nichts Ungewohntes. Das spätere Schicksal eines gesunden Neugeborenen hängt nicht davon ab, ob es auf natürliche Weise zur Welt kam oder durch Kaiserschnitt geboren wurde.

Am Ende des Zusammenfallens der Wolke steht in jedem Fall eine durch ihre eigene Schwerkraft zusammengehaltene Gaskugel. Das Gas hat sich während der letzten Phasen des Kollaps so erhitzt, daß der Druck dem Sturz zur Mitte Einhalt bieten konnte. Im Zentrum bildet sich eine Verdichtung, in der sich die Schwerkraft, die die Gaskugel weiter zusammenziehen möchte, und der Gasdruck in ihr die Waage halten. Während die Materie in der Kugel nahezu zur Ruhe gekommen ist, regnet der äußere Rest der Wolke auf ihre Oberfläche (vgl. Abb. 9.2). Bald herrschen in ihrem Zentrum Temperaturen von etwa zehn Millionen Grad. Bei dieser Hitze zündet der Wasserstoff: Der Kernreaktor im Zentrum der Gaskugel schaltet sich an. Noch sind die chemischen Stoffe des Gases die des ursprünglichen interstellaren Gases. Wie immer die Vorgeschichte auch war, die endgültige Gaskugel ist davon unab-

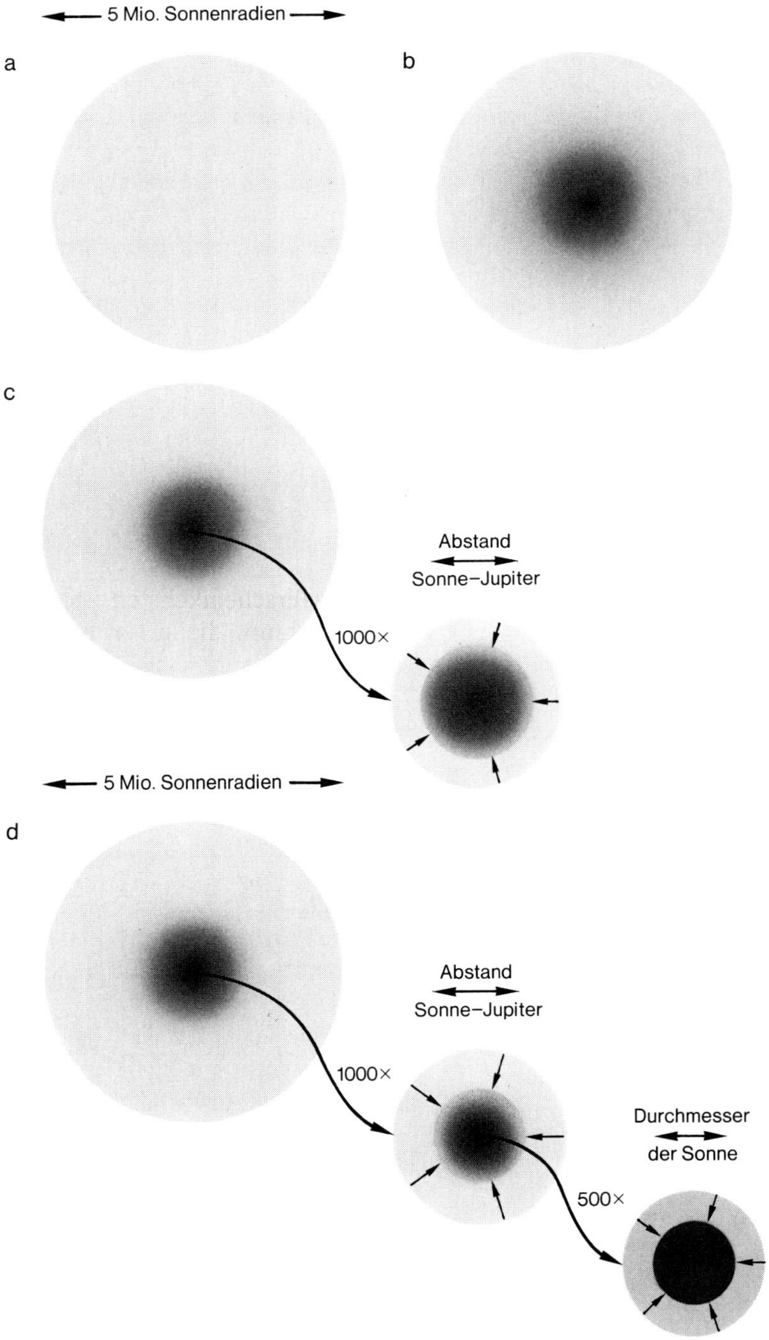
5 Mio. Sonnenradien
a
b
c
Abstand
Sonne–Jupiter
1000×
5 Mio. Sonnenradien
d
Abstand
Sonne–Jupiter
1000×
Durchmesser
der Sonne
500×

hängig. Das ist ein Glücksfall für die Forschung, denn wenn man die spätere Geschichte der Sonne studieren will, kann man mit den Computerberechnungen in dieser Phase beginnen, ohne etwas von der Vorgeschichte wissen zu müssen.

Die Suche nach der Ursonne

Beginnen wir also mit einer Gaskugel der Masse unserer Sonne. Aber welche Art von Materie sollen wir dazu nehmen? Die häufigsten Elemente im Weltall sind Wasserstoff und Helium. Nahezu alle Sterne bestehen hauptsächlich aus einem Gemisch dieser beiden Stoffe. Dazu gehört noch eine geringe Beimischung aller anderen Elemente. Sie bedeuten mengenmäßig fast nichts, sind gewissermaßen nur das Gewürz im Wasserstoff-Helium-Gemisch. Leider kann man das Helium in den Spektren der Sterne nur schwer erkennen, deshalb ist man sich über das genaue Mischungsverhältnis Wasserstoff zu Helium in der Sonne nicht allzu sicher. Es scheint so, als ob ein Gewichtsverhältnis Wasserstoff zu Helium von etwa 7:3 am wahrscheinlichsten ist. Wir werden gleich sehen, wie man versuchen kann, die ursprüngliche Mischung beider Stoffe heute, also Milliarden Jahre danach, herauszufinden.

Aus Altersbestimmungen mit Hilfe radioaktiver Elemente von der Erde sowie von Meteoriten kommt man auf ein Alter des Sonnen-

Abb. 9.2: Wie man sich die Entstehung der Sonne aus einer Gaswolke vorstellt. a: Eine Wolke des Gases, wie man es heute noch zwischen den Sternen findet, beginnt in sich zusammenzustürzen. Anfangs ist die Dichte in ihrem Inneren noch überall dieselbe. b: Nach 390000 Jahren hat sich im Zentrum der Wolke die Dichte verhundertfacht. c: 423000 Jahre nach dem Beginn des Vorganges entsteht im Inneren der Verdichtung ein heißer Kern, der vorerst nicht weiter zusammenfällt. Er ist noch einmal vergrößert herausgezeichnet. Seine Dichte ist jetzt das Zehnmillionenfache der Anfangsdichte. Die Hauptmasse ist aber nach wie vor in der ihn umgebenden zusammenfallenden Wolke. d: Kurze Zeit danach, wenn sich im Kern die Wasserstoffmoleküle in Einzelatome auflösen, fällt der Kern noch einmal in sich zusammen und bildet einen neuen Kern (in der Abbildung zweimal herausvergrößert), der schon ungefähr die Größe der Sonne hat. Obwohl er vorläufig nur wenig Masse besitzt, wird im Laufe der Zeit alle Materie der Wolke auf ihn fallen. Der Kern wird dann in seinem Zentralgebiet so heiß, daß in ihm der Wasserstoff zündet und ein Stern entsteht, der sich von unserer Sonne nur dadurch unterscheidet, daß er erst beginnt, seinen Vorrat an Kernenergie anzuzapfen.

systems von etwa 4,6 Milliarden Jahren. Damit können wir experimentieren: Wir beginnen unser Modell der Ursonne zum Beispiel mit einer Anfangsmischung von Wasserstoff zu Helium und zu den anderen Elementen von 70:29:1 und verfolgen im Computer, wie sich im Zentralgebiet dieser Modellsonne Wasserstoff in Helium umwandelt, Energie frei wird, die nach außen dringt und die Sonne leuchten läßt. Die Ursonne strahlte etwa 40 Prozent schwächer als heute, sie war auch etwas kleiner. Im Laufe der Zeit verwandelte sich ein Teil des Wasserstoffs im Zentrum in Helium. Gleichzeitig wurde die Sonne heißer und größer. Mit unserem anfangs angenommenen Mischungsverhältnis hat das Modell, nachdem wir es über 4,6 Milliarden Jahre verfolgt haben, noch nicht die Leuchtkraft unserer heutigen Sonne erreicht. Der Grund liegt darin, daß wir mit einem falschen Anfangsgemisch begonnen haben. Man kann aber den Fehler berichtigen und das für den Anfang angenommene Verhältnis von Wasserstoff zu Helium ändern und die Rechnung wiederholen. Nach mehreren Versuchen wird man ein Modell für die gegenwärtige Sonne erhalten, das 4,6 Milliarden Jahre, nachdem es als chemisch homogener Stern begonnen hat, in seiner Leuchtkraft unserer Sonne gleicht. Der Astrophysiker Achim Weiß hat an unserem Institut in Garching in der letzten Zeit Sonnenmodelle gerechnet. Er erhielt die gegenwärtige Sonne in allen ihren Eigenschaften, wenn er mit einem anfänglichen Mischungsverhältnis von 700:286:14 begann.

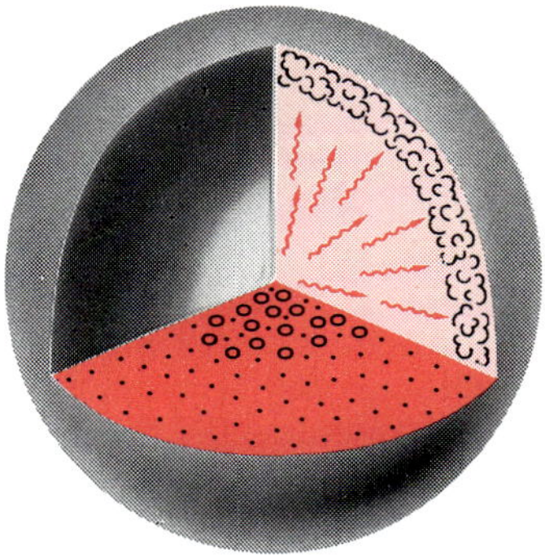

Abb. 9.3: Das Innere der Sonne. Im aufgeschnittenen Teil zeigt die linke Schnittfläche an, wo Kernprozesse die Energie der Sonne liefern. Der rechte Sektor zeigt, wie diese Energie nach außen gelangt. Im Inneren wird sie durch Strahlung (gewellte Pfeile), in den äußeren Schichten durch Materiebewegung (wolkige Zone) transportiert. Diese Bewegung ist für die Granulation an der Sonnenoberfläche verantwortlich. Der untere Sektor deutet die chemische Beschaffenheit der Sonnenmaterie an. Punkte zeigen die Gebiete, in denen die Sonne noch die ursprüngliche chemische Zusammensetzung besitzt wie die Gaswolke, aus der sie entstand, also etwa 70 Gewichtsprozent Wasserstoff, der Rest hauptsächlich Helium. Im Inneren, dort, wo die Sonne bereits in den 4,6 Milliarden Jahren ihres Bestehens neues Helium gebildet und die ursprüngliche chemische Beschaffenheit verändert hat, sind offene Kreise gezeichnet.

Auf diese Weise kann man aber nicht nur die Geschichte der Sonne von der Ursonne bis zu ihrem heutigen Zustand berechnen. Die Modelle für die heutige Sonne gestatten auch, einen Blick in ihr Inneres zu werfen, in das zu blicken dem beobachtenden Sonnenforscher nicht vergönnt ist. In der Abbildung 9.3 ist das Innenleben unserer Sonne, so wie es uns der Computer zeigt, schematisch dargestellt. In den vergangenen 4,6 Milliarden Jahren hat sich das Helium im Zentrum der Sonne angereichert: Waren anfangs im Kilogramm nur 286 Gramm Helium, so sind es dort inzwischen etwa 700 Gramm geworden. Das Modell für die gegenwärtige Sonne zeigt uns auch, wie die Zwischen- und Nebenprodukte der Proton-Proton-Kette im Sonneninneren verteilt sind.

Der Blick in das Innere unserer Modellsonne sagt uns, daß die von den Kernreaktionen freigesetzte Energie hauptsächlich durch Strahlung nach außen transportiert wird. Wenn sich die Elektronen und die Atomkerne der Sonnenmaterie bei ihrem ständigen Zickzackflug gelegentlich nahe aneinander vorbeibewegen – immer wieder abgelenkt durch die elektrischen Kraftfelder, von denen diese geladenen Teilchen umgeben sind –, dann entstehen zahlreiche kleine Strahlungsblitze, Lichtquanten, wie wir sie aus Kapitel 3 kennen. Die Quanten werden immer wieder in dem Elektron-Atomkern-Gemisch der Sonnenmaterie abgelenkt und gestreut. Ein einzelnes Lichtquant hat einen mühsamen Weg zur Oberfläche. Nur Wegstrecken von Millimetern fliegt es geradlinig. Dann wird es von einem Elektron oder einem Ion aufgehalten und aus seiner Richtung geworfen. Immer wieder muß es vorübergehend in die Schicht zurück, aus der es gekommen ist. In einem ständigen Hin und Her, Vor und Zurück, gelangt es nur langsam nach außen. Die Zeit, die es auf seinem Zickzackkurs nach außen benötigt, wird in Millionen Jahren gemessen. Da wäre eine Weinbergschnecke, die den geraden Weg nimmt, schneller. Aber letztlich finden die Lichtquanten doch vom heißen Inneren in die kühleren Außenschichten und transportieren die bei den Kernprozessen frei gewordene Energie zur Oberfläche. In den äußersten Bereichen aber läßt die relativ kühle Materie die Lichtquanten nur schlecht durch.

Deshalb wird dort die aus dem Sonneninneren kommende Energie durch einen anderen Mechanismus nach außen geschafft. Wir kennen ihn schon von der Erde her als den Todfeind der Sonnenphysiker, es ist die Turbulenz. Heiße Luftballen steigen auf, kühle sinken dafür ab. Auf der Erde wird damit vom Asphalt einer erhitzten Straße Wärmeenergie in höhere Luftschichten gebracht. Der Vorgang – man nennt ihn auch *Konvektion* – spielt im Wärmehaushalt unserer Atmosphäre eine wichtige Rolle – nicht nur über heißen Asphaltstraßen. Auch in der Sonne ist die Konvektion wichtig, denn in ihren äußersten Schichten transportiert sie die aus dem Inneren kommende Energie zur Oberfläche. Die Energie jedes Sonnenstrahls, der auf unsere Haut trifft, ist unterhalb der Sonnenoberfläche über eine Strecke von etwa 200 000 Kilometer durch Konvektion transportiert worden. Dem Sonnenbeobachter ist die Konvektion in den äußeren Schichten unserer Modellsonne nichts Neues. Er kennt sie längst, denn sie ist für die Sonnengranulation (vgl. S. 80) verantwortlich. Eine Eigenschaft der wirklichen Sonne wurde von unserer Modellsonne bestätigt. Wir haben Grund, ihr zu vertrauen.

Die Modellrechnungen sagen uns noch mehr. Warum sollen wir bei der Gegenwart aufhören? Lassen wir doch den Computer weiterrechnen, lassen wir noch mehr Wasserstoff zu Helium werden, und sehen wir, was mit der Sonne weiter geschehen wird, wenn in ihrem Zentralgebiet aller Wasserstoff zu Helium geworden ist.

Lange Zeit wird man der Sonne äußerlich nicht ansehen, daß sie in ihrem Inneren immer mehr ihres Kernbrennstoffs verbraucht. Erst beim Alter von etwa zwölf Milliarden Jahren, also erst in sieben bis acht Milliarden Jahren, wird die Sonne eine Zentralkugel von Heliumgas gebildet haben und sich langsam aufblähen. Gleichzeitig wird ihre Leuchtkraft ansteigen. Es wird, in Zeiträumen, die man wiederum in Jahrmilliarden mißt, auf der Erde wärmer werden. Die Sonne wird sich in einen Riesenstern verwandeln, der in Abbildung 9.4 im Vergleich zur heutigen Sonne gezeigt ist. Schließlich wird die Sonne so groß werden, daß ihre Oberfläche Merkur, den innersten Planeten, erreichen wird.

Abb. 9.4: Größenvergleich zwischen gegenwärtiger Sonne (links) und ihren zukünftigen Stadien. Oben ragt sie als Riesenstern ins Bild, rechts, kaum zu erkennen, die Sonne im gleichen Maßstab als weißer Zwerg.

Sie wird ihn verschlingen und sich nach einiger Zeit auch die Venus einverleiben. Die Sonnenoberfläche wird sogar der Erde gefährlich nahe kommen. Möglicherweise wird sie auch unseren Planeten in sich aufnehmen. Während die Sonne so ihren Durchmesser ständig vergrößert, wird sie gleichzeitig auch noch leuchtkräftiger werden. Dem Leben auf der Erde hat sie längst ein Ende bereitet. Aber das wird erst in vielen Milliarden Jahren geschehen – wir werden diese astrophysikalisch interessante Zeit nicht mehr erleben.

Hat die Sonnenoberfläche etwa die Erdbahn erreicht, beginnt die Sonne wieder zu schrumpfen. Dieser Prozeß wird auch weitergehen, wenn sie wieder ihre gegenwärtige Größe erreicht hat, sie schrumpft weiter. Ihre Leuchtkraft sinkt, weit unter ihren gegenwärtigen Wert. Die Sonne ist ein unscheinbares Sternchen geworden, ein sogenannter *Weißer Zwerg*, kaum größer als die Erde.

Diese Vision stammt nicht nur aus dem Computer. Wir beobachten am Himmel Sterne von der Art der Sonne, die ihr in ihrem Lebenslauf bereits vorausgegangen sind, die sich aufgebläht haben, als ihre Wasserstoffkernenergie zur Neige ging, und dabei ihre Leuchtkraft vergrößert haben. Wir beobachten aber auch Sterne, die längst über diese Lebensphase hinaus sind und nun als unscheinbare weiße Zwergsterne am Himmel stehen. Sie sind inzwischen so zusammengeschrumpft, daß in ihrem Inneren eine Tonne Materie in einem Fingerhut Platz hätte.

Da man mit der gleichen Methode auch die Lebensgeschichte anderer Sterne im Computer verfolgen kann, und da das Ergebnis im großen und ganzen mit den beobachteten Sternen übereinstimmt, hat man Grund zu glauben, daß der Blick, den uns der Computer in das Innere der Sonne gestattet, die Wahrheit zeigt und daß auch die für uns düstere Prognose über ihre und damit unsere Zukunft richtig ist.

Sonnenforschung unter Tage

Eigentlich könnten die Astronomen mit ihrem Bild vom Fusionsreaktor Sonne recht zufrieden sein. Daß sie es nicht sind, liegt an den Neutrinos, die bei den Kernreaktionen in der Sonne entstehen. Neutrinos haben eine so geringe Wechselwirkung mit der Materie, daß sie praktisch ungehindert aus dem Zentralgebiet der Sonne, in dem sie entstehen, herauskommen und mit Lichtgeschwindigkeit die Erde erreichen können. Gäbe es ein Neutrino-Teleskop, die Sonne erschiene in ihm als ein Fleck, dessen Durchmesser nur etwa ein Zehntel des optischen

Sonnenbildes wäre, denn nur aus dem Zentralgebiet der Sonne, in dem die Fusion abläuft, würde das Teleskop Neutrinos erhalten. Aber es gibt keine Neutrino-Teleskope, eben weil auch die terrestrische Materie mit den Neutrinos fast nicht wechselwirkt. Man kann für Neutrinos weder Linsen noch Spiegel bauen. Die alles durchdringenden Neutrinos werden auch von der Materie der gesamten Erdkugel nicht aufgehalten. In der Sekunde treffen die Erde pro Quadratzentimeter etwa 66 Milliarden Sonnenneutrinos. Sie treffen uns auch nach Sonnenuntergang. Um Mitternacht kommen sie von unten her.

Ganz durchsichtig ist allerdings die irdische Materie für die Sonnenneutrinos nicht. Einige wenige Atomsorten werden durch vorbeikommende Neutrinos doch in Mitleidenschaft gezogen. Das bekannteste Atom unter ihnen ist ein Isotop des Elements Chlor, das ^{37}Cl. Es nimmt zwar selten, aber doch gelegentlich ein Neutrino auf und verwandelt sich unter Abgabe eines Elektrons in ein Argonatom.

Darauf beruhte ein Experiment, das den Astrophysikern seit langem Sorgen bereitet. In einem großen Tank war Chlor in Form der Verbindung Perchloräthylen (C_2Cl_4) den Neutrinos der Sonne ausgesetzt. Der Stoff ist eine Flüssigkeit, die man hauptsächlich in der Reinigungsindustrie verwendet, ähnlich dem uns bekannteren Tetrachlorkohlenstoff. Raymond Davis von der Universität von Maryland, der dieses Experiment entwickelt hat, verwandte 390 000 Liter dieses Stoffes. Aber nicht nur Sonnenneutrinos, auch Protonen und Teilchen der ununterbrochen aus dem Weltall auf uns eindringenden kosmischen Strahlung können aus Chlor das gleiche Argonatom machen. Um das zu verhindern, baute man die Anlage in einer aufgelassenen Goldmine etwa 1500 Meter unter der Erdoberfläche, dort wohin keine Teilchen der kosmischen Strahlung mehr gelangen können.

Um weitere Störreaktionen durch schnelle Neutronen zu vermeiden, war der Tank noch mit einem dicken Wassermantel umgeben. Leider hat das Chloratom den Nachteil, daß es nur auf Neutrinos hoher Energie anspricht. Welche Energien haben die Neutrinos der Sonne? Können wir sie schon nicht in einem irdischen Neutrinospektrographen nach ihrer Energie ordnen, so können wir doch aus unseren Sonnenmodellen theoretisch das »Neutrinospektrum« der Sonne bestimmen. Das heißt, wir können angeben, wie viele Neutrinos einer bestimmten Energie in der Sekunde von der Sonne zu uns kommen müßten. Das Chloratom reagiert nur auf die hochenergetischen Neutrinos, die vom Zerfall des Boratoms in einer relativ unwichtigen Nebenkette herkommen (vgl. Abb. 9.1). Sie aber sind nur ein verschwindender Teil der gesamten Neutrinostrahlung der Sonne aus. Der starke Neutrinostrom der für die Energieerzeugung entscheidenden Reaktion (vgl. das erste Teilbild der Abb. 1.2) liefert leider nur Neutrinos niedrigerer Energie. Für sie ist das Chloratom blind. Ich will hier nicht auf die Meßtechnik eingehen, mit der man die durch Sonnenneutrinos entstandenen Argonatome nachweist, nicht darauf, wie man in 650 Tonnen Perchloräthylen nach 35 Argonatomen suchen muß. Ich will nur das enttäuschende Ergebnis wiedergeben.

Eine siebenjährige Meßreihe des inzwischen abgeschlossenen Experiments ist der Abbildung 9.5 zu entnehmen. Um die Ergebnisse darzustellen, benutzt man als gebräuchliche Einheit das SNU (solar neutrino unit). Sie entspricht der Absorption eines Neutrinos pro Sekunde in einem Tank von 10^{36} Chloratomen. Man kann von unseren Modellen der gegenwärtigen Sonne den Neutrinofluß voraussagen und aus den Einfangseigenschaften des Chloratoms ausrechnen, wie groß die Argon-Produktionsrate sein müßte. Die Computermodelle der Sonne lassen

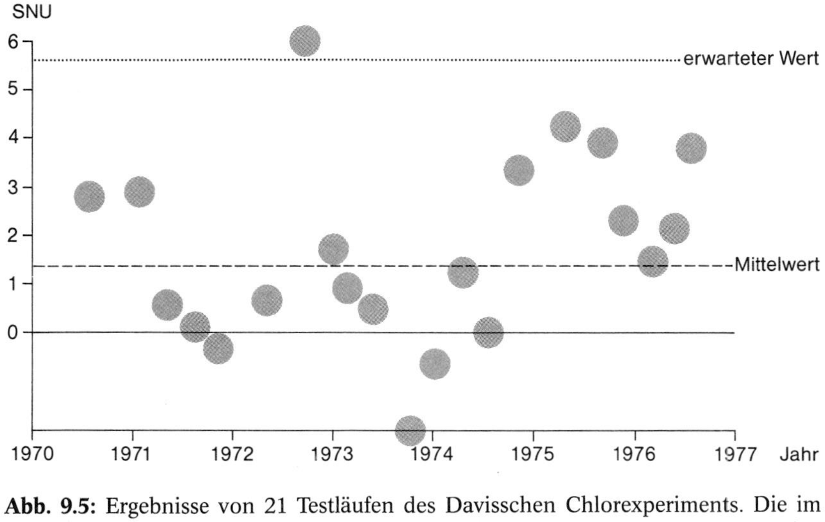

Abb. 9.5: Ergebnisse von 21 Testläufen des Davisschen Chlorexperiments. Die im Laufe der Jahre gewonnenen Meßwerte liegen bis auf einen unterhalb der von den Computermodellen erwarteten Werte. Der Mittelwert aller Messungen liegt weit darunter. Die Diskrepanz ist bis heute noch nicht erklärt. Daß einige Werte in den negativen Bereich fallen, also unter 0 SNU, rührt daher, daß man bei den eingetragenen Meßwerten den mittleren Beitrag der Störreaktionen von den gemessenen Werten abgezogen hat. Da die wahre Zahl der Störreaktionen statistisch schwankt, wird gelegentlich ein negativer Beitrag der Sonnenneutrinos vorgetäuscht.

5,6 SNU erwarten, weit mehr als man mißt. Das Ergebnis von insgesamt 42 in der Apparatur durchgeführten Meßreihen liegt bei nur 1,3 SNU. Natürlich kann man den Mittelwert nur ungenau angeben, da er notwendigerweise mit Fehlern behaftet ist, doch ist er auf keinen Fall mit den erwarteten 5,6 SNU vereinbar.

Als in den siebziger Jahren die ersten Nachrichten von Raymond Davis' Chlorexperiment um die Welt gingen, waren die Astronomen noch nicht allzusehr beunruhigt. Die Computermodelle anderer Sterne stimmten mit vielen beobachteten Eigenschaften überein. Auch die Sonnenmodelle geben fast alle Eigenschaften des Sterns Sonne richtig wieder – bis auf die Neutrinos. Vielleicht waren die Sonnenmodelle der Astronomen in Ordnung und am Experiment etwas falsch. Man konnte aber Raymond Davis keinen Fehler nachweisen. Doch dann wußte man: Er hat recht, es kommen wesentlich weniger Neutrinos von der Sonne als man erwartet.

Die Nachricht kam aus einer Zinkmine in Japan nahe der Stadt Kamioka in Japan, 300 Kilometer westlich von Tokio. Dort werden seit 1986 etwa 2140 Tonnen Wasser von lichtempfindlichen Zellen überwacht. Eigentlich geht es um kein astrophysikalisches Experiment. Man versucht in dieser Mine, 1000 Meter unter der Erde, nachzuprüfen, ob das Proton beliebig lange bestehen kann oder ob es zerfällt. Moderne Theorien schreiben ihm zwar ein langes Leben zu, lassen aber die Möglichkeit offen, daß es im Mittel nur 10^{29} Jahre alt werden kann. Die Lebensdauer eines Protons von 10^{29} Jahren mag für unsere Begriffe lang sein. Doch 2140 Tonnen Wasser enthalten etwa 10^{30} Protonen. Man sollte also im Mittel etwa jeden Monat den Zerfall eines Protons beobachten. Da das nicht geschieht, glaubt man, daß die Lebensdauer des Protons mindestens 10^{32} Jahre betragen muß.

Die Apparatur in der Kamioka-Mine spricht aber nicht nur auf spontan zerfallende Protonen an. Energiereiche Neutrinos von der Sonne, so wie sie aus der in der Abbildung 9.1 gezeigten ^{8}B-Reaktion kommen, können gelegentlich einem Elektron einen starken Stoß versetzen. Das mit großer Geschwindigkeit wegfliegende Elektron erzeugt dabei einen Lichtblitz. Mit Fotozellen werden die 2140 Tonnen Wasser tagaus, tagein auf spontane Lichtblitze überwacht. Von Januar 1987 bis Mai 1988 suchte man 450 Tage lang nach Neutrinos von der Sonne. Man fand nur etwa halb so viele, wie die Modellsonnen erwarten lassen. Raymond Davis' Chlorexperiment wurde aufs beste bestätigt. Die Sonnenneutrinos sitzen den Astronomen nach wie vor im Nacken. Die Sonne ist übrigens der einzige Kernreaktor im Sonnensystem, bei dem man enttäuscht ist, daß seine Teilchenstrahlung den vorgeschriebenen Wert unterschreitet.

Was ist falsch an unseren Sonnenmodellen? Auf den ersten Blick scheint die Diskrepanz nicht allzu schlimm zu sein. Die Neutrinos, die sich im Chlorexperiment nicht zeigen, stammen von einer für die Energieproduktion der Sonne unwichtigen Nebenreaktion. Eine geringfügig niedrigere Zentraltemperatur der Sonne würde alles ins Lot bringen, ohne aber an den übrigen an der Sonne beobachtbaren Erscheinungen etwas zu ändern. Seit nahezu zwanzig Jahren sucht man vergeblich nach Fehlern in den bisher gerechneten Sonnenmodellen und hofft, man würde einen physikalischen Grund finden, warum die Zentraltemperatur der Sonne etwas niedriger sein muß.

Nur wenn man die Modelle künstlich veränderte, konnte man die Computersonnen mit den beiden Experimenten in Einklang bringen. Man kann zum Beispiel, ohne näher zu begründen, annehmen, die Sonne werde ständig durchmischt, und das im Zentralgebiet entstehende Helium würde über einen größeren Bereich, vielleicht über die gesamte Masse der Sonne verteilt. Dann wäre die Temperatur im Zentralgebiet der Sonne etwas niedriger, gerade so viel, daß der Strom der hochenergetischen Neutrinos der Sonne mit dem im Chlortank gemessenen übereinstimmt. Aber wir wissen nicht, was die Sonnenmaterie ständig durchmischen sollte.

Ich will hier noch einen anderen möglichen Ausweg erwähnen. Er geht auf den kalifornischen Astrophysiker William Fowler zurück. Dazu wollen wir erst mit einem Gedankenexperiment beginnen. Nehmen wir an, die Temperatur des Zentralgebietes der Sonne würde plötzlich schlagartig so stark erniedrigt werden, daß die Kernreaktionen zum Erliegen kämen. Was würden wir davon bemerken? Sofort, das heißt innerhalb von acht Minuten, nach der Laufzeit der mit Lichtgeschwindigkeit aus der Sonne herausfliegenden Neutrinos, würde der Fluß der Sonnenneutrinos abnehmen. Es würde aber etwa 20 Millionen Jahre dauern, bis die Leuchtkraft der Sonne auf diese Änderung reagieren würde. Denn sofort, wenn die Energieproduktion zum Erliegen kommt, würde, wie ein Notaggregat bei Stromausfall, der schon von Helmholtz diskutierte Mechanismus – wir erwähnten ihn in Kapitel 2 – den Energieverbrauch der Sonne decken. Wie wir dort gesehen haben, würde das für die Leuchtkraft der Sonne über 20 Millionen Jahre ausreichen.

So könnte man also das gemessene Neutrinodefizit erklären: Aus welchen Gründen auch immer, schwankt die Temperatur im Zentralgebiet der Sonne. Vielleicht sind wir im Augenblick in einer Phase relativ niedriger Zentraltemperatur. Deshalb wird zur Zeit weniger Sonnenenergie produziert, und deshalb kommen weniger der temperaturempfindlichen hochenergetischen Neutrinos aus der Sonne heraus. Dann würde zur Zeit gar nicht alle Sonnenenergie von Kernreaktionen, sondern ein Teil vom Helmholtzschen Mechanismus stammen. Die Sonne würde dabei so langsam schrumpfen, daß wir es selbst innerhalb von Jahrtausenden nicht merken könnten. Nach etwa zehn Millionen Jahren hätte man vielleicht wieder einen heißeren Sonnenkern und hohe Neutrinoraten. Es würde etwas mehr Energie erzeugt, als die Sonne abstrahlt. Die übrigbleibende Energie würde benutzt, um die während der Zeit niedrigerer Produktion geschrumpfte Sonne wieder auf ihren alten Radius zu vergrößern. Man könnte die Neutrinoexperimente damit erklären, daß die Sonne in ihrem Inneren Temperaturschwankungen ausführt, die von Schwankungen ihres Neutrinostromes begleitet sind. Wir wären jetzt in einer Zeit niedrigen Neutrinostromes.

Aber alle Versuche, an den Sonnenmodellen nachzuweisen, daß sie Temperaturschwankungen zeigen müssen, sind bisher gescheitert. »The Sun is stable as a rock«, sagte vor Jahren der Astrophysiker John Bahcall vom Institute of Advanced Studies in Princeton zu mir, nachdem er jahrelang Sonnenmodelle auf mögliche Instabilitäten untersucht hatte.

Die Sonnenstrahlung im Erz

Wer im Bundesstaat Colorado in den USA mit dem Wagen über die Rocky Mountains fährt, findet im Gebiet des Clear Creek, eines kleinen Flüßchens, am Straßenrand die Aufforderung, anzuhalten und Gold aus dem Flußwasser zu waschen. Einige Schüsseln liegen zum Gebrauch umher, eine Axt und eine Büchse, in die der Prospektor nach Gutdünken eine Spende für den Besitzer des Grundstückes und damit des auf seinem Boden gefundenen Goldes zurücklassen kann. Es ist lange Zeit her, daß ich dieser Versuchung nicht widerstehen konnte. Das gewonnene Sand-Goldgemisch habe ich noch lange aufgehoben. Zwischen den Steinen des Sandes waren eindrucksvolle Goldklumpen – sichtbar allerdings nur, wenn man ein Mikroskop starker Vergrößerung zu Hilfe nahm. Doch neben den Resten vergangenen Goldgräberglückes liegt im Gebiet des Clear Creek möglicherweise noch ein anderer Schatz. Das hängt mit dem Reichtum dieses Landstriches an einem sonst nicht allzu häufig vorkommenden Mineral zusammen, dem *Molybdänglanz*.

Das Schwermetall Molybdän ähnelt dem Blei. Es wird zu Legierungen verwendet. Bekannt ist der besonders feste und korrosionsfeste Molybdänstahl. Das Molybdän wird aus Erzen gewonnen, in denen molybdänhaltige Minerale, vor allem der Molybdänglanz vorkommen. Man fördert diese Erze in den USA im Staat Colorado, aber auch in Australien und Norwegen. Wie nahezu alle chemischen Elemente besteht das in der Natur vorkommende Molybdän aus mehreren Isotopen. Unter ihnen gibt es die Molybdänsorte ^{98}Mo. Wie das Chloratom ^{37}Cl und das Galliumatom ^{71}Ga reagiert es gelegentlich mit einem Neutrino. Wenn ein Atom des ^{98}Mo von einem Neutrino getroffen wird, dann kann es gelegentlich geschehen, daß sich das Molybdänatom in ein Atom des Elements Technetium, genauer in ^{98}Tc, verwandelt. Dabei wird ein Elektron abgestoßen.

Im Prinzip ähneln die Vorgänge dem Chlorexperiment. Dabei entstand aus dem Chloratom gelegentlich ein Argonatom. Der Unterschied liegt aber darin, daß das Argon im Chlortank bereits nach 35 Tagen wieder zerfällt. Die Technetiumatome aber bleiben sechs Millionen Jahre bestehen! Wenn die Sonne sich während dieser Zeit nicht wesentlich verändert hat, muß sich im Molybdän der Erde ein Gleichgewichtszustand eingestellt haben, bei dem in jeder Sekunde ebenso viele Technetiumatome von den Sonnenneutrinos gebildet werden wie durch den natürlichen radioaktiven Zerfall wieder verlorengehen. Wenn man also die Häufigkeit der ^{98}Tc-Atome kennt, weiß man auch, wie viele von ihnen in der Sekunde zerfallen. Ebenso viele Technetiumatome werden in jeder Sekunde von den Sonnenneutrinos erzeugt. Das gestattet, den Neutrinostrom der Sonne aus der Häufigkeit des ^{98}Tc auf der Erde zu ermitteln.

Leider sprechen die Molybdänatome wieder nur auf die energiereichen Neutrinos an. Die Technetiumhäufigkeiten können also nur eine Aussage über die Neutrinos machen, für die auch das Chlorexperiment empfindlich war.

Um die wenigen ^{98}Tc-Atome im molybdänhaltigen Erz zuverlässig zählen zu können, muß man 2600 Tonnen Erz fördern. Daraus wird man 13 Tonnen Molybdänglanz erhalten. In diesen 13 Tonnen erwartet man etwa 10 Millionen Atome von ^{98}Tc.

Im Unterschied zum Chlorexperiment, in dem nur wenige Wochen alte Argonatome gezählt wurden, wird man aber jetzt Technetiumatome zählen, die im Mittel mehrere Millionen Jahre alt sind. Ihre Zahl wird uns etwas über die Neutrinostrahlung der Sonne während der letzten Millionen Jahre verraten. Mit seinen Technetiumatomen besitzt der

Molybdänglanz ein langes Gedächtnis. Vielleicht wird er uns lehren, daß sich die Sonne auch während der letzten Millionen Jahre anders verhalten hat als wir bis heute glaubten.

Das Experiment im Inneren der Abruzzen

Stehen wir vor einer Krise der Sonnenphysik? Bisher haben wir uns immer damit getröstet, daß wir sagten, die Bor-Neutrinos, auf die die Chloratome nur ansprechen, stammen von einer für die Energieproduktion der Sonne recht unwichtigen Nebenreaktion, die Neutrinos der entscheidenden Reaktionen hat man nicht gemessen, und auf sie kommt es eigentlich an.

Es wird aber nicht mehr lange dauern, dann wird für die Astrophysiker auch da die Stunde der Wahrheit schlagen. In Kürze wird man nach den niederenergetischen Sonnenneutrinos suchen, die von der in der Abbildung 1.2 links dargestellten Proton-Proton-Reaktion stammen. Die Möglichkeit dazu bietet das Atom des Elements Gallium. In internationaler Zusammenarbeit bereitet das Max-Planck-Institut für Kernphysik in Heidelberg unter der wissenschaftlichen Leitung des Physikers Till Kirsten das Experiment GALLEX vor. In ihm will man in Italien neben einem durch das Gran-Sasso-Massiv gehenden Autobahntunnel in einer ausgeschachteten Felshöhle 30 Tonnen Gallium 1200 Meter unter der Erdoberfläche den Sonnenneutrinos aussetzen. Die Abbildung 9.6 zeigt eine Skizze des unterirdischen Laboratoriums.

Gallium, ein weißes Metall, das schon bei menschlicher Körpertemperatur schmilzt, besteht zu 40 Prozent aus dem neutrinoempfindlichen Isotop ^{71}Ga. Wenn eines dieser Galliumatome mit einem Neutrino reagiert, wandelt es sich in ein Germaniumatom der Isotopensorte ^{71}Ge um*. Das ^{71}Ge wandelt sich mit einer Halbwertszeit von 11,4 Tagen wieder in Gallium zurück. Man schätzt, daß im Galliumtank in den Abruzzen pro Tag ein Galliumatom in ein Germaniumatom umgewandelt wird. Innerhalb eines Monats sollten sich im Gallium etwa 20 Germaniumatome angesammelt haben*. Wenn sie wirklich da sind, wird

---

* Von Gallium zu Germanium, ein Experiment, das von den Namen der beteiligten Elemente her nach deutsch-französischer Zusammenarbeit verlangt. Die Physiker und Astronomen aus Nizza und Saclay in Frankreich und die aus Heidelberg, Karlsruhe und München in Deutschland arbeiten aber auch mit italienischen Kollegen aus Mailand und Rom zusammen. Darüber hinaus werden sich noch Amerikaner und Israelis am Zählen des täglichen Germaniumatoms beteiligen.

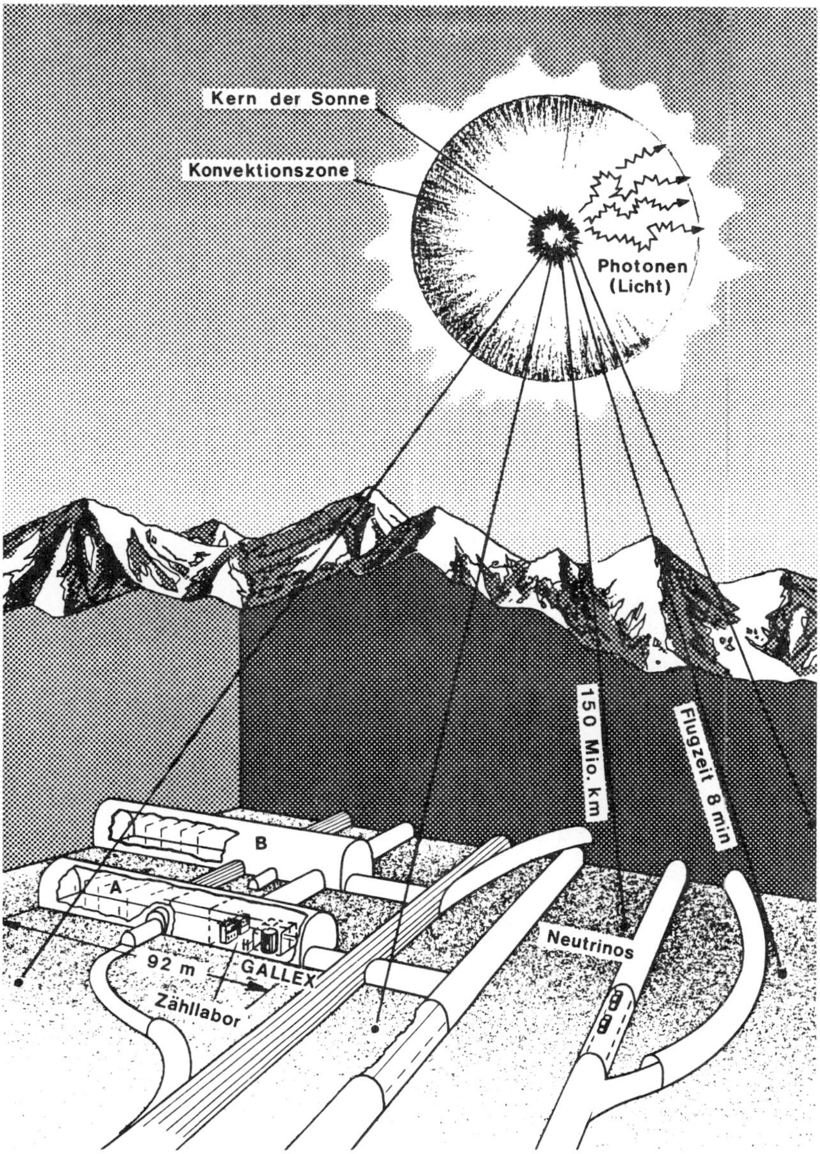

Abb. 9.6: Skizze der Anlage, in der man Anfang 1990 mit den Messungen für das Neutrinoexperiment GALLEX beginnen wird. Die Neutrinos, die ungehindert aus dem Inneren der Sonne die Erde erreichen, durchdringen die Berge des Gran-Sasso-Massivs und treffen in den neben den Autobahntunnels in den Fels gehauenen Laboratorien auf Tanks, die mit einer Galliumverbindung gefüllt sind.

man in den 30 Tonnen Gallium die 20 Germaniumatome auch finden können. Über einige chemische Zwischenstufen verbindet man das neu entstandene Germanium mit Wasserstoff zu einem dem Methan ähnlichen Gas. Die ^{71}Ge-Atome machen sich bei der Untersuchung dieses Gases durch ihren radioaktiven Zerfall bemerkbar. Das Experiment, mit dem man 1990 beginnen will, soll über einen Zeitraum von etwa vier Jahren Aufschluß darüber geben, wie viele Neutrinos von der Hauptreaktion der solaren Energieproduktion zur Erde kommen. Vielleicht erzeugt die Sonne im Augenblick tatsächlich weniger Energie als sie ausgibt.

Die bisherigen Neutrinoexperimente boten die einzige Möglichkeit, in einen Stern hineinzuschauen. Das Ergebnis ist peinlich: Irgendwie ist es im tiefen Inneren der Sonne, dort, wo der Fusionsreaktor arbeitet, anders als wir uns vorgestellt haben. Vielleicht wird uns das Galliumexperiment wieder beruhigen und uns sagen, daß die Computersonnen der Astrophysiker doch im wesentlichen richtig sind – was immer es auch mit den hochenergetischen Bor-Neutrinos auf sich hat.

Kürzlich sah es so aus, als hätte die Sonne mit einer neuen Überraschung aufzuwarten.

War die Sonne früher größer?

Theophilus Shelton steht nicht im Lexikon. Er wäre verwundert gewesen, wenn er erfahren hätte, daß Astronomen nahezu 300 Jahre nach ihm wissen wollten, wo genau sein Haus gestanden hat. Er wäre aus dem Staunen nicht herausgekommen, hätte man ihm gesagt, sie wollten es wissen, um zu prüfen, ob die Sonne während der Jahrhunderte nach seinem Tod kleiner geworden ist.

Anlaß war eine Mitteilung, mit der im Jahre 1987 mehrere Astronomen der Sternwarte von Paris ihre Kollegen in der Welt überraschten. Das Pariser Team hatte Daten von Sonnenfinsternissen aus der Zeit von 1666 bis 1719 untersucht, die der uns bereits von Seite 19 bekannte Jean Picard und andere französische Astronomen gewonnen hatten. In einer Analyse kam das Team zu dem Schluß, daß die Sonne in dieser Zeit größer gewesen sein muß als zuvor und danach. Die alten Meßdaten waren am besten zu verstehen, wenn man annahm, daß der Sonnenradius damals 2000 Kilometer größer war als heute. Das sind zwar nur 0,3 Prozent, doch es beunruhigte die Astronomen, daß eine so fundamentale Größe wie der Radius der Sonne, schwanken soll, ohne daß man sich das erklären kann. Der besagte Zeitraum fiel übrigens mit dem Maunder-Minimum (vgl. S. 50) zusammen. War man der Ursache dieser Anomalie der Sonnentätigkeit auf der Spur? Daß man die Sonnenforscher bald danach wieder beruhigen konnte, verdanken sie nicht zuletzt Theophilus Shelton aus Darrington in West Yorkshire.

Im Mai 1715 zog sich der Streifen einer totalen Sonnenfinsternis in einer Breite von nahezu 300 Kilometern über den Südteil der englischen Insel. Edmond Halley (1656–1742), dessen Namen wir von dem bekannten Kometen her kennen, rief damals die Öffentlichkeit auf, das Ereignis zu beobachten und ihm darüber zu berichten, auch wenn man nur mit dem unbewaffneten Auge beobachtet hatte. Aus den bei ihm eingetroffenen Nachrichten konnte er die Breite des Streifens, von dem aus betrachtet der Mond die Sonnenscheibe vollständig bedeckt, recht genau bestimmen. Vom Südostrand berichtete William Tempest aus Cranbrook in der Grafschaft Kent, daß er die Sonne nur für einen kurzen Augenblick völlig verdeckt gesehen hatte. Vom Nordwestrand des Streifens berichtete Theophilus Shelton, daß das, was in Darrington am Höhepunkt der Finsternis von der Sonne übriggeblieben war, »die Größe und die Helligkeit des Mars« hatte. Dazu kam eine weitere Beobachtung aus dem nahen Beadsworth, wo man die Korona der Sonne gesehen hatte. Also war man dort innerhalb des Streifens der Totalität. Außerhalb dieser Zone war die Finsternis nur partiell zu sehen.

Durch die Nachricht aus Paris aufmerksam geworden, ging eine Gruppe von Astronomen der Sternwarte von Greenwich in England noch einmal die von Halley gesammelten Berichte durch. Vor allem gelang es ihnen, herauszufinden, wo genau Sheltons Haus gestanden hat. Wäre die Sonne damals so vergrößert gewesen, wie die Gruppe in Paris glaubte, dann wäre der Totalitätsstreifen acht Kilometer schmäler gewesen. Shelton hätte die Sonne nicht von seinem Haus aus als Punkt, Tempest nicht für nur etwa eine Sekunde bedeckt sehen können. Von Beadworth aus beobachtet, hätte sich die Korona niemals von dem vom unbedeckten Teil der Sonnenscheibe überstrahlten Himmel abgehoben.

Die Sonne war also im Jahre 1715 genauso groß wie heute. Die Welt der Astronomen war in dieser Hinsicht wieder in Ordnung. Nur das Neutrinoproblem ist ihnen geblieben. Mit den Neutrinos hatte man zum ersten Mal die Möglichkeit, in das Innere eines Sterns zu blicken. Inzwischen hat man einen zweiten Weg beschritten, das Innenleben der Sonne zu studieren.

10. Die Klangfiguren der Sonne

Ein gefülltes Weinglas klingt beim Anstoßen tiefer als ein leeres oder halbgefülltes. Eine mit Wasserstoff angeblasene Flöte hat eine höhere Tonlage als bei normalem Gebrauch... Als man vor zehn Jahren entdeckte, daß die seit langem bekannten Oszillationen der Sonne durch... Eigenschwingungen verursacht werden, lag es nahe, die gleichen physikalischen Prinzipien, die den Versuchen mit dem Weinglas und der Flöte zugrunde liegen, auch auf den gigantischen Resonator Sonne anzuwenden.

Franz-Ludwig Deubner (1985)

In den letzten Jahrzehnten hat man eine neue Möglichkeit entdeckt, etwas über das Innere der Sonne zu lernen, von dort, wohin unser Blick nicht vordringen kann. Man muß nur ihre Oberfläche genau studieren, dann erfährt man auch, was darunter vorgeht.

Die Materie an der Oberfläche der Sonne wird in erster Linie durch die Granulation bewegt. Die in ihr aufsteigenden und absinkenden Materieballen haben Durchmesser von etwa 1500 Kilometern. Das ist ein Zehntel Prozent des Sonnendurchmessers. Der Doppler-Effekt verrät uns ihre Geschwindigkeiten: diese liegen etwa bei einem Kilometer in der Sekunde. Innerhalb von Minuten lösen sie sich auf, um neuen Granulen Platz zu machen. Zu den Granulen kommen noch die Supergranulen, langsamer in ihrer Bewegung, doch größer und beständiger.

Niemand kann in dem regellosen Gestöber verschieden großer Materieballen voraussagen, wann einer von ihnen sich auflöst und in welche Richtungen seine Teile danach wegfliegen werden. Könnte man das Auf und Ab und das Strömen nach links und rechts im Zeitraffer sehen, die brodelnde Sonnenoberfläche würde uns an die unregelmäßige und unvorhersagbare Bewegung kochenden Wassers in einem Kessel erinnern. Blicken wir von oben her auf einen Punkt der Wasseroberfläche! Im Augenblick wird er vielleicht gehoben und kommt uns entgegen. Im nächsten Moment bewegt er sich seitlich. Früher oder später wird er wieder in der Tiefe verschwinden. Die Bewegung der Granulationsballen in den obersten Schichten der Sonne ist ähnlich, nur schneller.

In diesem unüberschaubaren Durcheinander hat man Regelmäßigkeiten gefunden, die vorher niemand geahnt hatte.

Der Fünfminutenrhythmus der Sonne

Die neue Ära der Sonnenphysik begann im Jahre 1960. Damals untersuchte am California Institute of Technology eine Gruppe, wieder um Robert Leighton, die Sonnengranulation. Eigentlich ging es darum, den Lebenslauf eines einzelnen Granulationsballens von seinem Entstehen bis zu seiner Auflösung zu verfolgen. Dazu war es nötig, mit Hilfe des Doppler-Effektes die Geschwindigkeit an einer festen Stelle der Sonnenscheibe zu messen. Man wußte ungefähr, was man zu erwarten hatte.

Wir können uns das an unserem Wasserkessel veranschaulichen. Nehmen wir an, wir würden die Vertikalgeschwindigkeit an einer Stelle der brodelnden Oberfläche mit Hilfe eines Schwimmers messen, der über eine Zahnstange und ein Zahnrad einen Schreibstift bewegt, an dem ein Papierstreifen vorbeigezogen wird. Die Vorrichtung ist in der Abbildung 10.1a schematisch dargestellt. Die aufgezeichnete Kurve läßt keine Regelmäßigkeit erkennen. Könnte man die Bewegung im Zeitraffer so beschleunigen, daß sie von unserem Ohr wahrgenommen würde, man hörte ein Rauschen wie bei einer Fernsehstörung. Kein einzelner Ton wäre herauszuhören. Aber Leighton und seine Mitarbeiter fanden, daß die Sonne nicht nur rauscht.

Man untersuchte einen Ausschnitt ihrer Oberfläche, der so groß war, daß in ihm viele Granulen gleichzeitig auf- und abstiegen. Damit hoben sich ihre Geschwindigkeiten gegeneinander nahezu auf. Doch es blieb noch eine Restgeschwindigkeit von erstaunlicher Regelmäßigkeit übrig. Neben dem Auf und Ab der Granulen in dem untersuchten Feld hob und senkte sich in dem beobachteten Ausschnitt die gesamte Sonnenoberfläche. Die Geschwindigkeiten lagen mit nur 0,5 Kilometern in der Sekunde unter denen der Granulation. Sie kehrten sich im Rhythmus von etwa 296 Sekunden um, also innerhalb von fünf Minuten. Eine der ersten Messungen ist in der Abbildung 10.2 wiedergegeben. Die Schwingungen waren nicht immer gleich deutlich auszumachen. Einmal waren sie mehr ausgeprägt, einmal weniger. Wir wollen die beobachtete Schwingung wieder mit unserem Wasserkessel veranschaulichen.

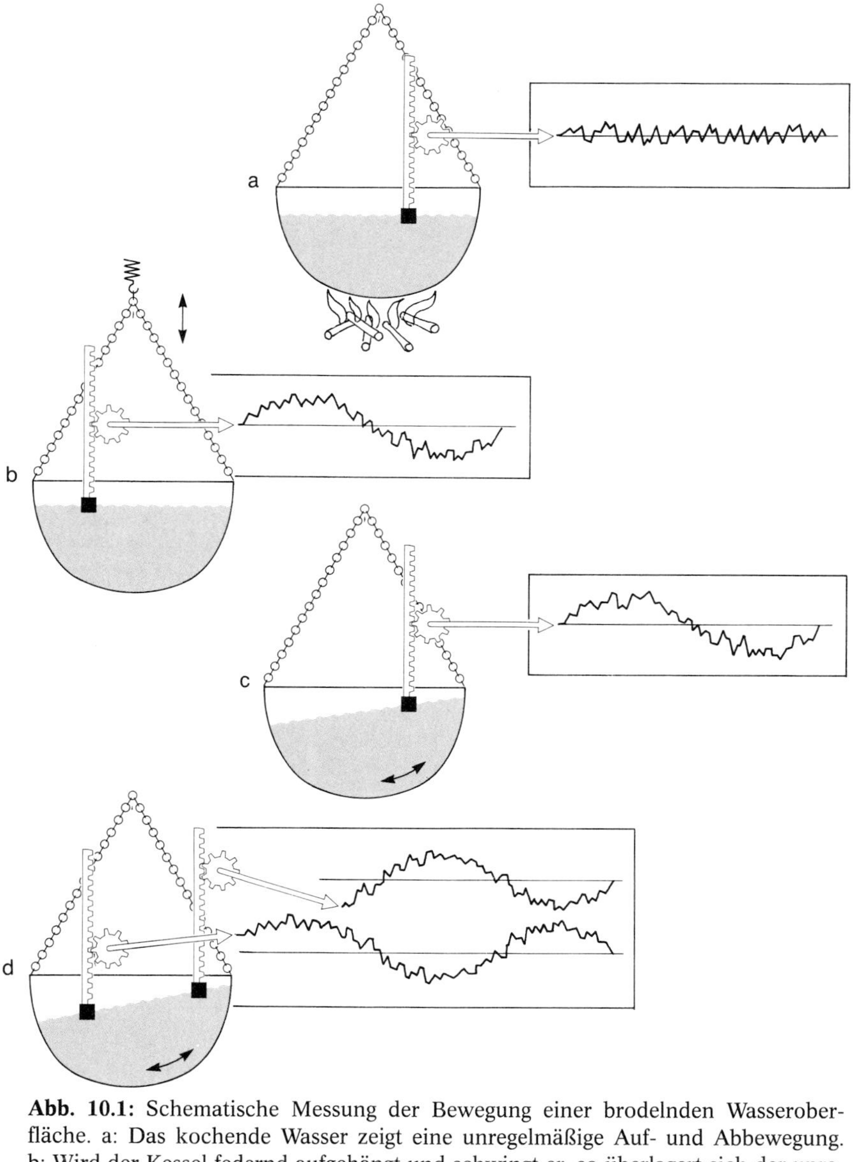

Abb. 10.1: Schematische Messung der Bewegung einer brodelnden Wasseroberfläche. a: Das kochende Wasser zeigt eine unregelmäßige Auf- und Abbewegung. b: Wird der Kessel federnd aufgehängt und schwingt er, so überlagert sich der unregelmäßigen Bewegung eine regelmäßige Welle. c: Versetzt man die Flüssigkeit durch einen seitlichen Stoß in Schwingung, so kann man mit einem einzigen Meßinstrument nicht erkennen, ob die Wasseroberfläche als Ganzes gleichzeitig nach oben und unten geht wie im Teilbild b, oder sich etwa rechts und links entgegengesetzt bewegt. d: Erst zwei Meßinstrumente lassen den Unterschied erkennen.

Nehmen wir jetzt an, der Kessel wäre federnd aufgehängt, und wir hätten ihn vor der Messung leicht angehoben und danach losgelassen. Das kochende Wasser würde sich zusammen mit dem Kessel heben und senken. Unser Meßgerät würde eine regelmäßige Schwingung registrieren. Das Ergebnis ist in der Abbildung 10.1b skizziert. Könnte man die Bewegung wieder hörbar machen, dem Rauschen wäre eine regelmäßige Schwingung, ein Ton überlagert. Diesen Ton hat Leightons Team in der Sonne entdeckt.

Schwingt die Sonnenoberfläche? Man kennt seit langem Sterne, die regelmäßig schwingen. Die berühmtesten sind die sogenannten Delta-Cephei-Sterne, die sich innerhalb von Tagen aufblähen, um danach wieder in sich zusammenzufallen. Pulsiert die Sonne vielleicht im Rhythmus von fünf Minuten? Vergrößert sie für 2½ Minuten ihren Durchmesser, um in den darauffolgenden 2½ Minuten wieder zu schrumpfen?

Kehren wir noch einmal zu unserem Wasserkessel zurück. Wir müssen ihn nicht unbedingt federnd aufhängen, wenn wir einen »Ton« in die Messung bringen wollen. Es genügt, wenn wir den Kessel vor der Messung einmal anstoßen, so daß er in einem Ruck zur Seite schwingt. Dann beginnt das Wasser zu schwanken (vgl. Abb. 10.1c). Wenn man nicht gerade in der Mitte des Kessels mißt, erhält man eine Geschwindigkeitskurve, die der bei federnder Aufhängung gewonnenen gleicht. Die Messung unterscheidet nicht zwischen den in den Abbildungen 10.1b und 10.1c dargestellten Fällen.

Dazu müßte man an zwei Stellen im Kessel messen, etwa so, wie es in der Abbildung 10.1d dargestellt ist. Jetzt registrieren zwei Geräte gleichzeitig die Bewegung des Wassers an verschiedenen Stellen. Lassen wir den Kessel federnd auf und ab schwingen, registrieren beide Geräte gleichzeitig »Wasser oben« und gleichzeitig »Wasser unten«. Schwingt

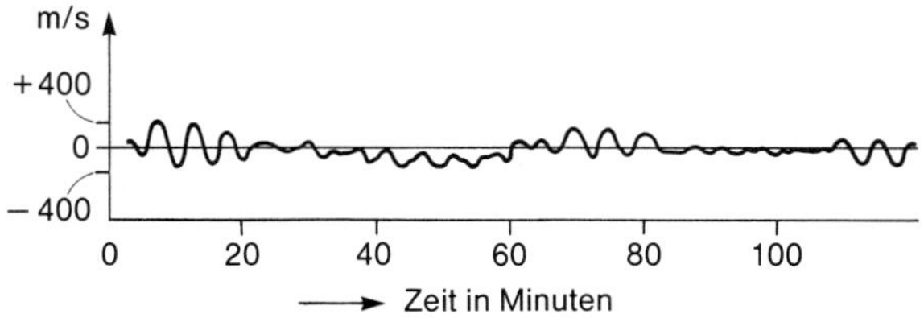

Abb. 10.2: Die Auf- und Abwärtsbewegung an einer festen Stelle der Sonnenscheibe läßt immer wieder den Rhythmus von fünf Minuten erkennen.

der Kessel so, wie in der Abbildung 10.1d angedeutet ist, muß das eine »Wasser oben« messen, während das andere »Wasser unten« registriert.

Gleichzeitige Messungen an mehreren Stellen der Sonne haben uns gezeigt, daß sie nicht wie der federnd aufgehängte Kessel schwingt, sondern eher wie das Wasser in der Abbildung 10.1d. Aber es ist alles noch komplizierter. Ich muß Sie, lieber Leser, daher um etwas Geduld bitten, um mir zunächst in die Welt der schwingenden Körper zu folgen. Denn Jahrhunderte bevor man ahnte, daß die Sonne oszilliert, hatte man Schwingungen an irdischen Körpern studiert.

Die schwingende Saite

Man sagt, Galilei habe begonnen, sich für die Gesetze des Pendels zu interessieren, indem er als Student in der Kathedrale von Pisa die Dauer der Schwingungen des Kronleuchters mit seinem Pulsschlag verglich. Nicht nur das Pendel schwingt regelmäßig, alle Musikinstrumente erzeugen Schwingungen in der Luft, zum Beispiel die angezupfte Saite einer Geige. Der Einfachheit halber denken wir uns, unsere Saite gehöre nicht zu einem Musikinstrument, sondern sei zwischen zwei festen Punkten gespannt, wie in der Abbildung 10.3a schematisch dargestellt.

Wenn man die Saite in der Mitte auslenkt und plötzlich losläßt, schwingt sie so, wie in der Abbildung 10.3b angedeutet ist. In ihrer Mitte ist die Auslenkung am größten. Das ist der *Schwingungsbauch.* Natürlich bewegt sie sich an den Enden, dort, wo sie befestigt ist, nicht.

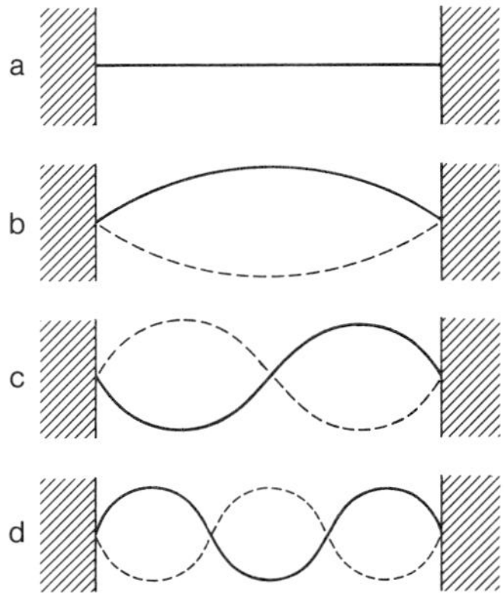

Abb. 10.3: Wird eine zwischen zwei festen Punkten gespannte Saite (a) in der Mitte angezupft, so schwingt sie mit einem Schwingungsbauch in der Mitte (b). Man kann sie aber auch mit zwei Händen so anzupfen, daß sie zwei Schwingungsbäuche zeigt, zwischen denen ein Knoten liegt (c). In (d) schwingt die Saite mit drei Bäuchen, mit zwei Knoten dazwischen. Die Auslenkungen der Saiten sind stark übertrieben gezeichnet.

Die Schwingungsform mit *einem* Bauch nennt man die *Grundschwingung* der Saite. Sie gibt den tiefsten Ton. Übrigens wird die Tonhöhe durch die Spannung der Saite festgelegt, wie jeder weiß, der einem Geiger beim Stimmen seines Instrumentes zusah. Doch nicht nur, auch die Art, wie eine Saite bestimmter Länge und Spannung schwingt, gibt den Ton an.

Zieht man die Saite nicht in der Mitte nach oben, sondern mit zwei Händen in der einen Hälfte nach oben, in der anderen nach unten und läßt gleichzeitig los, dann schwingt die Saite anders als vorher. Wir merken es am höheren Ton. Beim genaueren Hinsehen erkennt man jetzt zwei Schwingungsbäuche, die entgegengesetzt schwingen (Abb. 10.3c). Ist die Saite bei einem Bauch gerade oben, dann ist sie beim anderen unten. Man sagt, die beiden Bäuche schwingen in *entgegengesetzter Phase.* In der Mitte bewegt sich die Saite überhaupt nicht. Diese Stelle nennt man den *Knoten* der Schwingung. Die Schwingungsform der Saite mit einem Knoten heißt die *erste Oberschwingung.* Geiger setzen diese Art von Schwingung bewußt als Klangeffekt ein: Den »Flageolett-Ton« erzeugen sie, indem sie die genaue Mitte der Saite beim Streichen leicht mit dem Finger berühren.

Wenn man die Saite dreihändig auslenkt, so wie es die Abbildung 10.3d zeigt, erzeugt man die zweite Oberschwingung mit zwei Knoten. Die beiden äußeren Schwingungsbäuche schwingen in gleicher Phase zueinander. Der Bauch in der Mitte hat die entgegengesetzte Phase. Im Prinzip kann man mehr Hände zu Hilfe nehmen und höhere Oberschwingungen mit mehr Knoten und Bäuchen erzeugen.

Ich habe den Vorgang stark vereinfacht. Nie würde es uns gelingen, nur eine Schwingungsform zu erzeugen. Wenn man mit einer Hand die Saite in ihre Grundfrequenz versetzen will, reagiert sie noch mit einer Anzahl von Oberschwingungen, die sich der Grundschwingung überlagern. Wenn der Geiger eine Saite seines Instruments mit dem Bogen zu Schwingungen anregt, so erzeugt er eine Fülle von Oberschwingungen, die zusammen mit der Grundschwingung einen für die Geige charakteristischen Ton bilden. Das bemerkt unser Ohr. Man kann unterscheiden, ob ein bestimmter Ton von einer Geige, einer Trompete oder von einer Flöte stammt. Bei verschiedenen Musikinstrumenten werden mehrere Obertöne verschieden stark angeregt. Deshalb können wir hören, von welchem Instrument der Ton erzeugt wird, denn das Gemisch der Obertöne gibt dem Instrument seinen charakteristischen Klang.

Die Schwingungen, die wir hier diskutiert haben, nennt man *ste-*

hende Wellen. Knoten und Bäuche bleiben bei ihnen immer an einer Stelle der Saite. Ganz anders sind dagegen *fortlaufende Wellen.* Wir sehen sie auf der Wasseroberfläche, nachdem wir einen Stein in den See geworfen haben. Wie aus fortlaufenden stehende Wellen werden, zeigt uns ein einfaches Experiment.

Schwingende Seile

Die Saite wollen wir jetzt durch ein nach unten frei hängendes Seil ersetzen. Es kommt nicht auf die Beschaffenheit des Materials an, sondern nur auf die Art, wie es befestigt ist. Die Saite war gespannt, dadurch wurde sie zum schwingungsfähigen Körper. Das hängende Seil wird durch seine Schwere gespannt. Das ist kaum anders als bei der Saite, nur daß nun das eine Ende frei beweglich ist. Freie Enden haben einen anderen Einfluß auf die Wellenbewegung als fest eingespannte.

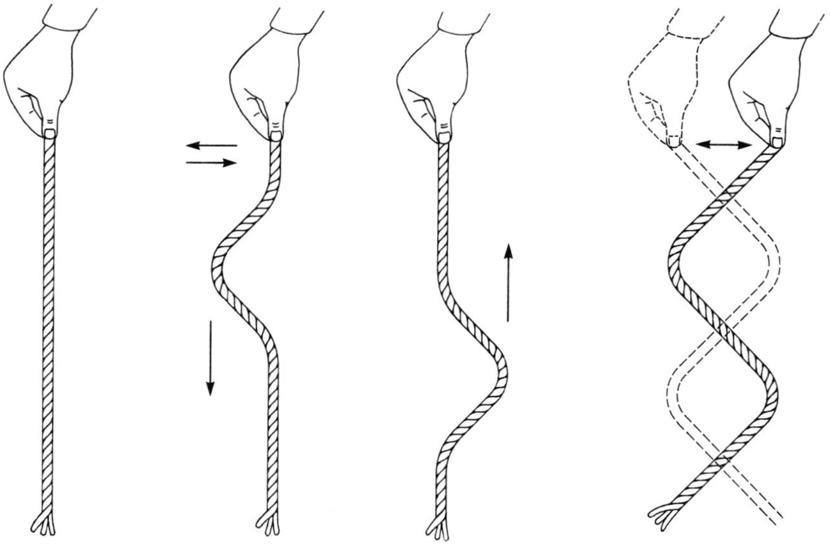

Abb. 10.4: Wenn man ein nach unten hängendes Seil kurzzeitig seitlich auslenkt, dann wandert eine Welle nach unten und wieder zurück. Bewegt man das obere Ende im geeigneten Rhythmus horizontal hin und her, bildet sich eine stehende Welle. Es gibt Stellen, die in Ruhe bleiben, die Knotenpunkte der Schwingung. (Die Auslenkungen sind stark übertrieben gezeichnet.)

Dazu wollen wir das obere Ende des Seils einmal kurz seitlich auslenken. Die Auslenkung wandert nach unten (Abb. 10.4, links). Man hat eine fortlaufenden Welle. Unten wird sie vom freien Ende des Seils reflektiert, danach läuft sie wieder nach oben zurück. Setzen wir den Versuch fort, und bewegen wir das obere Ende rhythmisch seitlich hin und her. Versuchen wir dann den Rhythmus zu ändern. Mit etwas Geschick wird es uns gelingen, stehende Wellen zu erzeugen. Die nach unten laufenden und die vom freien Ende zurückgeworfenen Wellen bilden zusammen eine stehende Schwingungsform mit Knoten und Bäuchen (Abb. 10.4, rechts). Schwingen wir das Seil rascher, können wir immer mehr Knoten erzeugen, das Seil also in immer höhere Oberschwingungen versetzen. Wir lernen daraus, daß gegeneinanderlaufende Wellen gleicher Frequenz stehende Schwingungen erzeugen können.

Schwingungen im Suppenteller

Saiten und Seile sind eindimensionale Gebilde. Wellen können in ihnen nur in *einer* Richtung vor oder zurück wandern. Die sich über die Oberfläche eines Sees ausbreitende Welle hat zwei Dimensionen zur Verfügung. Auch an der Wasseroberfläche können sich nicht nur fortlaufende, sondern auch stehende Wellen bilden.

Wir können uns selbst leicht mit einem einfachen Experiment davon überzeugen: Man nehme einen mit Wasser gefüllten Suppenteller und schiebe ihn auf der Tischplatte rhythmisch hin und her. Wenn man den richtigen Takt hat, bilden sich immer an den gleichen Stellen der Wasseroberfläche »Berge« und »Täler«, während an anderen Punkten das Wasser nicht auf und ab schwappt.

Die Schwingungsbewegung des Wassers zeigt jetzt *Knotenlinien.* Während die durch die rhythmische Bewegung des Tellers erzeugten Wellen vom Tellerrand zur Mitte wandern, überlagern sie sich mit den von der entgegengesetzten Seite des Randes kommenden Wellen zu Schwingungen, die »stehen«. Es sind immer dieselben Stellen der Oberfläche, die schwingen, und dieselben, die in Ruhe sind. Das Wellenmuster, das dabei entsteht, wandert nicht mehr. Die vom Rand der Flüssigkeit reflektierten fortlaufenden Wellen setzen sich zu einer stehenden Welle zusammen.

Aber nicht nur auf der Oberfläche von Flüssigkeiten lassen sich regelmäßige stehende Wellenmuster erzeugen. Auch feste Körper können ähnlich schwingen.

Die Klangfiguren einer Glasplatte

Die Kunst der physikalischen Experimentiertechnik hat in den letzten Jahrhunderten große Fortschritte gemacht. Will man heute auf einem Forschungsgebiet in Neuland vorstoßen, sind teure Geräte nötig, mit denen man etwa ein Plasma erzeugt oder elektrisch geladene Teilchen nahezu auf Lichtgeschwindigkeit bringt. Vor 200 Jahren lieferten bereits eine Glasplatte, ein Geigenbogen und etwas Schwefelpulver Ergebnisse, die die wissenschaftliche Welt aufhorchen ließen.

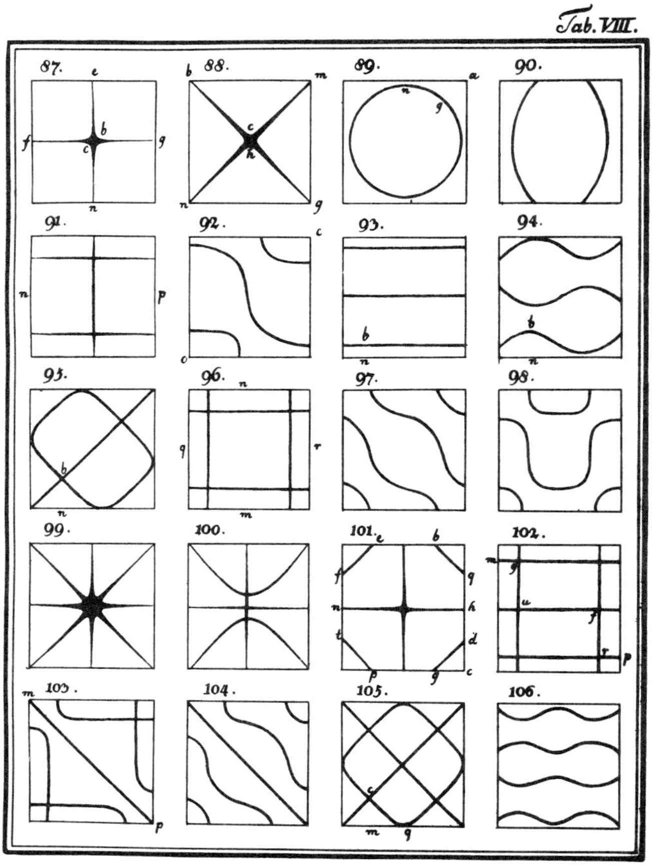

Abb. 10.5: Die Klangfiguren einer mit einem Geigenbogen in Schwingung versetzten Glasplatte können die verschiedensten Formen annehmen, je nachdem, an welcher Stelle die Platte befestigt wird und wo man den Bogen ansetzt (Deutsches Museum, München).

Im Jahre 1787 nahm Ernst Florens Friedrich Chladni (1756–1827), Dozent an der Universität Wittenberg, eine Glasplatte, bestreute sie mit Schwefelpulver und befestigte sie an einer Ecke an einer Halterung. Dann strich er mit einem Geigenbogen über einen freien Rand der Platte. Wie eine Saite begann das Glas zu schwingen. Von den Stellen, an denen die Platte sich bewegte, wurden die Schwefelkörner so lange weggeschleudert, bis sie an einen Punkt gelangten, an dem Ruhe herrschte, an den Punkt einer Knotenlinie der Schwingung. Dort blieben sie liegen, die Knotenlinien wurden sichtbar und bildeten auf der Platte ein regelmäßiges Muster (vgl. Abb. 10.5). Zu verschiedenen Figuren gehörten auch verschiedene Tonhöhen der klingenden Platte. Wie kommen die Figuren zustande? Von der durch den Geigenbogen erregten Stelle gehen Wellen einer bestimmten Frequenz aus, laufen über die Platte, werden an den Rändern reflektiert und überlagern sich mit den vom Geigenbogen direkt kommenden Wellen. Ein Punkt der Platte gehört zu einer Knotenlinie, wenn bei ihm alle ankommenden Wellen sich gerade gegenseitig aufheben, kommen sie nun direkt von der angeregten Stelle oder sind sie nur Echos von Punkten des Plattenrandes. An jedem Punkt einer Knotenlinie versucht die Gesamtheit aller ankommenden Wellen die Platte mit gleicher Stärke nach oben wie nach unten zu bewegen. Deshalb bleibt die Platte dort in Ruhe. Die Summe aller sich überlagernden Wellen gibt gerade das beobachtete Muster der Knotenlinien.

Es mag auf den ersten Blick verwunderlich erscheinen, wenn wir sagen, daß Chladnis Klangfiguren von Wellen hervorgerufen werden, die sich mit einer bestimmten Geschwindigkeit über die Platte bewegen. Man sieht doch, daß die von den Knotenlinien hervorgerufenen Staubfiguren unbeweglich auf der Platte stehen. Das hat nichts zu sagen. Wir sehen eben nicht die einzelnen fortlaufenden Wellen, die alle gleichzeitig an jedem Punkt der Platte angreifen. Nur zusammen bilden sie ein stehendes Wellenmuster, genau wie die beiden im schwingenden Seil gegeneinanderlaufenden Wellen der Abbildung 10.4.

Schwingende Kugeln

Wir haben gesehen, daß die stehenden Wellen eines eindimensionalen Körpers, wie etwa einer Saite, Knoten*punkte* besitzen, zweidimensionale Körper aber, wie Chladnis Platte, Knoten*linien*. Wie ist es nun mit Wellen in dreidimensionalen Körpern? Da wir letztlich die Schwingun-

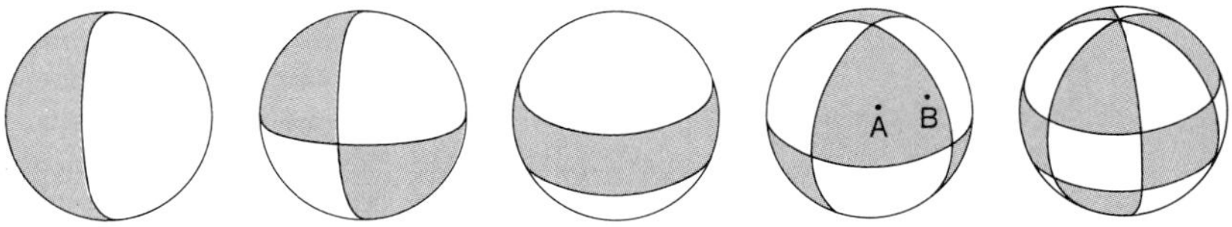

Abb. 10.6: Verschiedene Schwingungsformen einer Kugel. Die weißen und grauen, durch die schwarzen Knotenlinien voneinander getrennten Felder deuten an, in welchen Bereichen sich die Kugeloberfläche zu einem bestimmten Zeitpunkt gerade nach außen und in welchen sie sich nach innen bewegt. Der im Text erläuterte »Grad« der Schwingung ist bei den fünf Schwingungsformen der Reihe nach: eins, zwei, zwei, drei, fünf.

Abb. 10.7: Eine nach einem bestimmten Schwingungsmuster pulsierende Gaskugel. Der Blick ins Innere zeigt, daß die Knoten*linien* an der Oberfläche in Wahrheit von Knoten*flächen* im Inneren kommen. Wo eine Knotenfläche die Oberfläche schneidet, entsteht eine Knotenlinie. Es gibt aber auch Knotenflächen, die Kugeln um das Zentrum bilden und die Oberfläche niemals schneiden können. An der Oberfläche kann man sie nicht wahrnehmen. Nur ein genaueres Studium der Schwingungsformen an der Oberfläche und der Frequenz der Schwingung gestattet, die Zahl der im Inneren verborgenen kugelförmigen Knotenflächen zu bestimmen.

gen der Sonne verstehen wollen, werden wir hier nur Kugeln aus Gas betrachten, die durch ihre eigene Schwerkraft zusammengehalten werden.

Man kann am Computer die verschiedenen Schwingungsformen, derer eine Gaskugel im Prinzip fähig ist, untersuchen, und man hat so viele gefunden, daß es schwierig ist, sie auseinanderzuhalten. In der Abbildung 10.6 sind einige einfache Schwingungsformen der Oberfläche der Kugel gezeigt. Wenn die weißen Felder sich gerade heben, senken sich die grauen Bereiche. An den Grenzlinien von grauen und weißen Feldern ist die schwingende Kugel in Ruhe. Die Grenzlinien sind Knotenlinien. Sie bilden »Meridiane« und »Parallelkreise«, wie wir sie von der Gradeinteilung des Globus kennen. Die »Meridiane« schneiden sich in den »Polen« der Schwingung. Der von den beiden »Polen« gleich weit entfernte Parallelkreis ist der »Äquator« der Schwingung. Die Zahl der Knotenlinien, seien sie Meridiane oder Parallelkreise, nennt man den *Grad* der Schwingung. Schwingungen mit vielen Knotenlinien haben einen hohen Grad.

Wenn wir aber nur die Oberfläche der Kugel ansehen, erfassen wir nicht die ganze Kugel. Wir müßten eigentlich auch in das Innere blikken. Das ist in der Abbildung 10.7 dargestellt. Wir sehen, daß es auch dort Bereiche gibt, die sich senken, während sich andere gleichzeitig heben. Diese Bereiche werden durch Flächen voneinander getrennt. Das sind die Knoten*flächen* der Schwingung. Dort wo sie die Kugeloberfläche schneiden, entstehen die Knotenlinien der Oberfläche.

Schwere- und Schallwellen

Die Oszillationen unserer Gaskugel können im Prinzip von zwei Wellenarten herrühren. Vielleicht ähneln sie den Wellen auf der Oberfläche eines Sees. Sie könnten aber auch zu einer anderen Art von Wellen gehören, wie wir sie von der Seeoberfläche her nicht kennen. Unsere Kugel besteht aus einem Gas, das nicht nur leicht hin und her geschoben werden kann wie die Teile einer Flüssigkeit, es kann auch leicht zusammengepreßt werden wie die Luft der Erdatmosphäre. Wir drükken die Luft nicht nur zusammen, wenn wir sie in einen Autoreifen pumpen, selbst die leichteste Schwingung unserer Stimmbänder, das leiseste Rascheln eines Stück Seidenpapiers reicht aus, um die benachbarte Luft etwas zu verdichten. Sie dehnt sich zwar unmittelbar danach wieder aus, schießt dabei aber über das Ziel hinaus. Sie wird vorübergehend dünner als zuvor, nimmt also einen größeren Raum ein als vorher. Das geht nur, wenn sie benachbarte Gasmassen zusammendrückt. Diese reagieren genauso und drücken nun ihrerseits ihre Nachbarn zusammen. Jede von unseren Stimmbändern erzeugte Verdichtung pflanzt sich in der Luft fort. Dabei ist eine Schallwelle entstanden, die mit Schallgeschwindigkeit durch den Raum eilt.

Es ist möglich, daß die Schwingungen der Sonne von Schallwellen herrühren, die von allen Stellen der Oberfläche kommend das Innere durchkreuzen. Deshalb wollen wir in Gedanken Schallwellen einer bestimmten Frequenz durch unsere Gaskugel laufen lassen. Erreichen sie die Oberfläche, werden sie wieder in das Innere zurückgeworfen, wie die Wellen vom freien Ende eines Seils. Dort treffen sie auf Wellen, die nach außen wandern und überlagern sich mit ihnen zu einem stehenden Schwingungsmuster.

Nicht nur Schallwellen können die Sonne schwingen lassen. Die Oszillationen der Sonnenoberfläche können auch von Wellen herrühren, die denen auf der Oberfläche eines Sees ähneln. Sie unterscheiden sich grundsätzlich von den Wellen des Schalls. Bei der Welle auf der Oberfläche des Sees wird im Wellenberg Wasser nach oben gehoben. Die Schwerkraft der Erde und die Oberflächenspannung holen es zurück, es sinkt wieder nach unten, tiefer als seiner Ruhelage entspricht. Dann aber schiebt es der Wasserdruck wieder nach oben. Es schießt über seine Ruhelage hinaus und Schwerkraft und Oberflächenspannung ziehen es wieder herunter*. Wegen der wichtigen Rolle, welche die Schwerkraft hierbei spielt, nennt man die Wellen auf dem See auch *Schwerewellen.*

Bei den Schallwellen spielt die Schwerkraft keine Rolle. Da ist es der Gasdruck, der nach einer Verdichtung das Gas wieder auseinandertreibt und sich über seine Ruhelage hinaus ausdehnen läßt, so daß benachbarte Gasmassen verdichtet werden, die wiederum andere Gasmassen zusammendrücken. Jede Verdichtung pflanzt sich mit Schallge-

---

* Die Oberflächenspannung einer Flüssigkeit kennen wir von Seifenblasen her. Sie versucht, die Oberfläche so klein wie möglich zu machen. Deshalb sind Seifenblasen und Quecksilbertropfen Kugeln, denn die Kugel ist die kleinste Fläche, die ein gegebenes Volumen umschließen kann. Wenn sich auf dem See Wellen bilden, vergrößert sich die Oberfläche mit jedem Wellenberg und jedem Wellental. Neben Schwerkraft und Wasserdruck versucht auch die Oberflächenspannung die Unebenheiten der Oberfläche auszugleichen. Nur bei Wellenlängen unter zwei Zentimetern ist die Oberflächenspannung wichtiger als die Schwerkraft. Bei Gasen gibt es keine Oberflächenspannung.

schwindigkeit durch das Gas fort. Unabhängig davon, ob auf der Sonne Schall- oder Schwerewellen die Punkte der Sonnenoberfläche rhythmisch bewegen, bilden sie ein regelmäßiges Muster.

Nachdem Leightons Gruppe den Fünfminuten-Rhythmus der Sonne entdeckt hatte, stand man vor der Frage, ob die Sonne ein regelmäßiges Schwingungsmuster zeigt oder nicht. Die Klangfiguren der Sonne sind nicht so leicht zu erkennen, wie die auf Chladnis Glasplatten. Das liegt nicht allein daran, daß wir auf die Sonnenoberfläche kein Schwefelpulver streuen können.

Alles wäre einfacher, wenn die Sonne nur in einer Schwingungsform oszillieren würde, etwa mit dem Muster, das in der Abbildung 10.6 rechts angedeutet ist. An der Oberfläche gibt es dort fünf Knotenlinien, davon sind drei Meridiane und zwei Breitenkreise. Nach innen zu gibt es auf jeder radialen Linie möglicherweise eine gewisse Zahl weiterer Knoten. In einer bestimmten Schwingungsform schwingt die Sonne mit einer Frequenz, die genau zu diesem Schwingungsmuster gehört. Wir werden später sehen, daß die Sonne keine so »reinen« Schwingungen mit Knoten und Wellenbäuchen ausführt. Vorläufig wollen wir uns überlegen, was man beobachten würde, wenn die Sonne in solch einer »reinen« Schwingung, in solch einem »Kammerton« schwingen würde.

Ein Kammerton der Sonne

Wie wäre es, wenn die Sonne ein regelmäßiges Schwingungsmuster zeigen würde, etwa so, wie das im vierten Teilbild der Abbildung 10.6. Wir wollen uns dazu vorstellen, wir würden an Punkt A, dort wo ein Schwingungsbauch ist, das Auf und Ab der Oberfläche mit Hilfe des Doppler-Effektes messen. Als erstes erhielten wir aus dem Rhythmus der Bewegung die Frequenz. Mit einem zweiten Meßgerät könnten wir dann die Geschwindigkeit an einem benachbarten zweiten Punkt B messen und die Bewegungen an beiden Punkten miteinander vergleichen. Wenn B nahe bei A steht, schwingen beide Stellen im gleichen Takt. Ist die Oberfläche bei A oben, dann auch bei B. Wenn man B von A seitlich wegrücken läßt, erreicht B einen Knoten, und man mißt überhaupt keine Geschwindigkeit in diesem Punkt. Entfernt man sich mit B noch weiter von A, so erreicht man den nächsten Schwingungsbauch. Die Sonnenoberfläche bewegt sich dann an den beiden Punkten im entgegengesetzten Takt. Wenn man so mit dem Punkt B weiterwandert, kann man Knoten auf Knoten finden und aus den Abständen die Zahl der Knoten auf dem ganzen Äquatorumfang der Sonne bestimmen. Bei den Schwingungen der Abbildung 10.6, rechts, sind das sechs Knoten. Genauso kann man in Nord-Süd-Richtung fortschreiten und die Zahl der Knoten bestimmen. In dem betrachteten Fall sind das zwei. So erhält man die Gesamtzahl der Knotenlinien und damit den Grad der Schwingung. In unserem Fall ist der Grad fünf, da man längs des Äquators jede meridianartige Knotenlinie zweimal zählt. Man kennt nun neben der Frequenz auch den Grad der Schwingung.

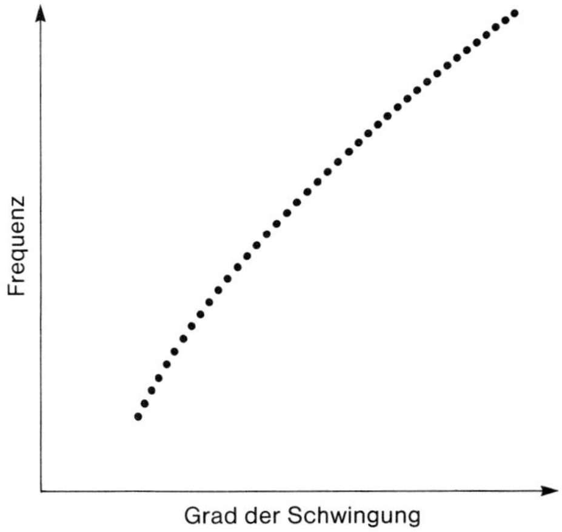

Abb. 10.8: Trägt man die Schwingungsfrequenz und den Grad der Schwingung einer Kugel in ein Diagramm ein, so sieht man, daß sich die Punkte zu einer »Perlenschnur« anordnen. Je größer der Grad der Schwingung, um so höher die Frequenz.

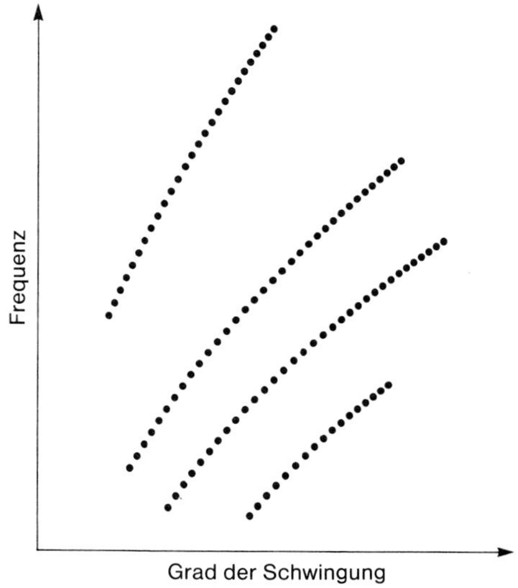

Abb. 10.9: Die in der Abbildung 10.8 dargestellte Beziehung gilt nur für Kugeln, die im Inneren gleich schwingen, das heißt, bei denen die Zahl der im Inneren verborgenen kugelförmigen Knotenflächen dieselbe ist. Die »Perlenschnüre« von Schwingungen mit mehr Knotenflächen in der Tiefe liegen über denen mit weniger. Daran kann man aus Grad und Frequenz einer Schwingungsform erkennen, wieviel Knotenflächen im Inneren der Kugel verborgen sind.

Wenn aber die Sonne nicht nach dem Muster der Abbildung 10.6 rechts schwingt, sondern nach einem mit einem weiteren Meridian als Knotenlinie, dann ist der Grad sechs. Dazu gehört eine etwas höhere Frequenz. So wie bei der Saite steigt die Frequenz mit der Zahl der Wellenbäuche. Man kann nun ein Diagramm anfertigen, so wie es in Abbildung 10.8 gezeigt ist. Zu jeder Anzahl von Knotenlinien gibt es eine bestimmte Frequenz. Damit ist man aber noch weit vom Verständnis der Schwingungen der Sonne entfernt. Die einfache Abbildung 10.8 erhalten wir, wenn wir nur eine besondere Klasse von Schwingungen betrachten. Wie wir schon in der Abbildung 10.7 sahen, setzt sich die Schwingung der Oberfläche nicht einfach nach innen fort. In bestimmten Tiefen können Knotenflächen auftreten, an denen sich die Richtung der Schwingungsbewegung umkehrt. Nur wenn man Schwingungen betrachtet, welche die gleiche Zahl von Knotenflächen in der Tiefe haben, erhält man einen einfachen Zusammenhang zwischen Frequenz und Grad der Schwingung, zum Beispiel, wenn man nur die Schwingungen betrachtet, die keinen Knoten im Inneren haben. Nimmt man einen Schwingungstyp mit nur einer Knotenfläche in der Tiefe, erhält man einen etwas anderen Zusammenhang zwischen Frequenz und Schwingungsgrad, aber auch dann sind die Punkte der einzelnen Schwingungsformen wieder wie in der Abbildung 10.8 längs einer gekrümmten Linie wie Perlen auf einer Schnur aufgereiht. Bei gleicher Schwingungsform an der Oberfläche, also bei gleicher Anzahl der Knotenlinien an der Oberfläche, liegt die Frequenz höher, wenn die Schwingung mehr Knotenflächen in der Tiefe besitzt. Wir erhalten also für alle Schwingungen mit einer bestimmten Anzahl von Knotenflächen in der Tiefe eine »Perlenkette« wie die in der Abbildung 10.8. Die Ketten der Schwingungen mit mehr Tiefenknoten liegen über denen mit weniger. Das ist schematisch in der Abbildung 10.9 dargestellt. Das Diagramm zeigt, daß man aus den beiden an der Oberfläche ablesbaren Zahlwerten von Frequenz und Zahl der Knotenlinien etwas über das Innere der Sonne erfährt, in das unser Blick nicht vordringen kann: Sagen Sie mir, wie die Sonnenoberfläche schwingt, und ich sage Ihnen, wie viele Knotenflächen in ihrem Inneren versteckt sind. Nehmen wir ein Beispiel: Messen wir etwa die Frequenz zu 0,00276 Hertz, das entspricht einer Schwingungsdauer von 377 Sekunden, und ist der Grad 100, dann können wir aus der Abbildung 10.11, die in der Art des Diagramms der Abbildung 10.9 nach wirklichen Beobachtungen der Sonne angefertigt ist, ablesen, daß im Inneren fünf Knotenflächen verborgen sind. Doch das Diagramm der Abbildung 10.11 bedarf einiger Erläuterungen.

Millionen von Schwingungsformen

Wir haben diskutiert, wie es wäre, wenn die Sonne in einer einfachen Schwingungsform oszillieren würde. Damit haben wir die Wirklichkeit stark vereinfacht. In Wahrheit schwingt sie gleichzeitig in *allen* Formen mit beliebig vielen Knotenlinien auf ihrer Oberfläche. Sie schwingt mit vielen und mit wenigen Knotenflächen in der Tiefe. Es ist etwa so, als würde man die Chladnische Glasplatte nicht an einer, sondern an allen Randpunkten mit Geigenbögen zum Schwingen bringen. Ein Punkt, der für eine Schwingungsform auf einer Knotenlinie liegt, bewegt sich für eine andere an einem Schwingungsbauch ständig auf und ab. Es gibt auf der Platte keine Knotenlinien mehr. Die regelmäßigen Schwingungsmuster summieren sich zu einer unregelmäßigen Bewegung auf.

So ist es auch bei der Sonne. Es gibt keine Knotenlinien auf ihrer Oberfläche und keine Knotenflächen in ihrem Inneren. Mehr noch, hatten die von uns betrachteten Schwingungsmuster einer Kugel die gleichen Pole und den gleichen Äquator, so kann auf der Sonne jeder Punkt Pol eines Musters sein. In ihr überlagern sich nicht nur Schwingungen mit einer unterschiedlichen Anzahl von Knotenlinien und -flächen, sondern auch solche, mit gleicher Knotenzahl, aber mit verschiedener Orientierung, wie es in der Abbildung 10.10 angedeutet ist. Wie soll man in diesem Durcheinander von Schwingungsformen eine einzelne herausfinden?

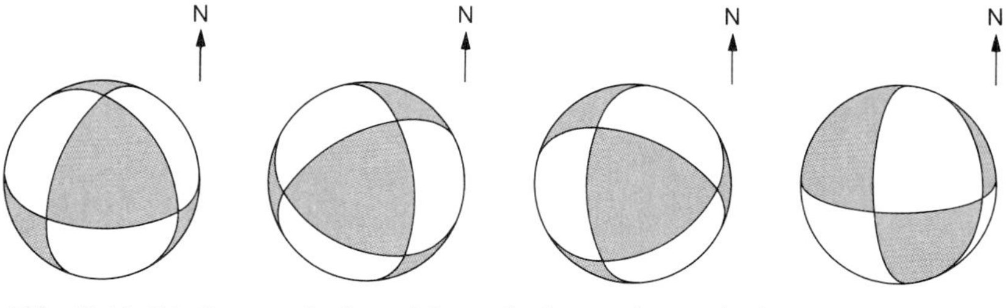

Abb. 10.10: Die Sonne schwingt nicht nach einem reinen Schwingungsmuster, etwa von der Art, wie es einem der Bilder der Abbildung 10.6 entspricht. Sie schwingt nicht nur in Schwingungsmustern verschiedenen Grades und verschiedener Anzahl von Knotenflächen in der Tiefe, sie schwingt auch nach Mustern verschiedener Orientierung. In der Abbildung ist die Schwingung des vierten Teilbildes der Abbildung 10.6 noch einmal, aber mit verschiedenen räumlichen Orientierungen dargestellt. In der Sonne sind für jede Schwingungsart auch alle denkbaren Orientierungen möglich. Die Sonne schwingt in *allen* diesen Schwingungsformen, insgesamt in vielen Millionen verschiedener Arten.

Im Prinzip ist es möglich, aus einer Fülle von Schwingungen die einzelnen Bestandteile zu erkennen. Unser Ohr ist zum Beispiel in der Lage, in einem Orchesterkonzert jedes einzelne Instrument herauszuhören. Wir erkennen, ob die Trompete oder die Geige den falschen Ton spielt. Wir hören, wenn mit der Flöte etwas nicht stimmt und nicht die für dieses Instrument richtige Mischung aus Obertönen erzeugt wird.

Auch das Gemisch von Millionen von Schwingungsformen der Sonnenoberfläche läßt sich in »Einzeltöne« auflösen. Dazu kennt man seit mehr als 150 Jahren ein mathematisches Verfahren. Man kann zum Beispiel innerhalb eines rechteckigen Feldes auf der Sonnenoberfläche über längere Zeit die Geschwindigkeit aller Punkte gleichzeitig messen. Man wüßte dann, wie sich jeder Punkt in jedem Augenblick bewegt. Dieses Datenmaterial kann weiterverarbeitet werden, heute natürlich im Computer. Das Rechenprogramm gibt an, wie stark die einzelnen Schwingungsformen bestimmter Frequenz und Zahl der Knotenlinien zur Gesamtbewegung beigetragen haben.

Es ist gar nicht nötig, alle Stellen des Rechteckes gleichzeitig zu messen. Es genügt, wenn man mit einem Meßinstrument einen Streifen horizontal und einen vertikal über längere Zeit abtastet. Mißt man lange genug, findet das Rechenprogramm auch daraus die Stärke, mit der jede Schwingung beteiligt ist. Man kann dann ein Diagramm konstruieren, wie wir es in der Abbildung 10.9 angedeutet haben. Jede Schwingungsform, die das Rechenprogramm in den gemessenen Daten findet, besitzt eine Frequenz und eine bestimmte Anzahl von Knotenlinien, für jede gefundene Schwingungsform wird also ein Punkt in das Diagramm eingetragen. Wenn die Sonne in vielen Schwingungsarten oszilliert, müßten sich die Punkte in der Art der Abbildung 10.9 anordnen. Dieses nachzuweisen, gelang im Jahre 1974.

Die Sonne von Capri

Die Sicht war am 20. September 1974 auf Capri für Sonnenbeobachtungen nicht sonderlich gut. Franz-Ludwig Deubner – heute hat er den Lehrstuhl für Astronomie an der Universität Würzburg inne – arbeitete mit dem Sonnenteleskop an der Außenstelle des Freiburger Fraunhofer-Instituts* auf der Mittelmeerinsel, um Geschwindigkeiten auf der

* Das Institut heißt heute nach seinem Gründer, dem Sonnenphysiker Karl Otto Kiepenheuer (vgl. S. 77), Kiepenheuer-Institut für Sonnenphysik.

Sonne mit Hilfe des Doppler-Effektes zu messen. Er erwartete nicht, daß es ihm gelingen würde, an diesem Tag sehr feine Strukturen erkennen zu können. Doch für seine Geschwindigkeitsmessungen, die er mit einer Linie des Elements Kalzium im grünen Bereich des Sonnenspektrums ausführen wollte, würde es wohl reichen. Das Problem der fünfminütigen Oszillationen der Sonne, wie sie von Leighton und seinen Mitarbeitern gefunden worden waren, bewegte damals die Sonnenphysiker. Werden die Schwingungen einfach durch die emporschießenden Ballen der Granulation ausgelöst, so wie sich eine Wasserfläche um den Kopf eines zur Oberfläche emporkommenden Tauchers bewegt? Oder sind sie die Anzeichen einer Unruhe im Inneren der Sonne? Man vermutete schon, daß die Sonnenoberfläche nicht an jeder Stelle im gleichen Takt schwingt wie die Wasseroberfläche im federnd aufgehängten Kessel der Abbildung 10.1b. Theoretische Überlegungen, an denen der kalifornische Astronom Roger Ulrich wesentlichen Anteil hatte, legten nahe, daß die fünfminütigen Schwingungen ein Anzeichen dafür waren, daß das Sonneninnere ständig von Schallwellen erfüllt ist, die aus allen Richtungen kommen und in alle Richtungen laufen, ähnlich zu den aus allen Richtungen kommenden Wellen in Chladnis mit Schwefelpulver bestreuten Platten. Bei einer solch komplizierten, aus vielerlei Wellen zusammengesetzten Schwingung ist es nicht zu erwarten, daß sich die Sonnenoberfläche in einheitlichem Rhythmus heben und wieder senken würde. Sollte man nicht statt dessen Schwingungsmuster auf der Sonnenoberfläche erkennen wie auf Chladnis staubigen Platten?

Deubner untersuchte eine Stelle auf der Sonnenscheibe und tastete von dort aus mit seiner Apparatur einen Streifen in Nord-Süd-Richtung immer wieder ab. Er fuhr etwa ein Sechstel des Durchmessers der Sonnenscheibe nach Norden, dann wieder die gleiche Strecke nach Süden, wieder nach Norden, dann nach Süden. Im Rhythmus von etwa zwei Minuten überstrich er denselben Streifen der Sonnenoberfläche in ununterbrochener Folge nahezu drei Stunden lang. Dann folgte über vier Stunden ein nach Ost-West ausgerichteter Streifen. In jedem Augenblick wurde die Geschwindigkeit der Materie am Doppler-Effekt der grünen Spektrallinie des Kalziums gemessen und registriert. Es war eine Fülle von Daten, die Informationen über die Schwingungen der Sonnenoberfläche während der Meßzeit enthielt.

Deubner ließ seine Meßdaten im Computer analysieren und nach Schwingungsformen und ihren Frequenzen suchen und zeichnete seine Ergebnisse in ein Bild der Art von Abbildung 10.9. Wenn man heute sein Diagramm betrachtet, wundert man sich, daß Deubner in den im

Vergleich zu heute recht kümmerlichen Daten erkannte, daß sich Frequenz und Zahl der Knotenlinien im Diagramm tatsächlich zu Strukturen anordneten, wie man sie von den theoretischen Überlegungen über schwingende Gaskugeln erwartete. Doch gerade das macht einen guten Wissenschaftler aus: seinen Daten anzusehen, daß sie eine Botschaft enthalten, die man nicht nur zu erkennen glaubt, weil man sie sich wünscht, sondern die den Eindruck erwecken, bei späteren, besseren Messungen jeder Prüfung standzuhalten. Als Deubner das Ergebnis veröffentlichte, begann man sofort an anderen Observatorien, seine Messungen zu wiederholen. Bald konnte man bestätigen: Die Bewegungen der Sonnenoberfläche sind aus zahllosen regelmäßigen Schwingungsformen zusammengesetzt. Die Abbildung 10.11 zeigt in einem nach modernen Messungen angefertigten Diagramm, daß Frequenz und

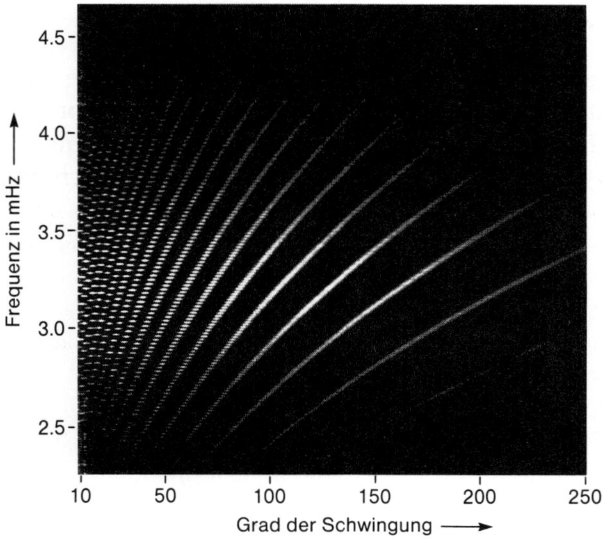

Abb. 10.11: Frequenz (in mHz, also in millionstel Hertz gemessen) und Grad von beobachteten Sonnenschwingungen. Wie in Abbildung 10.9 schematisch dargestellt, ordnen sich die beobachteten Schwingungsformen in diesem Diagramm zu Kurven an. Längs jeder Kurve wächst die Frequenz mit dem Grad. Die Schwingungsformen der verschiedenen Kurven unterscheiden sich durch die Anzahl ihrer Knotenflächen in der Tiefe des Sonnenkörpers. So besitzen Schwingungen der rechten unteren (kaum erkennbaren) Kurve drei Knotenflächen im Inneren, die der darüberliegenden Kurve vier, usw. (vgl. Abb. 10.9). Das Diagramm beruht auf einer 50 Stunden langen, lückenlosen Beobachtungsreihe, die T. L. Duvall, J. W. Harvey und M. A. Pomerantz an der amerikanischen Südpolstation gewinnen konnten.

Anzahl der Knotenlinien sich genau so anordnen, wie man es erwartete. Millionen von Schwingungsformen hat man auf diese Weise entdeckt, darunter solche, die bis zu 2000 Knotenlinien auf der Sonnenoberfläche zeigen.

Botschaften aus der Tiefe der Sonne

Wir können nicht in die Sonne hineinsehen. Aber die Wellen der Sonnenoszillationen durchlaufen die inneren Bereiche. Deshalb verrät uns das Schwingungsmuster an der Oberfläche etwas über jene Schichten, die tief im Inneren der Sonne verborgen sind.

Ich habe in Anhang B versucht, mit einem einfachen Hilfsmittel, dem Begriff der *Schallstrahlen,* einige Eigenschaften der Schwingungen des Gasballes Sonne zu erläutern. Dort ist zum Beispiel gezeigt, daß die Oberfläche stärker schwingt als das Innere. Je niedriger der Grad einer Schwingung, um so tiefere Schichten sind an der Bewegung beteiligt. Man kann diese Erkenntnis verwenden, um den Verlauf der Temperatur mit der Tiefe zu bestimmen.

Die beobachteten Schwingungsmuster ergaben ein Temperaturprofil, das im großen und ganzen mit unseren bisherigen Vorstellungen vom inneren Aufbau der Sonne im Einklang steht. Im Augenblick sieht es aber so aus, als würden die aus dem Schwingungsmuster für das Zentrum der Sonne hergeleiteten Temperaturen etwas über denen der Sonnenmodelle liegen. Das paßt den Astrophysikern gar nicht. Eine Korrektur zu niedrigeren Temperaturen wäre ihnen lieber, da sie das Neutrinoproblem der Sonne lösen würde (vgl. S. 195).

Die Schwingungsmuster hängen auch von der Rotation der Sonne in ihrem Inneren ab. Wenn sie wie eine starre Kugel rotiert, dann ist das Muster anders als im Falle eines rascher rotierenden Sonnenkerns. Man kann also aus den Schwingungen der Sonne im Prinzip auch die Rotationsgeschwindigkeit verschiedener Schichten im Sonneninneren bestimmen. Einige Ergebnisse daraus werde ich weiter unten beschreiben (vgl. S. 227).

Wir haben bereits gesehen, daß man in den Tiefen eines Berges etwas über das Innere der Sonne erfahren kann. Den Sonnenphysikern gelingt es, gerade von Beobachtungsposten aus, die dem Laien am wenigsten dafür geeignet erscheinen, der Sonne erfolgreich Geheimnisse zu entlocken. Wer würde zum Beispiel glauben, daß nicht die Äquatorgegenden der Erde, dort wo das Sonnenlicht am stärksten einfällt, sondern die Polarregionen, an denen im Winter die Sonne überhaupt nicht über den Horizont kommt und wo sie im Sommer immer niedrig steht, für die Sonnenforscher unentbehrlich geworden sind?

Am 16. Dezember schrieb der norwegische Polarforscher Roald Amundsen in sein Tagebuch: »Es ist sehr interessant zu beobachten, wie die Sonne sozusagen Tag und Nacht in derselben Höhe über das Firmament wandert. Ich glaube, wir sind die ersten, die diesen seltsamen Anblick zu sehen bekommen.«

Sonnenforschung im Eis

Mit Theodoliten wäre alles einfacher gewesen. Die aber waren auf der beschwerlichen Reise kaputtgegangen. So mußten sich die Männer mit einem Sextanten begnügen. Das ist nicht einfach, wenn man keinen richtigen Horizont hat, wie auf hoher See. Mehrere Tage brauchten sie, um den genauen Punkt zu finden. Nach ihrer mehr als achtwöchigen Reise kam es aber auf einige Tage nicht mehr an. Am 15. Dezember erreichten zuerst zwei Männer den gesuchten Punkt. Das dritte Lebewesen war ein Schlittenhund. Es war mitten im Hochsommer, und die Temperatur lag bei –19 °C. Das war im Jahre 1911. Amundsen hatte mit seiner Mannschaft den Südpol erreicht. Einen Monat später kam Captain Scott an. Spuren im Schnee, Hundekot und schließlich Amundsens Lager mit einem Brief an Scott ließen ihn erkennen, daß er den Wettlauf zum Südpol verloren hatte. »Oh Gott!«, schrieb er in sein Tagebuch, »Das ist ein grausiger und entsetzlicher Ort.« Wahrscheinlich war es seiner Enttäuschung zuzuschreiben, daß er mit seiner Mannschaft auf dem Rückweg umkam.

Heute kann man den Südpol mit dem Flugzeug erreichen, zumindest wenn dort Sommer herrscht und die Temperaturen einigermaßen sichere Flüge gestatten. Ganz in den Nähe des Schauplatzes, nur 400 Meter vom Südpol entfernt, nutzt man es, daß dort die Sonne nicht untergeht.

Dem Sonnenforscher steht normalerweise nur die Zeit zwischen Auf- und Untergang der Sonne zur Verfügung. Wenn auf ihr Magnetfelder kurz vor Sonnenuntergang ein Filament in die Korona schleudern, kann der Astronom über das weitere Schicksal der nach oben schießenden Materie nur etwas erfahren, wenn er sich mit einem Kollegen in Verbindung setzt, der von einem westlicheren Längengrad aus beobachtet, und für den die Sonne noch mitten am Himmel steht. Ein über alle Längen rund um die Erde verteiltes Beobachternetz kann die Sonne rund um die Uhr verfolgen – vorausgesetzt, das Wetter ist überall gut. So hat man kürzlich das wechselvolle Geschehen auf der Sonnenoberfläche im Licht der roten Linie des Wasserstoffs in einem Film festhalten können, der aus Einzelszenen zusammengesetzt ist, die man an verschiedenen Observatorien aufgenommen hat und die sich zeitlich aneinanderfügen. Der Film zeigt gleichzeitig die Schwächen dieses Verfahrens. Die Instrumente sind nicht gleich, Wettereinflüsse lassen optisch schlechte Szenen auf solche von höchster Brillanz folgen, dazwischen fehlen Stücke – wegen schlechten Wetters.

Vom Weltraum aus kann man die Sonne lückenlos beobachten. Wesentlich billiger und bequemer ist es, die Sonne von den Polregionen der Erde aus zu überwachen. Dort geht für ein halbes Jahr die Sonne nicht unter. Während jeden Tages steht sie immer in gleicher Höhe über dem Horizont und wandert innerhalb von 24 Stunden einmal rund um den Beobachter.

Deshalb begann man im Januar 1979 am Südpol mit den ersten Sonnenbeobachtungen. Ein amerikanischer und ein schwedischer Wissenschaftler konnten die Vorgänge auf der Sonne 120 Stunden lang ohne Unterbrechung beobachten. Dann kamen französische Sonnenphysiker dazu. Man begann die Schwingungen der Sonne zu studieren. Warum gerade am Südpol? Die Sonne schwingt im Rhythmus von Minuten. Um das zu beobachten, müßten doch wohl die Stunden ausreichen, an denen in unseren Breiten die Sonne am Himmel steht. Will man aber aus den Schwingungsbewegungen etwas lernen, braucht man *gerade* die lange Beobachtungszeit. Wir haben schon gesehen, daß die Sonne in Millionen von Formen verschiedenen Grades und verschiedener Orientierung schwingt. Neben einer Schwingungsform, die vielleicht genau die Periode von 300 Sekunden besitzt, gibt es auch eine mit 300,00001 Sekunden Schwingungsdauer. Die zweite hat einen niedrigeren Grad als die erste, dringt also etwas tiefer ein. Aus dem Unterschied der beiden Schwingungsformen kann man etwas über jene Schichten erfahren, die von der zweiten Schwingung erfaßt werden, nicht aber von der ersten. Niemals könnte man die beiden Schwingungsformen getrennt erkennen, wenn man nur kurze Zeit beobachtet. Verfolgt man die Schwingungen aber über lange Zeit, dann kommen sie außer Takt, und das Rechenprogramm, das aus den Beobachtungen die einzelnen Schwingungsformen herausfiltert, kann sie deutlich trennen. Man muß nur lange genug beobachten, jede Unterbrechung einer Meßreihe verdirbt das Ergebnis.

Deshalb setzt man sich der Mühsal aus und arbeitet am Südpol, nahe der seit 1975 für sechs Millionen Dollar gebauten Amundsen-Scott-Station. In fast 3000 Meter Höhe über dem Meer, auf einer ebenso dicken Eisschicht, in einer Luft, an die man sich erst gewöhnen muß, wurden die ersten Messungen noch in der klassischen Art gemacht. Das heißt, man las, wie Deubner im Jahre 1974, die Geschwindigkeiten der Schwingung am Doppler-Effekt einer bestimmten Spektrallinie ab. Bald fand man heraus, daß man auf einfachere Weise etwas über die Schwingungsfiguren der Sonne erfahren kann. Das Auf und Ab der Sonnenoberfläche ist mit geringfügigen Temperaturschwankungen verbunden. Wir wissen bereits, daß die Kalziumlinie ein empfindliches Thermometer ist. Wenn man die Sonne in regelmäßigen Abständen durch ein Filter fotografiert, das nur das Licht dieser Linie durchläßt, dann erkennt man das Schwingungsmuster der Sonne an Helligkeitsunterschieden. Der französische Astronom Eric Fossat von der Sternwarte in Nizza, seine amerikanischen Kollegen Jack Harvey vom National Solar Observatory auf dem Kitt Peak und Thomas Duvall Jr. vom NASA Goddard Space Flight Center überwachen damit die Sonne, daß sie tagelang ununterbrochen Aufnahmen von ihr im Abstand von je einer Minute machen. Der Computer sorgt für die Analyse.

Eines der faszinierendsten Ergebnisse der polaren Sonnenforschung bezieht sich auf die Rotation im Inneren der Sonne. In Anhang B ist gezeigt, daß die Drehbewegung der inneren Teile einer Gaskugel das Schwingungsmuster beeinflußt. Bisher wußten wir nur, wie die obersten Schichten der Sonne rotieren, die Äquatorgegenden rascher als die Polregionen (vgl. Abb. 2.8). Nun scheint es, als ob sich dieses Gesetz auch noch weiter nach innen fortsetzt. Nahe der Oberfläche, dort wo die Sonnenenergie durch Konvektion, also durch auf- und absteigende Materieballen, nach außen transportiert wird, rotieren die Außenbereiche in der Äquatorebene rascher als die nahe der Rotationsachse. Doch die Sonnenschwingungen dringen noch tiefer ein. Von dort bringen sie die Kunde, daß dieser Unterschied nach innen zu immer geringer wird. Der Kern der Sonne, also alles was vom Zentrum weniger als einen halben Sonnenradius entfernt ist, rotiert wie ein starrer Körper. Er benötigt für eine Umdrehung etwa so lange wie Oberflächenregionen in 30 Grad Breite.

Die Wissenschaft von den Schwingungen der Sonne hat man *Helioseismologie* genannt, also die Lehre von den Beben der Sonne. Die Analogie zur irdischen Seismologie, der Erdbebenforschung, liegt nahe. Der Geophysiker lernt aus den verschiedenen Wellen, die von einem

Erdbebenherd ausgehen, seien es jene, die längs der Oberfläche gehen, oder jene, die quer durch den Erdkörper wandern, etwas über den inneren Aufbau des Erdkörpers. Ganz ähnlich lernen die Sonnenphysiker aus den Sonnenbeben etwas über das Innere der Sonne.

So, wie man aber auch wissen will, was die Ursache der Erdbeben ist, möchte man auch wissen, durch was die Sonnenbeben verursacht werden.

Klingel oder Orgelpfeife?

Welcher Mechanismus hält die Oberfläche der Sonne in rhythmischer Bewegung? Wir wissen es nicht. Vielleicht gibt es einen selbsterregenden Mechanismus, der den nach außen gehenden Energiestrom nur in einem bestimmten Rhythmus durchläßt, einmal mehr und einmal weniger. Ein ähnlicher Mechanismus erzeugt zum Beispiel die Schwingungen des Tones einer Orgelpfeife. Die Luft wird gleichmäßig in den Hohlraum der Pfeife geblasen, sie kommt aber rhythmisch gepulst heraus, einmal verdichtet, einmal verdünnt. Verdichtungen folgen Verdünnungen in gleichmäßigem Abstand. Das macht den Orgelton. Man weiß, daß die Delta-Cephei-Sterne schwingen, weil der aus dem Inneren des Sterns kommende Strom von Energie in den Schichten unterhalb der Oberfläche rhythmisch gepulst wird. Ist er auch für die Sonne von Bedeutung? Ist die Sonne eine Orgelpfeife?

Oder ist sie eine Klingel? Das Läuten einer Klingel wird durch den Klöppel erzeugt, der sie immer wieder anstößt. Jedesmal beginnt sie zu tönen, und noch ehe der Ton abgeklungen ist, wird sie durch einen neuen Schlag wieder in Schwingung versetzt. Bei der Sonne könnten die unregelmäßigen Bewegungen der Granulationselemente die Rolle zahlloser Klöppel spielen. Die auf- und absteigenden Gasballen könnten dem Sonnenball ständig Stöße versetzen, die ihn in Schwung halten. Im Augenblick scheint es, als ob die Wetten mehr zugunsten des Modells der Klingel stünden.

11. Die Radiosonne

Der große Radiosturm von der Sonne im Februar 1942 markiert den Anfang der modernen Entwicklung der Radioastronomie. Als britische militärische Radiostationen Ende Februar ernstlich gestört wurden, führte eine von J.S. Hey durchgeführte Untersuchung zu dem Schluß, daß Radiowellen von erstaunlicher Intensität von der Sonne ausgestrahlt werden, was anscheinend mit dem Erscheinen einer sehr großen Gruppe von Flecken auf der Sonnenscheibe zu tun hatte.

J. Stanley Hey, »Radioastronomy«

Gegen 7 Uhr mitteleuropäischer Zeit bewegt sich der Verband auf der Höhe von Cherbourg. Vizeadmiral Otto Ciliax ist zufrieden. Bald werden sie die zwei Stunden Verspätung aufgeholt haben. Aber der schwerste Teil der Wegstrecke steht den drei Schlachtschiffen noch bevor. Erst vier Stunden nach dem Auslaufen in Brest war den Besatzungen der *Scharnhorst,* der *Gneisenau* und der *Prinz Eugen* das Ziel der von Hitler angeordneten Operation bekanntgegeben worden. Das war vor fünf Stunden. Die drei Schlachtschiffe sind auf ihrem Weg durch den englischen Kanal nach Wilhelmshaven, um in der Nordsee zum Schutz der Erztransporte von Norwegen nach Deutschland eingesetzt zu werden. Noch hat sie das englische Radarsystem nicht bemerkt. Tatsächlich wird der Verband erst um 13.18 Uhr ausgemacht. Da hat er bereits die engste Stelle des Kanals passiert. Die dann folgenden Angriffe können nicht mehr verhindern, daß die Operation, die unter dem Decknamen »Cerberus« läuft, erfolgreich beendet werden kann. Die Schiffe erreichen planmäßig ihre deutschen Bestimmungshäfen. Das englische Radar hatte am 12. Februar 1942 versagt.

Die Deutschen rühmten danach die sorgfältige Vorbereitung, bei der man schon vorher regelmäßig Störsendungen ausgestrahlt hatte, damit die Engländer bei einer starken Radarstörung während der Stunden, auf die es am 12. Februar ankam, keinen Verdacht schöpften. War das Unternehmen gelungen, weil die Deutschen das englische Radar gestört hatten? Winston Churchill hatte schon kurze Zeit nach dem Durchbruch der Schiffe durch den Kanal »atmosphärische Störungen« für das Versagen verantwortlich gemacht. Einige Wochen danach wurde das englische Radarsystem wieder gestört. Wollten die Deutschen angreifen? Alles war in Alarmbereitschaft, doch kein Angriff erfolgte. Inzwischen hatte sich ein junger Physiker, J. Stanley Hey, der Sache angenommen. Bald hatte er herausgefunden, daß die Störungen nicht deutschen Ursprungs waren, sondern von der Sonne kamen.

Inzwischen weiß man, daß die Sonne nicht nur Licht und Wärme aussendet, daß von ihr nicht nur die den koronalen Löchern entweichenden Gasmassen an der Erde vorbeiströmen. Die Sonne beliefert uns auch mit einem reichhaltigen Radioprogramm. Den Entdecker der Radiostrahlung der Sonne aber, der sich vorher mit der Physik von Kristallen befaßt hatte, ließ das neue Thema nicht mehr los. Stanley Hey wurde ein angesehener Radioastronom.

Die Radioschüssel auf dem Schuldach

Im Jahre 1932 erkannte ein Funkingenieur in den USA durch Zufall, daß aus dem Weltall Radiowellen zu uns kommen. Erst 1942, als man während der Kriegsereignisse den Äther systematisch nach Radiowellen durchforschte, erinnerte man sich wieder daran. Heute können Schüler im Physikunterricht das Radioprogramm der Sonne verfolgen.

Wer das Gerät auf dem Dach des Sankt-Michael-Gymnasiums in Bad Münstereifel sieht, glaubt, die Bundespost habe sich hier eingemietet, um Telefongespräche via Satellit zu übertragen. Eine Antennenschüssel von 1¾ Meter Durchmesser blickt dort zum Himmel. Wer genauer hinschaut, bemerkt, daß die große Schale beweglich ist und der Sonne bei ihrem täglichen Gang über den Himmel folgt. Dabei wird die Radiostrahlung bei einer Wellenlänge von 11,1 cm gemessen.

Es ist kein Zufall, daß das Gymnasium in Bad Münstereifel ein Radioteleskop auf dem Dach hat. Ganz in der Nähe steht das große Radioteleskop des Max-Planck-Instituts für Radioastronomie, dessen Antennenschüssel einen Durchmesser von hundert Metern hat. Wo »große Forschung« betrieben wird, fällt auch für die »Miniforschung« etwas ab. Aber trotz Hilfe durch die Profis mußten die Amateure an der kleinen Antenne auf dem Schuldach hart arbeiten. Wer einen Parabolspiegel und einen Registrierschreiber geliehen bekommt, hat noch lange kein Radioteleskop. Die Schüler, die von ihrem Physiklehrer Walter

Stein angeleitet wurden, mußten die Antenne an einer Achse befestigen, um die sie sich drehen kann. Ein alter Elektromotor wurde wieder gängig gemacht, und damit der schwere Parabolspiegel leicht im Lager läuft, um der Sonne nachgeführt zu werden, mußten Gegengewichte besorgt werden – man nahm sie aus einem Body-Building-Gerät. Der Spiegel selbst wurde mit Seilen und Balken auf das Schuldach gehievt und die von den Schülern selbstgebauten Geräte zur Steuerung und zur Erfassung der Stärke der gemessenen Strahlung angeschlossen.

Anfang Juli 1987 war das Radioteleskop fertig. Es konnte der Bewegung der Sonne folgen, der Registrierschreiber die Stärke der solaren Radiostrahlen registrieren. Die Schulferien begannen, doch der Registrierstreifen zeigte keinen Ausschlag. Kein Wunder, die Sonnenaktivität war 1987 im Minimum. Tag für Tag starrten die Schüler darauf, aber nichts rührte sich. Da, am 24. Juli 12h00 Weltzeit, wurden sie belohnt, der Zeiger schlug aus. In den darauffolgenden Jahren gab es mehr Ausbrüche auf der Sonne, die registriert wurden.

Eines der letzten von den Schülern in Bad Münstereifel registrierten Ereignisse ist in der Abbildung 11.1 wiedergegeben. Studienrat Stein ließ aber seine Schüler nicht nur Radioausbrüche der Sonne registrieren, er veranlaßte sie auch dazu, darüber nachzudenken, woher die Radiostrahlung der Sonne kommt.

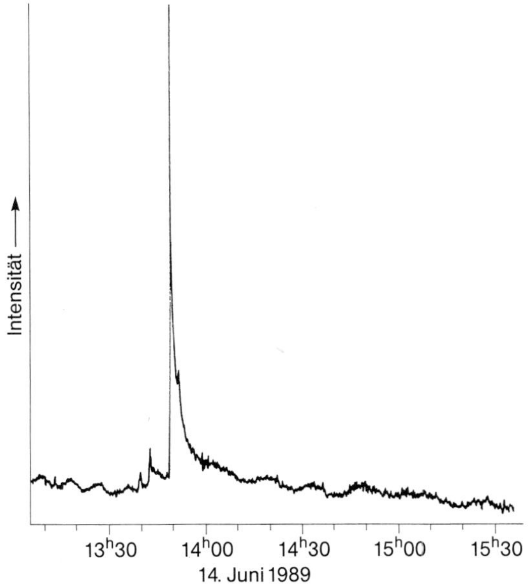

Abb. 11.1: Der Flare vom 14. Juni 1989 wurde von den Schülern der Physik-Arbeitsgemeinschaft des St.-Michael-Gymnasiums in Bad Münstereifel registriert.

Das geschüttelte Plasma

Woher kommen die Radiowellen der Sonne? Sie entstehen nicht anders als in einer Rundfunkstation. Die Antenne eines Rundfunksenders ist ein elektrischer Leiter. In ihrem Metall sind die den Raum zwischen den Ionen des Metalls ausfüllenden Elektronen frei beweglich. Der Sender zwingt sie, längs des Antennendrahtes rhythmisch vor- und zurückzuschwingen. Die bewegten Elektronen erzeugen einen elektrischen Strom, der mit ihrer wechselnden Bewegung ständig seine Richtung ändert. Wie jeder Strom ist auch der Wechselstrom in der Antenne von einem Magnetfeld begleitet. Mit der wechselnden Stromrichtung polt sich das Feld ständig um. Bei der Frankfurter Antenne des Deutschlandfunks geschieht dies mehr als eine millionmal in der Sekunde. Wenn sich ein Magnetfeld mit der Zeit rasch ändert, dann entstehen elektromagnetische Wellen von der Art, wie wir sie in Kapitel 3 beim Licht kennengelernt haben. Radiowellen sind nichts anderes als Lichtwellen, nur sind ihre Wellenlängen größer. Statt bei zehntausendstel Millimetern liegen sie bei Millimetern bis zu Hunderten von Metern. Die in der Antenne entstehenden Radiowellen bewegen sich mit Lichtgeschwindigkeit in den Raum.

Im Plasma ist es ähnlich wie in der Antenne. Auch in ihm sind Elektronen gegenüber den Ionen frei beweglich. Stellen wir uns vor, ein Würfel Plasma bewege sich durch den Raum. Dann fliegen Elektronen und Ionen mit gleicher Geschwindigkeit. Nehmen wir nun an, die Ionen würden allesamt plötzlich gebremst und kämen zum Stehen. Die Elektronen flögen anfangs ungehindert in ihre ursprüngliche Bewegungsrichtung, vorerst werden sie ja nicht gebremst. Aber dabei entfernen sie sich von den Ionen. Dementsprechend findet man kurz nach dem Bremsen mehr Elektronen an der Vorderseite des Würfels als vorher. Die Vorderseite ist negativ elektrisch geladen. Entsprechend fehlen Elektronen an der Fläche der Rückseite. Dort überwiegen die positiven Ionen. Die elektrischen Ladungen üben Kräfte auf die Elektronen aus. Die negative Vorderseite stößt die negativen Elektronen ab, die positive Rückseite zieht sie an (vgl. Abb. 11.2). Als Folge davon werden die Elektronen in ihrem Flug nach vorne gebremst und wieder zurückgezogen. Einmal auf dem Rückmarsch, bewegen sie sich nicht nur so weit, daß sie die Ladung der positiven Ionen im Hinterland gerade kompensieren. Sie schießen über ihr Ziel hinaus, und es entstehen eine negative Rück- und eine positive Vorderseite. Die elektrischen Kräfte dieser sich neu gebildeten Ladungen ziehen und drücken die Elektronen wieder nach vorn. So schwingen die Elektronen ständig zwischen Vorderseite und Rückseite und erzeugen im Plasma einen Wechselstrom wie in einer Antenne. Der Strom aber erzeugt ein magnetisches Wechselfeld. Die Schwingungen von Millionen und mehr Elektronen gegen die aus mehr Masse bestehenden und nahezu bewegungslosen Ionen im Plasma nennt man Plasmaschwingungen.

Normalerweise sorgen die starken anziehenden Kräfte zwischen den negativen Elektronen und den positiven Ionen dafür, daß das Plasma stets neutral ist. Sind irgendwo die positiven Ladungen im Überschuß, dann ziehen sie aus der Nachbarschaft Elektronen herbei, die mit ihren negativen Ladungen den positiven Überschuß neutralisieren. Wenn ein Plasma sich selbst überlassen bleibt, dann wird es elektrisch neutral. Werden aber die Elektronen und Ionen gegeneinander bewegt, etwa durch äußere Einflüsse, wie in unserem Beispiel mit dem plötzlich gebremsten Plasmawürfel, dann kann dieses Ladungsgleichgewicht gestört werden. Versuchen die starken elektrischen Kräfte die Neutralität wiederherzustellen, so beginnen die Elektronen gegen die Ionen zu schwingen.

Da sie mit Bewegungen von Ladungen verknüpft sind, rufen sie Ströme und Magnetfelder hervor. Die Frequenz des Hin- und Herschwingens der Elektronen nennt man die *Plasmafrequenz*. Sie liegt

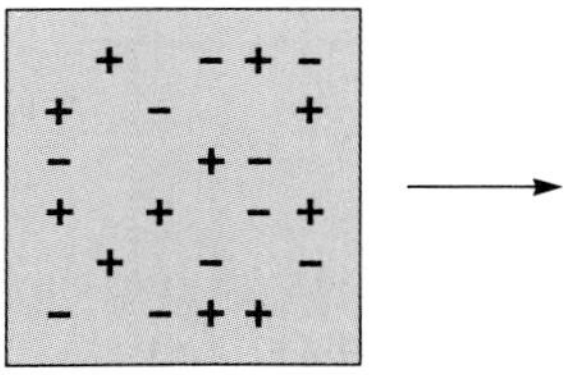

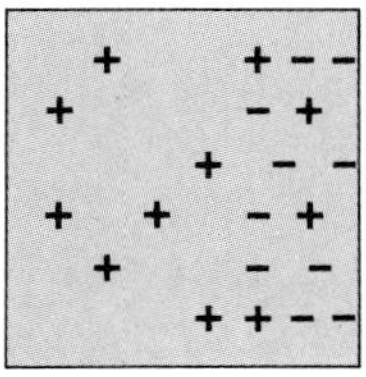

Abb. 11.2: In einem im Bild nach rechts fliegenden Plasma bewegen sich positiv geladene Atomkerne (+) und Elektronen (−) mit gleicher Geschwindigkeit. Die entgegengesetzten Ladungen heben sich gegenseitig annähernd auf, das Plasma ist elektrisch neutral (links oben). Wenn die Atomkerne schlagartig gebremst werden, fliegen vorerst die Elektronen ungehindert weiter. Im rechten Teil des Plasmawürfels überwiegen die negativen, im linken die positiven Ladungen (rechts unten). Die entgegengesetzten Ladungen ziehen sich aber an, die Elektronen werden wieder nach links gezogen. So entstehen Plasmaschwingungen.

um so höher, je dichter die Elektronen stehen. In der Sonnenkorona liegt die Plasmafrequenz bei zehn Millionen Schwingungen in der Sekunde. Dabei entstehen Radiowellen mit Wellenlängen von 30 Metern. In der Nähe der Sonnenoberfläche liegt die Plasmafrequenz wegen der höheren Elektronendichte bei hundert Milliarden Schwingungen in der Sekunde. Die dazugehörenden Radiowellen liegen bei Wellenlängen von Millimetern und weniger.

Aber nicht nur bei regelmäßigen Schwingungen strahlen Elektronen Radiowellen aus, sondern auch wenn sie unregelmäßig bewegt, etwa an einem Hindernis in ihrem Flug gebremst werden. Das kann zum Beispiel geschehen, wenn ein Elektron in die Nähe eines Ions, also eines Atoms, kommt, dem ein oder mehrere Elektronen fehlen. Die Anziehung, die das positive Ion auf das negative Elektron ausübt, lenkt es von seiner geraden Bahn ab. Je nachdem, wie nahe die beiden Teilchen aneinander vorübergehen und wie rasch sie sich aneinander vorbeibewegen, wird das Elektron mehr oder weniger gebremst. Bei jeder Änderung seines Fluges sendet es einen kleinen Strahlungsblitz aus. Bald begegnet es dem nächsten Ion oder einem anderen Elektron. Wieder wird es abgelenkt. Ständig sendet es daher Radiowellen aus. In jedem Gramm des heißen Sonnengases gehen in jeder Sekunde von Milliarden und Abermilliarden Elektronen Strahlungsblitze aus. Doch wegen der schlechten Durchlässigkeit des Gases der Sonnenatmosphäre erreicht uns nicht alle Strahlung, die dort erzeugt wird.

Funkstille bei langen Wellenlängen

Von der Antenne des Rundfunksenders, die nicht von einem Plasma, sondern von elektrisch nicht reagierender Luft umgeben ist, bewegen sich die Radiowellen mit Lichtgeschwindigkeit in den Raum, legen also in jeder Sekunde 300 000 Kilometer zurück. Im Plasma ist das anders. Das rührt daher, daß es dort freie Elektronen gibt, die von den vorbeikommenden Radiowellen zu Schwingungen angeregt werden. Wenn wie beim irdischen Rundfunksender gar keine freien Elektronen im Gas, das die Antenne umgibt, vorhanden sind, dann können sich auch Radiowellen beliebig kurzer Wellenlänge ausbreiten.

Dabei spielt die Plasmafrequenz, von der oben die Rede war, eine entscheidende Rolle. In einem Plasma können sich keine Radiowellen ausbreiten, deren Frequenz niedriger ist als die Plasmafrequenz. Wenn wir den in Anhang C hergeleiteten Zusammenhang zwischen Wellenlänge und Frequenz einer Radiowelle benutzen, so können wir auch sagen, daß sich in einem Plasma nur Radiowellen unterhalb einer bestimmten kritischen Wellenlänge ausbreiten können. Je höher die Elektronendichte, um so höher die Plasmafrequenz und um so niedriger diese Grenzwellenlänge. In der Nähe der Sonnenoberfläche können sich nur Strahlen von weniger als einem Millimeter Wellenlänge ausbreiten. Sie können auch uns erreichen, denn die darüberliegenden Schichten haben eine niedrigere Elektronendichte, haben also eine niedrigere Plasmafrequenz und damit eine höhere Grenzwellenlänge. Was sich in den unteren Schichten der Sonnenatmosphäre ausbreiten kann, das kommt auch mühelos durch die oberen Schichten und kann seinen Weg bis zu uns finden. Radiowellen von zehn Zentimetern erreichen uns nur aus Schichten der oberen Atmosphäre. Wellen im Bereich von Metern können nur aus der Korona zu uns kommen.

Einen direkten Beweis für die merkwürdigen Ausbreitungseigenschaften der Radiowellen in den Außenschichten der Sonne liefern Radiobilder von der Sonne. In der Abbildung 11.3 ist das Bild der

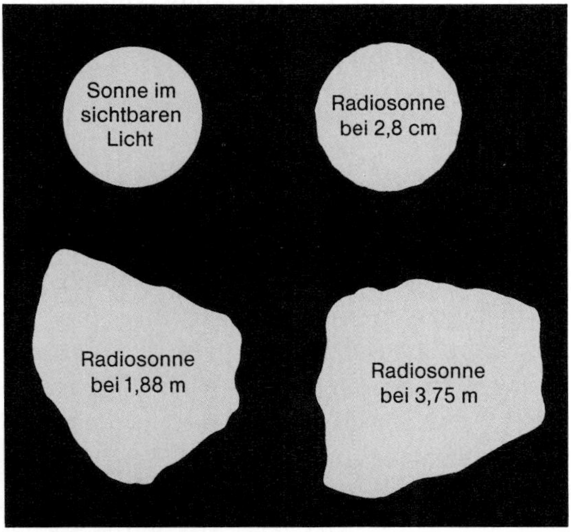

Abb. 11.3: Mit dem Radioteleskop beobachtet erscheint die Sonne verschieden groß, denn je größer die Wellenlänge (und damit nach Anhang C je niedriger die Frequenz), um so weiter außen in der Korona liegen die Bereiche, aus denen die Radiowellen uns noch erreichen können. In der Abbildung sind die Umrisse der Sonne bei verschiedenen Wellenlängen skizziert. Wegen der zeitlichen Veränderlichkeit der Korona erhält man zu verschiedenen Zeiten unterschiedliche Radiobilder der Sonne.

Sonne im sichtbaren Licht gezeichnet. So sähe sie auch ein Radioteleskop bei weniger als einem Millimeter Wellenlänge. Daneben ist schematisch angedeutet, wie groß die Sonne Radioteleskopen erscheint, die mit unterschiedlichen Wellenlängen ihre Strahlung registrieren. Das Teleskop »sieht« die Sonnenscheibe um so größer, je größer die Beobachtungswellenlänge ist, denn sein Blick reicht nur bis in die Korona. Bei einer Wellenlänge von fünf Metern kommen nur noch Radiowellen aus den äußersten Schichten der Korona in das Teleskop.

Der solare Wellenplan

Die Dichte der Sonnenatmosphäre nimmt wie die der Erdatmosphäre nach oben hin ab. Dementsprechend ist auch die Zahl der im Kubikzentimeter enthaltenen freien Elektronen am Boden der Sonnenatmosphäre größer als weiter oben. Während man eine vierzehnstellige Zahl schreiben muß, um die Zahl der Elektronen anzugeben, die man in der Nähe der Sonnenoberfläche im Kubikzentimeter findet, genügt für die Elektronendichte in der Korona eine siebenstellige Zahl. Nun wissen wir aber bereits, daß bei einer bestimmten Elektronendichte sich nur Radiowellen unterhalb einer bestimmten Wellenlänge ausbreiten können. Stellen wir uns nun vor, wir hätten einen irdischen Rundfunksender auf der Sonnenoberfläche. Daß bei Temperaturen von mehr als 5000 °C kein irdischer Sender betriebsfähig bleibt, weil seine Bestandteile sofort verdampfen würden, soll uns hier nicht weiter interessieren. Wenn wir bei der Wellenlänge des Deutschlandfunks von 194,9 m senden würden, dann würden sich die Wellen im Plasma der Sonnenoberfläche nicht ausbreiten. Selbst wenn wir einen UKW-Sender einschalteten, könnte uns niemand empfangen, denn die Wellenlänge liegt bei einigen Metern – noch viel zu lang. Erst wenn es uns gelänge, unterhalb von etwa einem Zentimeter zu senden, hätten wir eine Chance, daß uns jemand hört. Wenn sich unser Sender aber statt auf der Sonnenoberfläche in einer Höhe von 4000 Kilometern befände, dann wären wir schon mit 50 cm langen Wellen erfolgreich. Denn dort oben ist die Dichte der die Ausbreitung behindernden freien Elektronen geringer. Aus der doppelten Höhe könnten wir Wellenlängen bis zu einem Meter aussenden. Wenn wir im UKW-Bereich unseres Rundfunks eine Sendung von der Sonne empfangen wollen, dann müßte der Sender mindestens 8000 Kilometer über der Sonnenoberfläche schweben. Diese Höhe entspricht dem Zwanzigstel des Sonnendurchmessers.

Radioausbrüche auf der Sonne

Radiobeobachtungen der Sonne von der Erde aus lassen die eben beschriebenen Ausbreitungseigenschaften von Radiowellen auf der Sonne unmittelbar erkennen.

Radioausbrüche auf der Sonne rühren von Flares und anderen Eruptionen her. Wenn Materie in den Raum geschleudert wird, dann regt sie das Plasma der Umgebung zu Schwingungen an. Elektronen und Ionen bewegen sich im Rhythmus der Plasmafrequenz gegeneinander, wie bei unserem Gedankenexperiment mit dem bewegten Plasmawürfel. Dabei entstehen magnetische Wechselfelder. Ihre Wellen können sich ausbreiten und zu uns gelangen, denn ihre Frequenz ist ja gleich der lokalen Plasmafrequenz.

Dabei zeigt sich ein merkwürdiger Effekt: Bei einem Ausbruch kommen zuerst nur die kurzen Radiowellen zu uns. Im Laufe der Zeit erreicht uns auch Strahlung größerer Wellenlängen. Der Grund dafür liegt in den eben beschriebenen Ausbreitungseigenschaften der Radio-

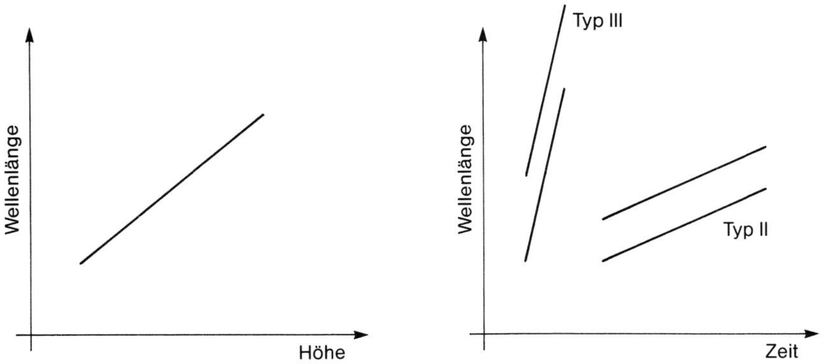

Abb. 11.4: Links: Die Grenzwellenlänge in ihrer Abhängigkeit von der Höhe über der Sonnenoberfläche. Wellen, deren Länge die Grenzwellenlänge überschreitet, können nicht nach außen dringen. Je größer die Höhe, um so längere Radiowellen können sich nach außen ausbreiten. Rechts: Wenn Materie das Plasma der Sonnenkorona anstößt, entstehen Radiowellen. Während die Materie, die das Plasma der Korona erregt, immer weiter aufsteigt, können immer längere Wellen die Erde erreichen. Bei einem Ausbruch der Sonne vom Typ III steigen die Störungen sehr rasch hoch – die Wellenlänge der empfangenen Strahlung wird rasch immer langwelliger. Bei den Typ-II-Ausbrüchen ist die Aufstiegsgeschwindigkeit wesentlich geringer, der Anstieg der empfangenen Wellenlängen langsamer. Da bei jeder Störung immer nur die Frequenz der Plasmaschwingung und ihr »Oberton« erzeugt werden, kommt bei einem Ausbruch in jedem Augenblick Strahlung in zwei Wellenlängen.

wellen in der Sonnenatmosphäre. Nehmen wir an, der ausgestoßene Plasmaballen befände sich in einer Höhe von 4000 km. Dann könnten nur Wellen unter 66 cm Wellenlänge zu uns gelangen. Wenn er weiter nach oben fliegt und später in einer Höhe von 8000 km das Plasma zum Schwingen anregt, dann können alle Wellen zu uns kommen, die kürzer als ein Meter sind. Das gestattet uns, die Geschwindigkeit des ausgestoßenen Plasmaballens zu bestimmen. Kommen die Wellen im Meterbereich 73 Sekunden nachdem zum ersten Mal Wellen von 66 cm gekommen sind, dann hat der Ballen den Höhenunterschied von 66000 km in 73 Sekunden zurückgelegt, sich also mit einer Geschwindigkeit von 900 km/s bewegt.

Das ist eine recht gemächliche Aufstiegsgeschwindigkeit. Ausbrüche dieser Art nennt man Typ-II-Ausbrüche. Bei ihnen wird das Plasma verhältnismäßig langsam nach oben geschleudert. Bei Ausbrüchen, die man Typ III nennt, erreichen die ausgeschleuderten Schwärme von Elektronen Geschwindigkeiten von nahezu 100000 km/s. In der Abbildung 11.4 ist schematisch dargestellt, wie sich bei Ausbrüchen vom Typ II und vom Typ III die empfangenen Wellenlängen mit der Zeit verändern.

Das Weltall im Sonnenspiegel

Die Ausbreitungseigenschaften von Radiowellen in einem Plasma bewirken, daß eine zur Sonne gesandte Radiowelle von der Sonnenkorona reflektiert wird. Betrachten wir dazu die Abbildung 11.5. Wir wissen schon, daß die Dichte der Elektronen in der Korona nach unten hin zunimmt. Die Geschwindigkeit, mit der sich der Wellenberg einer Radiowelle durch ein Plasma bewegt, ist aber um so größer, je dichter die freien Elektronen im Raum verteilt sind*. Wir können jetzt für die Radiowellen eine ähnliche Betrachtung anstellen, wie die in Anhang B

* Der Einfachheit halber sprechen wir hier nur von der Geschwindigkeit, mit der Wellenberg auf Wellenberg folgt, der sogenannten *Phasengeschwindigkeit,* die in einem Plasma größer sein kann als die des Lichtes im leeren Raum. Das ist nicht in Widerspruch zu Einsteins Gebot von der Nichtüberschreitbarkeit der Lichtgeschwindigkeit. Tatsächlich bewegen sich Licht- und Funksignale nur mit Lichtgeschwindigkeit. Daß sie trotzdem Wellenberge enthalten können, die sich schneller bewegen, erkennt man, wenn man eine sich ausbreitende Wasserwelle beobachtet. Innerhalb der Welle bewegen sich raschere Wellenberge und -täler, die am Innenrand entstehen und am äußeren Rand wieder verschwinden.

auf S. 306 für Schallwellen, die in das Sonneninnere eindringen. Sehen wir uns die von außen in die Korona einfallende Welle genauer an. In der Abbildung sind die »Wellenberge« des Magnetfeldes eingezeichnet. Die kurzen Querstriche deuten wieder die »Wellenkämme« an. Da die Geschwindigkeit der Wellenberge in den unteren Schichten größer ist als in den oberen, bewegt sich der Teil eines »Wellenkammes«, der der Sonne näher ist, rascher als der entferntere. Also ändert die Welle ihre Richtung. Der aus dem Weltall kommende Radiostrahl wird wieder in das Weltall umgelenkt. Er wird zurückgeworfen wie ein Lichtstrahl, der auf eine reflektierende Kugeloberfläche fällt. Wäre die Korona ein gleichmäßig runder Körper, so könnten wir in der Sonnenscheibe die Spiegelbilder aller radiostrahlenden Quellen des Weltalls wahrnehmen. Der ganze Himmel wäre im reflektierenden Sonnenspiegel abgebildet, wie das Wohnzimmer in einer Christbaumkugel.

Aber die Sonnenkorona ist nicht glatt. Magnetfelder, die in der Sonne verankert sind, durchziehen sie. Koronale Löcher mit verminderter Elektronendichte wechseln mit Bereichen ab, in denen die Elektronen dichter sind. Deshalb können wir das Bild des Radiohimmels in der Sonnenscheibe nicht erkennen.

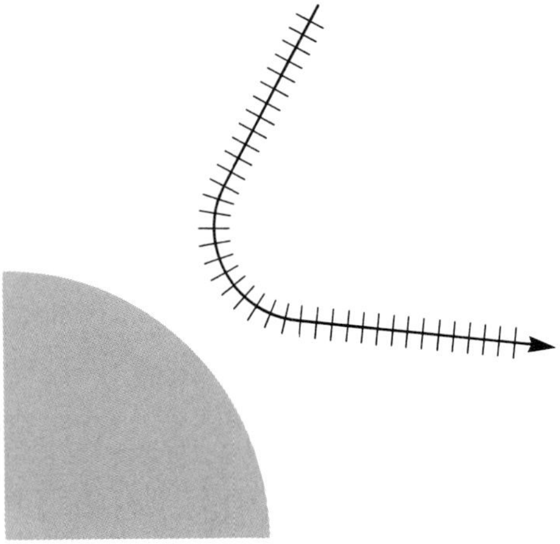

Abb. 11.5: Von außen auf die Sonnenkorona fallende Radiowellen werden zurückgebogen, weil der der Sonne nähere Teil jeder Wellenfläche (dünne Querstriche) sich rascher bewegt als der entferntere. Eine ähnliche Überlegung gilt auch für Schallwellen, die in das Sonneninnere eindringen (vgl. Abb. B.2).

Herr Meyer und der Radioprofessor

Nach dem Vortrag gab es die Möglichkeit, an den Redner Fragen zu stellen. Zuerst meldete sich niemand aus dem Publikum. Dann faßte einer Mut, und das Eis war gebrochen. Ein Professor von der Universität Bonn hatte aus seinem Arbeitsgebiet, der Radioastronomie, erzählt. Es ging um die Radiostrahlung aus dem Weltall. Herr Meyer hatte dem Vortrag gut folgen können, nur zum Schluß, als der Professor am Rande auch noch die Radiowellen von der Sonne streifte, wurde alles verworren. Es gab da so viele Arten von Strahlungsausbrüchen, die die Astronomen numeriert hatten, und die Herr Meyer nicht auseinanderhalten konnte. Er wollte sich aber nicht blamieren und in der Diskussion nachfragen. Vielleicht war er der einzige, der nicht alles verstanden hatte. Nachher aber, als die Zuhörer den Saal verließen, ging Herr Meyer zum Pult und fragte den Wissenschaftler nach den verschiedenen Typen von Ausbrüchen.

»Hatte ich richtig verstanden, daß ein Ausbruch im Bereich der Meterwellen erst mit einem Typ-I-Ausbruch beginnt, dem ein Typ II folgt und schließlich der Typ III kommt?«

»Nein, der Ausbruch beginnt mit Typ III, danach folgt Typ II.« Nun glaubte er, das Schema der Numerierung verstanden zu haben.

»Wenn nach Typ III der Typ II kommt, dann kommt als dritter wohl der Typ I?«

»Nein«, sagte der Professor, »dann kommt Typ IV.«

»Also geht es immer in der Reihenfolge III, II, IV?« wollte Herr Meyer wissen.

»Nicht immer. Im Zentimeterbereich kommt auf III gleich IV, denn der Ausbruch vom Typ II ist bei den kurzen Wellen kaum zu bemerken.«

Nun war Herr Meyer völlig verwirrt.

»Und wann kommt Typ I?«

»Typ I hat mit den anderen Typen nichts zu tun. Typ I kommt mitten während eines Radiosturmes.«

Da gab es Herr Meyer auf.

Auf dem Nachhauseweg war er recht ärgerlich. Auch als er zu Hause ein Buch über Radioastronomie aus dem Regal zu Rate zog, gelang es ihm nicht, irgendeine vernünftige Ordnung in die verschiedenen Typen von Strahlungsausbrüchen der Sonne zu bringen. Er ahnte, daß die Numerierung aus der Zeit ihrer Entdeckung stammen mußte, als man noch keine Übersicht hatte. Aber das half ihm auch nicht weiter.

Aber irgendwie mußte er in seinem Unterbewußtsein doch die wesentlichen Punkte aufgenommen haben. Das zeigte sein Traum in der folgenden Nacht.

»Der Sturm währt nun schon den zweiten Tag.« Es war der Professor, der neben ihm stand. Herr Meyer blickte zum Fenster hinaus und sah draußen Antennenspiegel. Offensichtlich war er in einem Radioobservatorium. Es war ein warmer Sommertag. Prall schien die Sonne. Nicht der leiseste Lufthauch bewegte die Blätter der Bäume.

»Ich meine den Radiosturm von der Sonne. Wir messen hier ihre Radiowellen im Metergebiet«, ergänzte der Professor, als er Herrn Meyers verwundertes Gesicht sah.

»Natürlich können sie ihn nicht sehen. Aber sie können ihn hören.« Damit drehte er an einem Knopf am Gerät vor ihm, und von irgendwoher rauschte es aus einem Lautsprecher. Unwillkürlich dachte Herr Meyer an das Rauschen des Ozeans oder eines Wasserfalles. Dann wurde plötzlich für eine Sekunde das Geräusch noch stärker. Nach etwa einer Minute kam das verstärkte Rauschen wieder (vgl. Abb. 11.6).

»Das sind die Typ-I-Ausbrüche, die einen Sonnensturm begleiten. Seit gestern ist die Radiostrahlung der Sonne etwa tausendmal stärker als in der Woche zuvor. Ich hatte den Sturm erwartet, denn die große Fleckengruppe wanderte während der letzten Tage schnurstracks auf die Mitte der Sonnenscheibe zu. Überzeugen Sie sich selbst.«

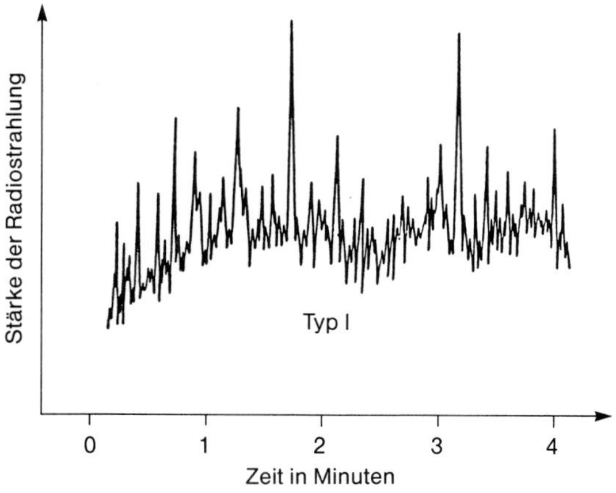

Abb. 11.6: Ein Radiosturm der Sonne, wie er Stunden oder Tage andauern kann, zeigt im Bereich der Meterwellen scharfe Radioausbrüche vom Typ I.

Der Professor führte Herrn Meyer über eine Treppe in einen kleinen Kuppelraum, in dessen Mitte ein Fernrohr stand. Ein Spalt in der Kuppel ließ das Sonnenlicht in das Fernrohr fallen.

»Blicken Sie bitte durch das Okular«, lud er Herrn Meyer ein. Als Herr Meyer durch das Teleskop blickte, sah er die Scheibe der Sonne ruhig im Blickfeld stehen, denn das Fernrohr wurde der Bewegung der Sonne automatisch nachgeführt. Das grelle Sonnenlicht war durch Filter im Tubus so abgeschwächt, daß es dem Auge nicht mehr schaden konnte. Herr Meyer sah eine Gruppe von Sonnenflecken genau in der Mitte der Scheibe stehen.

»Was immer die Radiostrahlen erzeugt«, erläuterte der Professor, »sie sind anscheinend von der Sonnenoberfläche senkrecht nach oben gerichtet. Wenn, von der Erde aus gesehen, ein Fleck in der Mitte der Scheibe steht, dann werden wir von der Strahlung getroffen. In den nächsten Tagen wird sich der Radiosturm abschwächen, da die Drehung der Sonne den Fleck weiterbewegt und wir nicht mehr in seiner Ziellinie sind. Wahrscheinlich handelt es sich dort um eine intensive Teilchenstrahlung, die in der Korona das Plasma zum Schwingen anregt. Die Radiostrahlung liegt ja im Bereich der Meterwellen, die nur aus der Korona zu uns gelangen können. Aber auch Flecken, die nicht in der Mitte der Sonnenscheibe stehen, beeinflussen die Radiostrahlung. Das wurde deutlich als der kanadische Radioastronom Arthur E. Covington bei einer partiellen Sonnenfinsternis im November 1946, als er verfolgte, wie sich der Mond über die Sonnenscheibe schob, Fleck für Fleck verdeckte und die von den Flecken kommende Radiostrahlung ausblieb. Da erkannte Covington, daß die Flecken einen beträchtlichen Beitrag zur Radiostrahlung der gesamten Sonne liefern, vor allem im Gebiet der kürzeren Wellenlängen. In der Nähe von Sonnenflecken strahlt die Sonne stärker als in den ruhigen Bereichen der Oberfläche. Das merkt man vor allem in der fast fleckenfreien Zeit eines Sonnenfleckenminimums. Dann strahlt nur die ruhige Sonne.«

»Und woher kommen die Radiowellen der ruhigen Sonne?« wollte Herr Meyer wissen. Sie waren inzwischen wieder nach unten gegangen, wo das Sonnenrauschen im Lautsprecher nahezu alles andere übertönte.

»Sie rühren einfach von der Strahlung der Elektronen her, die, im Zickzackkurs sich immer wieder mit anderen Teilchen stoßend, durch das Gas fliegen. Im Meterwellenbereich sind es die Elektronen der Korona, in den kürzeren Wellenlängen die Elektronen der tieferen Schichten, deren langwellige Strahlung nicht nach außen kann. Da die

Korona nicht gleichmäßig ist – es gibt Bereiche hoher Elektronendichte und solche geringerer, die sogenannten koronalen Löcher – ist auch die Radiostrahlung der ruhigen Sonne nicht ganz gleichförmig. Sind aber Flecken da, so scheinen sich über ihnen in der Korona Verdichtungen zu bilden. Dort gibt es in jedem Kubikzentimeter mehr frei umherfliegende Elektronen als an anderen Stellen. Wo viele Elektronen sind, wird viel Strahlung erzeugt. Deshalb gibt es neben der Strahlung der ruhigen Sonne noch eine sogenannte langsam veränderliche Strahlungsart, die von Verdichtungen in der Korona oberhalb von Sonnenflecken herrührt. Da die Flecken im Rhythmus der Sonnenrotation, also im Durchschnitt in 27 Tagen einmal herumgedreht werden, schwankt die Strahlung dieser Verdichtungen im gleichen Rhythmus. Von Verdichtungen auf der Rückseite der Sonne erhalten wir keine Radiowellen.«

Herr Meyer hatte sich inzwischen an die Typ-I-Ausbrüche während des anhaltenden Sturmes gewöhnt, die im Abstand von ein bis zwei Minuten für Sekundendauer das Rauschen des Sturmes übertönten. Plötzlich horchte er auf. Es klang, wie wenn eine Brandungswelle sich rasch dem Ufer nähert, wurde stärker, erreichte einen Höhepunkt und ebbte wieder ab. Nach wenigen Minuten war das gewohnte Sturmrauschen wieder da. Bald begann sich der Lärm wieder zu verstärken. Er übertönte den Sturm für eine Viertelstunde, wobei sich seine Stärke immer wieder rasch änderte. Dann war es wieder ruhig, nur der gleichmäßige Sturm war zu hören. Doch in der darauffolgenden Zeit stieg der Lärm noch einmal an.

»Das erste war ein Typ-III-Ausbruch, nur wenige Minuten lang. Unsere Anlage konnte die vorausgegangenen Mikrowellen nicht registrieren, da sie nur für Wellenlängen im Meterbereich ausgelegt ist. Dann kam der lange Typ II, und als er abgeklungen war, folgte der Typ IV, den Sie jetzt noch hören können. Er wird noch eine Weile andauern (vgl. Abb. 11.7). Schade, daß wir nicht am Fernrohr waren. Wir hätten einen Flare sehen können. Immer wenn ein Flare aufleuchtet, kommt ein Typ-III-Ausbruch. Die nachfolgenden Typ-II- und Typ-IV-Ausbrüche sind gewissermaßen das Ausklingen des Donners nach dem Blitz. Wahrscheinlich kommt die Energie, die bei einem Flare frei wird und zum Teil von Radiowellen davongetragen wird, aus Magnetfeldern, die sich gegenseitig vernichten. Beim Typ III, der gleichzeitig mit dem Flare beginnt, werden Elektronen mit nahezu halber Lichtgeschwindigkeit nach oben geschossen. Sie lassen das Plasma dort zittern, dabei entstehen die Radiowellen, die wir beobachten.

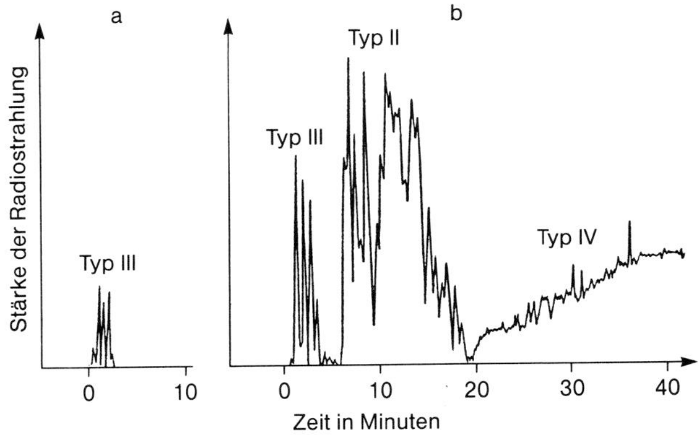

Abb. 11.7: Die von Flares auf der Sonne ausgehenden Radiosendungen. Links: ein kleiner Flare ist von einem Typ-III-Ausbruch begleitet. Rechts: Ein starker Flare dagegen bringt erst einen Typ-III-Ausbruch, dann einen Ausbruch vom Typ II, dem schließlich ein Typ IV folgt. In der Abbildung 11.4 ist gezeigt, wie man Typ III und Typ II an ihren Aufstiegsgeschwindigkeiten unterscheiden kann.

Oft ist das bereits die ganze Radiosendung des Flares. Bei starken Flares ist es aber damit noch nicht getan. Einer meiner Kollegen meinte einmal, den Typ-III-Ausbruch und die Mikrowellen, die einen schwachen Flare einleiten, könnte man mit einem Vulkanausbruch vergleichen, bei dem nur Funken und Asche ausgeworfen werden. Bei einem starken Flare aber folgen Typ II und Typ IV. Das ist die Lava. Die Materieballen des nachfolgenden Typ-II-Ereignisses fliegen langsamer, doch immer noch mit Überschallgeschwindigkeit. Sie bewegen sich vielleicht nur mit 1000 km/s durch die Korona. Treffen sie auf Plasma, so regen sie es zu Schwingungen an. Der sich anschließende Typ IV kann in allen Radiowellen beobachtet werden.

Sie müssen sich den Vorgang etwa folgendermaßen vorstellen*: Auf der Sonnenoberfläche bricht ein Flare aus. Unvorstellbare Energiemengen, die vorher im Magnetfeld gespeichert waren, werden frei. So lange sich alles noch am Boden der Korona abspielt, erhalten wir nur kurzwellige Strahlung. Doch gleichzeitig schießen Garben von Elektronen in die Höhe. Ihre Geschwindigkeiten liegen bei 100 000 km/s. Während sie nach oben fliegen, erregen sie immer höhere Schichten der Korona,

* Die hier folgenden Ausführungen des Professors sind in der Abbildung 11.8 in drei zeitlich aufeinanderfolgenden Phasen erläutert. Die Abbildung 11.7 zeigt die Erscheinung, so wie man sie von der Erde aus im Bereich der Meterwellen beobachtet.

Abb. 11.8: Wie man sich das Radioprogramm eines Flare-Ausbruchs erklären kann. Zu Beginn kann vom Boden der Korona nur kurzwellige Mikrowellenstrahlung zu uns kommen (a). Die Energie, die beim Flare frei wird, läßt Elektronen mit großer Geschwindigkeit nach oben schießen. Sie regen das umgebende Plasma der Korona zu Schwingungen an. Man beobachtet den Typ-III-Ausbruch mit seiner charakteristischen Zunahme der Wellenlänge, die zeigt, daß die Geschwindigkeit der aufsteigenden Elektronen bei einem Drittel der Lichtgeschwindigkeit liegt (b). Durch die freiwerdende Energie wird Plasma in einem Ballen nach oben geschleudert. An seiner Frontseite regt er das koronale Plasma zu Schwingungen an, das daraufhin die vom Typ II bekannte Radiostrahlung aussendet. Die Wellenlänge nimmt langsamer mit der Zeit zu, als bei Typ-III-Wellen. Der Ballen schleppt in ihm eingefrorene Magnetfelder mit nach oben. Diese wieder regen das Plasma am Boden der Korona zu Schwingungen an, von denen uns dann kurze Wellen erreichen.

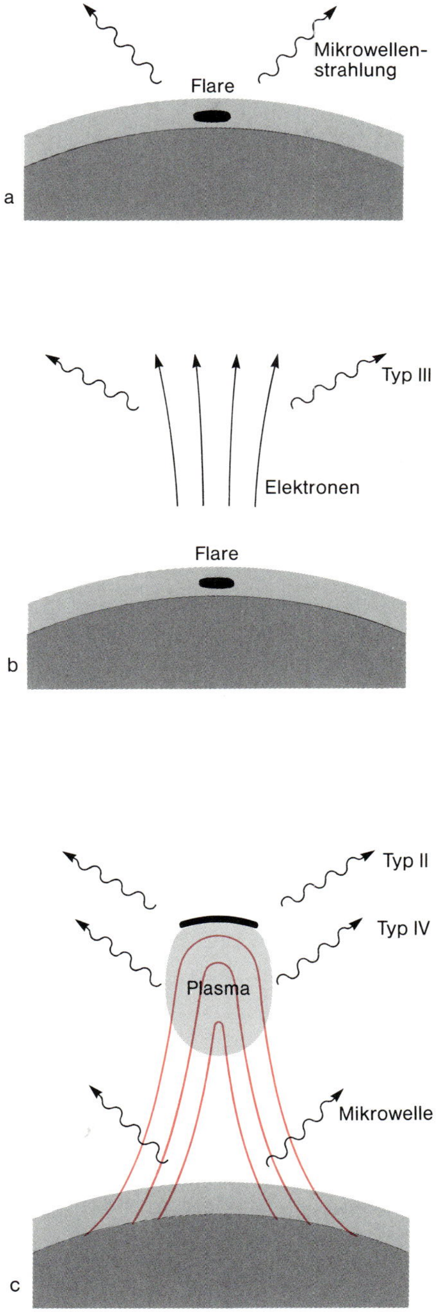

und immer längere Wellen erreichen uns. Das ist das Typ-III-Ereignis. Dann folgt mit nur 1000 km/s die bei dem Ereignis ausgeschleuderte Materie, ein riesiger Plasmaballen. An seiner oberen Seite stößt er auf die unbewegte Materie der Korona und erregt das Plasma zum Schwingen. Das ist der Typ II (vgl. Abb. 11.7). In seinem Inneren schleppt der Plasmaballen Magnetfelder der Sonne mit nach oben. Elektronen in ihm und die Schwingungen des angestoßenen Plasmas erzeugen weitere Radiowellen. Je höher der Ballen gestiegen ist, um so längere Wellen erreichen uns von ihm. Dieser Teil des Ausbruches wird mit Typ IV bezeichnet. Im Bereich der Zentimeterwellen kommt er früher als im Bereich der Meterwellen. Das hängt wieder damit zusammen, daß anfangs, während er sich noch in den tieferen Schichten aufhält, keine langen Wellen nach außen dringen können.«

Als Herr Meyer am nächsten Morgen erwachte, hatte er das Gefühl, in der nächtlichen Nachhilfestunde nun doch etwas mehr über die Radiosignale von der Sonne verstanden zu haben.

Funkkontakt mit der Sonne

Die Sonne sendet seit Jahrmilliarden Radiowellen zur Erde. Im September 1958 antworteten wir. Es ging darum, Radioechos von der Sonne zu empfangen. Wir sahen auf Seite 239, daß die Sonnenkorona Radiowellen reflektiert. Also muß man auch erwarten, daß Radiosignale, die von der Erde die Sonne erreichen, wieder in den Raum zurückgespiegelt werden.

Das Areal der Radaranlage der Universität in Stanford in Kalifornien bestand damals aus vier Einzelantennen, die über eine rechteckige Fläche von etwa fünf Hektar verteilt waren. Da die Anlage nicht bewegt werden kann, stand die Sonne fast nie in der Blickrichtung. Nur für wenige Tage im Jahr, jeweils im April und im September wies der nach Osten gerichtete Radarstrahl für etwa 30 Minuten auf die Sonne. Diese Gelegenheit wurde im September 1958 zum ersten Mal genutzt. Bei einer Wellenlänge von 11.7 m wurden Radarsignale zur aufgehenden Sonne geschickt. Die Botschaft war denkbar einfach. Für 30 Sekunden wurde ein gleichförmiges Signal gesendet. Danach folgten 30 Sekunden Funkstille, wieder 30 Sekunden Signal und wieder 30 Sekunden Schweigen. Das wurde 15 Minuten lang fortgesetzt. Dann wurde die Antenne vom Sender abgekoppelt und mit dem Empfänger der Anlage verbunden.

Die Zeitdauer von 15 Minuten war nicht zufällig gewählt. Ein Signal, das sich wie eine Radarwelle mit Lichtgeschwindigkeit bewegt, benötigt etwa acht Minuten, um von der Erde zur Sonne zu gelangen. Die gleiche Zeit braucht es für den Rückweg. Etwa eine Minute nach dem Umschalten war also – wenn alles gutging – das erste Radarecho von der Sonne zu erwarten. Im Prinzip hätte man die gesamte Sendung der letzten Viertelstunde im Echo wieder hören müssen: 30 Sekunden Signal, dann Stille, Signal, Stille usw.

So einfach ging es nicht. Die Sonne sendet ja selbst Radiowellen aus, auch solche im Bereich der Betriebsfrequenz der Anlage. Diese Störstrahlung läßt die Echos nur schwer erkennen. Man erhielt in erster Linie die Radiowellen der äußersten Koronaschichten. Das schwache Echo der von Menschen erzeugten Signale war darin nur schwer auszumachen. Die Schwierigkeit gleicht der eines Mannes, der aus dem Lärm eines Münchner Oktoberfestzeltes den Zuruf eines mehrere Tische entfernt sitzenden Bekannten herauszufiltern versucht.

Mit Hilfe von modernen statistischen Methoden gelang es aber nicht nur, das Echo wirklich zu erkennen, sondern auch herauszufinden, wie die Sonne die Signale bei der Reflexion verändert hat. Wenn sich die reflektierende Materie bewegt, dann ändert der Doppler-Effekt die ursprüngliche Frequenz. Kommt der das Signal zurückwerfende Stoff auf die Radaranlage zu, so ist das Echo kurzwelliger als die ursprünglich ausgesandte Welle. Bewegt er sich weg, ist das Echo langwelliger. Die Echos von der Sonne kommen aber von der mit der Sonne rotierenden Korona. Die Drehung bewirkt, daß das Radarsignal sowohl auf die Stellen der Korona trifft, die sich infolge der Rotation von uns wegbewegen, wie auch auf den Teil, der sich gerade auf uns zu dreht. Ein Teil des Echos zeigt also eine größere Wellenlänge, der andere Teil eine kleinere als das Ausgangssignal. Das Echo enthielt also auch Information über die Rotation der Sonnenkorona.

Zum anderen gelang es, aus dem Echo etwas über die Bewegungen in der Korona selbst zu erfahren. Wir wissen bereits, daß Materie in der Korona längs der magnetischen Feldlinien von der Sonne nach außen fliegt und zum Sonnenwind wird. Deshalb herrscht in der Korona eine einheitliche Windrichtung, von unten nach oben. Materie fliegt nach außen. Die Radarechos wurden auch durch diese Bewegung beeinflußt. Sie waren im Mittel kurzwelliger, ein Zeichen, daß Materie, die sich auf uns zu bewegt, die irdischen Signale zurückgeworfen hat. So gelang es, die Geschwindigkeit des Sonnenwindes in der Korona zu messen. Man fand, daß er mit mindestens 20 km/s nach oben bläst.

12. Der Sonne entgegen

Es war leichte Arbeit, wirklich. Man fliegt mit dem speziell dafür gebauten Schiff zur Sonne, durch Korona und Chromosphäre zur relativ kühlen Photosphäre... Die Sonnenzellen an Bord sammeln alle Arten von Energie: Wärme, Licht,... Batterien von Akkumulatoren in magnetischen »Flaschen« speichern die Energie, bis man sie den Aufkäufern in der Merkurbahn übergeben kann.

Paul B. Thompson, »Stardipper« (1987)

Die Versuche, uns der Sonne zu nähern, sind im Vergleich zu dem Zitat aus einer Science-fiction-Geschichte zaghaft und bescheiden.

Die Geburt der Weltraumforschung

Jeder Lichtstrahl, der aus dem Weltraum zur Erdoberfläche kommt, muß vorher durch unsere Lufthülle. Von der elektromagnetischen Strahlung können nur das sichtbare Licht und Radiowellen bis auf den Boden des Luftmeeres vordringen. Nur wenig vom ultravioletten und vom infraroten Licht und schon gar nichts von den Röntgenstrahlen oder den noch energiereicheren Gammastrahlen gelangt bis zu uns herunter. So wußte man bis zum Ende des Zweiten Weltkrieges nichts von der Strahlung, die von der Sonne kommt und auf ihrem Weg zu uns in der Erdatmosphäre steckenbleibt.

Der Beginn der Erforschung des Weltalls durch Messungen außerhalb der Erdatmosphäre läßt sich auf den Tag genau festlegen. Am 10. Oktober 1946 trug in den USA eine V-2-Rakete aus dem erbeuteten deutschen Kriegsarsenal in der Wüste White Sands in New Mexico Meßinstrumente in eine Höhe von 90 Kilometern. Während der kurzen Zeit, welche die Rakete über der Atmosphäre blieb, wurde der extrem kurzwellige Ultraviolettbereich des Sonnenspektrums aufgenommen. Diese Strahlung wird von den obersten Luftschichten verschluckt, zumindest noch so lange, wie die Moleküle des von uns in die Luft geblasenen Treibgases der Spraydosen noch nicht bis in solche Höhen gelangt sind. In neunzig Kilometern über dem Meeresspiegel ist zwar unsere Atmosphäre noch nicht zu Ende, doch liegt nur ein Millionstel der Luftmassen der Erde darüber. Es gelang damals tatsächlich, die Strahlung zu messen, die die Erdoberfläche nie erreicht.

Während der darauffolgenden Jahre verbesserte man die Meßinstrumente und ersetzte die für den Luftangriff auf London gebauten V-2-Raketen durch neue Träger. Trotzdem stand bei jedem Schuß nur die kurze Zeit zur Verfügung, die die Rakete in der Nähe des Gipfels ihrer Bahn flog.

Das Observatorium in der Ballongondel

Der Sonnenforscher mag seine Fernrohre auf Inseln, auf hohe Berge setzen, er mag von weißgestrichenen Türmen beobachten, die aus den Schichten der Bodenturbulenz herausragen. Ganz wird er den Ärger mit der Erdatmosphäre nie los. Das merkte auch Martin Schwarzschild, Professor an der Universität von Princeton an der Ostküste der USA, der 1953 begonnen hatte, auf dem Mount Wilson in Kalifornien die Granulation der Sonne zu studieren, jene sich ständig ändernde Feinstruktur, die von der Bewegung der äußeren Schichten der Sonne herrührt.

Damals setzte man bereits die ersten Raketen ein, um solche Strahlen aus dem Weltall zu studieren, die nicht bis zur Erdoberfläche herabkommen. Damit stieß man in Neuland vor. Da das sichtbare Licht sowieso den Erdboden erreicht, dachte niemand daran, zu seiner Beobachtung teure Raketen zu opfern. Doch wie wir schon von Kapitel 4 her wissen, kommt auch das sichtbare Licht nicht unbeschadet durch die Lufthülle der Erde. So entstand in Princeton der Plan, der Sonne entgegenzugehen, Meßinstrumente im Ballon in die obersten Schichten der Atmosphäre zu bringen, und von dort aus die Granulation der Sonne zu untersuchen.

Die Beobachtungen der Granulation werden durch die sich ständig bewegende Erdatmosphäre beeinflußt, die den Beobachter hindert, feine Strukturen auf der Sonne zu erkennen. Bessere Teleskope und bessere fotografische Aufnahmetechniken hatten nichts dazu beitragen können. Die beste Fotografie der Granulation war selbst im Jahre 1957 noch eine aus dem letzten Jahrhundert: Am 1. April 1894 hatte Janssen – wir kennen diesen französischen Pionier der Sonnenbeobachtung bereits aus den Kapiteln 4 und 5 – mit einem Spiegelteleskop von nur 13 cm Durchmesser ein Bild der Sonne gewonnen, das bis Mitte unseres Jahrhunderts an Schärfe von keiner anderen Aufnahme übertroffen worden ist. Janssen hatte damals noch eine nasse Kollodiumplatte benutzt. Seine Belichtungszeit lag bei 1/3000 Sekunde. Erst später, als man von möglichst hohen Bergen aus die Sonne fotografierte und unter Tausenden von Aufnahmen suchte, um eine zu finden, bei der zufällig die Luft während der Belichtungszeit nahezu in Ruhe war, konnte man es mit den Janssenschen Aufnahmen aufnehmen. Martin Schwarzschild wollte die Luftunruhe überlisten und vom Ballon aus fotografieren.

Gegenüber Raketen hat ein Ballon den Nachteil, daß er doch noch in der Erdatmosphäre fliegt, allerdings so hoch droben, daß ihre störenden Einflüsse fast nichts mehr bewirken. Dieser Nachteil wird durch den Vorteil aufgehoben, daß man stundenlang beobachten kann. Die Überlegungen zum Projekt STRATOSCOPE, wie man es nannte, stammten von den beiden Princetoner Astronomen Martin Schwarzschild und Lyman Spitzer. Schwarzschild übernahm das Ballonprojekt, Spitzer begann damals bereits mit anderen Plänen, die schließlich 15 Jahre später im Forschungssatelliten KOPERNIKUS gipfeln sollten, einem der ersten astronomischen Observatorien in einer Umlaufbahn.

Mitte der fünfziger Jahre flossen überall in der Welt die Mittel für astronomische Programme nur spärlich, selbst in den USA. Trotzdem gelang es Schwarzschild im September 1957 im US-Bundesstaat Minnesota, den ersten Ballon aufsteigen zu lassen. Er erreichte eine Höhe von 25 Kilometern. Die Gondel trug Geräte zur Fotografie der Sonnenoberfläche. Da die STRATOSCOPE-Flüge unbemannt waren, mußte der gesamte Ablauf der Beobachtung, wie das Ausrichten des Teleskops nach der Sonne und die Belichtungszeit, im voraus programmiert werden. Einmal gestartet, waren die Instrumente sich selbst überlassen. Schwarzschilds Team konnte nur noch vom Boden aus den Ballon mit dem Feldstecher verfolgen, ihm mit dem Jeep nachfahren und hoffen, daß die Instrumente – wo immer der Wind sie hinführte – die Landung heil überstehen würden.

Als im Oktober 1957 der sowjetische SPUTNIK piepsend um den Erdball flog und die USA sich danach langsam von dem »Sputnik-Schock« erholten, flossen die Mittel für STRATOSCOPE reichlicher. Schwarzschild konnte den Ballon mit einer Fernsehkamera ausrüsten, deren Bilder zum Erdboden übertragen wurden. So konnte Schwarzschild am Fernsehschirm durch das Teleskop im Ballon zur Sonne blikken und die ferngesteuerten Apparate an Bord bedienen. Neu fließende Gelder waren für das Projekt nötig, denn ein einfacher Ballonflug in der notwendigen Höhe kostete damals an die 20000 US-Dollar, bei einem aufwendigeren Flug mußte man mit einer Million Dollar rechnen. Wesentlich teurer jedoch als der Ballonflug war die Reparatur der Geräte nach jeder Landung, die man nicht kontrollieren konnte.

Zum Team waren inzwischen mehrere Wissenschaftler gestoßen. Man beschränkte sich nicht nur auf das Studium der Granulation. Robert Danielson (1931–1976) beobachtete Sonnenflecken, vor allem die Penumbra, John B. Rogerson untersuchte Erscheinungen am Sonnenrand.

STRATOSCOPE I (später folgte STRATOSCOPE II für Beobachtungen des Nachthimmels) lieferte die bis dahin besten Bilder der Sonnengranulation. Zeigte Janssens Fotografie Granulationselemente mit Durchmessern von 800 bis 1600 Kilometern, so bewiesen die STRATOSCOPE-Bilder, daß es auch viel kleinere gibt. Man konnte sogar solche mit Durchmessern von 160 Kilometern erkennen. Nun sah man, daß die aufsteigenden und absinkenden Gasmassen nicht von unregelmäßiger Form sind. Die heißen Gasballen, die auf den Aufnahmen heller sind als die kühleren, sind nicht rund, sondern eckig. Oft lassen sie eine verhältnismäßig regelmäßige Sechseck-Struktur erkennen. Das ist nicht überraschend. Auch im Laboratorium bilden Flüssigkeiten in einem Gefäß, das man am Boden erwärmt, sechseckige Zellen, in deren Mitte die Materie aufsteigt und an deren Rändern sie wieder absinkt. Es war ein gutes Gefühl zu wissen, daß die Sonnenoberfläche ein uns längst vertrautes Phänomen zeigt.

Die Beobachtungen vom Ballon aus waren eine ideale Vorübung für die Arbeiten mit Raumsonden. Allerdings lernte man zur Zeit von STRATOSCOPE I gerade erst, von Raketen aus den Weltraum zu untersuchen. Dabei erhielt man die ersten Bilder der Sonne im Röntgenlicht.

Die Röntgensonne

Röntgenstrahlen lassen sich nicht mit einer Linse oder mit einem Hohlspiegel sammeln, deshalb ist es nicht leicht, eine Kamera für Röntgenlicht zu bauen. Die Röntgenbilder in der Medizin entstehen auch nicht in einer Kamera, sondern sind Schattenbilder, die das untersuchte Gewebe, das von einer punktförmigen Röntgenquelle bestrahlt wird, auf die Fotoplatte oder den Röntgenschirm wirft.

Eine totale Sonnenfinsternis, die am 12. Oktober 1958 im südlichen Pazifik zu beobachten war, half, etwas mehr über die Quellen der Röntgenstrahlung von der Sonnenscheibe zu erfahren. Dazu standen zu Beginn der totalen Finsternis am Hubschrauberdeck der USS *Point Defiance* sechs Raketen vom Typ Nike-Asp bereit, um Röntgenempfänger über die Erdatmosphäre zu schießen. Die erste Rakete wurde so gestartet, daß sie die Röntgenstrahlen der Sonne gerade in dem Augenblick registrierte, als kurz vor Beginn der Totalität der Mond nur noch eine schmale Sonnensichel freiließ. Dort waren zwei starke Aktivitätsgebiete. Beim zweiten Schuß empfing man Röntgenstrahlen nur von einem noch schmaleren Streifen am Ostrand der Sonne und bei Schuß drei war die Sonnenscheibe vollständig vom Mond verdeckt, während bei Nummer vier bereits wieder ein schmaler Streifen am Westrand hinter dem Mond hervorgetreten war. Dort standen an diesem Tage zwei Filamente. Die entscheidendste Entdeckung bei diesem Experi-

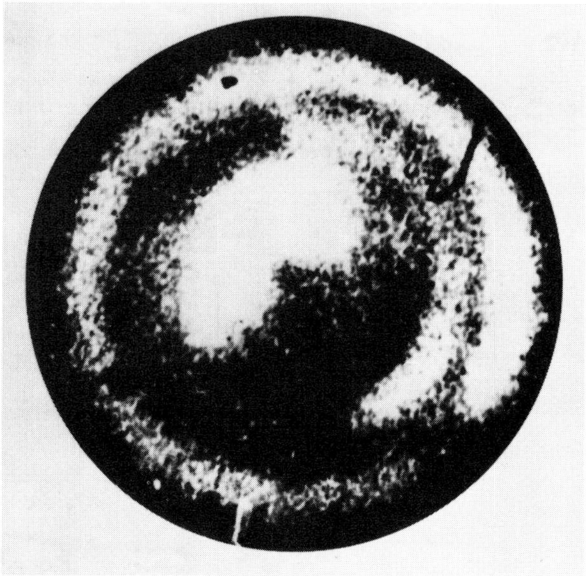

Abb. 12.1: Die Sonne im Licht der Röntgenstrahlung, von einer Rakete aus mit der Lochkamera aufgenommen, zeigt helle und dunkle Flecken auf der Sonnenscheibe und läßt erkennen, daß die Umgebung der Sonne im Röntgenlicht leuchtet. Da die auf die Sonne gerichtete Rakete während ihres Fluges um ihre Achse rotierte, ist jeder helle Fleck der Sonne zu einem Kreisbogen verschmiert worden (Naval Research Lab., Washington D.C.).

ment war wohl, daß von der Sonne selbst dann noch Röntgenstrahlen kommen, wenn ihre Scheibe vollständig vom Mond verdeckt ist.

Man muß die Sonnenscheibe nicht unbedingt vom Mond abtasten lassen, um herauszufinden, woher die Röntgenstrahlen der Sonne stammen. Wenn Linsen nichts taugen, kann man eine Lochkamera verwenden. Sie arbeitet für Röntgenlicht genausogut wie für sichtbares Licht. Genauer gesagt: Die Lochkamera arbeitet im Röntgengebiet genauso schlecht wie im sichtbaren Licht. Zunächst hatte man nichts Besseres.

Am 19. April 1960 gelang Herbert Friedman und seinen Mitarbeitern vom Naval Research Laboratorium in Washington, DC, mit einer Lochkamera in einer Rakete ein Schnappschuß von der Sonne im Röntgenlicht. Diese historische Aufnahme ist in Abbildung 12.1 wiedergegeben. Trotz der in der Bildunterschrift beschriebenen Unzulänglichkeiten der Aufnahme erkennt man, daß es auf der Sonne im Röntgenlicht helle Flecken gibt und dunkle Gebiete. Erst 13 Jahre später erfuhr man genauer, welche Bewandtnis es damit hat.

Probleme mit SKYLAB

Das oben beschriebene Raketenexperiment während einer Sonnenfinsternis fand ein Jahr nach dem Start von SPUTNIK I, dem ersten künstlichen Erdsatelliten, statt. Die Ära rückte näher, in der man Meßinstrumente praktisch beliebig lange im Raum halten und nach Belieben ein- und ausschalten konnte. Für die Sonne baute man die OSO-Satelliten. Das war die Abkürzung für **O**rbiting **S**olar **O**bservatory, also für das Sonnenobservatorium im Orbit. Acht Meßstationen dieses Typs wurden insgesamt in Umlaufbahnen gebracht, die ersten in den frühen sechziger Jahren. Ihre Teleskope waren verhältnismäßig klein, und ihre Leistungen wurden durch das in den Schatten gestellt, was in der Mitte der siebziger Jahre folgte. Die eigentliche Erforschung der Sonne vom Weltraum aus begann am 14. Mai 1973 mit SKYLAB, einer bemannten Station auf einer Umlaufbahn.

Zunächst sah es aus, als würde es ein Fehlschlag werden. Beim Start der Raumstation wurde eines der Sonnenpaddel abgerissen, auf denen die Solarzellen sitzen, welche die Station mit Strom versorgen sollten. Das andere hing mit den Resten des verlorenen Teils zusammen. Nahezu das gesamte elektrische System war ausgefallen. Eigentlich sollte die Besatzung drei Tage später zur Station fliegen, doch beim Start war auch ein Teil der Schutzhülle von SKYLAB abgerissen, die die

Raumstation vor zu starker Sonnenstrahlung schützen sollte. Die Temperatur im Inneren von SKYLAB lag bei etwa 50 °C. Innerhalb von zwei Wochen mußte man eine spezielle Plane für die Raumstation fertigen, welche die Hitzewirkung der Sonne so herabsetzen sollte, daß die Temperaturen im Inneren der Station erträglich wurden. Mit der neuen Schutzhülle und extra gefertigten Spezialwerkzeugen machten sich die Astronauten auf den Weg zur Station.

In einer ersten Reparatur wurde die Plane über die beschädigten Stellen der Außenfläche gezogen. Trotzdem lag in den ersten Tagen in der Station an einigen Stellen die Temperatur noch so hoch, daß die Astronauten Charles Conrad, Joseph Kerwin und Paul Weitz manchmal bei 30 °C arbeiten mußten. Geräte, die in vorgesehene Öffnungen passen sollten, waren durch die Wärmeausdehnung zu groß, als man sie aus dem heißen Lager holte, in dem sie während des Starts verstaut waren, sie mußten sich erst abkühlen. Ein weiteres Problem bereitete die Stromversorgung. Ein Sonnenpaddel klemmte und konnte nicht ausgefahren werden. Ein Stück Aluminium hielt es fest. Der Fehler konnte nur durch Arbeiten außerhalb des Raumschiffes behoben werden. Im Englischen spricht man von **e**xtra **v**ehicular **a**ctivities, abgekürzt EVA. Nach dem Anbringen der Schutzplane war nun die zweite Unternehmung EVA fällig: Die Reparatur des Sonnenpaddels. Im Weltraum auszuführende Reparaturen bedürfen sorgfältiger Planung. Im Marshall Raumfahrtzentrum in Huntsville im US-Bundesstaat Alabama steht ein großer Wassertank. Der Auftrieb des Wassers hebt für einen Astronauten im Taucheranzug die Schwerkraft gerade auf. So kann er im Tank lernen, im schwerefreien Raum zu arbeiten. Um den Astronauten in SKYLAB konkrete Anweisungen geben zu können, wie sie die Reparatur des Sonnenpaddels vornehmen müßten, hatte man im Tank ein Modell des Paddels samt seiner Haltevorrichtung und des hinderlichen Aluminiumstücks nachgebaut, so wie es Astronaut Conrad und seine Leute beschrieben hatten und wie es die Fernsehbilder von Bord zeigten. Astronaut Russell Schweickart benutzte im Tank die gleichen Werkzeuge, wie sie die Astronauten auf SKYLAB hatten, um das Paddel zu befreien. So konnte er seinen Kollegen in der Umlaufbahn Ratschläge geben. Vor Ort arbeiteten Conrad und Kerwin drei Stunden lang außerhalb der Station. Danach ließ sich das verklemmte Sonnenpaddel ausklappen und lieferte wieder Strom. Damit begannen – wie der amerikanische Sonnenphysiker Robert Noyes schreibt – »neun Monate, die, neben anderen Dingen, unser Wissen von der Sonnenkorona revolutionierten«.

Was SKYLAB sah

Zum ersten Mal war ein großes Teleskop im Weltraum. Mit ihm war es unter anderem möglich, das ultraviolette Spektrum der Sonne zu untersuchen. Dort findet man vor allem Linien des Elements Helium, die man von der Erde aus nicht sehen kann. Ein Spektroheliograph an Bord gestattete Sonnenbilder im Lichte extrem kurzwelliger Spektrallinien. Dabei konnte man das Kalziumnetzwerk, das man von der Erde her im Lichte der Spektrallinie des Elements Kalzium erkennen konnte, auch in den Bildern von Linien kürzerer Wellenlänge, etwa in einigen Linien des Sauerstoffs, wiederfinden. Auffallend war jedoch das Sonnenbild im Lichte einer Linie des Elements Magnesium. Das Licht dieser Linie entsteht in großer Höhe über der Sonnenoberfläche, praktisch schon in der Korona. Die Magnesiumlinie zeigt das Netzwerk nicht mehr, ein Zeichen dafür, daß die feinsten Strukturen des Magnetfeldes, die dafür verantwortlich sind, nicht bis hinaus in die Korona reichen. Dafür aber sah man im Röntgenlicht der Sonne deutlich andere magnetische Strukturen.

Wir hatten schon erwähnt, daß es keine einfachen Kameras gibt, mit denen man Bilder im Röntgenlicht machen kann. Es gibt aber einen Trick, bei dem man ausnutzt, daß Röntgenlicht von Metalloberflächen gespiegelt wird, wenn es schräg, nur streifend, auf die Metalloberfläche trifft. Der damals in Kiel arbeitende Physiker Hans Wolter (1911–1978) hatte diesen Fernrohrtyp 1952 erfunden. Seither spricht man vom *Wolter-Teleskop,* mit dem man Röntgenbilder von Himmelskörpern gewinnen kann. Die Röntgen-Reihenuntersuchung der Sonne durch SKYLAB zeigte nun, daß sich magnetische Felder der Sonnenoberfläche hinaus in die Korona fortsetzen. Dort, wo die Magnetfelder stärker sind, ist die Röntgenstrahlung der Korona stärker.

Man erkennt im Röntgenlicht große magnetische Bögen, die mit beiden Beinen in der Sonnenoberfläche verankert sind und offene Feldlinien, die nur mit einem Bein in der Sonne stehen und weit in den Raum hinausreichen. Einige der magnetischen Bögen leuchten stärker als andere, obwohl die magnetische Stärke dieselbe ist. Es scheint, als ob die Teile der Korona besonders heiß sind und stärker leuchten, in denen die Feldlinien vorher stark verbogen worden sind.

Das bringt die Frage wieder auf, warum die Sonnenkorona eine Temperatur von zwei Millionen Grad besitzt, wogegen die unter ihr liegende Sonnenoberfläche mit ihren einigen tausend Grad eigentlich kalt ist.

Durch die heißen Bögen in der Sonnenkorona ist wieder eine alte

Idee ins Zentrum des Interesses gerückt, die auf Ludwig Biermann (1907–1986) zurückgeht. Nach Biermann wandern von der Zone, in der die Granulation die Materie in ständiger Bewegung hält, Schallwellen nach außen, die Energie in die Korona transportieren und so für die heiße Korona verantwortlich sind.

Die von SKYLAB aus aufgenommenen Röntgenbilder (vgl. Abb. 12.2) zeigen die bereits besprochenen koronalen Löcher (vgl. S. 178) und die hellen Röntgenflecken, in denen die Energie sich gegenseitig vernichtender gegeneinander gerichteter Magnetfelder in Wärme verwandelt wird. Die im weißen Licht gewonnenen Bilder der Sonnenkorona zeigten rasche Veränderungen. Da steigen gelegentlich riesige Blasen in der Korona auf, Materie, die mit Geschwindigkeiten von tausend Kilometern pro Sekunde (!) die Sonne verlassen.

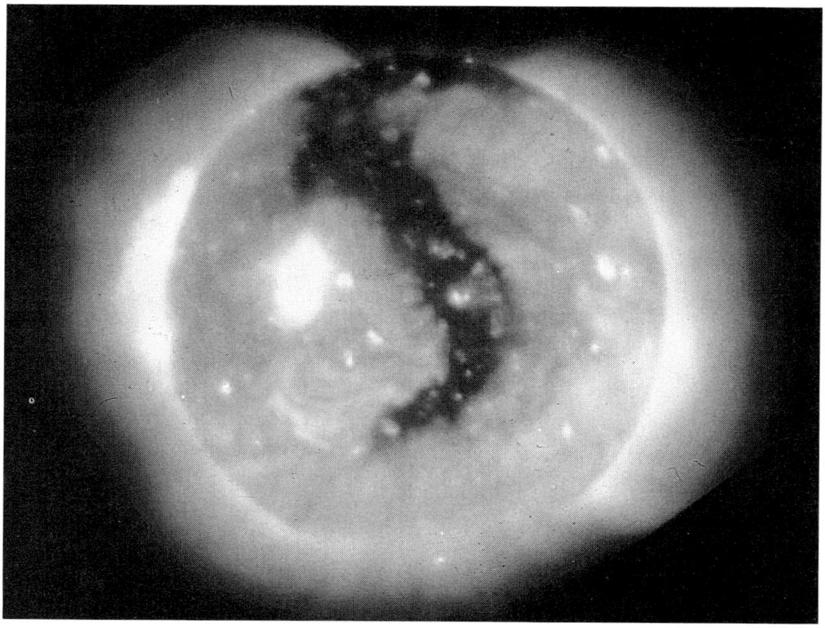

Abb. 12.2: Wie SKYLAB die Sonne im Röntgenlicht sah. Außerhalb des Sonnenkörpers leuchtet die Korona, durch die man blicken muß, wenn man auf die Sonnenscheibe schaut. Deshalb erscheint auch sie vom Röntgenlicht der Korona aufgehellt. Daneben gibt es noch helle Punkte auf der Sonne, die im Röntgenlicht leuchten. Auffallend ist der breite dunkle Streifen, der sich über die Sonne zieht, ein koronales Loch, aus dem die Materie der Korona in den Raum entwichen ist und das daher keine Röntgenstrahlung mehr aussendet.

Durch SKYLAB sahen wir Vorgänge auf der Sonne, die der Koronaforschung ganz neue Wendungen gaben. Eigentlich ist das nicht verwunderlich. Von der Erde aus kann man die Sonnenkorona nur während einer totalen Sonnenfinsternis ungestört beobachten. Koronographen lassen die Korona nur in unmittelbarer Nähe der Sonnenscheibe erkennen. In einem Abstand von mehr als einem Fünftel des Sonnenradius vom Scheibenrand kann man sie nicht mehr untersuchen. Zählt man alle Sonnenfinsternisse der jüngeren Menschheitsgeschichte zusammen, so kommt man auf eine Gesamtdauer von einigen Stunden, während der sich die Korona dem irdischen Beobachter in voller Pracht darbot. Da man von SKYLAB aus die Sonnenkorona nahezu ununterbrochen beobachten konnte, sind jetzt einige tausend Stunden Beobachtungszeit hinzugekommen.

Als SKYLAB auf die Erde fiel

Die Raumstation blieb noch lange nachdem das wissenschaftliche Programm beendet war in ihrer Umlaufbahn. Doch im Laufe der Jahre nähern sich fast alle Satelliten unaufhaltsam der Erde. Sie werden in den meist nur wenige hundert Kilometer hohen erdnahen Teilen ihrer Bahnen von Spuren der Erdatmosphäre gebremst. Im Juli des Jahres 1979, als die Station nur noch in einer Höhe von 150 Kilometern flog, stand ihr Absturz bevor. Anfangs schien es, als würden Teile über der Ostküste der USA und über Kanada niedergehen. Noch hatte man die Station unter Kontrolle, noch hielten Kreiselkompasse im Inneren SKYLAB auf seiner Bahn zur Sonne ausgerichtet. Wenn man die Geräte ausschaltete, würde SKYLAB zu taumeln beginnen, der Absturz würde sich beschleunigen. Damit hatte man die Möglichkeit, den Ort der Absturzstelle in nur spärlich bewohnte Gegenden der Erdoberfläche zu verlegen, in denen kaum Schaden entstehen konnte. Als man befürchten mußte, die Sonde wäre zu keinem ganzen Umlauf mehr fähig, würde von selbst ins Taumeln geraten und sich der menschlichen Kontrolle entziehen, schaltete man mit Kommandos von Santiago in Chile und von Madrid aus die Kreiselkompasse ab. Die Raumstation SKYLAB begann zu taumeln. Seit dem Start hatte sie 34981mal die Erde umrundet, nun setzte sie zu ihrer letzten Reise an. Die Bodenstation auf den Bermudas hatte noch einmal Kontakt mit ihr. Noch immer arbeiteten die Sonnenpaddel. Zwanzig Minuten später registrierte eine Station auf den Auferstehungsinseln im Südatlantik das fliegende Laboratorium, das sich langsam in seine Bestandteile aufzulösen begann. Das war die letzte Verbindung zu SKYLAB.

Als der Pilot William Anderson am 11. Juli die Hafenstadt Perth im Südwesten Australiens anflog, sah er am Himmel ein hellblaues Licht, das sich orange und später rot färbte. Plötzlich löste es sich in fünf helle Einzellichter auf. Um 12h35m Ortszeit stand am Himmel von Perth ein langer heller Streifen. Geräusche waren in der Luft zu hören. In den darauffolgenden Tagen suchten Souvenirjäger die Gegend nach Überresten des havarierten Observatoriums ab. Man schätzt, daß insgesamt etwa 20 Tonnen Bruchstücke heruntergekommen sind. Glücklicherweise in einer nahezu unbewohnten Gegend. Das war das Ende einer der erfolgreichsten Raumfahrtunternehmungen. Mit SKYLAB endete die erste bemannte Raumstation der USA.

Unternehmen Sonnenmaximum

Während der neun Monate der SKYLAB-Tätigkeit in den Jahren 1973/74 war die Sonne kurz vor einem Fleckenminimum. Das nächste Maximum erwartete man zur Jahreswende 1979/80. Am 14. Februar 1980 wurde ein Satellit gestartet, der die Sonne während der Zeit ihrer größten Aktivität überwachen sollte. Die unbemannte Sonde, die den Namen SOLAR MAXIMUM MISSION, abgekürzt SMM trug, hatte sieben Instrumente an Bord, die vor allem Flares auf der Sonne untersuchen sollten. Auch die Stärke der Sonnenstrahlung wurde von SMM überwacht.

Die Sonde arbeitete nach ihrem Start 9½ Monate einwandfrei. Dann versagte ihr Pointierungssystem, das die Instrumente genau auf die gewünschte Stelle der Sonne richten sollte. Viele unbemannte Sonden sind seither in den Raum geschossen worden, die nach einiger Zeit fehlerhaft arbeiteten und aufgegeben werden mußten. Das war bei SMM anders. Mit ihrer Flughöhe von 600 Kilometern lag die Station in der Reichweite des SPACE-SHUTTLES. Deswegen war das Gerät bereits so gebaut worden, daß Einzelteile leicht ausgewechselt werden konnten. Für die Vorbereitungen zur Reparatur benötigte man nahezu drei Jahre. Werkzeuge wurden neu entwickelt, jeder Handgriff im Wassertank unter weltraumähnlichen Bedingungen geübt. Schließlich war es soweit.

Die Raumfähre trug im April 1984 fünf Astronauten nach oben. Nachdem sie einen anderen Satelliten in eine Umlaufbahn gebracht hatten, steuerte Kapitän Crippen mit der Raumfähre CHALLENGER, unterstützt von Astronaut Scobie, der 21 Monate später im gleichen Raumschiff den Tod finden sollte, das Sonnenobservatorium SMM an.

Die NASA hat Einzelheiten des Manövers mit Kameras an Bord im Film festgehalten. Ich hatte Gelegenheit, eine Videokopie zu sehen: Wie ein riesiges, von der Sonne beleuchtetes Faß hebt sich die schadhafte Sonde hell vor dem schwarzen Himmelshintergrund ab. Die beiden Sonnenpaddel, welche die Station mit Energie versorgen, hängen wie zwei große Flügel an beiden Seiten. Crippen bringt die Fähre bis auf 90 Meter an die Station heran. Die beiden Körper fliegen nun parallel nebeneinander um die Erde. Aber noch dreht sich die Station um ihre eigene Achse. Am nächsten Tag verlassen zwei Astronauten in Raumanzügen die Fähre. Sie haben sich auf das Arbeiten außerhalb des geschützten Wohnraumes vorbereitet. Seit vier Stunden atmen sie in einer reinen Sauerstoffatmosphäre. Auch während ihrer Arbeiten draußen werden sie in ihren Raumanzügen reinen Sauerstoff atmen. Dann legt sich einer von ihnen die Antriebseinheit an, mit der er sich im Raum frei bewegen wird. Wie ein riesiger Tornister, fast wie ein umgeschnallter Großvaterstuhl sieht das Gerät aus, mit Armstützen, welche die Schalthebel für die zwölf Antriebsdüsen tragen, mit denen der Astronaut Stickstoff in den Raum blasen kann, der ihn mit seinem Rückstoß in jede beliebige Richtung bewegt und dreht. Das Gerät, das auf der Erde nahezu 150 Kilogramm wiegt, bereitet den Astronauten in der Schwerefreiheit keine Probleme, es geht nur alles entsprechend langsam. Nun beginnt die Reise im stickstoffgetriebenen Lehnstuhl. In Zeitlupentempo verläßt der Astronaut den offenen Laderaum in Richtung SMM. Nach zehn Minuten hat er die Station erreicht. Er soll die Drehung von SMM abstoppen. Dazu befestigt er sich an einer Seite der Station und erzeugt mit seinem Stickstoffgebläse die nötige Gegenbewegung, bis SMM nicht mehr rotiert. Jetzt kann man die Sonde in den Laderaum bringen, ohne die sperrigen Sonnenpaddel zu beschädigen. Währenddessen wacht der Rest der Mannschaft über das Manöver des einsamen Mannes im Raum, notfalls bereit, mit der Fähre dem Astronauten zu Hilfe zu eilen und ihn wieder einzufangen. Doch es gibt keine gefährliche Situation.

Nun nähert sich die Fähre der Station auf neun Meter. Ein speziell dafür konstruierter Greifarm, dirigiert von Astronaut Nelson, ergreift das Sonnenobservatorium, um es vorsichtig in eine dafür vorbereitete Halterung in der offenen Ladeluke zu bringen (vgl. Abb. 12.3). SMM wird befestigt, und die Reparatur kann beginnen. Die Umlaufzeit von

Sonde und Fähre beträgt 100 Minuten. Für jeweils 60 Minuten hat man Tageslicht, während der restlichen Zeit bewegt man sich im Erdschatten. Scheinwerfer erhellen dann die provisorische Werkstatt. Einzelteile werden von den beiden Astronauten ausgetauscht. Dabei müssen die Männer vorsichtig arbeiten, obwohl das Gewicht der auszuwechselnden Teile in der Umlaufbahn keine Rolle spielt. Schließlich müssen Massen bewegt werden, deren Gewicht auf der Erde Hunderte von Kilogramm betragen würde. Einmal bewegt, sind sie nicht leicht wieder zu stoppen. Die Sonnenpaddel, die zu beiden Seiten aus der Raumfähre herausragen, dürfen nicht beschädigt werden.

Während einer Arbeitspause sind alle fünf Astronauten wieder im Inneren der Fähre. Der Präsident der Vereinigten Staaten ist am Telefon. Der NASA-Film zeigt Präsident Reagan an seinem Arbeitstisch im Weißen Haus. Man sieht auch die fünf Astronauten im Schiff, im Raum frei schwebend, ohne Schuhe, nur in Strümpfen, während sie vom Prä-

Abb. 12.3: Schemazeichnung der NASA von der Reparatur der SOLAR-MAXIMUM-MISSION an Bord der Raumfähre CHALLENGER.

sidenten den Dank der Nation entgegennehmen. Ich glaube, daß nur selten in der Geschichte der Vereinigten Staaten Amerikaner in Strümpfen mit ihrem Präsidenten gesprochen haben.

Danach gehen die Arbeiten draußen weiter. Zwei Astronauten wechseln Teile aus. Während der Arbeiten haben sie, die zur Sicherheit jetzt an langen Leinen hängen, dicke Spezialhandschuhe an, die ihre Hände vor der luftleeren Umgebung schützen. Damit müssen sie Kabel ergreifen und Schrauben drehen. Bei der Reparatur werden auch noch zwei Meßgeräte an Bord von SMM überholt. Die Station ist wieder betriebsfähig.

Vorsichtig hebt der Greifarm das Gerät aus dem Laderaum heraus, die Sonnenstation wird abgekoppelt. Solar Maximum Mission ist wieder auf einer eigenen Umlaufbahn um die Erde.

Im Jahre 1988 machte SMM wieder von sich reden, als bekannt wurde, daß die Messungen von aus dem Weltraum kommenden Gammastrahlen durch sowjetische Spionagesatelliten ernstlich gestört werden. Verursacher dafür sind die Kernreaktoren, welche die Agenten im Orbit mit Energie versorgen. Dabei treten nämlich aus den Reaktoren positiv geladene Teilchen aus, Positronen, wie wir sie bereits von Kapitel 1 kennen. Diese Teilchenart gehört zur sogenannten Antimaterie. Trifft eines davon auf gewöhnliche Materie, etwa auf die Wand von SMM, dann verwandelt es sich zusammen mit einem Teilchen der Wand zu einem kleinen Blitz, dessen Strahlung im Gammabereich liegt. Das stört die Messungen der Gamma-Detektoren an Bord von SMM. Von diesem Problem abgesehen ist SMM eine der erfolgreichsten wissenschaftlichen Missionen. Langsam drang die Sonde inzwischen während der vergangenen Jahre immer tiefer in die Erdatmosphäre ein. Aber noch im November 1989 lieferte sie wichtige Daten.

Am 2. Dezember 1989 trat die 2268 Kilogramm schwere Meßstation zu ihrem letzten Umlauf an. Kurz danach verglühte sie über dem Indischen Ozean in der Erdatmosphäre. Während ihrer nahezu zehnjährigen Betriebszeit hat die Sonnensonde SMM 12500 Flares auf der Sonne registriert. Doch neben ihrer eigentlichen Aufgabe hat sie mehrere Kometen entdeckt, die berühmte Supernova vom Februar 1987 in der Großen Magellanschen Wolke am Südhimmel vermessen und die Ozonschicht der Erdatmosphäre untersucht.

Schwankt die Strahlung der Sonne?

Wir leben auf der Erde von der Sonne und wissen, daß sie noch Jahrmilliarden mit ihrem Kernenergievorrat auskommen wird, ohne daß für das Leben auf der Erde Gefahr besteht, in extremer Hitze oder in extremer Kälte unterzugehen. Es bleibt aber die Frage, ob die Sonne vielleicht kleinere Schwankungen ihrer Helligkeit zeigt, wie etwa während der sogenannten »kleinen Eiszeit«, während des Maunder-Minimums. Es ist nicht leicht, von der Erdoberfläche aus die Strahlungsleistung der Sonne zu überwachen. Ein Stärkerwerden oder ein Abschwächen der bei uns ankommenden Sonnenstrahlen kann von der wechselnden Durchlässigkeit der Erdatmosphäre vorgetäuscht werden. Deshalb mißt man die Stärke der Sonnenstrahlung sehr viel besser vom Weltraum aus. Das Ergebnis der von SMM gemachten Messungen während der ersten fünf Monate der Mission ist in der Abbildung 12.4 wiedergegeben. Tatsächlich schwankt die Strahlungsleistung der Sonne. Allerdings liegen die Schwankungen nur bei einem Zehntel Prozent der Gesamtstrahlung. Die Veränderlichkeit hängt eng mit der von den Flecken auf der Sonnenscheibe eingenommenen Fläche zusammen. Wenn viele Flecken auf der uns zugewandten Seite der Sonne stehen, ist die hier empfangene Sonnenstrahlung geringfügig schwächer. Wegen der Rotation der Sonne ist deshalb den Schwankungen der Sonnenleuchtkraft auch die 27tägige Rotationsperiode der Sonne aufgeprägt.

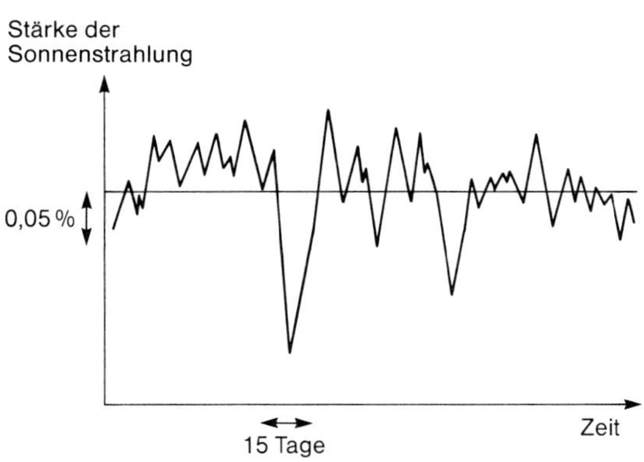

Abb. 12.4: Die Schwankungen der Stärke der Sonnenstrahlung, von der SOLAR-MAXIMUM-MISSION aus gemessen, sind weniger als ein Promille.

SPACELAB

Am Ende des Countdowns werden die Flüssigkeitsraketen gezündet und 6.6 Sekunden später die Feststoffraketen. Alles scheint planmäßig zu verlaufen. Es ist 16.00 Weltzeit, 11 Uhr vormittags im Kennedy-Raumfahrtzentrum in Florida. Die Raumfähre COLUMBIA hebt langsam vom Boden ab und bewegt sich senkrecht nach oben. 30 Millionen Newton Schubkraft beschleunigt die Fähre, bis sie 16 Sekunden nach dem Start die Schallgrenze überschreitet. Ihre Geschwindigkeit liegt bei 1200 Stundenkilometern. Als die vierfache Schallgeschwindigkeit erreicht wird, werden die beiden leeren Feststoffraketen abgestoßen. An Fallschirmen gleiten sie ins Meer, wo bereits Bergungsschiffe auf sie warten.

Die Fähre selbst aber wird nun von drei aus einem großen Tank gespeisten Raketen weiter nach oben gebracht. Nach sechs Minuten werden auch diese Triebwerke abgeschaltet und der Tank kurz danach abgestoßen. Die Höhe beträgt bereits 120 Kilometer, und der Tank tritt mit einer so großen Geschwindigkeit in die Erdatmosphäre ein, daß er verbrennt. Inzwischen hat die Fähre die Umlaufbahn erreicht. Man schreibt den 28. November 1983.

Es war der neunte SPACE-SHUTTLE-Flug. Die Fähre hatte das Weltraumlaboratorium SPACELAB an Bord. In den nächsten 10 Tagen, 7 Stunden und 47 Minuten sollte sie mit ihrer Nutzlast 166mal die Erde umkreisen, um am 8. Dezember um 23.47 Uhr Weltzeit planmäßig auf einem Luftwaffenstützpunkt in Kalifornien zu landen. In der Bundesrepublik wurde die Mission mit besonderem Interesse verfolgt, da zum ersten Mal ein westdeutscher Astronaut, Ulf Merbold, in den Raum geschossen wurde. Neben den zahlreichen Experimenten während des Fluges wurde auch wieder die Stärke der Sonnenstrahlung, vor allem im ultravioletten Bereich des Sonnenspektrums, gemessen.

Das schien der Anfang einer Reihe von SPACE-SHUTTLE-Flügen zu sein, bei denen astronomische Messungen, vor allem Messungen an der Sonne, ausgeführt werden sollten. Durch die CHALLENGER-Katastrophe im Jahre 1986 wurde jedoch das gesamte Programm der SHUTTLE-Flüge verzögert.

Die Raumfahrt hat uns aber nicht nur den Blick in einen Bereich des Spektrums geöffnet, in dem uns die Sonne ein aufregendes Schauspiel vor Augen führt, von dem wir von der Erde aus nichts geahnt haben. Sie hat uns auch die Möglichkeit gegeben, den Stoff, der von der Sonnenkorona in den Raum geschleudert wird, direkt zu untersuchen.

Die zwei amerikanisch-deutschen Planeten

Die Instrumente von SKYLAB und des späteren SPACELAB haben die Sonne von einer Umlaufbahn um die Erde aus untersucht. Die beiden HELIOS-Sonden dagegen sind direkt auf die Sonne zugeflogen. Sie waren keine künstlichen Erdmonde, sondern künstliche Planeten.

HELIOS war ein amerikanisch-deutsches Gemeinschaftsunternehmen. Im Dezember 1974 hob von Cape Canaveral eine fünfstufige Titan-Centaur-Rakete ab. Sie trug an ihrer Spitze die 371 Kilogramm schwere Sonde HELIOS I. Außerhalb der Erdbahn angelangt, wurde das Gerät in eine Umlaufbahn in Richtung Sonne geschossen. War die Sonde im Augenblick des Abschusses ebenso weit von der Sonne entfernt wie die Erde, also 150 Millionen Kilometer, so sollte sie sich dem Stern bis auf 46 Millionen Kilometer nähern. Das ist näher als der Planet Merkur, der die Sonne in einem mittleren Abstand von 58 Millionen Kilometern umkreist.

Am 15. März 1975 erreichte HELIOS I zum ersten Mal den sonnennächsten Punkt der Bahn. Die Strahlung war zehnmal so stark wie in Erdnähe. An Bord herrschten Temperaturen um 150 °C. Trotzdem arbeitete nahezu alles einwandfrei. Nur eine Antenne, die niedrigfrequente Wellen in dem von der Sonne ausströmenden Plasma messen sollte, war durch einen Fehler unempfindlicher geworden als man erwartet hatte.

An Bord waren insgesamt zwölf Meßeinrichtungen. Sieben stammten von Arbeitsgruppen aus der Bundesrepublik, drei von Teams aus den USA, zwei betrieb man gemeinsam. Die Meßdaten wurden per Funk zur Erde übertragen, wo Radioantennen der NASA mit Durchmessern von 64 Metern und das Radioteleskop des Max-Planck-Instituts für Radioastronomie in Effelsberg in der Eifel mit seinem Antennenspiegel von 100 Meter Durchmesser die Signale des amerikanisch-deutschen Planeten empfingen. Während seines 190tägigen Umlaufes gab es zwei Phasen, in denen die Verbindung zusammenbrach: Wenn die Sonde von der Erde aus gesehen vor oder hinter der Sonne stand, störte deren Radiostrahlung den Empfang für Tage oder Wochen.

Im Januar 1976 wurde die Schwestersonde HELIOS II gestartet und auf eine ähnliche Bahn gebracht. Sie kam bei jedem ihrer Umläufe der Sonne sogar bis auf 43,4 Millionen Kilometer nahe. Eigentlich sollten die HELIOS-Sonden ihre Aufgaben nach etwa drei Monaten Flug erfüllt haben. Für einen längeren Zeitraum waren sie nicht ausgelegt. Doch sie arbeiteten weiter und wurden noch lange genutzt. Nach drei

Jahren traten bei HELIOS II Temperaturprobleme auf; am 3. März 1980 wurde die Sonde aufgegeben.

Zu Beginn des Jahres 1986, also zwölf Jahre nach ihrem Start, wurde die Verbindung mit HELIOS I schwierig. Die Sonde reagierte nicht mehr auf Kommandos von der Erde. War es bisher gelungen, die Orientierung von HELIOS I durch auf Kommando ausströmende Gasstrahlen so aufrechtzuerhalten, daß der Sendestrahl der Bordantenne immer auf die Erde wies, so gelang das nun nicht mehr. Obwohl die meisten Experimente noch liefen, driftete die Senderichtung langsam von der Erde weg. Von HELIOS I kam keine Nachricht mehr.

ULYSSES und SOHO

Die HELIOS-Sonden haben uns Material über die Gasmassen geliefert, die von der Sonne in den Raum geblasen werden und die auch die Erde erreichen. Doch die Erdbahn und die Bahnen der von ihr gestarteten Satelliten, wie auch die Bahnen der HELIOS-Sonden lagen nicht allzu weit von der Äquatorebene der Sonne entfernt. Deshalb wissen wir nichts von den Gasmassen, die von der Sonne in Richtung ihrer Pole abgestoßen werden. Dem soll ULYSSES abhelfen, ein Gemeinschaftsunternehmen der NASA und der europäischen Weltraumorganisation ESA. Die Sonde wurde im Oktober 1990 gestartet. Sie fliegt zuerst zu Jupiter, um sich von der starken Anziehungskraft dieses Planeten aus der Ebene, in der sich die Erde und alle anderen Planeten bewegen, herausschießen zu lassen. Danach wird sie in weitem Bogen über die Pole der Sonne fliegen. Wissenschaftler aus 44 Instituten haben Meßgeräte für ULYSSES vorbereitet. Radioantennen werden Plasmawellen messen, die von der Sonne kommenden Teilchen werden nach Anzahl und Geschwindigkeit registriert werden. Magnetometer werden die mitgebrachten Magnetfelder untersuchen. Detektoren werden nach den von Flares kommenden Röntgenstrahlen Ausschau halten.

Beinahe wäre schon vor dem Start ein Fehlschlag einprogrammiert gewesen. Erst kurz zuvor bemerkte man, daß eine Anzahl von Chips, die man eingebaut hatte, fehlerhaft waren und ersetzt werden mußten. ULYSSES wird im Februar 1992 von Jupiter in das Innere des Sonnensystems zurückgeworfen werden, 1994 den Südpol der Sonne überfliegen, ein Jahr darauf den Nordpol.

In weiterer Zukunft, nämlich für März 1995, ist das fliegende Observatorium SOHO geplant. Der Name ist aus Teilen von **So**lar und **H**eliospheric **O**bservatory zusammengebastelt. Diese mit Experimenten von Forschergruppen aus Finnland, Frankreich, Großbritannien, der Bundesrepublik Deutschland, aus der Schweiz und den USA bestückte Sonde wird in einer Entfernung von 1,5 Millionen Kilometern von der Erde, dort, wo sich die Schwerkraft von Sonne und Erde die Waage halten, die Sonne überwachen. Neben zahlreichen Meßgeräten, die nicht nur die von der Sonne ausströmenden Gase untersuchen, sondern auch die von ihnen mitgebrachten magnetischen und elektrischen Felder, werden Bordinstrumente die Oszillationen der Sonnenoberfläche registrieren. Gelingt es zwar vom Südpol der Erde aus, die Sonne tagelang lückenlos zu überwachen (vgl. S. 226), so begrenzt doch dort das Wetter die Zeitdauer langer Beobachtungsreihen. SOHO wird die Sonne sehr viel länger ohne Unterbrechung beaufsichtigen können. Weit innerhalb der Bahn der Erde um die Sonne, wird sie von keiner Sonnenfinsternis, sei sie nun durch die vor die Sonne tretende Mondscheibe, sei sie durch den Erdball hervorgerufen, gestört.

13. Sonne und Erde

Bei dieser erhöhten Thätigkeit mag nun leicht auch die lichtspendende... Kraft an Intensität gewinnen, und so auch unsere Erde befähigen, ihre Gaben in größerer Fülle und Güte uns darzubieten. Herschel stellte die Sonnenflecke mit den gleichzeitig in England stattfindenden Kornpreisen zusammen, um diesen Beweis zu führen.

Johann Heinrich Mädler (1794–1874)

Der Wechsel von Tag und Nacht, von Sommer und Winter zeigt uns, wie das Leben auf der Erde von der Sonne abhängt. Verspüren wir auf der Erde auch etwas von den Veränderungen, welche die Sonne im Laufe des Sonnenzyklus erlebt?

Wenn die Sonne für so starke Wetterunterschiede verantwortlich ist, wie wir sie zwischen Januar und Juli haben, so drängt sich die Frage auf, ob vielleicht auch die Sonnenflecken unser Klima bestimmen. Wenn das Wetter auf der Erde überhaupt etwas damit zu tun haben soll, kann kein sehr starker Zusammenhang bestehen, denn wir hätten längst Wettervorhersagen nach dem elfjährigen oder dem 22jährigen Kalender.

Sieht man sich in der Abbildung 12.4 (S. 262) die Messungen der geringen zeitlichen Schwankungen der Stärke der Sonnenstrahlung an, fällt es schwer zu glauben, daß diese kurzzeitigen Schwankungen um einige Zehntel Prozent, die durch die Flecken verursacht werden, die innerhalb von zehn Tagen wieder verschwunden sind, unser Klima merklich beeinflussen können. Aber noch haben wir die Strahlungskraft der Sonne nur über eine kurze Zeitspanne präzise gemessen. Wir wissen nicht, ob sie sich im Laufe eines Sonnenzyklus systematisch verändert.

Wenn wir auch von den unerheblichen Veränderungen der Leuchtkraft der Sonne erst seit kurzem etwas wissen, über unser Klima gibt es seit langem Aufzeichnungen, in denen vielleicht der Rhythmus der Sonnentätigkeit verborgen ist. Es gibt Aufzeichnungen aus Epochen, lange bevor der Mensch zu schreiben gelernt hat.

Der Mann, der an den Marskanälen zweifelte

Wir haben in Kapitel 2 von den Astronomen gesprochen, die als Außenseiter der Sonnenforschung wichtige Impulse gegeben haben, wie der Apotheker Schwabe und der Gymnasiallehrer Spörer. Auch in anderen Gebieten der Astronomie gibt es Beispiele dafür. Weniger bekannt sind die Fälle, in denen ein Astronom in einem völlig anderen Bereich der Wissenschaft erfolgreich war. Wahrscheinlich ist Andrew Ellicot Douglass (1867–1962) das herausragendste Beispiel dafür.

Der in Vermont geborene Douglass interessierte sich schon frühzeitig für Astronomie. Mit 13 Jahren führte er bei einer Abschlußfeier seiner Schule das Schulteleskop vor. Später berichtete er in der Schülerzeitung darüber, wie man Teleskopspiegel selbst herstellen kann und wie er eine Sonnenfinsternis beobachtet hatte. Nach dem Studium – natürlich wählte er Astronomie – erhielt er eine Stelle an der Harvard-Sternwarte und arbeitete an deren Außenstation in Peru. Dann begegnete er Percival Lowell (1855–1916). Dieser Mann hatte in Flagstaff in Arizona eine Sternwarte eigens zum Studium der Marskanäle gebaut. Er war überzeugt, daß spinnwebartige Linien, die viele Beobachter im Fernrohr auf der Marsscheibe zu erkennen glaubten, in Wahrheit von Marsbewohnern angelegte, künstliche Bewässerungssysteme sind. Das Observatorium in Flagstaff finanzierte Lowell aus eigenen Mitteln, er stammte aus einer Familie reicher Bostoner Geschäftsleute. Heute wissen wir, daß es keine Marskanäle gibt. Damals aber waren die Kanäle Tagesgespräch, dank Lowells Propaganda und sehr zum Unwillen seiner skeptischeren Kollegen. Lowell bot Douglass eine Stelle an seinem Observatorium an, die dieser auch annahm. Anfangs fesselte ihn das Thema sehr, doch bald fragte er sich, ob man bei den Marskanälen vielleicht nur einer Täuschung unterliegt. Er begann kritisch zu prüfen, inwieweit man bei beleuchteten Kugeln, deren glatte Oberflächen keinerlei Linien zeigen, auch »Kanäle« sieht, wenn man sie aus großem Abstand mit dem Teleskop betrachtet. Dieser Zweifel an den Marskanälen kostete ihn im Jahre 1901 seinen Job.

Ohne Stellung und ohne die Aussicht, als Astronom wieder arbeiten zu können, versuchte Douglass sich in der Politik, wurde von der republikanischen Partei als Kandidat für das Richteramt aufgestellt, gewann die Wahl und arbeitete daneben noch als Spanischlehrer. Der Lehrberuf brachte ihn wieder in akademische Kreise, und bald erhielt er die Aufgabe, das Steward-Observatorium der Universität von Arizona in Tucson aufzubauen. Er war wieder zurück in der Astronomie.

Inzwischen hatte sich in seinem Denken bereits die Idee festgesetzt, die ihn außerhalb der Astronomie berühmt machen sollte, die Frage nämlich, welche Information man den Jahresringen der Bäume entnehmen kann.

Sonnenflecken, Jahresringe und Pueblos

Als Douglass Ende des Jahres 1901 durch das nördliche Arizona und durch Utah reiste, sah er, wie die Höhe über dem Meeresspiegel und die durchschnittliche Regenmenge die Vegetation beeinflußt. Je höher eine Region war, um so zahlreicher und kräftiger die Bäume, die in den trockenen Landschaften Arizonas so gut wie fehlten. Die Feuchtigkeit wird durch die Verdampfung aus den Ozeanen, also durch die Sonne bestimmt, deshalb folgerte Douglass, reagieren Bäume besonders empfindlich auf die Stärke der Sonnenstrahlung.

Während dieser Zeit hatte man bereits damit begonnen, die Sonnenaktivität für Monsune in Asien verantwortlich zu machen. Man wollte auch prüfen, ob Sonnenflecken die mittlere Temperatur auf der Erde erniedrigen. Douglass erkannte, daß in der Dicke der Jahresringe Informationen über die klimatischen Bedingungen der Vergangenheit stekken, eine schier unerschöpfliche und damals noch nicht genutzte Datenbank.

Er begann seine Studien im Holzlager eines Freundes. Die Jahresringe gefällter Bäume waren verschieden dick. Schmalere folgten breiteren, und es schien, als ob sich die gleiche Folge von schmal und breit in verschiedenen Baumstämmen zeigte. Schließlich fand er zwei Stämme, die wieder dieselbe Folge zeigten. Dem einen fehlten aber die äußersten zehn Ringe dieser Folge. Douglass schloß daraus, daß dieser Baum zehn Jahre früher gefällt worden war. Eine Nachprüfung bestätigte das. Damit war klar: Das Klima jedes Jahres bestimmte die Breite der Jahresringe. War ein Jahr für das Wachstum günstig, so setzten alle Bäume einen dickeren Ring an als in mageren Jahren.

Douglass erkannte nun die Möglichkeit, durch Vergleich verschiedener Hölzer deren Alter zu bestimmen. Wenn sie über mehrere Ringe die gleiche Folge von Dick und Dünn zeigten, sind sie während mehrerer Jahre gleichzeitig gewachsen. Man mußte nur von den gleichzeitig angesetzten Ringen nach außen zur Rinde zählen, um zu wissen, um wieviel Jahre der eine Baum später gefällt worden ist als der andere. So konnte man Proben aus jetzt noch lebenden Bäumen in Beziehung setzen zu

Stämmen, die schon vor längerer Zeit gefällt worden sind und die in ihren äußeren Teilen die gleiche Ringfolge zeigen wie neue Proben in ihrem Inneren. Alte Stämme waren in noch bewohnten Indianer-Pueblos zu finden, noch ältere in den Ruinen der Azteken in New Mexico. Anfang der dreißiger Jahre hatte Douglass eine lückenlose Folge von sich aneinander anschließenden Holzproben, die 1900 Jahre überdeckte. Die von ihm entwickelte Methode der Altersbestimmung von Hölzern half, die archäologischen Funde Amerikas exakt zu datieren.

Douglass war ursprünglich davon ausgegangen, die Zeichen der Sonnenaktivität in den Baumringen zu finden, oder zumindest Zyklen im Klima zu erkennen. Proben von Sequoya-Bäumen und von der kalifornischen Borstenkiefer schienen den elfjährigen Rhythmus der Sonnenflecken zu zeigen. Nur während des Zeitraumes zwischen 1650 bis 1740 waren sie nicht ausgeprägt. Im Februar 1922 erhielt Douglass einen Brief von Maunder, der ihn auf das Aussetzen des Sonnenzyklus während dieser Zeit aufmerksam machte (vgl. S. 50). Das schien für Douglass ein Hinweis zu sein, daß die Sonnentätigkeit in den Jahresringen der Bäume wiedergefunden werden kann. Der eindeutige Beweis dafür steht noch heute aus.

Daß die Jahresringe der Bäume vom Klima beeinflußt sind, darüber besteht kein Zweifel, hat aber auch unser Klima etwas mit den Sonnenflecken zu tun?

Das Klima und die Sonnenflecken

Seit zwei Jahrhunderten sucht man nach einem elfjährigen Rhythmus im Wetter, für den man die Sonnenflecken verantwortlich machen kann. Das Zitat am Eingang dieses Kapitels erwähnt William Herschels Versuch, einen Zusammenhang nachzuweisen. Es kam nichts dabei heraus, und der dort zitierte Astronom Mädler fährt fort: »Aber es dürfte schwer sein, bei den häufigen Kriegen und der infolge derselben wechselnden Handelsgesetzgebung, die beide entscheidend auf die Kornpreise wirken müssen, einen Einfluß nachzuweisen...« Man suchte weiter, ohne Erfolg. Einige Zeit schien es so, als hätte man in der Dicke der Baumringe einen 22jährigen Rhythmus erkannt. Genauere Prüfungen zeigten ihn nicht. Vergleicht man nämlich Bäume aus verschiedenen Gegenden der Erde miteinander, sieht man zwar Unterschiede im Klima, aber kaum Gemeinsamkeiten, die auf einen weltweit gleichen Einfluß hinweisen, wie man ihn von den Sonnenflecken erwarten müßte. Was immer die Sonnenflecken auch bewirken, sie beeinflussen das irdische Klima nicht so global, daß in einem Jahr die Baumringe auf der ganzen Erde stärker wachsen als in einem anderen.

Wenn die Sonnenflecken das Wetter überhaupt beeinflussen, dann sind ihre Wirkungen in verschiedenen Gegenden der Erde nicht gleich. So glaubt man zum Beispiel, in einem Gürtel von 70 bis 80 Grad nördlicher Breite mehr Niederschläge während der Sonnenfleckenmaxima gemessen zu haben. Dagegen zeigen die Niederschlagsmengen aus 60 bis 70 Grad Breite mehr Regen während der Fleckenminima als während der Maxima.

Die Nachricht von den Jahresringen der Bäume und den Sonnenflekken regte eine Fülle von ähnlichen Untersuchungen an. Man glaubte nachgewiesen zu haben, daß die Ernten, die Pelzerträge, der Wasserstand des Viktoriasees, ja sogar die Aktienkurse im Rhythmus der Sonnenflecken variierten. Es ist nicht leicht, solche Zusammenhänge zu prüfen. Wenn man verschiedene mit der Zeit veränderliche Größen, seien es nun Pelzerträge oder Wasserstände, mit dem Rhythmus der Sonnenflecken vergleicht, darf man sich nicht nur mit den Meßreihen befassen, die einen solchen Zusammenhang andeuten. So darf sich ein guter Ertrag an Kaninchenfellen während starker Sonnenaktivität nicht nur während des Zeitraumes von 1900 bis 1940 zeigen, auch während der folgenden 40 Jahre muß man den gleichen Zusammenhang finden.

Über die schon in Kapitel 2 erwähnte Häufigkeit des ^{14}C der Jahresringe gibt es keinen Zweifel. Der sogenannte »Radiokohlenstoff« ist ein sicherer Anzeiger der Sonnenaktivität. Je mehr Sonnenflecken, um so weniger ^{14}C wurde gebildet. Deshalb kann man statt einer Beziehung zwischen Sonnenaktivität, von der man in der Geschichte um so weniger Aufzeichnungen hat, je weiter man zurückgeht, auch die ^{14}C-Häufigkeit in den Jahresringen nehmen, wenn man Beziehungen zwischen Sonnenaktivität und Klima in der Vergangenheit sucht. Leider sind die Ergebnisse widersprüchlich. So schrieb Hans Süß von der Universität von Kalifornien in La Jolla 1979 in der Zeitschrift »Umschau«, daß zwischen dem Klima in Europa und dem ^{14}C-Gehalt der Jahresringe während der Zeiten des Maunder- und des Spörer-Minimums ein eindeutiger Zusammenhang besteht. Während beider Perioden war es bei uns etwas kälter. Demgegenüber teilt Mince Stuiver von der Universität von Washington in Seattle 1980 in der Zeitschrift »Nature« mit, daß er keinen Zusammenhang zwischen Klima und ^{14}C-Häufigkeit finden kann. Er glaubt nicht, daß die sogenannte »Kleine Eiszeit« im 17. Jahrhundert etwas mit dem gleichzeitigen Maunder-Minimum zu tun hat.

Im Jahr 1980 schien sich eine Sensation anzubahnen. George Williams in Adelaide in Australien fiel auf, daß ein bestimmtes 680 Millionen Jahre altes Sedimentgestein Schichten verschiedener Dicke und Farbe zeigt. Im Mittel war jede elfte Schicht dunkel, aber auch Rhythmen von jeweils 22 und 90 Schichten konnte er erkennen. Wer die Zahlen 11 und 22 hört, denkt dabei sofort an Sonnenflecken. Auch in Kanada fand man in jüngerem Gestein diesen Rhythmus. Die Schichtung im australischen Gestein deutete man als Ablagerungen, die damals der Meeresboden vom jährlichen Schmelzwasser erhielt, das von den eiszeitlichen Gletschern floß. Wenn das Wetter vom Sonnenzyklus abhängt, so müßte man erwarten, daß auch die Menge des Schmelzwassers mit dem Sonnenzyklus variiert. Der Rhythmus der Sonnenflecken vor Millionen Jahren schien im australischen Gestein festgehalten zu sein.

Es war zu schön, um wahr zu sein. Inzwischen ist man davon wieder abgerückt. Das damalige Klima hätte extrem empfindlich auf die Sonnenflecken reagieren müssen, sehr viel stärker als das heute der Fall ist. Wahrscheinlich sind die Ablagerungen nicht jährlich entstanden, sondern täglich. Vielleicht spiegelt sich in ihnen der Rhythmus von Ebbe und Flut wider, zusammen mit den im Abstand von 14 Tagen aufeinanderfolgenden Springfluten. Dazu kommt der Rhythmus, in dem der Mond im Laufe eines Monats einmal etwas näher bei der Erde ist als etwa zwei Wochen später. Dieses Wechselspiel von Rhythmen könnte für die australischen Schichtungen verantwortlich sein. Man könnte sich vorstellen, daß der Fels in einer Lagune entstanden ist, in die ein Fluß mündete, der vom Land feinsten Sand mitbrachte. Wenn dann von der Seeseite die Flut eindrang und die Strömung bremste, setzten sich die mitgebrachten Stoffe stärker ab, als wenn der Fluß ungehindert durch die Lagune nach draußen strömte. Die Gezeiten könnten die Schichtungen im Feld hervorgebracht haben. Die Sonnenflecken wären dann unschuldig daran. Es ist eben nicht leicht, einen Zusammenhang zwischen der Sonnenaktivität und dem irdischen Klima zu finden.

Seit Jahrzehnten sucht man nach Beziehungen zwischen Vorgängen auf der Sonne und denen auf der Erde. Wissenschaftler wie Douglass haben ein ganzes Leben lang vergeblich geforscht, um einen eindeutigen Zusammenhang zwischen Klima und Sonnenaktivität zu finden. Da wundert man sich, wenn ein Mann, der gelegentlich von der Presse auch »Weltraumprofessor« genannt wird, die Leser einer deutschen Fernsehzeitung im Januar 1988 über Details informiert, so als hätte er sie seit langem bewiesen: »Durch die Gasexplosionen auf der Sonne wurden eine Unmenge Atomrumpfteilchen in den Weltenraum geschleudert... und brachten unseren Bio-Rhythmus durcheinander. Vom labilen Bio-Zustand sind auch Pflanzen betroffen (sie wissen nicht mehr, ob sie blühen sollen), und Kleinstlebewesen wie Termiten zum Beispiel änderten ihr Freßverhalten.«

Das ultraviolette Licht der Sonne

Wenn die Erde bei ihrem jährlichen Umlauf im Winter der Sonne etwas näher kommt, dann bemerken wir auf der Erdoberfläche kaum, daß die Einstrahlung um 7 Prozent stärker ist als im Sommer. Der Unterschied geht in dem durch die Jahreszeiten bedingten Gegensatz unter.

Das geringfügige Absinken der Strahlungsleistung der Sonne beim Erscheinen großer Fleckengruppen auf der uns zugewandten Sonnenscheibe hat einen viel geringeren Einfluß auf die Erde. Man sollte eigentlich dem irdischen Wetter keinen Einfluß der Sonnenaktivität anmerken.

Aber die in der Abbildung 12.4 gezeigte Variation der Sonnenstrahlung mit den Sonnenflecken bezieht sich auf das ganze Spektrum. Die Messungen von Raumsonden aus haben gezeigt, daß die kurzwelligen Strahlen im fernen Ultravioletten und im Röntgengebiet mit der Sonnentätigkeit sehr viel mehr variieren.

Wie wir in Kapitel 3 sahen, liegt jenseits des violetten Endes des Spektrums der Bereich des ultravioletten Lichtes. Die K-Linie des Kalziums, in deren Licht man auf der Sonne das Kalziumnetzwerk (vgl. S. 117) erkennen kann, liegt bei einer Wellenlänge von 3,9 zehntausendstel Millimetern. Dort etwa, nach kürzeren Wellenlängen hin, beginnt die für uns harmlose UV-Strahlung, das UV-A. Sie erstreckt sich bis zu einer Wellenlänge von 3,2 zehntausendstel Millimetern. Nach kürzeren Wellenlängen schließt sich daran der Bereich des UV-B bis zu 2,8 zehntausendstel Millimetern an. Dann kommt das noch kürzere UV-C, es ist für uns sehr gefährlich, dringt aber nicht bis zur Erdoberfläche herab. Wer im Sonnenschein liegt, erhält nur die Bestandteile A und B des ultravioletten Sonnenlichtes. Vom UV-A bräunt man kaum. Der Sonnenbrand kommt vom UV-B. Auch davon wird der größte Teil in der Ozonschicht der Atmosphäre zurückgehalten. Das ist gut so, denn auch UV-B ist schädlich, es erzeugt Hautkrebs. Man schätzt, daß der Abbau der schützenden Ozonschicht um ein Prozent bei den Menschen einen Anstieg des Hautkrebs von 2 bis 5 Prozent zur

Folge hätte. Die Angst vor den die Ozonschicht zerstörenden Treibgasen der Spraydosen und den Kühlflüssigkeiten in unseren Kühlschränken ist also nicht unbegründet.

Der UV-B-Anteil des Sonnenlichtes, den wir auf der Erdoberfläche empfangen, hängt von der Höhe des Sonnenstandes ab. Der Unterschied zwischen hoch- und tiefstehender Sonne ist sehr groß. Nur wenn die Sonne mehr als etwa drei Handbreit über dem Horizont steht, kann man sich einen Sonnenbrand holen. Wer sich im Süden Spaniens an einem Juni-Mittag für eine Minute sonnt, erhält die Bräunung seiner Haut, für die er sich dort im Dezember sechs Stunden der Mittagssonne aussetzen müßte.

Der Anteil des ultravioletten Lichtes, der in den höchsten Schichten der Erdatmosphäre geschluckt wird, beeinflußt den Wärmehaushalt unserer Lufthülle und damit wahrscheinlich auch irgendwie unser Wetter. Für künstliche Satelliten, die die Erde umkreisen, kann das ultraviolette Licht lebensgefährlich sein.

Sonnenflecken schießen Satelliten ab

Die kurzwellige Strahlung im UV-B und UV-C von der Sonne wird glücklicherweise zum größten Teil schon in den obersten Luftschichten aufgehalten, ehe sie auf die Erdoberfläche trifft und bei Mensch, Tier und Pflanzen Schaden anrichten kann. Die UV-Strahlung erwärmt die obersten Regionen der Atmosphäre. Tatsächlich steigt die Temperatur bei Höhen über 90 Kilometern wieder an. Bei 200 Kilometer liegen die Lufttemperaturen bei über 500 °C. Diese Schicht, die *Thermosphäre,* reagiert sehr empfindlich auf die Sonneneinstrahlung. Während verstärkter Sonnenaktivität steigen die Anteile von UV-B und UV-C stark an. Deshalb wird die Thermosphäre während starker Sonnentätigkeit heißer. In den Jahren 1952 und 1962, die beide in ein Fleckenminimum fielen, lag die Temperatur bei 400 °C, in Maximum-Jahren dagegen bei 1100 °C. Wird die Thermosphäre während eines Fleckenmaximums heißer, dann wird sie auch dicker und erstreckt sich weiter in den Raum hinaus. Das bekommen niedrig fliegende Satelliten zu spüren. Wenn die Thermosphäre plötzlich bis zu ihren Bahnen reicht, dann verstärkt sich die Reibung, der Satellit wird gebremst und stürzt früher auf die Erde als erwartet. Deshalb wurde SKYLAB (vgl. S. 255), das unbemannt weiter um die Erde flog, nachdem alle geplanten Aufgaben erfüllt waren, während des Fleckenmaximums 1979/80 stärker gebremst als man erwartet hatte. Die Station verglühte vorzeitig. Die Sonne hatte gewissermaßen den zu ihrer Erforschung gebauten Erdmond abgeschossen.

Die Aktivität der Sonne beeinflußt die Aktivitäten der Weltraumbehörden. In das Hubble-Space-Teleskop (HST), das von einer Umlaufbahn aus den Astronomen der Erde für Jahre die besten Beobachtungsmöglichkeiten des Sternhimmels geben soll, hat man in amerikanisch-europäischer Zusammenarbeit insgesamt etwa 1,3 Milliarden US-Dollar investiert. Eigentlich sollte es im Juni 1986 vom SPACE-SHUTTLE auf eine Umlaufbahn um die Erde gebracht werden. Wäre alles nach Plan gegangen, hätte man es noch während des letzten Fleckenminimums in Betrieb nehmen können. Die CHALLENGER-Katastrophe hat den Start um Jahre verzögert. Der augenblickliche Starttermin ist der 26. März 1990. Das Teleskop wird inmitten eines Fleckenmaximums fliegen. Man wird es weiter hinausschießen müssen als ursprünglich geplant, damit es nicht von der durch die Sonnenaktivität angeschwollenen Erdatmosphäre zu stark gebremst wird.

Bei der großen Bedeutung der Stärke der Sonnenaktivität für die Raumfahrt, in der man für viele Jahre im voraus planen muß, wäre es eigentlich dringend notwendig, zu wissen wie stark ein Fleckenmaximum wird. Werden die Fleckenrelativzahlen im nächsten Maximum unter hundert bleiben oder die Zahl 200 überschreiten? Wie weit kann man aus dem Verhalten der Sonne während eines Minimums etwas auf die Stärke des nächsten Maximums schließen? Vorläufig haben die Planer von Raumfahrtmissionen keine sicheren Prognosen zur Verfügung.

Aber nicht nur die verstärkte Ultraviolettstrahlung der aktiven Sonne heizt die Erdatmosphäre und bläht sie auf. Auch mit hoher Geschwindigkeit von der Sonne ausgestoßene Teilchen beeinflussen die obersten Luftschichten und gefährden nicht nur Satelliten, sondern auch Astronauten.

Astronauten in Gefahr

Der Jungfernflug der Raumfähre COLUMBIA im Jahre 1981 mußte aus technischen Gründen um 48 Stunden verschoben werden. Wären die Astronauten John Young und Robert Crippen, wie vorgesehen, am 10. April gestartet, wären sie kurz danach in einen der schwersten Strahlenschauer der letzten Jahre geraten. Wäre COLUMBIA in einer Bahn über die Pole geflogen, dort, wo von der Sonne kommende elektrisch geladene Teilchen bevorzugt einfallen, und hätten die Astronauten außerhalb der Fähre arbeiten müssen, wie es etwa bei den Reparaturen von SKYLAB (vgl. S. 254) und SMM (vgl. S. 260) war, so hätten die damals von der Sonne kommenden energiereichen Protonen die Aluminiumhülle der Raumanzüge durchdrungen. Young und Crippen wären in Lebensgefahr gewesen. Astronauten, die sich aus ihrem Raumschiff heraus wagen, leben stets mit dem Risiko, einer Überdosis an schädlicher Teilchenstrahlung ausgesetzt zu sein. Das galt auch für die Astronauten des APOLLO-Programms, die auf der Oberfläche des Mondes spazierengingen. Deshalb begann man in den sechziger Jahren die Gefahren der Teilchenstrahlung zu studieren. Die NASA gründete eigens ein Warnsystem dafür. Denn die Strahlenschauer von der Sonne sind zumindest kurzzeitig vorhersagbar. Sie kommen meist von Flares, zumindest glaubte man das bis vor kurzem. Wir werden später auf S. 280 noch darauf zurückkommen.

Wenn man einen Flare auf der Sonne entdeckt, dann erreicht in vielen Fällen etwa 50 Stunden später ein Teilchenstrom die Erde. Überwacht man also die Sonne auf Flares, hat man die Möglichkeit, Voraussagen zu machen. Nicht nur der Alltag einer Raumstation wird von Ausbrüchen auf der Sonne mitbestimmt. Welche Folgen die von der Sonne kommenden Teilchen auf Vorgänge auf der Erde haben, zeigt das Ereignis, in das im April 1981 die Fähre COLUMBIA beinahe geraten wäre.

Der Ausbruch vom April 1981

Am 2. April zeigte die Stelle auf der Sonne, von der alles ausging, einen einzelnen Fleck. Zu Flecken gehören Magnetfelder, die von der Materie, in die sie eingefroren sind, bewegt werden. Die Feldlinien werden gedehnt und verdrillt. Dabei wird Energie im Magnetfeld gespeichert. Wenn sich danach Feldlinien gegenseitig vernichten, dann wird diese Energie in einem Flare frei.

Bis zum 7. April hatte sich der Fleck nicht verändert. Dann leuchtete dort ein Flare auf, nicht besonders stark. Am Tag darauf entstanden 16 neue Flecken an dieser Stelle, während fünf weitere Flares beobachtet werden konnten. Am 9. April waren es 29 Flecken geworden. Man sah acht weitere Flares. Das Magnetfeld, das man an diesem Tag von dieser Stelle aufnahm, war ungemein kompliziert. Zahlreiche kleine Gebiete mit Nord- und Südpolarität lagen eng beieinander. Fünf kleine Flecken verschiedener Polarität umkreisten den großen Fleck, den man seit dem

2. April sehen konnte. Nur bei zehn Prozent aller Fleckengruppen wird das Feld so komplex. Kenner der Sonne wußten: Das ist die Konstellation, aus der meist ein großer Flare ausbricht.

Er kam am 10. April – 43 Stunden vor dem Start von COLUMBIA. Die Leuchterscheinung auf der Sonnenscheibe erstreckte sich über eine Fläche von zwei Millionen Quadratkilometern der Sonnenoberfläche, und sie währte 3½ Stunden. Während dieser Zeit wurde eine Energie frei, die etwa 100 Milliarden Atombomben vom Typ Hiroshima entspricht. Damit könnte man den gegenwärtigen Energieverbrauch der Bundesrepublik, also Strom, Kohle, Benzin, Erdöl und Heizgas, über eine Million Jahre decken. Die Energie muß aus dem Magnetfeld gekommen sein, denn die Fleckengruppe änderte sich während des Ereignisses nicht.

Während der ersten zehn Minuten ging eine Druckwelle durch die Sonnenkorona nach außen. Nach 58 Stunden traf ein Strom elektrisch geladener Teilchen das Magnetfeld der Erde und löste einen magnetischen Sturm aus. Stärke und Richtung des Feldes, das unsere Kompaßnadeln ausrichtet, schwankten. In Stromleitungen wurden durch das veränderliche Magnetfeld Ströme erzeugt, so stark, daß die Energieversorgung von Kanada ausfiel. Elektronen drangen in die obersten Schichten der Atmosphäre und erhöhten in 260 Kilometern Höhe die Temperatur von 1500 °C auf 2500 °C. Seit 15 Jahren hatte man dort regelmäßig die Temperatur gemessen. Einen so starken Temperatursprung hatte man noch nie registriert. Die Erdatmosphäre dehnte sich aus und zog die inzwischen gestartete Fähre COLUMBIA verstärkt nach unten. Die Astronauten an Bord mußten die Triebwerke zünden, um ihre Bahn zu korrigieren.

War der Schauer vom April 1981 wegen der gleichzeitig fliegenden Raumfähre von besonderer Bedeutung, so haben in der Vergangenheit Schauer von der Sonne öfters für Aufregung gesorgt. Dem Flare, den Carrington im Jahre 1859 beobachtet hatte, folgte ein magnetischer Sturm, der sich über die ganze Erde ausbreitete. Telegrafenverbindungen wurden unterbrochen, und in einer nicht mit einer Batterie verbundenen Leitung entstand angeblich durch die schwankenden Magnetfelder ein so starker Strom, daß man mit ihm telegrafieren konnte. Polarlichter erhellten die Nächte auf beiden Hemisphären, bis zu den Tropen. Magnetnadeln begannen von selbst zu zittern.

War der Schauer vom April 1981 der stärkste des damals ablaufenden Fleckenzyklus Nr. 20, so hielt das Ereignis vom August 1972 der Popularität nach den Rekord des Zyklus Nr. 19. Die von einigen Flares kommenden Teilchen erzeugten Stromstöße im amerikanischen Telefonnetz, veränderten die Spannungen in den Stromleitungen so stark, daß Schutzschalter automatisch die Stromversorgung in mehreren Staaten der USA abschalteten. Die Schiffe im St.-Lorenz-Strom hatten keinen Funkkontakt mehr. Polarlichter erhellten den Himmel in Gegenden, in denen man noch nie welche gesehen hatte.

Protonen von der Sonne

Das Ereignis vom April 1981 war durch einen Strom von Protonen hoher Geschwindigkeit hervorgerufen. Die schnellsten waren bereits eine Stunde nach dem Flare bei der Erde. Das bedeutet, daß sie mit mindestens 40 000 km/s die Sonne verlassen haben. Das Gros kam erst zwei Tage später, folgte also mit etwa 900 km/s nach. Am 10. April trafen am Gipfel der Atmosphäre auf jeden Quadratzentimeter in der Sekunde 300 Teilchen. Die Protonen kamen nicht allein. Mit ihrer positiven elektrischen Ladung zogen sie die leichteren Elektronen mit sich.

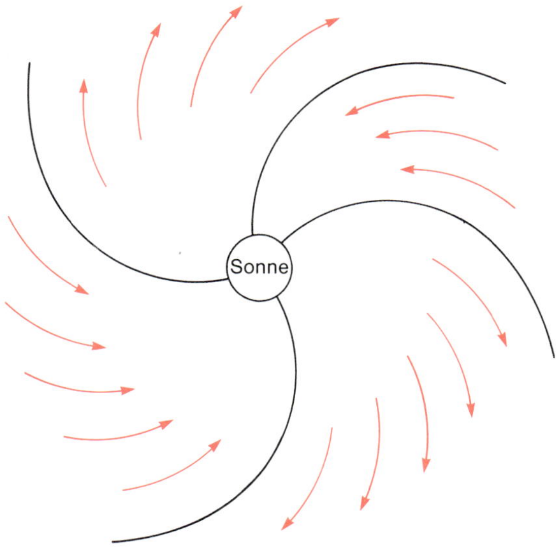

Abb. 13.1: Der in den Raum entweichende Sonnenwind nimmt Magnetfeldlinien verschiedener Polarität mit sich. Man beobachtet verschiedene Sektoren, hier durch schwarze Linien begrenzt, in denen die Feldlinien einheitlich entweder nach außen oder nach innen, auf die Sonne zu, gerichtet sind. Diese Beschreibung gibt die wahren Verhältnisse nur schematisch wieder.

Die geladenen Teilchen fliegen nicht geradlinig zu uns, sondern entlang der von der Korona heraus sich in den Raum erstreckenden Magnetfeldlinien. Wegen der Sonnenrotation sind die Linien spiralartig verwunden (vgl. Abb. 13.1). Die geladenen Teilchen finden auf einer gebogenen Bahn zur Erde, deshalb können uns nur Teilchen treffen, die von Flares stammen, die man auf der westlichen Hälfte der Sonnenscheibe beobachtet. Teilchen von Flares auf der östlichen Hälfte gehen an der Erde vorbei.

Das ist ein wichtiger Hinweis für diejenigen, die Protonenschauer aufgrund von Flares voraussagen wollen. In letzter Zeit hat aber ein angesehener Astronom einen neuen Gesichtspunkt in das Gebiet der interplanetaren Wettervorhersage gebracht.

Protonenschauer und flackernde Radiogalaxien

In Cambridge in England steht ein ungewöhnliches Radioteleskop. Keine riesige Antennenschüssel wird bewegt und auf eine bestimmte Stelle des Himmels gerichtet. Statt dessen stehen auf einer Fläche von 1,8 Hektar 2048 einzelne Dipolantennen, die alle zu einem Antennenareal zusammengeschlossen sind. Durch geeignete Schaltung kann man die Blickrichtung des Antennenfeldes verändern. Statt Radiostrahlung, die genau aus der Zenitrichtung kommt, wird dann nur Strahlung von einer Stelle in einer bestimmten Höhe über dem Horizont registriert. Die tägliche Bewegung der Erde dreht den Himmel in 24 Stunden an der Antenne vorbei. Deshalb kann man die Antenne jeden Tag für kurze Zeit auf jede gewünschte Stelle des Nordhimmels richten und die Stärke der von dort kommenden Radiostrahlen messen.

Mit dieser Antennenanlage haben Anthony Hewish, Professor für Radioastronomie am Cavendish-Laboratorium in Cambridge, und seine Mitarbeiter der Frage nach den Protonenschauern von der Sonne neue Impulse gegeben. Mit ihrem Radioteleskop untersuchten sie aber gar nicht die Sonne, sondern Radiowellen aussendende Sternsysteme, sogenannte Radiogalaxien, deren Strahlung viele Jahrmillionen benötigte, um uns zu erreichen. Nach dem Studium dieser fernen Objekte kommt Hewish zu dem Schluß, daß die Protonenschauer gar nicht alle von Flares kommen. Tatsächlich erreichen die Erde Schauer, für die man keinen Flare verantwortlich machen konnte. Ein Beispiel ist der Schauer vom 27. bis 29. August 1978. Er war so stark, daß er selbst in Santa Fé in New Mexico, also in einer nördlichen Breite von nur

35 Grad noch Nordlichter hervorrief. Diesem Schauer war kein Flare vorausgegangen. Die für die Warnung vor Protonenschauern eingerichtete Stelle der NASA wurde völlig überrascht. Niemand hätte im Weltraum außerhalb ihres Schiffes arbeitende Astronauten gewarnt.

Was haben ferne Sternsysteme, die Hewish und seine Mitarbeiter beobachteten, mit Ereignissen auf der Sonne zu tun? Die von ihr ausströmenden Protonen und Elektronen sind ein Plasma. An einigen Stellen ist der von der Sonne ausgehende Plasmastrom dichter, an anderen ist die Zahl der Teilchen im Kubikzentimeter niedriger. Die Verdichtungen sind gewissermaßen »Wolken« im ausströmenden Plasma. Radiowellen sind sehr empfindlich in bezug auf das Medium, durch das sie zu uns kommen. Die fernen Radioquellen »flackern« im ausströmenden Sonnenplasma.

Wir kennen die Erscheinung vom Licht, das durch die Erdatmosphäre zu uns kommt. Der vom Stern kommende Lichtstrahl wird in der bewegten Atmosphäre der Erde durch Luftschichten verschiedener Dichte immer wieder verändert. Deshalb flackern die Sterne. So wie das Licht der Sterne in der bewegten Erdatmosphäre, wird auch die Radiostrahlung der Sternsysteme ständig von den Unregelmäßigkeiten des von der Sonne ausgehenden Plasmastromes gestört. Er verändert die von den Sternsystemen kommenden Radiostrahlen in ihrer Stärke. Radiogalaxien flackern in Sonnenplasma. Wenn man die Schwankungen der Radiohelligkeit ferner Radiogalaxien studiert, kann man etwas über den Plasmastrom der Sonne lernen.

Hewishs Team hatte 2500 Sternsysteme für zwei Jahre täglich auf die Stärke ihrer *Szintillation,* wie man die Schwankungen nennt, untersucht. Dabei fand man immer wieder am Himmel Bereiche, an denen die Szintillation besonders stark war. Diese Stellen starken Flackerns wanderten über den Himmel. Es konnte geschehen, daß an einem Tag ein Sternsystem nur wenig flackerte, am nächsten Tag aber mit Helligkeitsschwankungen begann und am dritten Tag bereits ein sehr starkes Flackern zeigte. Man fand, daß sich die Stellen starker Szintillation am Himmel bewegten. Alle gingen sie von der Sonne aus und wanderten von ihr weg.

Wo genau haben die Plasmawolken, die von der Sonne kommen, ihren Ursprung? Nicht bevorzugt von Flares, sagen die Cambridger Radioastronomen, sondern aus den koronalen Löchern. Man wußte schon lange, daß von dort Teilchenströme austreten, doch war man der Ansicht, daß nur der relativ zahme *Sonnenwind,* von dem weiter unten die Rede sein wird, aus ihnen herausströmt. Hewish glaubt, nun nachgewiesen zu haben, daß aus den koronalen Löchern gelegentlich hochenergetische Teilchenschauer ausgehen können, die bei uns Polarlichter erzeugen, für den Ausfall von Funkverbindungen verantwortlich sind, Stromversorgungen lahmlegen und Astronauten gefährlich werden können.

Der Sonnenwind

Man wußte, daß bei den Sonneneruptionen Materie von der Sonne bis zur Erdbahn geschleudert wird. Niemand ahnte aber, daß die Sonne auch dann, wenn man keine Ausbrüche auf ihrer Oberfläche beobachtet, ständig Materie in den Raum bläst. Den Fingerzeig, der schließlich auf die Entdeckung des Sonnenwindes führte, gaben Himmelskörper, die auf den ersten Blick nichts mit der Sonne zu tun haben. Es waren die Kometen, die gelegentlich mit ihren langen Schweifen am Himmel stehen, mit den Sternen auf- und untergehen und die doch nicht zur Welt der Fixsterne gehören, sondern am Himmel innerhalb von Tagen oder Wochen durch die Sternbilder wandern.

Seit langem weiß man, daß die Schweife der Kometen immer von der Sonne abgewandt sind, so als würden sie von der Sonne abgestoßen.

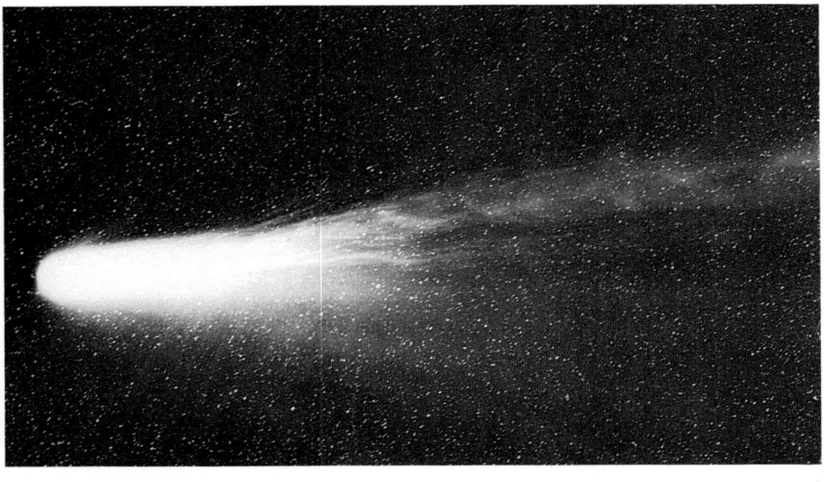

Abb. 13.2: Der Schweif des Halleyschen Kometen von 1986. Der Sonnenwind sorgt dafür, daß der Gasschweif der Kometen immer von der Sonne weggerichtet ist (Aufnahme: European Southern Obs.).

Die Frage, welche Kraft denn dafür verantwortlich sein könnte, daß die Kometenschweife immer von der Sonne wegweisen (vgl. Abb. 13.2), konnte niemand beantworten, bis Ludwig Biermann im Jahre 1951 die Schweifrichtung des 1942 erschienenen Kometen Whipple-Fetke näher untersuchte. Man hatte bemerkt, daß die Kometenschweife nicht ganz genau von der Sonne wegweisen. Biermann erkannte, daß sich das damit erklären läßt, daß sich der Komet in einem von der Sonne weggehenden Gasstrom bewegt, und daß man die Abweichung von der der Sonne abgewandten Richtung durch den Fahrtwind des Kometen in diesem Gasstrom verstehen kann. Deshalb folgerte Biermann, daß von der ruhigen Sonne, selbst wenn keine Flecken zu sehen sind, ein ständiger Strom von Gasen in den Raum der Planeten dringt, in dem die Kometenschweife flattern wie Fahnen im Wind. Es gelang ihm auch, die Geschwindigkeit der ausströmenden Materie zu bestimmen. Damit hatte Biermann den Sonnenwind gewissermaßen am Schreibtisch entdeckt. Erst später konnte die Existenz des von der ruhigen Sonne ausgehenden Sonnenwindes von Raumsonden bestätigt werden.

Heute wissen wir, daß der Sonnenwind hauptsächlich aus Elektronen und den Ionen des Wasserstoffs besteht. Der mit etwa 400 km/s, doch manchmal auch wesentlich schneller, an der Erde vorbeirasende Sonnenwind hat in Erdnähe eine Dichte von etwa zehn Teilchen pro Kubikzentimeter. Er strömt von den koronalen Löchern nach außen, wie wir schon in Kapitel 8 sahen.

Biermann arbeitete zu jener Zeit in Göttingen. Dort hatte bereits ein anderer Wissenschaftler einen wichtigen Grundstein zu dem Problem der Materie, die von der Sonne zur Erde kommt, gelegt. Der Lehrstuhl für Geophysik an der Göttinger Universität hatte eine alte Tradition. Im Jahre 1833 hatte dort der große Mathematiker und Astronom Carl Friedrich Gauß (1777–1855) das erste Laboratorium errichtet, in dem man das Magnetfeld der Erde regelmäßig überwachte. Jede Schwankung der Richtung und der Stärke des Feldes wurde registriert. In den dreißiger Jahren war Julius Bartels (1899–1964) aufgefallen, daß sich in den Schwankungen ein Rhythmus von etwa 27 Tagen erkennen läßt. Wackeln die Magnetnadeln an einem Tag besonders stark, dann wakkeln sie mit einer überdurchschnittlichen Wahrscheinlichkeit 27 Tage danach wieder. Bei einem Rhythmus von 27 Tagen denkt man sofort an die Rotation der Sonne. So schloß Bartels, daß es auf der Sonne Regionen gibt, die – aus welchen Gründen auch immer – das irdische Magnetfeld wackeln lassen, wenn sie gerade auf die Erde gerichtet sind. Durch die Rotation der Sonne weisen sie einige Tage später in eine andere Richtung, auf der Erde herrscht Ruhe. Nach 27 Tagen aber hat sie die Sonnenrotation wieder in eine Position gebracht, in der sie auf die Erde zielen. Dann wird unser Magnetfeld wieder unruhig. Bartels nannte diese hypothetischen Regionen auf der Sonne *M-Regionen,* wobei der Buchstabe M auf Magnetismus hinweisen sollte. Man wußte nicht, was die Regionen auf der Sonne sind, und Bartels' Kollegen spöttelten, das M stünde für »mysteriös«.

Seit wir Röntgenbilder von der Sonne haben, wissen wir: Bartels' mysteriöse Regionen und die koronalen Löcher sind ein und dasselbe. Aus ihnen bläst der Sonnenwind. Die beiden HELIOS-Sonden (vgl. S. 264) untersuchten ihn und prüften, welche Teilchensorten aus welcher Richtung und mit welcher Geschwindigkeit von der Sonne geflogen kommen. Sie stellten fest, daß die Materie des Sonnenwindes anscheinend ungestört längs der von der Sonne ausgehenden Magnetfeldlinien nach außen wandert, wie man es von einem Plasma erwartet. Das war nicht verwunderlich. Was überraschte, war, daß Magnetfeldlinien von der Korona der Sonne weit in den interplanetaren Raum hinausreichen, ohne sich selbst wegen der endlichen elektrischen Leitfähigkeit des Plasmas »abgenabelt« zu haben.

Weiter war verwunderlich, daß im Sonnenwind Heliumatome auftraten, die nur eines ihrer beiden Elektronen verloren hatten. Von Natur aus umkreisen zwei Elektronen einen Atomkern des Heliums. Bei hohen Temperaturen werden sie von vorbeifliegenden anderen Atomen abgerissen. In der heißen Sonnenkorona mit ihren Millionen Grad haben fast alle Heliumatome ihre beiden Elektronen verloren. Im Sonnenwind gibt es aber viele Heliumatome, die ein Elektron gerettet haben. Stammen sie gar nicht direkt aus der Korona? Ist Materie aus den kühleren Schichten unterhalb der Korona in den Außenraum gelangt, ohne in der heißen Hülle der Sonne aufgeheizt worden zu sein? Haben sie, in größeren Ballen geschützt, die Reise durch den heißen Strahlenkranz der Sonne überlebt?

Es gibt kaum eine Frage der Sonnenforschung, bei der man nicht – will man sie beantworten – auf neue Fragen stößt. Die Sonne steht uns näher als alle anderen Sterne, wir sehen eine Fülle von Einzelheiten auf ihrer Oberfläche. Sie macht uns bewußt, wieviel weniger wir von den anderen Sternen wissen, die wir selbst in den größten Fernrohren nur als Punkte sehen.

Hilft uns auch ihre Nähe nicht zum Verständnis aller Vorgänge auf ihr, sollte sie uns wenigstens helfen, die Sonne praktisch zu nutzen.

14. Die angezapfte Sonne

Wenn wir den heutigen falschen Preisen für die Energieerzeugung die ganzen Folgeschäden, etwa die Waldschäden, etwa die klimatische Belastung sowie die atomare Entsorgung hinzurechnen, also eine echte volkswirtschaftliche Bilanz aufstellen, so wäre die Sonnenenergie gar nicht mehr so viel teurer.

Ludwig Bölkow

Als die römische Flotte vor Syracus aufkreuzte, wurde sie mit Hilfe von Sonnenenergie geschlagen. Angeblich ließ der griechische Physiker und Mathematiker Archimedes (287–212 v. Chr.) große Spiegel bauen, mit denen er die Sonnenstrahlen auf die einzelnen Schiffe konzentrierte, bis sie in Flammen aufgingen. Wer immer sich im Altertum die unglaubliche Geschichte von dieser technischen Anwendung der Sonnenenergie ausgedacht hat, hatte einen militärischen Einsatz im Sinn. Wer heute Sonnenenergie nutzen will, hat ihre friedliche Verwendung im Sinn. Für ihren Bau und ihren Betrieb ist man auf internationale Zusammenarbeit angewiesen. Vielleicht würden aber viele kleinere Sonnenkraftwerke, über das Land verteilt, ihren Zweck besser erfüllen.

Noch ist nicht allzuviel geschehen. Sonnenkraftwerke sind heute fast alle nur Versuchsmodelle. Viele findet man nur auf den Reißbrettern der Planer. Manchmal erinnern die Projekte an Science-fiction. Als Herr Meyer kürzlich vom Plan des Dr. Peter Glaser, dem Forschungsleiter einer Firma im US-Staat Massachusetts, erfuhr, der ein Sonnenkraftwerk in einer Umlaufbahn um die Erde kreisen lassen will, faszinierte ihn der Gedanke so, daß er ihn bis in seine Träume verfolgte.

Herr Meyer im Sonnenkraftwerk

Sie waren alle sehr freundlich. Zuerst hatte der Leiter der Station Herrn Meyer begrüßt. Jetzt führte ihn ein junger Ingenieur durch die langen Gänge. Es war nicht leicht, sich im schwerefreien Raum zu bewegen.

Ohne die Haftschuhe hätte Herr Meyer bei jedem Schritt den Boden unter den Füßen verloren.

»Morgen geht es zur Erde«, sagte der junge Mann unvermittelt. »Zwei Monate Dienst hier oben, dann einen Monat Urlaub. So läßt es sich leben.«

Als sie an einem Fenster vorüberkamen, blickte Herr Meyer hinaus auf die weite, in der Sonne glitzernde Ebene.

»Unsere Sonnenkollektoren bilden eine Kreisfläche von drei Kilometer Durchmesser.«

Herr Meyer wußte schon, daß sich die Station auf einer geostationären Satellitenbahn bewegte. Sie umkreiste also die Erde in 24 Stunden in West-Ost-Richtung. Deswegen blickte man stets auf dieselbe Seite des Globus. Von der Erde aus gesehen stand der Satellit immer an der gleichen Stelle des Himmels.

»Mit unseren fünf Gigawatt Endleistung sind wir mit einem großen Kernkraftwerk vergleichbar«, erklärte Herrn Meyers Begleiter. »Die Kollektorfläche ist mit Gallium-Arsenid-Zellen bedeckt, in denen das Sonnenlicht in elektrischen Strom umgewandelt wird. Unser Mikrowellensender strahlt die Energie auf ein Antennenareal in Süditalien. Dort werden die aufgefangenen Mikrowellen wieder in elektrischen Strom zurückverwandelt. Dabei geht zwar Energie als nutzlose Wärme verloren, trotzdem kann man etwa die Hälfte der in den Kollektoren hier draußen gewonnenen elektrischen Energie in das europäische Netz speisen. Das ist ein recht guter Wirkungsgrad!«

Herr Meyer erinnerte sich an die einführenden Worte des Stationsleiters:

»Wir haben ständig etwa 350 Männer und Frauen an Bord, um die Station in Betrieb zu halten. Das wichtigste ist, daß wir mit unserem Mikrowellenstrahl genau die Antenne in Italien treffen. Der Strahl ist das einzig Gefährliche an unserer Technik. Doch unsere Computer sorgen dafür, daß wir nicht danebenschießen. Ein Laserstrahl von der Erde leitet unsere Anlage. Verfehlen wir die Bodenantenne, erlischt er, und unsere Sendeanlage schaltet sich sofort ab, damit die Mikrowellen keinen Schaden anrichten. Dabei ist im Augenblick noch gar nicht sicher, ob die über eine Fläche von zehn bis dreizehn Quadratkilometern verteilte Strahlung wirklich Schaden anrichtet. Die Vögel, die im Bereich der Empfangsantenne nisten, scheinen recht gut zu gedeihen. Es fallen dort keine gebratenen Tauben vom Himmel.«

»Der große Vorteil der Gewinnung von Sonnenenergie auf einer Umlaufbahn liegt darin, daß wir von hier aus Tag und Nacht Sonnenenergie sammeln können. Nur vom 1. September bis zum 15. Oktober und vom 1. März bis zum 15. April, also um die Zeit der Tagundnachtgleichen, verdeckt uns die Erde täglich für maximal 72 Minuten die Sonne. Während dieser Sonnenfinsternisse erhalten wir vorübergehend keine Energie.«

Als Herr Meyer noch einmal durch das Fenster blickte, sah er gerade die Scheibe der Erde über den Rand der Kollektorfläche treten. Europa und Afrika wurden von blauen Ozeanen umspült. Unwillkürlich fiel Herrn Meyers Blick auf den italienischen Stiefel. Wolken verhüllten Kalabrien und Sizilien.

»Die Mikrowellen durchdringen die dicksten Wolkenschichten«, erklärte der junge Ingenieur. Als er merkte, wie sehr Herr Meyer beeindruckt war, fügte er hinzu:

»Damit sind alle Energieprobleme der Menschheit gelöst. Fossile Brennstoffe wie Kohle, Öl und Erdgas sind nicht mehr notwendig. Es wird kein Kohlendioxid mehr in die Erdatmosphäre geblasen werden. Die Gefahr des Treibhauseffektes ist gebannt. Man kann auf Kernkraftwerke verzichten, die uns spätestens seit Tschernobyl unheimlich sind. Die Menschen sind von einem Alptraum befreit.

Es hatte alles damit begonnen, daß die Regierungen auf der Erde, eine nach der anderen, mehr Mittel in die Entwicklung der Sonnenenergie steckten als in die der Kernenergie.«

Als Herr Meyer aufwachte, hatte er noch die letzten Worte des Ingenieurs im Ohr, und er fühlte sich sehr erleichtert zu wissen, daß das Energieproblem der Erde für alle Zeit gelöst ist. Dann fiel ihm ein, daß es nur dadurch gelungen war, weil die Regierungen der Erde mehr Forschungsmittel in die Sonnenenergie gesteckt hatten als in die Kernenergie. Er dachte an die Regierung seines Landes und wußte, daß er nur geträumt hatte.

Herrn Meyers Traum kam nicht von ungefähr. Der amerikanische Wissenschaftler Peter E. Glaser hatte bereits 1968 den Plan für ein Solarkraftwerk auf einer Umlaufbahn entwickelt. Dreizehn Jahre später prüfte der Wissenschaftsrat der amerikanischen Akademie der Wissenschaften das Projekt in allen Einzelheiten und kam zu dem Schluß, »daß während der nächsten zehn Jahre keine Mittel für die Weiterentwicklung des Projekts aufgebracht werden sollten«. Eine solche Station wäre zwar »technisch möglich, wenn es auf die Kosten nicht ankommt«, hieß es. Das hat Peter Glasers phantastisches Projekt vorläufig wieder in die Schubladen verbannt. Es wird wohl noch lange dauern, bis wir Strom aus einer Umlaufbahn erhalten werden, denn es gibt realistischere Möglichkeiten, die Energie der Sonne zu nutzen. Der Geruch von Science-fiction hängt aber leider auch diesen Projekten an. Unsere Politiker greifen sie nur zögernd auf, selbst wenn sie wesentlich billiger sind als Raumstationen auf einer Umlaufbahn. Die Sonnenstation im Orbit wird wohl noch lange auf sich warten lassen. Zwar können wir heute bemannte Raumstationen in einer Umlaufbahn errichten und betreiben, doch sie alle kreisen in verhältnismäßig niedrigen Bahnen, nur einige hundert Kilometer über der Erdoberfläche. Ein Satellit auf einer geostationären Bahn, der die Erde genau in der Zeit umfliegt, die sie für eine Umdrehung benötigt, und der deshalb von der Erde aus beobachtet immer an der gleichen Stelle des Himmels steht, fliegt 36000 Kilometer hoch über dem Erdboden – für einen Pendelverkehr zur Erde in einer unerreichbaren Höhe. Trotzdem denkt man weiter über die Möglichkeit der Sonnenenergie aus dem Orbit nach. Erst kürzlich sah ich eine neue Studie der Firma Messerschmidt-Bölkow-Blohm darüber. Man denkt, in ihr die in einer unbemannten Station gewonnene Sonnenenergie mit Hilfe eines Laserstrahls zur Erde zu übertragen.

Die Sonne, der Stern, von dem wir leben

Der Mensch, der als erster erkannte, daß alles Leben der Erde von der Sonne erhalten wird, ohne die kein Wasser fließen und kein Luftstrom wehen kann, war weder Biologe, noch Physiker, noch Astronom. Er war ein Kaiser. Genauer gesagt, er war ein Pharao. »Du schufst die Erde nach Deinem Begehren, während Du allein warst. Menschen, alles Vieh, groß und klein; alles, was auf der Erde ist, was einhergeht auf seinen Füßen, alles, was hoch droben ist, was mit seinen Flügeln fliegt«, betete Echnaton, der Gatte der Nofretete und Schwiegervater des Tutanchamun, zu seinem Gott, der Sonne. Er hat damals auch als erster den Glauben an einen einzigen Gott eingeführt. Das haben ihm die Priester seiner Zeit nicht verziehen. Nach seinem Tod wurde er zum Ketzer erklärt. Die Kunstwerke seiner Epoche zerstörte man, seinen Namen entfernte man mit dem Meißel von den Denkmälern. Sein Glaube an die Allmacht der Sonne geriet in Vergessenheit. Erst im letzten Jahrhundert wurde den Menschen wieder bewußt, daß sie alles Leben der Sonne verdanken.

Das Licht und die Wärme von der Sonne haben Leben auf unserem Planeten möglich gemacht. Die Sonne bleibt uns noch für Milliarden

Jahre erhalten. Gefahren, die uns heute bedrohen, kommen von uns selbst und nicht aus dem Weltall.

Neben der Sonnenenergie, die die Pflanzen wachsen läßt und Mensch und Tier Nahrung schafft, haben wir noch zusätzliche Energie erfordernde Bedürfnisse. Es begann, als die Menschen sich das Feuer zunutze machten und die im Holz gespeicherte Sonnenenergie verwendeten, um sich am Feuer zu wärmen und um ihre Speisen zu bereiten. Später kamen Kohle und Erdöl hinzu, wieder Sonnenenergie, die vor Jahrmillionen und länger aufgefangen und gespeichert worden ist. Auch die Energie, die wir aus Wasserkraft gewinnen können, stammt von der Sonne, die das Wasser der Ozeane verdunsten läßt und es in die Höhen der Gebirge hebt. Fossile Brennstoffe wie Kohle und Öl haben viele Nachteile. Der schwerwiegendste ist, daß bei ihrer Verbrennung Kohlendioxid in die Luft entweicht.

Treibhaus Erde

Kohlendioxid in der Luft erst macht die Erde bewohnbar. Gäbe es in unserer Atmosphäre dieses Gas nicht, die mittlere Temperatur auf unserem Planeten läge unter dem Gefrierpunkt. Weite heute bewohnte Gebiete lägen unter ewigem Eis begraben. Daß wir auf der Erde ein wohnliches Klima haben, verdanken wir einer Eigenschaft des Kohlendioxidgases. Es läßt nämlich keine langwelligen Wärmestrahlen nach außen. Die Energie der Sonne kommt hauptsächlich im Wellenlängenbereich des sichtbaren Lichtes auf die Erdoberfläche, denn die Atmosphäre ist für diese Strahlen durchsichtig. Dabei erwärmt sich der Erdboden. Nachts strahlt er die gewonnene Energie wieder ab. Würde dabei alle gewonnene Energie ungehindert wieder in das Weltall abgestrahlt, läge die mittlere Temperatur der Erde wesentlich niedriger. Glücklicherweise geht die nächtliche Abstrahlung nicht so leicht vor sich, denn das Kohlendioxid in der Luft läßt die Wärmestrahlen des Bodens nur schlecht nach außen. Es behindert die Abkühlung, weil es für langwellige Wärmestrahlen undurchsichtig ist. Je mehr Kohlendioxid in der Luft ist, um so stärker dieser Effekt, den man den *Treibhauseffekt* nennt. Wenn die Sonne auf ein Glashaus scheint, dann durchdringen die Sonnenstrahlen das für sichtbares Licht durchlässige Fensterglas. Wenn aber die erwärmten Gegenstände im Treibhaus Wärme abgeben, dann können sie das nur im Bereich der langwelligen Wärmestrahlung, für die die Glasfenster undurchsichtig sind. Die eingestrahlte Sonnenenergie erwärmt das Innere des Glashauses. Erst bei erhöhter Temperatur kann das Treibhaus soviel Energie abgeben, wie hineinkommt, denn das Glas läßt zwar das Licht hinein, die Strahlung des erwärmten Inneren aber nur schlecht hinaus. Deshalb ist es im Glashaus wärmer als in der Umgebung. Ähnlich ist es in unserer Atmosphäre. Die mittlere Temperatur der Erde liegt etwa 18 °C höher als bei einer kohlendioxidfreien Lufthülle. Bei der nahezu vollständig aus Kohlendioxid bestehenden Atmosphäre der Venus herrschen wegen des Treibhauseffektes Temperaturen von nahezu 500 °C. Wenn man durch Verbrennen fossiler Brennstoffe unsere Atmosphäre weiter mit Kohlendioxid anreichert, verstärkt man den Treibhauseffekt. Die mittleren Temperaturen auf unserem Planeten erhöhen sich. Das Polareis wird schmelzen und der Wasserspiegel der Ozeane steigen.

Daß man mit diesen Warnungen vom Treibhauseffekt keineswegs nur ein Gespenst an die Wand malt, zeigen die von den Satelliten NIMBUS 5 und NIMBUS 6 gesammelten Daten, aus denen hervorgeht, daß sich innerhalb der letzten 15 Jahre das Eis der arktischen Meere zurückgebildet hat. Vielleicht nimmt man nach den ersten deutlichen Anzeichen, die den einzelnen von uns betreffen, die Warnungen ernst und geht dann zur Sonnenenergie über.

Die Menge an Sonnenenergie, die auf die Fläche der Bundesrepublik fällt, ist etwa das Hundertfache der Energiemenge, die in unserem Land benötigt wird. Es ist leider nicht einfach, den täglich gratis vom Himmel herabfallenden Energiestrom zu nutzen. Um ein Gefühl zu bekommen, wieviel Energie die Sonne auf die Erde strahlt und wieviel die Menschheit benötigt, müssen wir Energiemengen messen und vergleichen können.

Von der Kilowattstunde zum Terawattjahr

Energie wird oft in Kilowattstunden gemessen. Wir wissen ungefähr, wieviel das ist. Im Augenblick verlangen unsere Elektrizitätsgesellschaften dafür 24 Pfennige. Ein helle Glühbirne hat 100 Watt. Wenn man zehn solcher Birnen eine Stunde lang brennen läßt, haben sie eine Kilowattstunde verbraucht. Man beachte dabei, daß das Kilowatt kein Maß für die Energie ist. Es ist vielmehr ein Maß für die Energie, die *in der Sekunde* verbraucht oder geliefert wird. Der Physiker sagt, das Watt ist ein Maß für die Leistung. Die Sonne strahlt so stark, daß ihre Leistung in Watt ausgedrückt eine 27stellige Zahl ist. Eine Fläche von einem Quadratmeter, die man im Abstand der Erde auf die Sonne ausrichtet, etwa das Sonnenpaddel eines Satelliten, erhält die Strahlungsleistung von etwas mehr als einem Kilowatt. Das würde ausreichen, unsere zehn Glühlampen so lange leuchten zu lassen, solange unser Sonnenpaddel bestrahlt wird. In einer Stunde sammelt also die Fläche die Energie von etwas mehr als einer Kilowattstunde auf*.

Solange es sich nur um bestrahlte Quadratmeter und um Haushaltsglühbirnen handelt, sind Watt, Kilowatt und Kilowattstunde recht brauchbare Einheiten für Leistung und Energie. Doch gleich wird es um viel größere Energiemengen gehen. Die Kilowattstunde ist dafür viel zu wenig, man benötigt andere Maßeinheiten.

Eine Billion Watt, also eine Million Millionen Watt, nennt man ein *Terawatt.* Das ist eine unvorstellbar große Leistung. Drückt man die Leuchtkraft der Sonne in Terawatt aus, so erhält man eine Zahl, die nur noch 15 Stellen besitzt. Strahlt ein Körper ein Jahr lang mit einer Leistung von einem Terawatt, so verbraucht er in dieser Zeit eine Energiemenge, die man ein *Terawattjahr*** nennt. Das ist das Maß für die Energie, mit der die Planer arbeiten, die den Energieverbrauch der Menschheit von heute auf das nächste Jahrtausend hochrechnen. Die gesamte Menschheit verbrauchte im Jahre 1950 etwa 2,4 Terawattjahre. Ein Vierteljahrhundert später waren es schon acht pro Jahr.

Die Energiemenge eines Terawattjahres können wir uns nicht vorstellen. Selbst Vergleiche bringen sie unserem Verstand kaum näher. Trotzdem will ich es mit einem Beispiel versuchen: Die frühesten Spuren von Leben auf der Erde sind 3,5 Milliarden Jahre alt. Sie stammen von einzelligen Lebewesen, die unseren heutigen Blaualgen ähnelten. Hätte damals eine solche Blaualge eine 100-Watt-Birne angeschaltet und wäre sie bis heute angeschaltet geblieben, so hätte sie geleuchtet, als die Urkontinente entstanden und im Wasser die ersten Weichtiere. Sie hätte über die endlose Zeit gestrahlt als die Farne wuchsen. Die ersten

---

* Hierbei haben wir die Verhältnisse stark vereinfacht und so getan, als würde eine Solarzelle *alle* empfangene Energie in Strom verwandeln. In Wahrheit gehen nahezu 90 Prozent verloren. Erst mit neuen, noch im Versuchsstadium befindlichen Zellen gelang es, 19 Prozent der empfangenen Sonnenenergie in Strom zu verwandeln.

** Statt des Terawattjahres wird öfters auch eine andere Maßeinheit für große Energiemengen benutzt, das *Exajoule.* Die Energie eines Terawattjahres beträgt 31,5 Exajoule. Im Erfinden von Maßeinheiten für große Energiemengen sind unsere Weltenergieplaner gut – nur mit dem Durchsetzen möglicher Lösungen hapert es ein bißchen.

Insekten hätten sie umschwirrt. Sie hätte den ersten Vögeln und den Sauriern den Weg geleuchtet. Die damals entstandenen Schildkröten und Schlangen hätten ihr Licht gesehen. Es hätte nachts die Säugetiere angezogen, als diese auf unserem Planeten erschienen, und es hätte die Nacht der ersten Menschen erhellt, bis der Neandertaler kam. Als die Menschen begannen, Büffel an Höhlenwände zu malen, hätten sie vielleicht auch das ewige Licht unserer Glühbirne gezeichnet. Hätte sie während all der Jahrmilliarden mit ihrer Strahlungsleistung von 100 Watt gestrahlt, bis heute hätte sie nur ein drittel Terawattjahr verbraucht. Bei unseren heutigen Strompreisen würde uns dafür allerdings eine Rechnung über mehrere hundert Milliarden DM präsentiert werden.

Dem Gebiet der Bundesrepublik werden von der Sonne jährlich 30 Terawattjahre zugestrahlt, ohne einen Pfennig an Gebühren. Das würde für die ganze Menschheit reichen. Leider können wir die eingestrahlte Sonnenenergie bis jetzt nicht effektiv nutzen. Wir sehen aber, daß die Menschheit auch in der Zukunft von der Sonnenenergie leben könnte, so wie sie es in der Vergangenheit getan hat – wenn es nur gelänge, die einfallenden Sonnenstrahlen zu nutzen.

Das Treibhaus am Hausdach

Es gibt viele Möglichkeiten, Sonnenstrahlen in nutzbare Energie umzuwandeln. Der einfachste Weg ist die Bereitung von Warmwasser. Am Hausdach erwärmt die Sonne Wasser, das in geeigneten Röhren über die Dachfläche fließt. Das reicht zwar nicht aus, um vom Stromnetz unabhängig zu sein, könnte aber helfen, die monatliche Stromrechnung zu reduzieren, denn man könnte in unseren Breiten 60 bis 70 Prozent des Warmwasserbedarfs damit decken.

Eine andere Möglichkeit: Man setzt auf das Hausdach einen flachen Glaskasten über die ganze der Sonne zugewandte Dachfläche. Er sorgt für den Treibhauseffekt. Durch die erwärmte Luft im Kasten wird in dünnen Rohren Wasser geleitet. Man kann den Effekt noch verstärken, indem man den Boden des Glaskastens verspiegelt und so formt, daß er das reflektierte Licht konzentriert auf die Wasserrohre wirft. Selbst bei grauem Himmel kommt noch genügend infrarotes Sonnenlicht durch die Wolken, um im Glashaus auf dem Dach die Wasserrohre zu erwärmen. Vorläufig erwecken diese Versuche noch den Eindruck von Bastelei, und es sieht nicht so aus, als ob wir in der nahen Zukunft viele sonnenenergiegestützte Haushalte haben werden. Eine Anlage amortisiert sich vielleicht erst nach 20 Jahren, denn ganz ohne Energie aus der Steckdose oder aus der Öl-, Heizgas- oder Kohlefeuerung kommt man in unseren Breiten im Winter nicht aus. Wer ist schon bereit, in seinem privaten Haushalt eine Anlage zu installieren, von der er erst nach zwei Jahrzehnten finanziell profitiert? Die Industrie hat nie viel Geld in eine professionelle Massenproduktion von Hausanlagen gesteckt, und so blieben sie teuer.

Spiegel in der Wüste

Seit Anfang der achtziger Jahre arbeiten in der Sonne Kaliforniens Solarkraftwerke, bei denen in vielen verspiegelten Schalen von der Form langer Tröge das Sonnenlicht, wie von einem Rasierspiegel im Brennpunkt, in einer Brennlinie gesammelt wird. In Dagett stehen seit 1984 und 1985 zwei Spiegelareale, in deren Brennlinien eine von Öl durchströmte Leitung liegt. Das auf das Rohr konzentrierte Sonnenlicht erhitzt das Öl, dieses strömt in einen Tank, durch den von Wasser durchflossene Rohre laufen. Das Öl bringt das Wasser zum Kochen, der Dampf treibt Turbinen. Im benachbarten Barstow steht ein ähnliches Kraftwerk, bei dem in der Brennlinie Wasser direkt in Dampf verwandelt wird. Es lieferte in den Jahren nach 1982 eine Spitzenleistung von zehn Megawatt. Heute haben die Sonnenstationen in der Mojave-Wüste insgesamt eine Leistung von 195 Megawatt. Unser Kernkraftwerk in Brokdorf leistet zwar noch immer das Siebenfache, doch man baut weiter. Ende 1989 werden dort vier weitere Solarkraftwerke an das Netz gehen. Dann wird der kalifornischen Sonne ein Viertel der Leistung von Brokdorf abgezapft werden.

In Sizilien am Fuße des Ätna steht Eurelios. Der Name ist aus Europa und Helios, dem griechischen Wort für Sonne, gebildet. Das Projekt wurde von der Europäischen Gemeinschaft finanziert. 187 aus nahezu ebenen Spiegeln zusammengesetzte Flächen folgen der täglichen Bewegung der Sonne von Ost nach West. Siebzig stammen aus Frankreich, 112 aus der Bundesrepublik. Die gesamte Auffangfläche beträgt 35 000 Quadratmeter, also 3,5 Hektar. Die sorgfältig ausgerichteten Spiegel werfen die Sonnenstrahlen auf die Spitze eines 55 Meter hohen Turmes, den Italien beigesteuert hat. Die ebenen Einzelspiegel wirken zusammen wie ein riesiger Brennspiegel, dessen Strahlen sich hoch oben am Turm zu einem Brennpunkt vereinigen. Dort werden Temperaturen von

800 °C erreicht und Wasser in Wasserdampf verwandelt, der eine Turbine treibt. Leistung: ein Megawatt. Diese erste europäische Versuchsanlage läuft seit 1981. Damit war es das erste Sonnenkraftwerk der Welt. Es steht gar nicht weit von der Stelle, an der Archimedes die römischen Schiffe in Flammen gesetzt haben soll. Über die 187 europäischen Spiegel hätte er sich sicherlich gefreut.

Vielleicht ist der Weg, Sonnenenergie erst in Wärme und diese dann in Elektrizität umzuwandeln, nicht der beste. Vielleicht muß man den Strom direkt aus den Sonnenstrahlen gewinnen.

Vom Licht zum Strom

Der Umweg über heißes Wasser oder heißes Öl ist nicht nötig, benutzt man Stoffe, die in ihren Eigenschaften zwischen den elektrisch gut leitenden Metallen und den Isolatoren liegen, die sogenannten *Halbleiter.* Ihnen verdankt man die Dioden und die Transistoren, die die moderne elektronische Technik ermöglicht haben, vom Taschenrechner bis zum Fernsehsatelliten. Der Stoff, der dafür wie geschaffen ist, aus Sonnenlicht elektrischen Strom zu machen, ist auf der Erde reichlich vorhanden. Es ist das Element Silizium, ein wesentlicher Bestandteil unserer Gesteine. Deshalb sollte er eigentlich spottbillig sein, doch leider ist der Weg vom Stein zur brauchbaren Sonnenzelle aus Silizium umständlich und daher teuer. Siliziumzellen versorgen im Weltraum die Satelliten mit Elektrizität. Sie fangen bereits vereinzelt auf Hausdächern Sonnenenergie auf und verwandeln sie in Strom. Vielleicht werden in der Zukunft einmal Silizium-Solarzellen die gesamte Menschheit mit Sonnenenergie-Strom versorgen.

Ich will hier auf die recht komplizierten Vorgänge im Inneren einer Solarzelle nicht allzusehr eingehen und will nur einige ihrer Eigenschaften beschreiben.

Zwei verschieden behandelte dünne Blätter aus Silizium liegen aufeinander. Wie bei allen Stoffen besitzen die Atome einen positiv geladenen Atomkern, den gerade soviel negativ geladene Elektronen umgeben, daß das ganze Atom elektrisch neutral ist. Sobald aber Licht auf die beiden Siliziumblättchen fällt, werden aus den Atomen Elektronen herausgeschlagen, die sich als freie negative Ladungen zwischen den Atomen bewegen können. Die Atome selbst, denen nun Elektronen fehlen, sind jetzt positiv geladen. Jedem fehlen ja ein oder zwei Elektronen, um die positive Ladung des Atomkernes zu kompensieren. In die von entwichenen Elektronen zurückgelassenen Lücken können jetzt Elektronen aus benachbarten Atomen springen. Damit sind zwar Lükken aufgefüllt, doch klaffen jetzt neue bei den Atomen der Nachbarschaft. Diese werden von weiteren Elektronen ausgefüllt, die ihrerseits woanders Lücken hinterlassen. So wandern nicht nur Elektronen, sondern auch Lücken kreuz und quer durch die beiden aufeinanderliegenden dünnen Siliziumblättchen. Sind die Elektronen negative Teilchen, so verhalten sich die Lücken bei den Siliziumatomen – der Physiker spricht von »Löchern« – wegen der nur unvollständig kompensierten positiven Ladungen der Atomkerne wie positive Ladungen. Wie die negativen Elektronen wandern auch sie durch das Silizium. Elektronen und Löcher können im Prinzip auch von einem Blättchen zum anderen springen und wieder zurück. Man hat aber gelernt, das Wandern von Elektronen und Löchern zu steuern.

Die beiden Siliziumblättchen sind vorbehandelt. Man hat ihnen noch geringfügige Spuren anderer Stoffe beigefügt, jedem eine andere Atomsorte. Die Atome dieser zugesetzten Stoffe geben den beiden Blättchen besondere elektrische Eigenschaften. Die Elektronen können zwar mühelos von einem zum anderen, sagen wir vom oberen zum unteren, sie können aber nicht mehr zurück. Elektrische Kraftfelder an der Kontaktfläche hindern sie bei der Bewegung in eine Richtung. Die Löcher dagegen können ohne weiteres von unten nach oben, doch auch ihnen ist der Rückweg versperrt. So reichert sich das obere Blättchen mit Löchern, das untere mit Elektronen an. Das obere lädt sich positiv auf, das untere negativ. Wie von Ober- und Unterseite einer Knopfzellenbatterie kann man den Doppelblättchen aus Silizium nun Strom entnehmen. Aus Licht wurde elektrische Energie. Laßt uns also Silizium-Doppelblättchen herstellen, der Sonne aussetzen, und die Energieprobleme der Menschheit sind gelöst! Ganz so einfach geht das leider nicht.

Die Blättchen sind nicht billig. Sie haben nur eine begrenzte Lebensdauer, und sie geben an Spannung nur ein halbes Volt her. Wer mit Solarzellen Strom aus der Sonne gewinnen will, hat sich mit diesen drei Schwierigkeiten herumzuschlagen.

Das Problem der niedrigen Spannung ist am einfachsten zu lösen. So wie man durch Hintereinanderschalten von zwei 1,5-Volt-Batterien eine Gesamtspannung von drei Volt erreichen kann, so kann man auch viele Silizium-Doppelblättchen hintereinander schalten. Für eine Spannung von 12 Volt, wie sie eine Autobatterie besitzt, braucht man 24 Zellen. Doch wenn man Strom entnimmt, sinkt die Spannung etwas, so daß man eigentlich 30 Zellen dafür benötigt.

Wer Satelliten in den Raum schießt, kann sich auch die Solarzellen auf der Fläche der Sonnenpaddel leisten. Der 1976 gestartete kanadische Nachrichtensatellit »Hermes« trug 25000 Zellen von je vier Quadratzentimeter Fläche. Sie brachten ihm mehr als ein Kilowatt Leistung.

In den letzten Jahren sind die Preise für Solarzellen stark gefallen. Rechnete man für Zellen mit einem Watt Leistung Mitte der siebziger Jahre noch mit 50 US-Dollar, so waren es nach zehn Jahren noch 5 Dollar. Im Jahr 1988 schätzte man in den USA unter Berücksichtigung der Lebensdauer der Zellen eine Kilowattstunde immer noch auf 30 bis 40 Cent, also 60 bis 80 Pfennige. Ende des Jahres 1989 lag die solare Kilowattstunde bei 15 Cents, also bei 30 Pfennigen – immer noch merklich über dem amerikanischen Strompreis von heute. Wahrscheinlich ist Silizium nicht der einzige Stoff, mit dem man Sonnenlicht in elektrischen Strom verwandeln kann. Möglicherweise kann das in der Zukunft den Preis der Zellen noch weiter senken.

Da eine Solarzelle eine Lebensdauer von etwa 20 Jahren hat, kann sie also nur über diesen Zeitraum Energie sammeln; zu ihrer Herstellung wurde ebenfalls Energie gebraucht. Im Lichtbogen wurde aus Quarz und Kohlenstoff metallisches Silizium hergestellt, es mußte gereinigt werden. Man verdampfte es, ließ es wieder kondensieren, verdampfte es vielleicht noch mehrere Male – das kostete Energie. Wenn man für die Herstellung einer Zelle mehr Energie aufbringen muß, als sie innerhalb ihres Lebens liefern kann, dann sind Solarzellen ungeeignet, das Energieproblem der Menschheit zu lösen. Das eben beschriebene Verfahren ist aber nur eines von mehreren, das zu brauchbaren Siliziumblättchen führt. Inzwischen hat man sich längst nach energiesparenderen Methoden umgesehen. Eine Zusammenstellung aus dem Jahre 1988 in der Zeitschrift »Physik in unserer Zeit« zeigt, daß sich die aufwendig hergestellten Zellen erst innerhalb von sieben bis acht Jahren amortisieren. Es wurde aber auch eine Methode gefunden, nach der nur so wenig Energie für die Herstellung benötigt wird, daß die Zellen diesen Aufwand bereits in ihren ersten sechs Monaten wieder hereinbringen. Den Rest ihres Lebens liefern sie zusätzliche Energie.

Spiegelareale und Kernkraftwerke

Sind die Siliziumblättchen mit ihren merkwürdigen Eigenschaften nur gut, um Taschenrechner mit Strom zu versorgen und einigen wenigen Bürgern, die sich hohe Investitionskosten aufbürden wollen, umwelt-

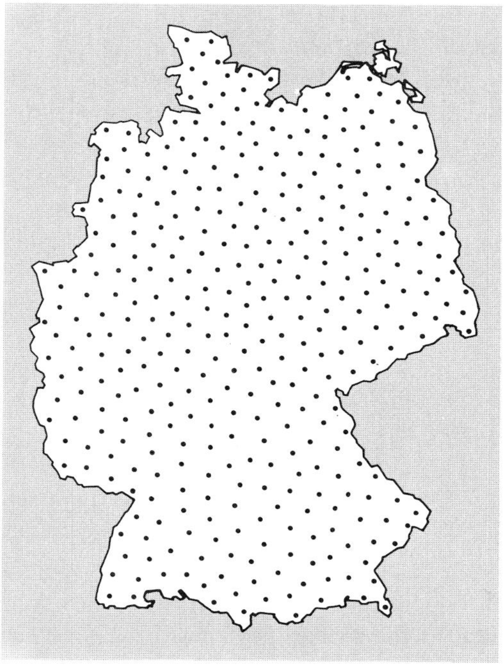

Abb. 14.1: Wollte man die gesamte in der Bundesrepublik benötigte Energie, auch die für Heizung und Transport, durch Kernenergie decken, so müßte man unser Land mit einem Netz von 364 Kernkraftwerken vom Typ Brokdorf überdecken.

freundliche Energie zu liefern? Experimentiert man mit ihnen nur in einigen Solarkraftwerken, die niemals etwas Bemerkenswertes zu unserem Energiehaushalt beitragen können? Können Solarzellen das Energieproblem der Menschheit lösen?

Hatten frühere Hochrechnungen eine Verdoppelung des Weltenergiebedarfes erwarten lassen, so haben die Energiesparmaßnahmen die düsteren Prophezeiungen widerlegt. Zwar wächst der Energieverbrauch in den Entwicklungsländern noch immer an, doch ging er bei den Industrienationen dank gezielter Sparmaßnahmen Anfang der siebziger Jahre deutlich zurück. Wahrscheinlich kompensieren sich Anstieg des Bedarfs bei den Armen und Einsparung bei den Reichen gerade so, daß man im Augenblick von einem gleichbleibenden jährlichen Welt-Energieverbrauch von etwa neun Terawattjahren ausgehen kann.

Beginnen wir mit der Bundesrepublik. In den westlichen Industrie-

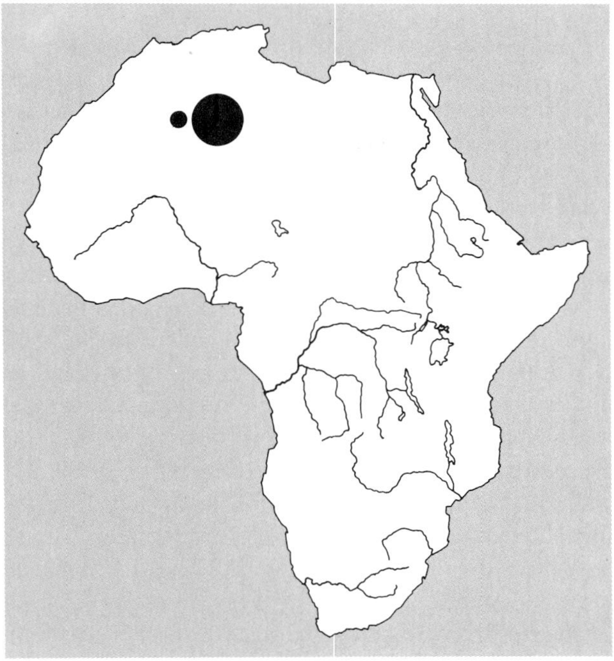

Abb. 14.2: Würde man versuchen, den Energiebedarf der Bundesrepublik mit Sonnenenergie aus der Sahara zu decken, so müßte man ein Areal mit Solarzellen auslegen, das etwa der kleineren der beiden Kreisflächen entspricht. Die größere würde ausreichen, den Weltenergiebedarf zu decken.

staaten lag der Energieverbrauch pro Kopf im Jahre 1975 bei 54000 Kilowattstunden. Obwohl man normalerweise gewohnt ist, nur die elektrische Energie in Kilowattstunden zu messen, ist hier auch der gesamte Energiebedarf für Heizung und Transport enthalten. Bei 79 Millionen Bundesbürgern sind das für das Jahr 1975 etwa ein halbes Terawattjahr.

Oft wird die Kernkraft als die Alternativlösung zu fossilen Treibstoffen mit ihren Auswirkungen auf den Treibhauseffekt gepriesen. Tatsächlich gehen aber in den USA zur Zeit nur 2,3 Prozent des verheizten Öls, nur 5,5 Prozent des Erdgases und 81 Prozent der verfeuerten Kohle in Strom. Wer also den Strom allein aus Kernenergie deckt, bläst das Kohlendioxid nahezu seines gesamten Erdöl- und Heizgasverbrauches in die Luft. Den Treibhauseffekt zu bannen heißt, die Kernenergie auch in die Heizungen der Häuser zu bringen, was noch relativ einfach sein sollte, aber auch in die Tanks der Autos. Nehmen wir an, es gelänge, auch dieses Problem zu lösen – bei der Sonnenenergie steht man vor der gleichen Schwierigkeit, den Tiger im Tank durch die Sonne im Tank zu ersetzen (vgl. S. 300). Wie viele Kernkraftwerke wären nötig, wollte man den gesamten Energiebedarf der Bundesrepublik decken? Der Kernreaktor von Brokdorf hat eine Leistung von 1335 Megawatt. Er liefert also im Jahr 12 Milliarden Kilowattstunden, das sind 1,3 tausendstel Terawattjahre. Den gesamten Energiebedarf der Bundesrepublik wird man also durch 364 Kernkraftwerke vom Typ Brokdorf decken können. Nur wenn wir bereit sind, mit Kernkraftwerken zu leben, von denen das nächste näher als 18 Kilometer steht*, können wir für lange Sicht auf die Sonnenenergie verzichten (vg. Abb. 14.1). Wenn man die in den Kernkraftwerken nebenher anfallende Wärmeenergie nutzen würde, käme man mit weniger aus. Trotzdem wären es noch zu viele. Weltweit müßte man 7000 solche Kraftwerke bauen, wollte man den Treibhauseffekt bannen.

Wie sieht es nun mit der Sonnenenergie aus? Wie groß ist die Fläche, die man mit Siliziumscheiben auslegen muß, um alle benötigte Energie für Privatbedarf und Industrie in der Bundesrepublik zu erzeugen? Wenn man annimmt, daß jede Zelle etwa zehn Prozent der auftreffenden Sonnenenergie in Elektrizität umwandeln kann, und wenn man berücksichtigt, daß in unseren Breiten die Sonne schräg einfällt, wenn sie überhaupt scheint, so kommt man auf eine Fläche von vielleicht acht Millionen Hektar. Wäre dieses Areal kreisförmig, es hätte einen Durchmesser von etwa 340 Kilometern. Legt man das Kraftwerk in Gebieten, mit günstigeren klimatischen Bedingungen, etwa in die Sahara, wo es weder Landwirtschaft und Wälder, noch Naturschutzgebiete verdrängt, dann kommt man bereits mit einer Kreisfläche von 100 bis 200 Kilometer Durchmesser aus, um den Bedarf der Bundesrepublik zu liefern. In der Sahara könnte eine Kreisfläche von einem Durchmesser von 700 Kilometern allen Energiebedarf der Menschheit decken. Dabei ist wieder angenommen, daß Solarzellen nur zehn Prozent der aufgefangenen Energie in Strom verwandeln. In der Abbildung 14.2 ist dargestellt, welche Bruchteile der Sahara mit Solarzellen bedeckt werden müßten. Natürlich würde niemand ein Kraftwerk bauen, das den gesamten Erdball mit Strom versorgen soll. Wüsten gibt es an vielen Orten, und Solarzellenkraftwerke mit kleineren Auffangflächen könnten gleichmäßiger über die Erde verteilt werden.

---

* Für den, der es nicht glaubt: 364 Kreisscheiben vom Radius von 17,62 km geben ungefähr die Fläche Deutschlands (357 000 km^2).

Auf den ersten Blick scheint es, als gäbe es keine Energieprobleme mehr, wenn man auf fossile Brennstoffe, die unsere Atmosphäre verderben, verzichtet und sich gleichzeitig von den Kernkraftwerken weg den Solarzellen zuwendet. Leider gibt es dabei noch eine ganze Anzahl von ungelösten Problemen. Die Umstellung von einer Energieform auf die andere schafft zwar neue Arbeitsplätze, doch gehen auch viele der bisherigen Arbeitsmöglichkeiten verloren. Das mag auf lange Sicht volkswirtschaftlich keine Probleme schaffen. Mit der Einführung der elektrischen Straßenbeleuchtung ist auch der Beruf des Laternenanzünders verschwunden. Wir können uns aber leicht vorstellen, welche Härten es mit sich bringen würde, wollte man die Kohleförderung im Ruhrgebiet in kurzer Zeit noch weiter drosseln. Der Bergmann, der heute seinen Arbeitsplatz verliert, kann nicht schon morgen in der Sahara im Jeep Solarzellenareale abfahren, um unbrauchbar gewordene Zellen auszuwechseln. Sicherlich wird in der Zukunft die Umstellung auf neue Energien und die Anpassung unserer sozialen Struktur daran, die wichtigste Aufgabe unserer Politiker sein.

Zu den schwierigen Problemen, die uns die Solarenergie aufbürdet, zählt auch das Dilemma des Standortes. Selbst wenn man alle anderen Aufgaben gemeistert hat, billige Zellen herstellen kann und in der Wüste Kraftwerke gebaut hat, erzeugt man die Energie dort, wo man sie nicht braucht. Man muß sie in alle Welt transportieren können. Eine »Verkabelung« des ganzen Erdballs mit Hochspannungsleitungen und Tiefseekabeln würde enorme zusätzliche Kosten bereiten, die man mit einer Verbilligung der Zellen nicht mehr auffangen könnte. Doch seit langem denkt man an einen Ausweg.

Sonnenenergie in Flaschen

Können Sie sich noch an das Experiment in Ihrer Schulzeit erinnern, oder haben Sie selbst einmal als Kind zwei Drähte in Wasser getaucht, die mit den beiden Polen einer Taschenlampenbatterie verbunden waren? An den Drähten stiegen kleine Gasbläschen auf, an dem einen Draht mehr, am anderen weniger. Auf der einen Seite entwickelte sich Wasserstoffgas, die anderen Gasblasen waren Sauerstoff. Der elektrische Strom hatte die Moleküle des Wassers, die aus Wasserstoff- und Sauerstoffatomen bestehen, getrennt. Während die Moleküle des Wassers bei Zimmertemperatur eine Flüssigkeit bilden, sind ihre Bestandteile Gase, die im Wasser aufsteigen. Bei diesem Prozeß wird elektrische

Energie der Batterie verbraucht, um Wassermoleküle aufzuspalten. Wir wissen, daß Wasserstoff und Sauerstoff sich wieder verbinden können. Sammelt man nämlich die beiden verschiedenen Gassorten in einem Gefäß und hält ein Streichholz an die Öffnung, dann vereinigen sich die beiden Gase in einer kleinen Explosion wieder zu Wasser. Die elektrische Energie, die zum Aufspalten der Wassermoleküle benötigt wurde, wird als Wärme wieder frei. Das hochexplosive Wasserstoff-Sauerstoff-Gemisch nennt man deshalb *Knallgas.*

Wenn man den in der Sahara gewonnenen Strom dazu verwendet, um Wasser aufzuspalten, dann kann man komprimiertes Wasserstoffgas wie auch Sauerstoff in Gasflaschen abfüllen und versenden – natürlich getrennt, denn nur dann sind die beiden Gase harmlos. Erst wenn sie zusammenkommen, besteht Explosionsgefahr. Selbstverständlich muß man nur den Wasserstoff versenden, denn Sauerstoff findet sich überall in der Luft.

So kann man sich vorstellen, daß in der Zukunft in der Wüste Fabriken stehen, in denen mit Hilfe von Solarenergie erzeugter Wasserstoff in alle Welt verschickt wird. Sie können in geeigneten Öfen zur Heizung benutzt werden, oder in Motoren zum Antrieb. Das Auto mit Wasserstoffmotor und das wasserstoffgetriebene Flugzeug werden zwar noch nicht in Serie hergestellt, doch sind sie im Prinzip mit unserer Technologie möglich. Versuchsexemplare sind bereits in Betrieb.

Muß man die Sonnenenergie erst in elektrischen Strom verwandeln, um damit Wasserstoff zu gewinnen? Kann man die Sonnenenergie nicht direkt auf das Wasser wirken lassen? In den obersten Schichten der dichten Venusatmosphäre hat die intensive Strahlung der Sonne alle Wasserdampfmoleküle zerstört. Der Wasserstoff entwich in den Raum, der Sauerstoff blieb zurück. Sollte man das nicht auch auf der Erde nutzen können? Noch sind wir nicht soweit. Zwar kann man heute Wasserdampfmoleküle mit Licht spalten, doch gelingt das vorläufig nur dadurch, daß man noch weitere Energie zuführt. Ebenso ist es mit einer chemischen Reaktion, bei der man mit Hilfe von Licht Kohlendioxidmoleküle mit Wassermolekülen verbindet, um Methylalkohol und Sauerstoff zu erhalten. Auch dieser Prozeß ist zwar im Prinzip möglich, doch gelang es bisher noch nicht, ihn ohne Energiezufuhr von außen ablaufen zu lassen. Vorläufig kann man damit keine Energie gewinnen.

Sicherlich wird man in die Entwicklung der neuen Technologie viel Geld stecken müssen. Noch immer ist die Kernenergie das Lieblingskind vieler Politiker. Die Bundesrepublik Deutschland hat bis zum

Jahre 1987 rund 30 Milliarden DM für die Entwicklung der Kernenergie ausgegeben. Wie gering sind demgegenüber die Mittel für die Erforschung der Sonnenenergie. Im Februar 1986 begann man mit einem gemeinsamen von Saudi-Arabien und der Bundesrepublik durchgeführten Solarprojekt. Dafür werden insgesamt weniger als 50 Millionen DM aufgebracht.

Irgendwann in der Zukunft wird sich die Menschheit daran gewöhnen müssen, daß sie ihren Energiebedarf direkt aus der Sonnenstrahlung decken muß. Niemand weiß, wann das geschehen wird, vielleicht erst, wenn es mehrere Tschernobyl-Unfälle gegeben hat, oder wenn das Kohlendioxid aus verbrannter Kohle und Öl den Treibhauseffekt in der Erdatmosphäre so verstärkt hat, daß die ersten Küstenstädte im Wasser des abgetauten Polareises stehen. Vielleicht müssen erst viele Menschen sterben, mehr als im letzten Weltkrieg, ehe man lernt, mit unserer Umwelt sinnvoll umzugehen. Hoffentlich ist es dann nicht zu spät.

Anhang

A Sonnenflecken im Feldstecher

Man kann sich heutzutage ohne größere Hilfsmittel der Projektionstechnik der Beobachtung von Sonnenflecken (vgl. Abb. 2.2) bedienen. Man benötigt nur einen Feldstecher und ein Stück weißen Karton. Falls Sie meiner jetzt folgenden Anleitung folgen wollen, dann beachten Sie bitte, daß Sie *nie und nimmer* mit dem Auge durch das auf die Sonne gerichtete Fernglas blicken dürfen!

Halten Sie nun den Feldstecher so vor sich, daß seine Objektive (größere Öffnungen) auf die Sonne gerichtet sind. Die Okulare (kleinere Öffnungen) sind dann von der Sonne weggerichtet. Versuchen Sie nun durch geeignete Drehbewegung das Glas genau auf die Sonne zu richten. Bei der richtigen Stellung kommt das Sonnenlicht, das vorne durch die Objektive in den Feldstecher fällt, hinten aus den Okularen wieder heraus. Sie benötigen nur das Bild einer der beiden Hälften des Feldstechers. Decken Sie also das eine Objektiv mit einer Pappscheibe ab. Jetzt trennen Sie nur noch zwei Schritte vom Erfolg.

Zum einen müssen Sie die durch das Fernglas hindurchgegangenen Lichtstrahlen mit dem Karton auffangen. Er muß senkrecht zur Richtung der Sonnenstrahlen gehalten werden. Das durch das Fernglas auf den Pappschirm fallende Licht erzeugt dort einen hellen Fleck. Das ist das Bild der Sonne. Wahrscheinlich ist es noch sehr unscharf und läßt keinerlei Einzelheiten erkennen. Durch Verändern der Entfernung zwischen Feldstecher und Pappe und durch Ändern der Scharfeinstellung am Fernglas kann man das Sonnenbild zur scharf umrandeten Kreisscheibe machen, deren Helligkeit zum Rande zu etwas abnimmt.

Wenn Sie dann auf der Scheibe kleine dunkle Punkte sehen, die sich mit der Sonnenscheibe mitbewegen, wenn Sie leicht am Fernglas wakkeln, dann sind es Sonnenflecken. Dagegen haben Flecken im Bild, die beim Wackeln festbleiben, während sich das Sonnenbild hin und her bewegt, ihre Ursache in der Optik des Feldstechers und haben nichts mit der Sonne zu tun.

Bei dieser Art von Beobachtung stört wahrscheinlich das Licht, das neben dem Fernglas vorbeigeht und auf den Pappschirm fällt. Man kann es mit einem Stück Pappe mit zwei Öffnungen ausschalten, durch die man die beiden Okulare durchstecken kann, so daß nur das Licht, das *durch* die eine Hälfte des Doppelglases fällt, auf den Pappschirm gelangen kann.

Wenn Sie alles wie oben beschrieben gemacht haben und trotzdem keinen einzigen Sonnenfleck sehen, dann haben Sie das Pech, daß Sie die Sonne gerade in fleckenfreiem Zustand vor sich haben. Das ist allerdings sehr unwahrscheinlich, denn dem nächsten Fleckenminimum nähern wir uns erst in der zweiten Hälfte der 90er Jahre. Vielleicht haben Sie das Sonnenbild doch nicht scharf eingestellt.

Es könnte aber auch sein, daß Sie statt eines Feldstechers ein Opernglas genommen haben, das nach dem Prinzip des Galileischen Fernrohrs konstruiert ist. Es besteht aus einer sogenannten Sammellinse, wie wir sie bei Kurzsichtigkeit tragen müssen und einer Streulinse, wie sie die Weitsichtigen benötigen. Mit Galileischen Fernrohren kann man keine Sonnenbilder auf unsere Pappschirme projizieren. Astronomische Fernrohre und Feldstecher sind nach dem Prinzip des Keplerschen Fernrohres konstruiert (zwei Sammellinsen). Sie werfen Sonnenbilder

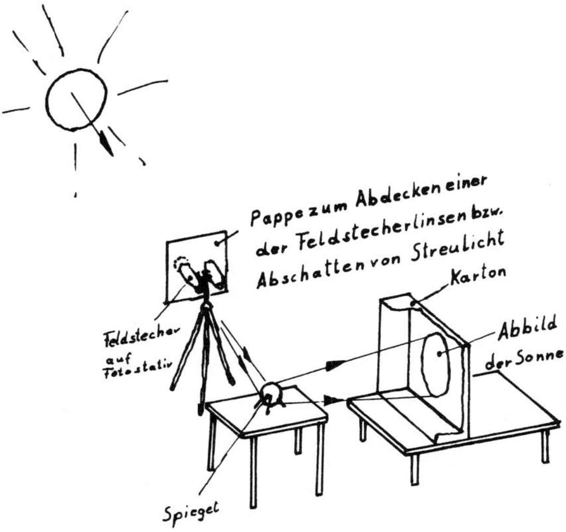

Abb. A.1: Die Biologiestudentin Antje Wichelhaus zeichnete für die Besucher der Volkssternwarte Solingen, wie man Sonnenflecken mit dem Feldstecher beobachten kann.

auf Pappschirme. Scheiner und Hevelius (Abb. 2.2) haben Keplersche Fernrohre benutzt. Kepler selbst benutzte, wie wir wissen, den Regensburger Dom. Was die Optik betrifft, so sind Sie Kepler überlegen, doch zum Unterschied von Ihrem in der Hand gehaltenen Feldstecher wakkelte der Regensburger Dom nicht. Tatsächlich können Sie sofort ungleich mehr auf der projizierten Sonnenscheibe erkennen, wenn Sie Ihren Feldstecher irgenwo auflegen, so daß er immer noch das Sonnenbild auf den Pappschirm wirft, das Bild aber ruhig am Schirm steht.

Wie Sie sich ein aufwendigeres Sonnenobservatorium bauen können, zeigt die Abbildung A.1. Allerdings benötigen Sie dann neben dem Feldstecher noch ein Fotostativ, einen Spiegel und einen Pappkarton.

B Das Megaphon auf der Sonne

Bei Schallwellen kann man verhältnismäßig leicht einsehen, daß die Schwingungsmuster auf der Oberfläche Auskunft über das tiefe Innere der Sonne geben können.

An der Oberfläche erzeugte Schallwellen dringen in den Sonnenkörper ein. Was geschieht mit ihnen, wenn sie sich nach unten in das Sonneninnere ausbreiten? Stellen wir uns dazu vor, an einer Stelle der Sonnenoberfläche hätten wir einen Lautsprecher installiert, der einen Ton bestimmter Höhe aussendet. Der Lautsprecher möge ferner seine Nachricht nicht in alle Richtungen gleichmäßig abstrahlen, sondern nur in eine bestimmte, so etwa wie ein Megaphon hauptsächlich den Schall dorthin sendet, wohin man es richtet.

Auf der Sonne gibt es das eigentlich nicht. Wenn eine Stelle, etwa ein Punkt der Oberfläche, mit einer bestimmten Frequenz schwingt, dann breiten sich Wellen nach allen Richtungen aus. Das führt fast immer zu einer Bewegungsform, etwa der in der Abbildung 10.7 dargestellten, die wir zwar bewundern, aus der wir aber nicht unmittelbar etwas lernen können. Im folgenden werden wir nur den Teil der Wellen betrachten, die in eine bestimmte Richtung ausgesandt werden. Die Schwingung, an der der ganze Sonnenkörper teilnimmt, kann man sich aus unendlich vielen gerichteten Strahlen zusammengesetzt denken, wie sie unser Megaphon aussendet. Betrachten wir also den von einem schräg nach unten gerichteten Megaphon abgesandten »Schallstrahl« genauer.

Er besteht aus einer Folge von Verdichtungen und Verdünnungen, die einander mit Schallgeschwindigkeit folgen. Das sind in den äußeren Schichten der Sonne immerhin fünf Kilometer in der Sekunde. In der

Erdatmosphäre folgt der Donner dem Blitz mit nur 330 Metern in der Sekunde. Die Schallgeschwindigkeit in der Sonne ist größer. Das liegt an der höheren Temperatur. Je heißer ein Gas ist, um so schneller sind die Schallwellen in ihm. Im Inneren der Sonne, dort wo es ungleich heißer ist als an ihrer Oberfläche und die Temperaturen bei etwa zehn Millionen Grad liegen, legt eine Schallwelle in jeder Sekunde eine Strecke von 400 Kilometern zurück!

In unserem Schallstrahl liegen die Stellen maximaler Verdichtung und maximaler Verdünnung genähert in ebenen Bereichen, die in der Abbildung B.1 in verschiedenen Grautönen dargestellt sind. Die dunkler gezeichneten Flächen sind gewissermaßen die »Wellenkämme« der Schallwelle, die helleren die »Wellentäler«. Die Abbildung zeigt den Schallstrahl mit seinen Wellenkämmen und Wellentälern von der Seite. Der Schall breitet sich immer senkrecht zu den Ebenen seiner Wellenkämme aus. Verfolgen wir den Schallstrahl, der in das Sonneninnere dringt. Bei dem in der Abbildung B.2 schräg nach unten gehenden Strahl reicht der im Bild rechte Teil eines Wellenkammes tiefer in das

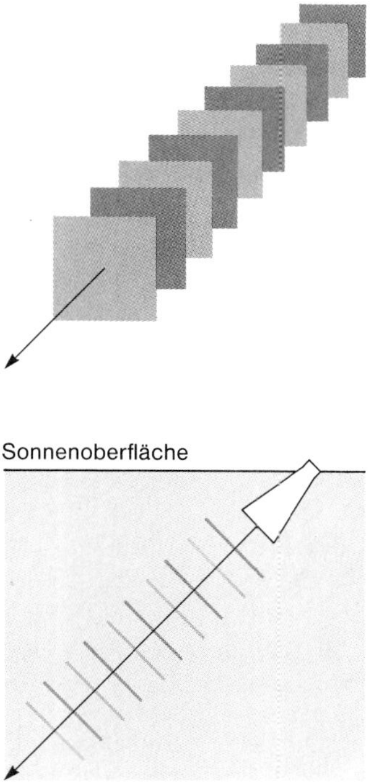

Abb. B.1: Oben: Wenn ein Schallstrahl in die Sonne eindringt, dann folgen Verdichtungen (dunkelgrau) und Verdünnungen (hellgrau) in annähernd ebenen Flächen (den Wellenflächen) aufeinander. Unten: Der von einem Megaphon ausgesandte Schallstrahl von der Seite. Die hellgrauen und dunkelgrauen Querstriche sind die von der Seite gesehenen Wellenflächen des oberen Teilbildes.

Sonneninnere als der linke. Er durchläuft also einen Bereich, in dem die Schallgeschwindigkeit etwas höher ist. Deshalb bewegt er sich schneller als der höherliegende linke Teil. Der Wellenkamm behält daher seine Ausrichtung nicht bei, er dreht sich etwas. Da sich der Schallstrahl senkrecht zu der Ebene der Wellenkämme ausbreitet, ändert sich damit auch seine Richtung. Er wird abgelenkt und geht mit immer flacher werdendem Winkel nach innen. Schließlich wird er horizontal, und die Ebenen seiner Wellenkämme stehen senkrecht zur Sonnenoberfläche. Doch gerade dann bewegen sich die tieferen Teile seiner Wellenkämme rascher als die höherliegenden. Der Strahl wird weiter abgelenkt, nach oben zurück, von wo er kam. Nach einiger Zeit erreicht er wieder die Sonnenoberfläche. Der nach unten ausgesandte Schallstrahl ist in die Sonne eingedrungen, aber dann wieder zur Oberfläche zurückgeworfen worden. Was geschieht dort mit ihm? Die Sonnenoberfläche wirkt wie das freie Seilende in Abbildung 10.4 und wirft ihn wieder zurück. In der Abbildung B.2 ist das schematisch dargestellt. In regelmäßigen Abständen geht der Schallstrahl nach unten, wird in den tieferen Schichten der Sonne nach oben abgelenkt, bis er die Oberfläche erreicht und von dort wieder nach unten gespiegelt wird.

Die Sonne ist rund. Die mit dem Megaphon in das Innere der Sonne gesandte Botschaft – vielleicht haben wir den nach unten gerichteten Strahl nach Süden geschickt – kommt nach einigen Stunden von unten her wieder zurück, jetzt aber von Norden her. Inzwischen wurde er mehrmals durch die hohe Schallgeschwindigkeit im Sonneninneren zur Umkehr gezwungen und von der Oberfläche nach innen zurückgespiegelt. Er ist über den Südpol gegangen und über den Nordpol (Abb. B.3).

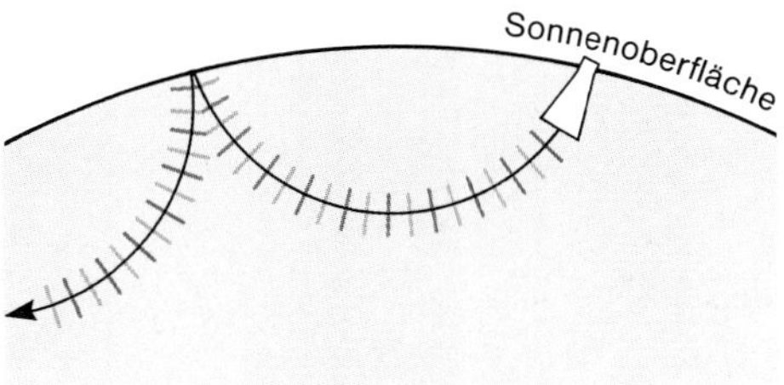

Abb. B.2: Ein schräg nach unten abgesandter Schallstrahl wird wieder nach oben zurückgebogen. Die weiter in das Innere der Sonne reichenden Teile der Wellenflächen bewegen sich rascher, denn die Schallgeschwindigkeit in der Sonne nimmt mit der Tiefe zu. Deshalb wird der Schallstrahl nach oben gelenkt. An der Oberfläche wird er wieder nach unten gespiegelt.

Es könnte sein, daß der Schallstrahl nach einem Umlauf um die Sonne nicht genau dort ankommt, von wo er ausgesandt wurde. Dann kann man die Richtung des Megaphons etwas verändern, zum Beispiel etwas steiler nach unten. Jetzt werden die Bögen, die der Strahl beschreibt, steiler, gehen tiefer hinein und erreichen an etwas anderen Stellen wieder die Oberfläche. Durch geeignete Veränderung des Megaphonwinkels kann man erreichen, daß das Echo den Ausgangsort wieder erreicht. Bei sehr flachem Winkel ist es zwischendurch vielleicht nur einmal von der Sonnenoberfläche nach unten gespiegelt worden, bei steilerem Winkel vielleicht zehnmal. Nehmen wir also an, das Echo käme wieder zum Ausgangsort zurück. Wenn das Megaphon seinen Ton stundenlang hinuntertrompetet, so überlagert sich diesem Ton noch das um die Sonne gewanderte Echo. Es mag inzwischen merklich schwächer geworden sein, doch seine Tonhöhe hat sich nicht geändert. Die Wellenberge und Wellentäler folgen einander noch im gleichen Rhythmus wie die neu ausgesandten.

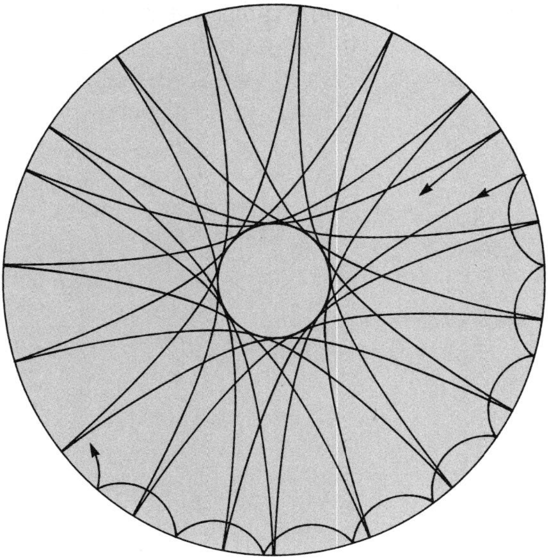

Abb. B.3: Je steiler ein Schallstrahl nach unten geht, um so tiefer dringt er in das Sonneninnere ein. Das Zurückbiegen im Inneren und die Spiegelung an der Oberfläche läßt einen Schallstrahl um die Sonne wandern und zu seinem Ausgangsort zurückkehren.

Das ankommende Echo wird am Ort des Megaphons wieder zurückgespiegelt und läuft dann parallel zu den neu abgestrahlten Schallwellen. Dabei drängt sich die Frage auf, ob die alten Wellenberge mit den neuen Wellenbergen zusammenfallen und die alten Wellentäler mit den neuen. Dann würden sich die Wellen, die schon eine lange Reise hinter sich haben, mit den neuen verstärken. Oder fallen die alten Wellenberge gerade auf die neuen Wellentäler? Dann würde das Echo den Strahl abschwächen. Man kann sich sofort überlegen, daß die Antwort davon abhängt, ob man den vom Echo zurückgelegten Weg so mit Wellenbergen und Tälern auslegen kann, daß es gerade »aufgeht«, daß nach einem Umlauf Wellenberg wieder auf Wellenberg trifft. Ist das nicht der Fall, muß man die Tonhöhe, also den Abstand von Wellenberg zu Wellenberg, geringfügig ändern, dann erreicht man immer, daß sich neuer Strahl und altes Echo verstärken.

Das Doppelmegaphon

Wenn wir aber solche Wellen haben, die sich mit ihren Echos verstärken und nach Süden gehen, dann können wir genausogut nach Norden laufende entgegengerichtete Wellen erzeugen, die sich ebenso mit ihrem Echo verstärken. Beide die Sonne umlaufenden Wellensysteme bilden zusammen eine stehende Welle. Nehmen wir also ein zweites Megaphon, das mit der gleichen Tonhöhe und mit dem gleichen Winkel nach unten einen Schallstrahl in die Sonne sendet, jetzt aber nach Norden (Abb. B.4).

Betrachten wir die von unseren Megaphonen nach Nord und Süd ausgesandten Wellen samt der einmal oder mehrmals um die Sonne herumgelaufenen Echos. Wir wissen bereits, daß gegeneinanderlaufende Wellen ein stehendes Wellenmuster erzeugen. Auch bei den von

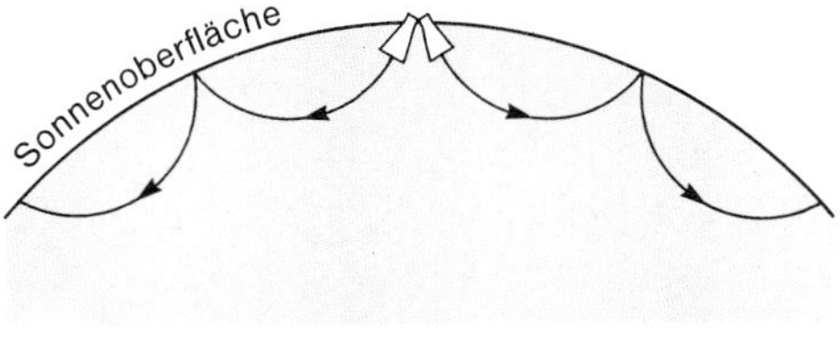

Abb. B.4: Wenn ein Doppelmegaphon zwei Schallstrahlen in entgegengesetzte Richtungen im gleichen Winkel nach unten ausstrahlt, dann überlagern sich die nach einem Umlauf um die Sonne gegeneinanderlaufenden Wellen und bilden ein stehendes Wellenmuster.

unserem Doppelmegaphon erzeugten Wellenstrahlen sehen wir ein regelmäßiges Muster, dort, wo die gegeneinanderlaufenden Wellen die Oberfläche erreichen.

Wir haben zwei Megaphone an eine bestimmte Stelle gesetzt, in einem bestimmten Winkel nach unten gerichtet und in einer bestimmten Tonhöhe Schall abgestrahlt. Damit haben wir uns alles noch viel zu einfach gemacht. In Wahrheit wird an *jeder* Stelle der Sonnenoberfläche Schall erzeugt, in *allen* Tonhöhen, und er wird nach *allen* Richtungen nach unten abgestrahlt. Alle diese Schallwellen werden vom Sonneninneren zurückgeworfen und an der Oberfläche wieder nach innen gespiegelt. Alle laufen sie ständig in allen Richtungen um die Sonne. Von jeder einzelnen Stelle werden von den ausgesandten Wellen nur die übrigbleiben, die sich mit ihren Echos verstärken. Alle anderen löschen sich gegenseitig aus, weil nicht Wellenberge auf Wellenberge treffen, Wellentäler auf Wellentäler.

Eigentlich ist alles wie auf Chladnis Platten. Statt des Megaphons regte dort der Geigenbogen die Schwingungen an. Dem Zurückbiegen der Schallstrahlen im Sonneninneren und dem Zurückspiegeln an der Oberfläche entspricht bei Chladni die Reflexion der Wellen am Plattenrand.

Wenn die Oszillationen der Sonne von Schallwellen herrühren, dann ist auf der Sonne ein ganzes Muster an Schwingungen zu erwarten. Ich muß hier noch einmal auf eine begriffliche Schwierigkeit eingehen. Man darf nicht glauben, daß es auf der Sonne feste Knotenlinien gibt, an denen die Sonne nicht schwingt. Das wäre nur der Fall, wenn es nur einige Stellen gäbe, von denen Schallwellen ausgehen, nur einige Megaphone. Nein, jede Stelle der Sonne sendet Schallwellen in allen Frequenzen nach allen Richtungen aus. Die von einem bestimmten Punkt, nennen wir ihn P, ausgesandten Wellen erreichen alle Punkte im Sonnenkörper. In den Bewegungen jedes Punktes in der Sonne findet man Anteile der von Punkt P kommenden Wellen.

So einleuchtend das Bild von den immer wieder gespiegelten Schallstrahlen, die sich gegenseitig überlagern, ist, es verleitet auch zu Mißverständnissen. Wir haben Neigungswinkel und Frequenz unseres Doppelmegaphons so ausgerichtet, daß sich Nord- und Südstrahl mit ihren jeweiligen um die Sonne herumgewanderten Echos verstärken. Die Schwingungsmuster in der Sonne kommen durch gegeneinander laufende Strahlen (und aller ihrer Echos) zustande. Man darf aber nicht schließen, daß überall dort, wo die beiden gegeneinanderlaufenden Schallstrahlen die Oberfläche erreichen, immer ein Schwingungsbauch ist. Die Strahlen können sich an einem Oberflächenpunkt auch gerade aufheben und einen Knoten erzeugen.

Die Zahl der Reflexionen, die ein Schallstrahl bei einer Umrundung der Sonne erlebt, hat also nichts mit der Zahl der Knoten und damit nichts mit dem Grad der Schwingung zu tun. Im Gegenteil: Schallstrahlen, die steiler nach unten gerichtet sind und daher tiefer eindringen, haben einen niedrigen Grad.

Das läßt sich leicht einsehen. Bei einer stehenden Welle sind die Schwingungsknoten gerade eine halbe Wellenlänge voneinander entfernt. In der Abbildung B.5, oben, ist ein Paar gegeneinander laufender Schallstrahlen in der Nähe der Oberfläche gezeigt. Querstriche entsprechen den von der Seite gesehenen Knotenflächen. Dort, wo sie die Oberfläche schneiden, ist ein Knoten. In der Abbildung B.5, unten,

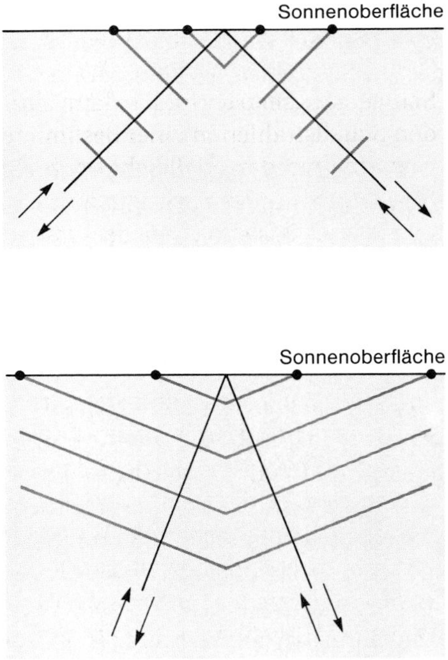

Abb. B.5: Unter verschiedenem Winkel nach unten gerichtete stehende Schallstrahlen. Die Wellenberge sind durch Querstriche gekennzeichnet. Zwischen ihnen, nicht eingezeichnet, liegen die Flächen der Knoten des stehenden Wellenmusters. Oben: Die Schallstrahlen gehen in flachem Winkel nach innen. Die Wellenberge an der Oberfläche (dicke Punkte) liegen nahe beieinander, der Grad ist hoch. Solche Wellen dringen nicht tief in die Sonne ein (vgl. Abb. B.3). Unten: Die Schallstrahlen gehen in steilem Winkel nach unten. Die Wellenberge liegen an der Oberfläche weiter auseinander. Der Grad ist niedriger. Solche Wellen dringen tiefer ein (vgl. Abb. B.3).

sieht man dasselbe für gleiche Frequenz und gleiche Wellenlänge, jetzt aber mit tiefer nach unten gerichteten Strahlen. Die Abstände der Knoten an der Oberfläche sind größer geworden. Das bedeutet, daß dort weniger Knotenlinien auftreten, der Grad der Schwingung, zu der die tiefer eindringenden Schallstrahlen gehören, ist niedriger.

Ganz deutlich wird das im Extremfall einer Schwingung vom Grade null. Bei ihr gibt es an der Oberfläche keine Knotenlinien. Die Schallstrahlen, aus denen diese Schwingung zusammengesetzt ist, gehen senkrecht von der Sonnenoberfläche nach unten in Richtung des Zentrums und werden in den tieferen Schichten zurückgeworfen. Sie sind die tiefsten in die Sonne eindringenden Wellen.

Temperaturmessung mit dem Echolot

Das Bild der Schallstrahlen ist ein vorzügliches Mittel einzusehen, daß die Schwingungsmuster an der Oberfläche Kunde über das Innenleben der Sonne enthalten. Denken wir uns etwa wieder das nach Norden und Süden dröhnende Doppelmegaphon. Wenn wir Frequenz und Strahlrichtung so wählen, daß sich an der Oberfläche ein stehendes Schwingungsmuster bildet, dann sind die nach unten ausgesandten beiden Schallstrahlen in einer bestimmten Tiefe wieder nach oben zurückgeworfen worden, vielleicht noch einmal, vielleicht mehrmals von der Oberfläche wieder nach innen und danach nach außen gewandert, bis Nord- und Südstrahl wieder das Megaphon erreicht haben und ein stehendes Muster erzeugen. Verändern wir jetzt den Neigungswinkel der ausgesandten Signale so, daß sie etwas weiter nach unten zielen, dann werden die Schallstrahlen auf ihrem Weg, der sie auf und ab um die Sonne führt, nicht genau wieder an ihrem Ausgangspunkt zurückkommen. Wir können aber den Neigungswinkel der beiden Megaphone weiter verändern, und nach einigem Probieren werden bei beiden die um die Sonne gewanderten Echos wieder bei uns eintreffen. Wir können nun noch die Sendefrequenz so abändern, daß jedes der beiden Signale sich mit seinem Echo verstärkt. Dann haben wir wieder ein stehendes Schwingungsmuster. Wurde vorher jedes der beiden Signale vielleicht zehnmal vom Inneren zurückgespiegelt, so geschieht das jetzt vielleicht elfmal. Doch die mit den tiefer nach innen zielenden Megaphonen erzeugten Schallstrahlen werden jetzt in größerer Tiefe zurückgeworfen (Abb. B.3). Sie haben Schichten höherer Temperatur und damit höherer Schallgeschwindigkeit durchlaufen als die nur zehnmal gespiegelten Strahlen. Das macht sich in dem von ihnen erzeugten Schwingungsmuster bemerkbar.

Wer die Schwingungsmuster der Sonne studiert, erfährt etwas über die Temperaturen, die in ihrem Inneren herrschen. Doch nicht nur darüber geben uns die Klangfiguren der Sonne Auskunft. Wir können im Prinzip auch etwas über die Bewegungen in den Eingeweiden der Sonne erfahren.

Das Echolot und die Rotation des Sonneninneren

Die Sonnenflecken haben schon Scheiner gezeigt, daß die Sonne rotiert. Carrington hat das Rotationsgesetz genauer bestimmt. Moderne Messungen mit Hilfe des Doppler-Effektes haben uns sogar gezeigt, daß Zonen der Sonnenoberfläche vorübergehend etwas rascher rotieren können. Was wir auch immer über die Drehung der Sonne wissen, stammt nur von Untersuchungen ihrer Oberfläche. Deshalb wissen wir nicht, ob das Innere der Sonne vielleicht langsamer rotiert als die Oberfläche. Vielleicht rotiert es aber auch rascher?

Die Wellen der Sonnenoszillationen durchlaufen die inneren Bereiche. Beachten wir, daß stehende Wellen durch die Überlagerung entgegengesetzt laufender Wellen gleicher Frequenz und Stärke entstehen. Denken wir uns also wieder unser Doppelmegaphon, das zwei Schallstrahlen symmetrisch nach unten sendet. Diesmal stellen wir es am Äquator auf und lassen die beiden Strahlen nach Ost und West nach unten laufen und richten Neigungswinkel und Frequenz so ein, daß wir stehende Wellen erhalten. Wenn das Sonneninnere rascher rotiert als

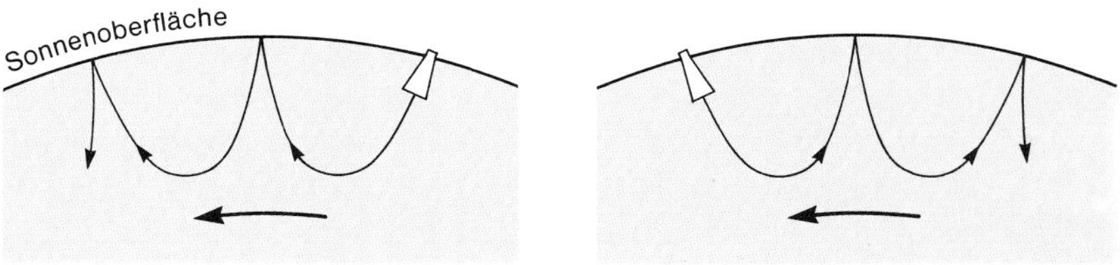

Abb. B.6: Die beiden Schallstrahlen eines Doppelmegaphons, einzeln gezeichnet. Wenn die Sonne innen anders rotiert als an der Oberfläche, sich etwa gegenüber der Oberfläche so bewegt, wie durch die horizontalen, leicht gebogenen Pfeile angedeutet, dann verspürt der links dargestellte Schallstrahl einen Rückenwind, während dem rechts gezeichneten Schallstrahl der Wind ins Gesicht bläst. In dem einen Fall wird die Geschwindigkeit des Schallstrahls erhöht, im anderen erniedrigt. Das stehende Wellenmuster, zu dem sich beide vereinigen, sieht anders aus, als in dem Falle, daß das Innere der Sonne genauso rotieren würde wie die Oberfläche. Damit kann man aus dem Schwingungsmuster der Sonne etwas über die Rotation in ihrem Inneren erfahren.

die Sonnenoberfläche, an der unsere Megaphone sitzen, dann bläst dem einen Schallstrahl tief innen die Rotation wie ein von vorne kommender Wind entgegen, während der andere Strahl sich mit Rückenwind bewegt (Abb. B.6). Das hat zur Folge, daß die Schwingungsmuster an der Oberfläche anders sind als im Falle starrer Rotation. An diesen Veränderungen kann man im Prinzip ablesen, wie die Sonne in ihrem Inneren rotiert.

C Frequenz und Wellenlänge

Eine Welle, die sich mit Lichtgeschwindigkeit bewegt, ist in Abbildung C.1 zu drei verschiedenen aufeinanderfolgenden Zeitpunkten gezeigt. Sie beginnt (oben) an einer Stelle, die mit »Start« bezeichnet ist und hat im unteren Bildteil nach einer Sekunde das »Ziel« erreicht. Da das Licht in einer Sekunde 300 000 km zurücklegt, ist der Abstand zwischen Start und Ziel 300 000 km. Die Frequenz gibt an, wie viele Wellenberge während dieser Sekunde in das Gebiet zwischen »Start« und »Ziel« gewandert sind. Da der Abstand zwischen zwei Wellenbergen gleich der Wellenlänge ist, so folgt, daß die Zahl der Wellenberge mal Wellenlänge gleich 300 000 km sein muß. Daraus folgt:

$$\text{Frequenz} \times \text{Wellenlänge} = \text{Lichtgeschwindigkeit.}$$

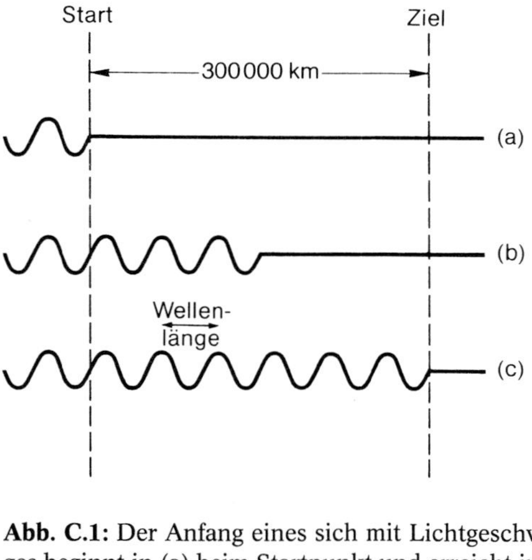

Abb. C.1: Der Anfang eines sich mit Lichtgeschwindigkeit ausbreitenden Wellenzuges beginnt in (a) beim Startpunkt und erreicht in (c) das 300 000 km entfernte Ziel.

In der Zeichnung ist die Frequenz sechs Schwingungen pro Sekunde, die Wellenlänge also 50000 km. Wäre die Wellenlänge die des Bayerischen Rundfunks auf Mittelwelle, nämlich 375 m, dann würden in jeder Sekunde 801000 Wellenberge über den Startpunkt nach rechts wandern.

In der obigen Formel können wir uns die Frequenz in Hz, die Wellenlänge in m gemessen denken. Die Lichtgeschwindigkeit ist 300000000 m/s. Messen wir die Frequenz in MHz, so ist die Frequenz in Hz gleich dem Einmillionenfachen der Frequenz in MHz. Dann lautet unsere Gleichung:

$$1000000 \times \text{Frequenz in MHz} \times \text{Wellenlänge in m} = 300000000,$$

also:

$$\text{Frequenz in MHz} \times \text{Wellenlänge in m} = 300.$$

Register